退化环境植物修复的理论与技术实践

The Theory and Practice of Phytoremediation for Degraded Environment

王庆海　肖　波　却晓娥　等 编著

科 学 出 版 社
北　京

内 容 简 介

本书是在综合国内外最新研究成果和作者及其研究团队多年研究工作的基础上写成的。本书中介绍了植物修复的理论框架，植物修复的国内外研究进展，植物修复技术的优势、发展前景及面临的主要问题，并以详细的案例介绍了植物修复技术在水体富营养化控制、水体农药污染治理、土壤重金属及石油烃污染治理、坡耕地水土流失治理、农业面源污染治理和废弃土地治理中的应用等内容，是目前国内比较系统全面地介绍植物修复技术原理及其应用的专著。

本书可作为环境生物学、环境生态学、环境地学等相关专业的教材或课外参考书，也可供环境、农业、林业等领域的科研人员参考使用。

图书在版编目 CIP 数据

退化环境植物修复的理论与技术实践＝The theory and practice of phytoremediation for degraded environment / 王庆海等编著. —北京：科学出版社，2012

ISBN 978-7-03-034679-7

Ⅰ.①退… Ⅱ.①王… Ⅲ.①植物-作用-环境污染-污染防治 Ⅳ.①X506

中国版本图书馆 CIP 数据核字(2012)第 120107 号

责任编辑：李秀伟 孙 青 / 责任校对：林青梅
责任印制：吴兆东 / 封面设计：美光制版

科 学 出 版 社 出版
北京东黄城根北街 16 号
邮政编码：100717
http://www.sciencep.com

北京凌奇印刷有限责任公司印刷
科学出版社发行 各地新华书店经销
*
2012 年 6 月第 一 版 开本：787×1092 1/16
2025 年 1 月第三次印刷 印张：17 插页：8
字数：400 000

定价：99.00元

(如有印装质量问题，我社负责调换)

《退化环境植物修复的理论与技术实践》编著者名单

王庆海　　北京市农林科学院

肖　波　　北京市农林科学院

却晓娥　　中国林业科学研究院

李　翠　　北京市农林科学院

武菊英　　北京市农林科学院

尧水红　　中国农业科学院

方显瑞　　北京市农林科学院

前言

资源消耗和环境污染是全人类面临的重大挑战。环境保护应成为全世界人民的共同事业。据中华人民共和国环境保护部、国家统计局和农业部联合发布的《第一次全国污染源普查公报》，全国各类源废水排放总量 2092.81 亿 t，废气排放总量 637 203.69 亿 m^3。主要污染物排放总量：化学需氧量(COD)3028.96 万 t，氨氮(NH_3-N)172.91 万 t，石油类 78.21 万 t，重金属（镉、铬、砷、汞、铅，下同）0.09 万 t，总磷（TP）42.32 万 t，总氮（TN）472.89 万 t，二氧化硫 2320.00 万 t，烟尘 1166.64 万 t，氮氧化物 1797.70 万 t。农业源中主要水污染物排放（流失）量：COD 1324.09 万 t，TN 270.46 万 t，TP 28.47 万 t，铜 2452.09t，锌 4862.58t。农业污染对环境污染的贡献排在工业污染和生活污染之前。其中，COD、TN 和 TP 的排放量分别占对应污染物总排放量的 43.7%、57.2%和 67.3%。这些大量排放的污染物，势必对土壤、水体和大气造成严重污染。

土壤是人类赖以生存的最重要的自然资源之一。由于人类活动和自然因素的影响，土壤污染已成为一个备受关注的环境问题。重金属、放射性核素和有机物等污染物进入农田，是造成土壤退化的重要原因之一。据唐世荣等报道，我国目前被重金属污染的耕地就有近 2×10^7 hm^2，约占我国耕地面积的 1/5。土壤污染降低了农产品的数量和质量，制约了农业的可持续发展。土壤和水体的有机物污染，是我国面临的另一个环境问题。特别是在工业发达、农业集约化程度高的地区，环境的有机污染问题尤为突出。据估计，已检出的环境有机污染物超过 200 种。这些污染物在地表水、地下水中均可检出，就连饮用水源地也遭受了有机物的污染，这对人类健康构成巨大威胁。

面对环境污染的严峻形势和频繁发生的环境污染事故，我国相关政府机构和学者开展了大量的管理和研究工作，有效遏制了环境进一步恶化的势头，局部生态环境得到改善。但对分布面较广的环境污染，治理是件十分困难的事。除需要巨额投入外，缺乏切实可行的治理技术也使得治理过程变得遥遥无期。植物修复理论的提出，为解决这一艰巨而复杂的问题提供了一个新的思路。植物修复技术是一种环境友好型的清洁技术，许多国家都投入了大量的人力和物力对该技术进行研究与开发，近年来，我国也对该技术开展了大量研究工作。当然，植物修复技术还不甚成熟，仍有许多有待完善的地方，但随着研究工作的不断深入，该技术将日趋完善，可操作性更强，市场前景也将更为广阔。

本书的资料主要来源于作者承担的国家社会公益性科研项目“绿色农业科学研究与示范”（2060302），北京市科技计划项目“荒滩地、废弃地综合治理技术示范”（D08060500460806）、“农田污染因子监测与生态修复技术应用”（D101105046410001）、“人工湿地草本植物的筛选”（Z07090500550728），北京市科技新星计划项目“高等水生植物对农药的消除作用研究”（2006B03），以及北京市农业科技成果产业化专项“受损生态系统草地植被重建与高效利用研究”（Z0006321001291）。本书是上述各科研项目的积淀和结晶，也是作者及其研究团队长期理论与实践研究的总结与升华。

在本书出版之际，我们衷心地感谢北京市农林科学院北京草业与环境研究发展中心客座硕士研究生卢清、阳娟、李瑞华、张威、刘艳青、朱艳清和黄传伟及博士后黄顶等，他们在上述研究项目完成、资料整理和成文过程中付出了大量辛勤劳动。本书还引用了大量国内外同行学者的研究成果，在此一并表示感谢！

由于学识和时间有限，本书难免有疏漏和不当之处，敬请各位读者和专家批评指正。

编著者

2011年12月于北京

目　录

第一章 植物修复的理论框架

第一节 植物修复的含义及溯源

人类活动造成重金属对周边生存环境污染的历史，可追溯到铁器时代。特别是工业革命后，由于人口数量的增长，这种污染活动急剧增加(Saier Jr and Trevors，2010)。

植物修复(phytoremediation)既是一个对社会发展造成的日益退化的生态环境进行修复的过程，也是人类在治理环境实践过程中的一种遵循自然规律的选择。近 20 年来，植物修复研究进展迅速，已从一个经验性的利用传统植物进行污染物净化的研究发展成为一个用现代科学理论与高技术武装起来的、多学科渗透与交叉的现代化超级学科，特别是借助分子生物学的手段改造目标植物(phytoremediation agent)，使植物修复更具针对性，修复效率也大幅度提高。随着人类生态意识的增强，这种低成本、环境友好型的技术将更为政府相关管理部门和社会公众所接受。

一、概念的提出与发展

利用植物去除农田污染物至少已有 300 年的历史，利用植物修复放射性核素污染土壤在 20 世纪 50 年代就已开发应用。1977 年 Brooks 提出超富集植物的概念，1983 年 Chaney 提出利用超富集植物清除土壤重金属污染的思想，但植物修复作为专业术语直到 20 世纪 80 年代后才出现(Gerhardt et al.，2009；韦朝阳和陈同斌，2001)。它是由 Raskin 等于 1991 年提出的，Cunningham 和 Berti 于 1993 年在公开发表的技术文献中用到该词(Mccutcheon and Schnoor，2004)。自 90 年代以来，该技术的开发和利用得到了飞速发展，现已成为多种污染物原位修复最有前途的治理策略，植物修复也成为环境污染治理研究领域的前沿课题之一。

植物修复是指利用植物和植物生长及其共存的微生物作为技术手段来净化环境中的有机和无机污染物，主要依靠植物及其根际微生物菌群自然发生的进程来达到控制、隔离、去除或降解污染物的目的(Pilon-Smits，2005；Tsao，2003)。

植物修复概念的完善是一个渐进的过程，随着时间推移和人类认识的提高，概念还会有一定的变化。无论学者还是公众，从不同的角度对此概念会有不同的理解，因此仍然不断产生一些新的内涵和外延。

二、植物修复技术的类型

根据污染物的类型、污染场地的条件、污染物的数量以及植物种类，植物修复过程具体可以分为 6 种(Arthur et al.，2005；Pilon-Smits，2005)。

1. 植物萃取

植物萃取(phytoextraction)是指植物从土壤中吸收去除无机污染物,主要是重金属和类金属物质(如砷)(Peer et al.,2006)。其原理是植物均具有从土壤或基质中吸收无机化学物质的能力。其中一些物质是植物生长必需的营养元素,而有一些在植物体内的生理功能目前尚不清楚。植物吸收污染物后将其从根部运输至茎、叶,可以通过收割植物地上部分将污染物清除出土壤。因此在该技术利用过程中,含有毒有害物质的植物的处理及回收利用格外引人关注。收获的植物材料不可食用,可用作木材或加工为木板;或用作燃料,将灰分在垃圾填埋场处理;若污染物是有价值的金属还可回收利用。影响该技术成功的因素主要有污染程度,金属的生物可利用性,植物的拦截、吸收及富集能力等。可见,寻找合适的超富集植物和诱导出超级富集体也是该技术成功的关键所在。而植物对污染物(如重金属)产生富集的首要条件是,该植物的根和茎、叶细胞能够耐受高浓度的相应元素,并有能力将该元素从根系转运到茎、叶(王庆仁等,2001)。

2. 植物固定

植物固定(phytostabilization)是指植物根系—微生物互作可以使土壤中的有机污染物和部分无机污染物与土壤团粒紧密结合,从而钝化或固定土壤中的污染物,降低其生物有效性及迁移性,使其不能为生物所利用,阻止其向周边环境扩散(Ghavzan and Trivedy,2005)。主要途径有减少污染土壤的侵蚀、土壤渗漏及地表径流,从而防止污染物的淋移和扩散;或者是将污染物转化为较难被生物利用的形态(如沉积在根际),阻止其进入食物链。植物稳定只是暂时将污染物以生物不可利用的形态固定下来,减少其对生物和环境的危害,并没有将其清除出环境。然而污染物的生物可利用性随环境条件的变化可能又会发生改变。因此,植物固定不是一个彻底解决环境污染问题的方法。

3. 植物降解

植物降解(phytodegradation)是指植物通过酶活性在植物体内直接降解有机污染物,将其转化为毒性较小或无毒的物质(Arthur et al.,2005)。该技术主要适用于疏水性适中的污染物,如BTEX①、TCE(三氯乙烯)、TNT(三硝基甲苯)等军用排废。对于疏水性非常强的污染物,由于其会紧密结合在根系表面和土壤中,因而无法发生运移。对于这类污染物,更适合采用之前提到的植物固定来治理。植物降解在植物修复过程中的作用常采用抑菌条件下检测植物体内污染代谢物含量水平的方法来评价(Bhadra et al.,2001;王庆海等,2010)。

4. 植物促进

植物促进(phytostimulation)也称根际降解(rhizodegradation),是指植物的根系分泌物(如氨基酸、糖和酶等物质)能够促进根际微生物的活性和生化反应,对有机污染物进行

① BTEX是石油中常见的苯、甲苯、乙基苯、三种二甲基苯(邻二甲苯、间二甲苯、对二甲苯)的异构体的合称。

生物降解(Ghavzan and Trivedy,2005)。植物促进常常伴随在植物降解过程中。植物的根际是一个复杂的微生态系统,在该系统中,植物—微生物互作是根际生物降解的关键因素。植物可以提高微生物的数量和活力,而微生物对污染物的降解又可提高污染物的生物可利用性,利于植物吸收。

5. 根滤作用

根滤作用(rhizofiltration)主要是指植物去除水体污染物的功能。其原理是利用水培植物的根系从污水中吸收、富集或沉淀金属及有机污染物。当水低速流经植物根区时,植物对硝酸盐也有较好的去除效果(Russelle et al.,2004)。水生植物还具有将污染物(如放射性污染物 Se)吸收后挥发到空气中的能力。狐尾藻属植物(*Myriophyllum brasiliense*)、大米草(*Juncus xiphioides*)、宽叶香蒲(*Typha latifolia*)和盐沼藨草(*Scirpus robustus*)在湿地中均具有去除 Se 的潜力(Pilon-Smits et al.,1999)。另外,植物残体也可以吸附污染物。进行根滤作用所需要的媒介以水为主,因此根滤是水体、浅水湖和湿地系统进行植物修复的重要方式,实施该技术所选用的植物也以水生植物为主。

6. 利用植物去除大气污染物

大气污染的植物修复是一种以太阳能为动力,利用植物的同化或超同化功能净化污染大气的绿色植物技术(骆永明等,2002)。大气污染对植物有一定的影响和危害,另外,植物对于一定浓度范围内的大气污染物,不仅具有一定程度的抵抗力,而且也具有相当程度的吸收能力。也就是说,植物对一定程度的大气污染具有净化作用。这种净化作用主要有两种途径:一种是植物积聚和过滤粉尘、隔音等物理途径;而更多的一种是通过植物叶片对大气污染物的吸收、转化和累积而达到净化大气效果的生物化学途径。植物可去除室内外空气中的 NO_x、SO_2、CO_2、臭氧、神经毒气、烟尘颗粒物和挥发性卤代烃等多种污染物(Pilon-Smits and Freeman,2006),一些植物的挥发性物质还可杀灭大气中的微生物(戚继忠和齐清弘,2000;谢慧玲和詹瑞华,1997)。

第二节 植物修复的基本理论

长期以来,人们对植物作用的认识主要停留在两个方面。首先,植物为人类提供了木材、食物和纤维;其次,它具有景观绿化功能并为其他物种提供栖息地。在工业化进程日益加快的今天,人们越来越意识到植物在生态系统平衡中所起的重要作用。尤其是植物在减缓全球气候变暖过程中的作用,科学界和公众有着愈加深刻的认识。目前,植物在修复污染环境中的作用也在不断地研究之中。

一、退化生态系统

退化生态系统是指生态系统在自然或人为干扰下形成的偏离自然状态的系统;系统的结构和功能在干扰的作用下发生位移,位移的结果是打破了原有生态系统的平衡状态,使系统的结构和功能发生变化或者出现障碍,形成破坏性波动或恶性循环(任海等,2004;

王堃,2004)。实际上,生态系统时刻都在发生变化,这种变化既有正向的也有负向的。正常的生态系统是生物群落与自然环境在平衡位置作一定范围的波动,或者是围绕某一阈值振动。而一旦生态系统的某些要素或系统整体发生不利于生物和人类生存要求的量变和质变,系统的结构和功能将发生与其原有的平衡状态或进化方向相反的位移,该生态系统就发展成为一类"病态"生态系统,也就是退化生态系统(章家恩和徐琪,1999)。

与健康的生态系统相比,退化生态系统具有如下特征(盛连喜等,2002)。在系统结构方面:种群数量、物种组成、群落或系统结构发生改变,物种多样性、生化物质多样性、结构多样性和空间异质性低。在能量学方面:生物生产力低、系统储存的能量低、食物链单一且多为直线状。在物质循环方面:总有机质存储少、矿质元素较为开放、无机营养物质多储存于生物库中。在稳定性方面:土壤和微环境恶化,生物间相互关系改变,生态学联系和生态学过程简化、对外界干扰显得较为脆弱和敏感,系统的抗逆能力和自我恢复能力低。

生态退化包括陆地生态系统的退化、水生生态系统的退化和大气系统的退化(章家恩和徐琪,1999)。就陆地生态系统的退化而言,主要有以下几种类型(王堃,2004):①森林采伐迹地,这是由于人为干扰所造成的退化类型,其退化状态随采伐强度和频度而异;②退化草地,由于过度放牧、盲目开垦、滥挖滥搂及其他一些不合理利用方式所致;③弃耕地,是人类对自然植被的破坏性干扰类型,其退化状态随弃耕的时间而异;④采矿废弃地,是指采矿活动所破坏的、非经治理而无法使用的土地;⑤沙漠化土地,由人类的不合理利用或者气候变化所引起的;⑥裸地,有原生裸地和次生裸地,通常是由潮湿、干旱、盐渍化、有机质缺乏、基质强度移动等极端条件造成的;⑦垃圾堆放场。除土地退化外,由于人口增加和工农业生产的发展,进入地表水的污染物大幅增加,人类赖以生存的淡水生态系统也在日益退化,特别是水体富营养化问题,已严重威胁社会经济的可持续发展和人类健康。高等沉水植物种群的减少是健康水生生态系统退化的重要指标(濮培民等,2001)。水生生态系统的退化,导致其大气调节功能、物质生产功能、水资源调节功能、水质净化功能和生物栖息地功能下降(张修峰等,2007)。大气系统的退化主要有大气污染和全球气候变化。在整个生物圈,不同生态系统的退化是相互影响的。例如,大气污染致使森林生态系统发生退化,陆地生态系统退化(尤其是植被退化)会使该系统内的营养物质氮(N)和磷(P)过多地进入毗邻水体,从而造成水生生态系统退化。

二、干扰与生态系统退化

退化生态系统形成的原因极为复杂,干扰是生态系统退化最原始、也是最根本的推动力。干扰使生态系统发生退化的主要机制是在干扰的压力下,系统的结构与功能发生变化,干扰的压力不仅在群落物种多样性的发生与维持中起重要作用,在生物进化中也是重要的选择压力;在功能过程中,干扰能减弱生态系统的功能过程,甚至使生态系统的功能丧失。干扰既有人为因素也有自然因素。包维楷和陈庆恒(1999)分析指出生态系统退化的根本驱动力,乃是人类的直接或间接干扰。人为因素主要包括人类社会中所发生的一系列的社会、经济、文化活动或过程(如工农业活动、城市化、商业、旅游、战争等)(章家恩和徐琪,1999)。据 Daily(1995)估计,地球上植被覆盖的地表大约有 43%的土地已退化,他还对造成土地退化的人类活动进行了排序：过度放牧占35%，森林砍伐占30%，其他农业活动占28%，过度收获薪材占7%，生物工业占1%。自然干扰主要包括一些天文因素变异而引起的全球环境变化(如冰期、间冰期的气候冷暖波动)，以及地球自身的地质地貌过程(如火山爆发、地震、滑坡、泥石流等自然灾害)和区域气候变异(如大气环境、洋流及水分模式的改变等)。人为干扰往往叠加在自然干扰之上，共同加速生态系统的退化(章家恩和徐琪，1999)。根据对系统的作用途径基本上可将干扰因素归纳为两大类：一类是对系统结构成分的丰盛有直接或间接影响；另一类是对系统结构成分和环境有直接或间接影响(包维楷和陈庆恒，1999)。由于所承受的干扰体的差异，生态系统退化的程度、速度和过程也表现出明显的差异。包维楷和陈庆恒(1999)把生态系统的退化过程归纳为如下几种：突变过程、渐变过程、跃变过程、间断不连续过程及复合退化过程。

三、植物修复技术的理论基础

利用植物修复技术恢复退化的生态环境，是一项庞杂的系统工程。因为生态系统本身就是由许多生态因子所决定的开放系统，它被物流、能流和信息流所穿过，通过复杂的生物网结构和多样化的生态环境相互作用，而展示一定的生态功能。植物修复技术涉及众多学科，包括生物地球化学、地质学、植物分类学、植物生理学、植物生态学、植物营养学、毒理学、土壤化学、环境生态学和农业生物环境工程等，多学科交叉为该技术的发展和应用注入了强劲的动力。植物修复技术应用了这些学科的许多理论，主要有：限制性因子原理(生态系统恢复的关键因子)、种群密度制约及分布格局原理(物种组合及空间配置原理)、生态适应性理论(乡土种对群落恢复的重要性)、生态位原理、演替理论、植物入侵理论、生物多样性原理、干扰理论、景观生态学理论等，但最主要的还是生态学理论。

尽管植物修复技术的理论基础较多，但最具指导意义的是恢复生态学中的人为设计理论，这也是唯一从恢复生态学自身产生的理论(盛连喜等，2002)。该理论认为，通过工程方法和植物重建，可直接恢复退化生态系统，但恢复的类型可能是多样的。此理论更强调人的主观能动性，但恢复的结果具有不确定性。

四、植物修复技术的原则

植物修复遵循的原则，也反映了其依据的理论。据此可以归纳出植物修复技术的几个原则(刘凯等，2011；盛连喜等，2002)。

1. 生态学原则

所谓生态学原则，主要是生态演替、食物链(网)和生态位原则等。其包括物质和能量循环再生原理、生物之间及生物与环境间的和谐共存原理、生态系统的自我净化功能等。遵循生态学原则，就是要根据生态系统自身的演替规律和结构与功能统一规律，在生态系统恢复和重建过程中，分步骤、分阶段，循序渐进。植物修复方法的选择、方法的优化组合、影响因子的调控等措施必须遵循生态学的基本原理和方法，才能维持生态修复过程中物质流、能量流、信息流的良性循环和动态平衡，才能最大限度地激活退化环境的自我恢复功能，达到修复目的。

2. 可行性原则

可行性原则包括技术可行性、经济可行性。技术可行性是指修复工程设计方案中的技术应满足先进性、实用性、可操作性、可实施性等要求。经济可行性是指修复工程的技术成本、项目运行成本低，可被接受，工程具有投入成本低、效益佳的特点。进行植物修复时，要认真、透彻地研究被恢复对象的各种情况，做综合的分析评价并充分论证，将风险降到最低。

3. 工艺优化原则

工艺优化原则，也称为整体优化。在污染环境植物修复中，优化原则不仅包括以生态环境的自我恢复能力为核心，对修复工程中各种修复方法、影响因子等进行最优化组合和调控，也包括将修复对象的系统内在自我恢复能力和外源增加的修复功能有机结合，寻求投入的最小化和效果的最大化之间的优化。

4. 地域性原则

由于不同区域具有不同的生态环境背景，如气候条件、地貌条件和水文条件等，这种地域的差异性和特殊性正是原有生物群落形成的基础和条件。因此，植物修复作为一个客观存在的生态工程工艺实体，与所处地域的自然环境和退化特征密切联系。在退化环境执行植物修复计划时，首先需要考虑和遵循的就是地域的生态环境本底和历史背景。物种的引进、生物群落的设计都要因地制宜，有的甚至需要经过长期的定位试验和不同模式的比较，确定工艺参数与调控方法，选择最佳的修复工艺或工艺组合。

5. 安全性原则

工程实施中采用的修复植物及辅助措施不对人体健康造成威胁，不向被修复的环境引入病原微生物或有毒、有害物质，修复过程和结果对环境本身的生态安全性不造成威胁；修复工程环境效应的安全性，即修复工程不产生对地上植物、地下水、空气等有毒害的二次污染物。

参 考 文 献

包维楷，陈庆恒．1999. 生态系统退化的过程及其特点．生态学杂志，18(2)：36～42

刘凯，张健，杨万勤，等．2011. 污染土壤生态修复的理论内涵、方法及应用．生态学杂志，30(1)：162～169

骆永明，查宏光，宋静，等. 2002. 大气污染的植物修复. 土壤，34(3)：113～119

濮培民，王国祥，李正魁，等．2001. 健康水生态系统的退化及其修复——理论，技术及应用．湖泊科学，13(3)：193～195

戚继忠，齐清弘. 2000. 园林植物清除细菌能力的研究. 城市环境与城市生态，13(4)：36～38

任海，彭少麟，陆宏芳．2004. 退化生态系统恢复与恢复生态学．生态学报，24(8)：1756～1764

盛连喜，冯江，王娓．2002. 环境生态学导论：北京：高等教育出版社

王堃．2004. 草地植被恢复与重建．北京：化学工业出版社

王庆海，娟阳，武菊英，等. 2010. 3种挺水植物对水体中毒死蜱去除的过程和效率分析. 农业环境科学学报，29(4)：769～772

王庆仁，崔岩山，董艺婷. 2001. 植物修复——重金属污染土壤整治有效途径. 生态学报，21(2)：326～331

韦朝阳，陈同斌. 2001. 重金属超富集植物及植物修复技术研究进展. 生态学报，21(7)：1196～1203

谢慧玲，詹瑞华. 1997. 植物杀菌作用及其应用研究. 河南农业大学学报，31(4)：367～370

张修峰，刘正文，谢贻发，等. 2007. 城市湖泊退化过程中水生态系统服务功能价值演变评估——以肇庆仙女湖为例. 生态学报，27(6)：2349～2354

章家恩，徐琪. 1999. 恢复生态学研究的一些基本问题探讨. 应用生态学报，10(1)：109～113

Arthur E L，Rice P J，Rice P J，et al. 2005. Phytoremediation—an overview. Critical Reviews in Plant Sciences，24(2)：109～122

Bhadra R，Wayment D G，Williams R K，et al. 2001. Studies on plant-mediated fate of the explosives RDX and HMX. Chemosphere，44(5)：1259～1264

Daily G C. 1995. Restoring value to the world's degraded lands. Science，269(5222)：350～354

Gerhardt K E，Huang X D，Glick B R，et al. 2009. Phytoremediation and rhizoremediation of organic soil contaminants：potential and challenges. Plant Science，176(1)：20～30

Mccutcheon S C，Schnoor J L. 2004. Overview of Phytotransformation and Control of Wastes. *In*：Mccutcheon S C，Schnoor J L. Phytoremediation：Transformation and Control of Contaminants. Hoboken，New Jersey：John Wiley & Sons，Inc.：1～58

Ghavzan N J，Trivedy R K. 2005. Environmental pollution control by using phytoremediation technology. Pollution Research，24(4)：875～884

Peer W，Baxter I，Richards E，et al. 2006. Phytoremediation and hyperaccumulator plants. *In*：Tamas M，Martinoia E. Molecular Biology of Metal Homeostasis and Detoxification. Berlin/Heidelberg：Springer：299～340

Pilon-Smits E，De Souza M P，Hong G，et al. 1999. Selenium volatilization and accumulation by twenty aquatic plant species. Journal of Environmental Quality，28(3)：1011～1018

Pilon-Smits E，Freeman J L. 2006. Environmental cleanup using plants：Biotechnological advances and ecological considerations. Frontiers in Ecology and the Environment，4(4)：203～210

Pilon-Smits E. 2005. Phytoremediation. Annual Review of Plant Biology，56(1)：15～39

Russelle，M P，Kelley，D W，Trojan，M D，et al. 2004. Phytofiltration shows promise to reduce ground water nitrate. *In*：Proceedings of the 59th Annual Soil and Water Conservation Society Conference. July 24-28，2004，St. Paul，Minnesota. 26

Saier Jr M H，Trevors J T. 2010. Phytoremediation. Water，Air and Soil Pollution，205(Suppl 1)：61～63

Tsao D. 2003. Overview of phytotechnologies. Advances in Biochemical Engineering/Biotechnology，78：1～50

第二章　植物修复的研究进展

第一节　污染水体的植物修复

用植物修复技术去除水体N、P污染，水生植物是该技术体系中的要素之一，起到举足轻重的作用。水生植物不仅能以水体中N、P污染物为养分，通过直接吸收利用而将之清除出水体，而且还能为有益微生物提供良好的生活环境，促进微生物的降解功能。同时，水生植物发达的根系还可改善基质的通透性，增强基质对污染物的吸附和转化。因此，研究水生植物的净化效果及净化机理对了解植物修复技术的复杂过程和作用机理有很大帮助。

一、水生植物的概念

水生植物是指生长在水中或至少是生长在由于水分充足而周期性缺氧的基质上的任何大型植物(包括水生植物或水生大型藻类)，尤其是在湿地和其他水生生境中生长的植物(王德华，1994)。水生植物是一个生态学范畴上的类群，是不同类群植物通过长期适应水环境而形成的趋同性适应类型，主要包括两大类：水生维管束植物和高等藻类。水生维管束植物(aquatic vascular plant)具有发达的机械组织，植物个体比较高大。通常具有4种生活型(life form)(颜素珠，1983)：挺水(emergent)、漂浮(free floating)、浮叶(floating leaved)和沉水(submergent)(表2-1，图2-1)。

表2-1　大型水生植物的4种生活型

生活型	生长特点	代表种类
挺水植物	根茎生于底泥中，植物体上部挺出水面	芦苇、香蒲
漂浮植物	植物体完全漂浮于水面，具有特化的适应漂浮生活的组织结构	凤眼莲、浮萍
浮叶植物	根茎生于底泥，叶漂浮于水面	睡莲、荇菜
沉水植物	植物体完全沉于水气界面以下，根扎于底泥或漂浮于水中	狐尾藻、金鱼藻

水生植物由于长期生活在缺氧、弱光的环境中，在形态学、生理学及其他方面有一些适应性改变，根茎和叶形成了完整的通气组织。特别是长时间生长于污水中的植物，能产生更多的幼株以及增大根密度来加强氧气产生量和输送量，形成一种最大量的地下部分氧气输送体系，以保证器官和组织对氧气的需要(Hardej and Ozimek，2002；李宗辉等，2007)。在生理学上，它们具有从皮孔和叶将氧输至根、无氧呼吸、乙烯产量增加、硝酸盐转化为N_2O和N_2效率降低等方面的适应性改变。其他方面的适应性变化包括：具有水面传粉及传播种子的能力、种子可在水中萌发、种子存活力增加等(李扬汉，1984)。

我国水系众多，水生植物资源非常丰富，有600多种，其中高等水生植物有300多种

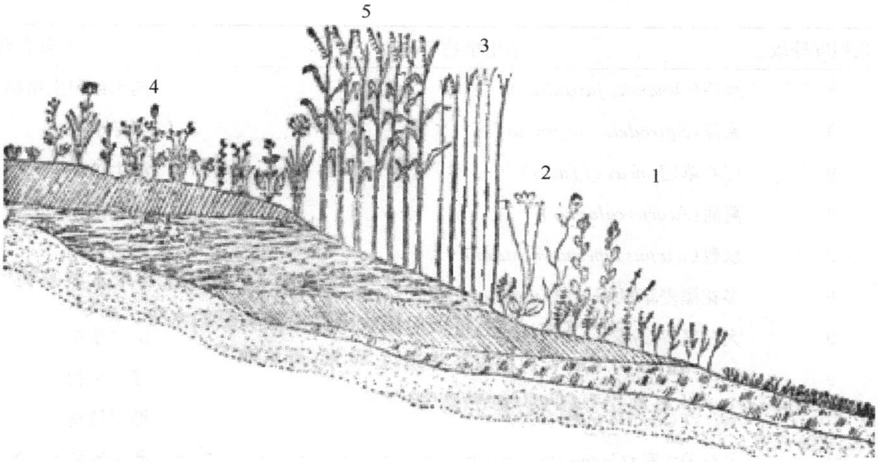

图 2-1　湖泊植物丛生的情况(模式图)(李扬汉,1984)
1. 沉水植物;2. 浮叶植物;3. 挺水植物;4. 湿生植物;5. 由挺水植物向湿生植物过渡类型

(中国国家环境保护总局,2007)。根据北京市水土保持工作总站的《北京地区水生植物资料汇编》,北京所见水生植物有 51 科 83 属 147 种,包括乔木、灌木和草本植物。据统计,研究人员目前已对 45 种以上的水生植物净污作用进行了研究(表 2-2)(朱斌等,2002)。水生植物在生态系统中具有重要的地位。它们从太阳获得能量,并通过光合作用将能量贮存在化学键中,作为动物直接或间接的食物来源;水生植物可以为许多野生生物提供栖息场所;水生植物还是碳氧气体循环中活跃的参与者。

表 2-2　净化富营养化水体的水生植物研究频度统计

序号	研究频度等级	水生植物名称	生态类型
1	1	凤眼莲(*Eichhornia crassipes*)	漂浮植物
2	2	芦苇(*Phragmitis australis*)	挺水植物
3	3	喜旱莲子草(*Alternanthear philoxeroides*)	挺水或湿生植物
4	4	香蒲(*Typha angustifolia*)	挺水植物
5	5	菹草(*Potamogeton crispus*)	沉水植物
6	6	水蕹(*Ipomoea aquatica*)	挺水或湿生植物
7	7	茭白(*Zizania latifolia*)	挺水植物
8	7	浮萍(*Lemna minor*)	漂浮植物
9	7	菱(*Trapa quadrispinosa*)	浮叶植物
10	7	金鱼藻(*Ceratophyllum demersum*)	沉水植物
11	8	伊乐藻(*Elodea canadensis*)	沉水植物
12	8	莲花(*Nelumbo nucifera*)	浮叶植物
13	8	苦草(*Vallisnerria natans*)	沉水植物
14	8	黑藻(*Hydrilla verticillata*)	沉水植物

续表

序号	研究频度等级	水生植物名称	生态类型
15	8	水芹(*Oenanthe javanica*)	挺水或湿生植物
16	9	紫萍(*Spirodela polyrhiza*)	漂浮植物
17	9	灯心草(*Juncus effusus*)	湿生植物
18	9	菖蒲(*Acorus calamus*)	挺水植物
19	9	水葱(*scirpus tabernaemontani*)	挺水植物
20	9	多花黑麦草(*Lolium multiflorum*)	湿生植物
21	9	大茨藻(*Najas marina*)	沉水植物
22	9	睡莲(*Nymphaea tetragona*)	浮叶植物
23	10	满江红(*Azolla imbricata*)	漂浮植物
24	10	大花美人蕉(*Canna generalis*)	栽培或陆生植物
25	10	聚草(*Myriophyllum spicatum*)	沉水植物
26	10	水鳖(*Hydrocharis dubia*)	漂浮植物
27	10	荇菜(*Nymphoides peltatum*)	漂浮植物
28	10	槐叶萍(*Salvinia natans*)	漂浮植物
29	10	石菖蒲(*Acorus tatarinowii*)	挺水植物
30	11	稻(*Oryza sativa*)	挺水植物
31	11	鸭跖草(*Commelina communis*)	湿生植物
32	11	慈姑(*Sagittaria sagittifolia*)	挺水植物
33	11	荆三棱(*Scirpus yagara*)	挺水植物
34	11	马来眼子菜(*Potamogeton malaianus*)	沉水植物
35	11	篦齿眼子菜(*Potamogeton pectinatus*)	沉水植物
36	11	狐尾藻(*Myriophyllum* sp.)	沉水植物
37	12	大薸(*Pistia stratiotes*)	漂浮植物
38	12	水芋(*Calla salustris*)	挺水或湿生植物
39	12	荸荠(*Eleocharis dulcis*)	挺水植物
40	12	普生轮藻(*Chara vulgaris*)	沉水植物
41	12	水筛(*Blyxa japonica*)	沉水植物
42	12	水龙(*Jussiaea repens*)	漂浮植物
43	12	两栖蓼(*Polygonum amphibium*)	浮叶植物
44	12	薏苡(*Coix lacryma-jobi*)	湿生植物
45	12	茳芏(*Cyperus malaccensis*)	挺水植物

二、水生植物的净化效果

水生植物对污水的净化作用包括附着、吸收、积累、降解等。污水中的悬浮颗粒在根区网络系统的过滤作用下沉降,放射性物质、重金属和一些有毒、有害物质可被植物根系和根际微生物吸附和富集，N、P和有机物可通过植物吸收同化而从污水中除去，藻类和病原体可被植物的根系分泌物抑制或杀死。水生植物在城市污水、富营养化水体、工业废水、重金属废水和其他废水的净化方面均表现出良好的效果(韩潇源等，2005)。

1. 挺水植物

挺水植物可以直接引植于沿岸地带，也可在人工生物浮床、人工湿地中应用，能够从底质沉积物及水体中补充营养。姜翠玲等(2004)的实验结果表明，生长在农田沟渠湿地中的芦苇和茭草对N、P有很好的吸收能力，芦苇每年可吸收818kg/hm^{2}的N和103.6kg/hm^{2}的P，茭草每年可吸收131kg/hm^{2}的N和28.9kg/hm^{2}的P。芦苇、香蒲和水葱对全氮(TN)有较好的去除效果，千屈菜、水葱和石菖蒲对溶解反应磷(SRP)和总磷(TP)有良好的去除效果(汤显强等，2007)。袁东海等(2004)通过对石菖蒲、灯心草和蝴蝶花3种不同植物的研究发现，污水中TN浓度较低时，无植被的人工湿地和有植被的人工湿地对污水的TN和TP都有较好的去除作用，随着污水中TN浓度的增加，有植被的人工湿地仍能保持较高的TN去除水平。3种植被对TN的去除作用依次为石菖蒲＞灯心草＞蝴蝶花。对TP的同化富集作用依次为石菖蒲＞蝴蝶花＞灯心草。许多研究发现，城市污水中的N、P和有机物可被植物吸附、吸收和同化而除去。人工湿地对市政综合废水的净化结果表明，经过藨草(*Scirpus validus*)、芦苇和宽叶香蒲3种单一植物处理的湿地，NH_4^+-N由24.7mg/L分别下降为1.4mg/L、5.3mg/L和17.7mg/L；3种人工湿地对BOD_5(五日生化需氧量)的去除率分别为96%、81%和74%(Gersberg et al.，1986)。喜旱莲子草对城市污水的净化效果也非常显著：7天后，污水中DO(溶解氧)由0.40mg/L上升为12.1mg/L；10天后，污水中TP由4.72mg/L下降为0.20mg/L，NH_4^+-N由33.9mg/L下降为1.34mg/L，COD_{Cr}(用重铬酸钾法测定的化学需氧量)由272mg/L下降为24.1mg/L(贾凤芝等，1998)。挺水植物对重金属废水和工业废水也有较好的去除作用。利用芦苇、香蒲、灯心草等组成的人工湿地处理铁矿酸性废水，结果显示，该系统对Cu、Fe、Mn、Zn、Mg的去除率分别为97.8%、86.6%、56.0%、87.4%、63.2%，且废水酸度明显降低(唐述虞等，1993)。利用香蒲净化塘系统治理铅锌矿废水污染，对Pb、Zn、Cd的去除率分别为90%、84%、84%(叶志鸿等，1992)。水芹和药芹在含银2.0mg/kg的废水中，9～10℃条件下，经过72h，对银的净化率分别可达90.91%和89.78%(戴全裕等，1996)。利用人工湿地处理矿山炸药污水，池杉(*Taxodium ascendens*)比芦苇对重金属铅和镉具有更强的富集能力(胡焕斌等，1997)。陈桂珠和郝登峰(1998)选用宽叶香蒲等7种水生植物，建立水生植物处理系统用于处理造纸废水，7种植物对废水中悬浮物的去除率均在70%以上，其中喜旱莲子草、风车草为84%以上；喜旱莲子草对废水色度去除效果最明显，9天后可达73.33%。水生植物对水中的硫化物也有较好的净化效果，芦苇对污水中S^{2-}的平均去除率可达62.8%，水葱和喜旱莲子草也都在50%以上(黄道营，1989)。芦苇、宽叶香蒲、灯心草、藨草和黄菖蒲(*Iris pseudacorus*)等水生植物还可以起消灭病原体的作用(朱莉·斯托弗，2000)。

2. 浮叶植物

浮叶植物也称根生浮叶植物，扎根水底，根状茎发达。发达的通气组织通过具一定柔韧性的茎干将根部与叶片连接起来，其茎干长度通常大于水深。叶片上表面暴露于空气中，而下表面则与水面接触。其叶形一般呈卵形、圆形或椭圆形等，能最大限度地保护叶片免受风浪的撕裂，同时部分浮叶植物叶片的革质质地也能保护其免受外界的伤害。叶片上表面有较多呼吸孔，能帮助空气进出植株体内的贮气组织，而这些贮气组织则有助于植株体平稳地漂浮于水面。浮叶植物的叶漂浮于水面或挺出水面，在与其他生物的光照、营养竞争中具有优势。以荇菜和太湖五里湖污染底泥为材料的研究发现，荇菜生长使水体中的N、P水平逐渐降低，实验结束后，表层沉积物与间隙水中N、P营养盐的水平明显下降(包先明等，2005)。浮叶植物菱(*Trap aquadrispinosa*)能有效控制湖泊沉积物再悬浮，从而降低湖水N负荷(黄沛生等，2005)。顾龚平等(2000)将荇菜(*N. peltatum*)在不同浓度$CdCl_2$的培养液中培养不同的时间，实验结果表明，荇菜对镉有较强的耐受性，5mg/L镉为其最小致死浓度。荇菜通过根系吸收和分泌物的吸附作用固定溶液中的镉，对含镉污水有较高的净化能力，最高可清除污水中99.5%的镉。在可耐受的范围内，荇菜植株中超氧化物歧化酶(superoxide dismutase，SOD)活性应激性升高，使镉毒害造成O_2^-的大量生成与清除达到新的平衡，有效抑制膜脂过氧化物丙二醛(MDA)的形成，被认为是荇菜在镉胁迫下的防护机制之一。在可耐受的浓度范围内，植株在光合作用、呼吸作用前期出现应激性上升，随着Ca^{2+}浓度的增加和处理时间的加长，植株受毒害损伤的现象越趋明显，同时这种毒害与ATPase活性的下降密切相关(陶明煊等，2002)。生长于污染程度不同的水体中的荇菜叶的形态和结构有较大差异，污染重的水体中的荇菜叶片的栅栏组织和海绵组织基本不分化，薄壁细胞发达，细胞间隙小(陈小峰等，2005)。

3. *漂浮植物*

漂浮植物在光照竞争中占绝对优势，生长力很高，能够高效吸收水体中的营养物质。近年来国内外的工程实践及研究证明，该类水生植物不仅具有较高的生长率，能够快速分解和吸收水中的N、P等营养物质，而且植株漂浮于水面，易移出水体，既可作为牛、猪、鸭的营养饲料，又可沤制绿肥，能带来可观的经济效益(Vuillot and Boutin，1987)。

漂浮植物凤眼莲、大薸和水龙等在夏季对氨氮(NH_3-N)去除率高达97%以上，冬季凤眼莲去除NH_3-N效果好；夏季植物去除TN的能力组合植物强于单种植物。冬季和夏季各种植物系统的TP去除率分别为32%～64%及83.3%～89.0%；无论是夏季还是冬季，漂浮植物均能有效地调节pH在水质标准6～9范围内。浮萍对TN的吸收率达到60%以上，对TP的吸收率也可以达到50%以上(李寒娥等，2006)。

凤眼莲对三肼有较高的适应性，对偏二甲肼和甲基肼有良好的去除作用(曾健等，1997)。凤眼莲可大幅度地加速水溶液中有机磷农药马拉硫磷的降解，10～11g的植物可将250mL的10mg/L的马拉硫磷的降解速率提高160%(夏会龙等，2001)。凤眼莲对污水中的S^{2-}的去除率可达50%以上，对废水中的银有很强的富集能力，在含银8.0mg/kg的废水中，最高富集量可达7200mg/kg，已具有提炼回收价值(戴金裕等，1990)。

利用凤眼莲和细绿萍还可治理淀粉废水，原水经隔栅沉降池、自然氧化塘、凤眼莲池和细绿萍池净化后，COD_{Cr}、SS、NH_4^+-N总去除率均在95%以上(杨凤江和李立明，1996)。艾尔肯·热合曼等(1996)引进国外高效净化驯化品种——野生大薸净化酿酒业污水，污水在稳定塘中经过8～9天后，pH由6.8左右变为7.2左右，SS、BOD_5、COD_{Cr}、NH_4^+-N、色度去除率分别为96.96%、86.45%、91.64%、87.29%、89.60%。凤眼莲对水中放射性核素^{60}Co、^{65}Zn、^{137}Cs具有选择性吸收的特点，而且吸收迅速，对^{60}Co和^{65}Zn的吸收率高达97%和80%，并能较长时间的将其保持在植物体内(周凤帆等，1989)。利用水生植物净化塘净化地热尾水，凤眼莲对其中的氟、砷、镉的富集能力比芦苇和香蒲强，对氟的富集量最大可达34.2mg/L，是水体含氟量的13.7倍(阮宜纶等，1994)。大薸可向周围环境分泌蛋白性杀菌物质，对病菌有拮抗作用(朱莉·斯托弗，2000)。这为含病原体污水的处理提供了更为经济有效的途径。

而且，漂浮植物凤眼莲和大薸对雷氏衣藻还有克制作用，克藻效果为凤眼莲＞大薸(俞子文等，1992)。

4. 沉水植物

沉水植物在水体修复中具有重要的作用，由于沉水植物的茎、叶和表皮与根一样具有吸收作用，因而具有较强的净化能力。沉水植物占优势的水体水质清澈、生物多样性高，水生植物在不同的营养级水平上存在维持水体清洁和自身优势稳定状态的机制。因此恢复以沉水植物为主的水生植被是合理有效的水质净化和生态系统恢复的重要措施(吴振斌等，2001a)。

在武汉东湖有关沉水植物对水体N、P水平影响的研究结果表明，沉水植物可以显著降低水体N和P的营养水平(吴振斌等，2003)。菹草和金鱼藻对TN的吸收率可以达到60%以上，对TP的吸收率可达到90%以上(刘佳等，2007)。宋福和乔建荣(1997)利用狐尾藻、菹草、苦草、伊乐藻、金鱼藻、篦齿眼子菜、轮藻7种沉水植物对受污染的草海水体(含底泥)TN去除速率进行了试验研究。结果表明：每种沉水植物对水体TN、TP均有显著去除作用。在试验的27天内，对TN、TP的去除率分别为80.13%、89.82%。7种沉水植物引起水体TN浓度下降，随着时间的延长，水体中TN浓度呈负指数形式衰减。当TN浓度在2.628～16.667mg/L范围内时，这些沉水植物对TN的去除率随水体TN浓度的增加而增加。

中国科学院南京地理与湖泊研究所于2000年秋末冬初在莫愁湖中建立围区，先后引种伊乐藻、菹草和微齿眼子菜等水生植物，用于净化富营养化湖水，结果表明，这些水生植物能快速提高水体透明度，对湖水中的N、P有较高的去除率，对藻类有明显的抑制作用(成小英等，2002)。藻类还具有很强的吸附净化重金属废水的能力。利用藻类去除水中双偶氮染料和重金属离子也有较好的效果。在一定条件下，绿藻对Cu、Pb、Cd、Hg、La的去除率可达80%～90%，而且绿藻还是一种很好的印染废水脱色剂(莫健伟等，1997)。

三、水生植物处理系统工艺

随着工业化的发展和人类物质生活水平的提高，水环境污染已是当今世界范围内普遍存在的问题。我国水污染问题尤其突出，主要表现在城市污水处理率低以及湖泊海洋富营养化等方面。传统的污水处理方法虽然具有良好的效果，但生化二级处理法建造、运行、管理费用过高，化学法易产生二次污染，因此人们开始寻找高效低耗的水污染处理方法。利用水生植物净化污水具有投资、维护和运行费用低，管理简便，污水处理效果好，可改善和恢复生态环境，回收资源和能源以及收获经济植物等诸多优点，特别适合小城市污水处理和富营养化湖泊治理。水生植物处理系统工艺包括植物净化塘、人工湿地、水域浮床和根际过滤技术等，这些处理系统在城市污水、富营养化水体、工业废水净化方面均表现出良好的效果，引起国内外专家的关注(韩潇源等，2005)。

1. 植物净化塘系统

植物净化塘系统是人工强化和改进的稳定塘技术，污染物的去除机制主要是植物的吸收和微生物的代谢。与普通稳定塘相比具有占地面积小、废水停留时间短等优点。该系统主要用于城镇污水的二级或三级处理，某些工业废水、暴雨径流、受污染天然水的处理。水生维管植物使用较多的为凤眼莲、浮萍、大薸、喜旱莲子草、满江红等漂浮植物。该系统设计简单，但工艺优化的研究较少，应用受制约(种云霄等，2003)。

高等水生植物对塘系统有显著的强化作用，在其生长旺季(夏季)各污染物去除率均达到较高的水平，尤其在N、P的去除方面。全年BOD_5去除率为80%～95%、NH_3-N去除率为80%～90%、TP去除率为60%～96%。高等水生植物喜旱莲子草、凤眼莲净化污染物能力是普通菌藻塘的2～4倍；通过对水生植物根际微生物进行细菌分离鉴定，证明水生植物塘中大量存在着氨化细菌、亚硝化菌和反硝化菌；水生植物塘中存在着强烈的氨化作用、硝化-反硝化作用，并且具有典型的短程硝化过程。污水中的N是通过上述细菌的反应过程及植物的吸收而去除的。芽孢杆菌作为水生植物塘优势菌种这一结论的确立，为有机磷的高效分解、促进植物对P的吸收以及随着植株移出水体而达到P最终去除这一过程奠定了基础(许航等，1999)。许航和杨一清(2002)还提出了以磷酸盐负荷为主要水生植物塘设计参数的设计思想，提出了温度修正公式，并对其流态及数学模式进行了研究。

2. 人工湿地技术

人工湿地技术利用人工建造和监督控制的适合水生植物或湿生植物生长的工程化的沼泽地进行废水处理，其基本构成要素有基质、植物和微生物，它克服了天然湿地净化效果不理想、负荷低、易淤积的缺点，不仅能有效净化水体，还具有很强的生态功能。人工湿地常用的基质有粗砂、瓜子片、砾石、高炉渣、钢渣、煤灰渣、草炭、耕层土、沸石和蛭石(崔理华等，2007；李怀正等，2007；袁东海等，2005)。常用挺水植物见表2-3(韩玉林等，2006；US EPA，1995)。20世纪70年代原西德首次建造人工湿地，开始了对人工湿地的研究和应用(邓瑞芳等，2004)。我国应用人工湿地水处理技术较晚。1987年，天津市环境保护研究所建成我国第一座芦苇湿地工程，处理规模为1400m^3/d；1990年，环境保护部华南环境科学研究所建成深圳白泥坑人工湿地示范工程，以及近年来成都市活水公园和沈阳市新近建成通水的马官桥污水生态处理厂，都是人工湿地污水处理的典型范例(华涛等，2004)。

表 2-3 人工湿地常用挺水植物

植物	适合最高水深/cm	备注
宽叶香蒲	30～46	生长迅速，去污效果好。pH：3.0～8.5
水烛	30	生长迅速，耐盐。pH：3.7～8.5
水葱	30	生长迅速，喜阳。去污效果好。可为多种鸟类提供食物和活动场所。pH：6.5～8.5
水生鸢尾	30～60	植株高大，适应性强，喜光耐半阴，耐旱也耐湿，极其耐寒。pH：6.5～8.5
芦苇	8	扩散快，有较高入侵性，野生生物价值低。pH：3.7～8.0

根据水流方向，人工湿地可分为表面流湿地和潜流湿地，潜流湿地又可分为水平潜流和垂直潜流湿地(卢少勇等，2007)。①表面流湿地由浅盆地、土壤或其他支撑植物根系生长的介质以及控制水深的构筑物组成。水面在地表面以上，植物露出水面，扎根于土壤中，水流基本覆盖地表(沈耀良和杨铨大，1996)。表面流湿地和自然湿地极为相似，因此通常是利用天然沼泽、废弃河道等洼地改造而成；该系统不仅可以高效、低成本地进行污水深度处理，还可为保护、利用、恢复目前日渐萎缩和退化的自然湿地提供一个全新的解决方式(张军等，2004)。污水以较慢的速度在湿地表面漫流。污水中有机物的去除，主要依靠床体表面的生物膜和水下植物茎、秆上的生物膜来完成，氧主要来自于水体表面扩散、植物根系的传输和植物的光合作用。这种类型的人工湿地具有投资少、操作简单、运行费用低等优点，但占地面积较大，不能充分利用填料及丰富的植物根系，水力负荷率较小，去污能力有限，而且系统的运行受气候影响较大，水面冬季易结冰，夏季易生蚊蝇，散发臭气。该类型湿地目前已不常采用。②水平潜流湿地的主要特征是污水从湿地一端进入从湿地另一端流出，污水在填料床表面下水平流过，床体表面无积水，床底设有防渗层。与表面流湿地相比，其水力负荷与污染负荷较大，氧源于植物根传输；对 BOD、COD、SS(悬浮物)、重金属等污染指标的去除效果好，但是对 TN 去除能力有限；保温性好；很少有恶臭和蚊蝇孳生；系统的处理效果受水力停留时间、温度、水力负荷和植物的影响比较大，控制相对复杂(张洪洋等，2008)。③垂直潜流湿地污水从湿地表面纵向流到填料床的底部，床体处于不饱和状态。氧可通过大气扩散和植物传输进入湿地。其硝化能力高于水平潜流湿地，可用于处理 NH_3-N 含量较高的污水。但处理有机物能力不如水平潜流湿地系统，落干、淹水时间较长，控制相对复杂，夏季有蚊蝇孳生的现象，而且基质层中不可滤物质的积累易造成堵塞(叶建锋等，2008)。根据进水方式，垂直流可分为连续流和间歇流。目前，科研人员还开发了一种无基质的人工湿地技术——水生植物滤床技术，应用于污水处理，取得了良好的效果(宋海亮等，2004)。

人工湿地技术已被广泛应用于处理生活污水、工业废水、矿山及石油开采废水和点源、面源污染等问题的治理。人工湿地净化污水是通过湿地中基质、植物和微生物之间的物理、化学、生物化学等过程的协同作用来完成的。人工湿地通过拦截、吸附、絮凝和胶体颗粒的沉淀去除悬浮污染物。大量植物根系和饱和状态的基质，使悬浮污染物通过在基质和根区表面的重力沉淀、截留和吸附等作用被分离去除。污水中的溶解污染物通过植物根系的吸收和吸附以及植物根际周围和土壤基质中微生物的分解代谢作用最终被降解去除(张永勇等,2005)。根际微生物和根际分泌物在此过程中起到重要的作用。根际微生物不仅能够降解、吸收污染物质,而且其分泌的酶类也能够降解污染物质(张太平和潘伟斌,2003)。根际分泌物不仅能为根际微生物提供能源,提高微生物对污染物的降解效率,而且其分泌的酶类对污染物也有直接降解作用(郜红建等,2004)。人工湿地对污水中N的去除转化机理较复杂,其中一部分N被湿地植物吸收,通过收割得以去除。另外,基质也可通过一些物理和化学的途径去除污水中一部分N。N去除的主要途径是在微生物作用下通过硝化、反硝化反应(李向心等,2004)。P的去除有以下途径:污水中一部分P可被植物直接吸收,通过收割得以去除;一部分P被基质通过吸附或离子交换作用去除;一部分P作为微生物正常代谢所需物质被磷细菌转化成溶解性无机磷,有利于植物吸收;还有一部分P被聚磷菌过量聚P作用去除。人工湿地对重金属的去除机理主要有离子交换、与湿地基质螯合或转化为不溶性物质沉淀(刘佳等,2005)。

影响人工湿地处理效果的因素主要有湿地植物、基质、温度、溶解氧和水力停留时间等。系统水力停留时间、水传导、表面负荷率、系统深度、处理单元长宽及其比例、进出水构筑物、隔板装置和防渗材料等,是人工湿地污水处理系统设计的技术关键。

虽然人工湿地能够对污水进行高效处理,并具有低能耗等优势,但该技术也存在着一定的局限性,在一定的情况下限制了该水处理技术的应用(项学敏等,2006)。

第一是温度问题。温度影响包括:低温时生物活性下降和植物的死亡;对于表面流和垂直流湿地,低温时表面会结冰,冰层覆盖不仅阻碍了大气的复氧过程,使生化水平降低,而且冰层的存在减少了有效水深,从而缩短了污水停留时间,进而对处理效果产生影响。因此,低温会导致处理效果的显著降低。目前,湿地中温度带来的问题还没有完全解决,但可以采取一些措施降低温度带来的影响。首先,在工艺上可以采用潜流人工湿地,在该工艺中覆盖表面的表层土以及植物的落叶可以起到一定的保温效果,而且没有表面结冰问题,因此受温度的影响较小(李占华,2004)。其次,可以采用适当的保温措施(刘学燕等,2004)。最后,可以加强前处理单元,以减轻湿地的处理负荷,这种方法可以适当降低温度对处理效果的影响(张一丁等,2005)。

第二是占地面积问题。人工湿地净化的机理与特点使其与传统的污水处理工艺相比需要较大的占地面积(一般认为是传统污水处理工艺的2～3倍)。而当今,土地资源对于很多城市来说是非常宝贵的,这就为应用该技术带来了很大的障碍。由于自身处理过程的特殊性,人工湿地技术在占地上的问题很难完全解决。但可以采取适当的措施以减少占用有效的土地资源。首先,选址时要考虑环境、经济效益综合最优化和规模化的因素,为不占用市区土地资源,人工湿地可构建于市郊区域,还能达到减轻风沙等对市区的影响和破坏的目的(于少鹏等,2004)。其次,可采用组合工艺,以提高效率,减少占地面积。

第三是堵塞问题。随着运行时间推移,人工湿地中部分营养物质会逐渐积累,湿地中的微生物也相应繁殖,再加上植物的腐败,若维护不当,很容易产生淤积、阻塞现象。这种现象不仅会影响水的流速,而且会影响水的复氧,从而影响微生物的活性,进而影响处理效果。解决办法为:选择适当的填料,最好是多孔、质轻、不易板结的便宜材质,采用合适的操作工艺,可以通过一定的间歇进水来恢复湿地的渗透速率,选择适当的植物密度并及时维护(尹炜等,2004)。

第四是生态学问题，即野生生物管理和蚊蝇控制问题(华涛等，2004)。从系统设计的美学角度出发，湿地处理系统中野生生物与其多样性需要受到相应的保护与维持。表面流湿地野生生物管理也要求，要把握引进有益生物和控制有害生物之间的平衡，而不是彻底消灭有害生物。事实上，尽管大部分动物对湿地是有益的，但也不乏一些不利于人工湿地成功运行的动物，特别是一些啮齿类动物，会破坏堤坝、消耗有益的挺水植物。一些以底泥为食的动物，如鲤鱼、泥鳅等，会破坏湿地植物的根系以及扰动湿地底部沉积物，导致出水悬浮物增加。水禽也带来类似的系统问题，且它们的排泄物给人工湿地的运行带来了新的难题。对于水禽，可以通过控制自由水面的面积来调控，不过应以湿地的污水处理工艺要求为准。

从人工湿地处理系统本身的功能出发，生态学问题目前仍有争论。但根据生态学原理，不管怎样，在湿地处理系统设计、建造时，考虑引进有益生物和控制有害生物之间的生态平衡，应该是一个正确的方向。而且，湿地野生生物的控制要因地制宜，要考虑其地理位置、污染物种类、湿地设计和管理要求等各种因素。

人工湿地蚊蝇的大量孳生，是湿地处理系统面临的另一个生态学问题。蚊蝇是湿地生态食物网中的一环，是湿地生态系统的一部分，通常情况下，蚊蝇是湿地，尤其是人工湿地系统中的有害因素。由于蚊蝇会传染疾病，必须加以控制。在人工湿地的规划、建设和运行过程中，适当考虑一些控制蚊蝇的方法，是非常有必要的，生物杀虫剂是目前消灭湿地处理系统蚊蝇的绿色环保技术。从生态学原理出发，可以引入捕食蚊蝇的动物天敌，如食蚊鱼、蝙蝠或其他鸟类来控制蚊子的孳生。另外，在处理系统设计时，使水道减少浅层水体的面积，同时增大水流流速，减少死水的形成，也有利于蚊蝇控制。

控制蚊蝇孳生的另一个重要的方法是加强对湿地植物的管理，尤其是植株较高的植物，如香蒲、水葱等，植株生长到一定高度后易倒伏，形成利于蚊蝇生长的小生境。因此，在水边种植低矮的植株并且每年适时进行收割，有利于蚊蝇控制。

人工湿地水处理技术是一门新兴技术，与传统处理技术相比有很多优势，但这项技术目前仍然不够完善，需要进一步的研究和探索。今后应加强人工湿地自身结构方面的改进，同时可以开发组合工艺，包括不同湿地类型组合、不同基质组合、不同植物组合以及湿地与其他工艺的组合(项学敏等，2006)。为了使人工湿地污水处理得以发展和完善，第一，需要对不同构造的湿地处理系统中污水的流体力学特性进行研究(梁继东等，2003)。第二，根据具体的行业污水特点而进行特定的湿地设计。第三，深入研究湿地生境条件下水生植物的生理生态，筛选输氧能力较强的湿地植物以最大化好氧区的范围，筛选适宜不同条件的植物种类以及创建适于特定植物的人工生境；与此同时，建立相应的湿地植物数据库，为完善人工湿地处理技术提供资源储备。第四，提高湿地系统去除 NH_3-N 的能力，是当前湿地处理系统研究的热点，也是今后湿地设计时需要考虑的重要因素。第五，人工湿地的构建与城市的风景园林建设相结合，建设成集污水处理与观光、休闲娱乐为一体的旅游场所，形成湿地系统处理工艺与生态堤岸相结合的流域综合整治方法(华涛等，2004)。

3. 水域浮床技术

水域浮床技术是运用无土栽培技术，以高分子材料为载体和基质，采用现代农艺和生态工程措施综合集成的水面无土种植植物技术。采用该技术可将水生植物或原来只能在陆地种植的草本陆生植物种植到自然水域水面，并能取得与陆地种植相仿甚至更高的收获量与景观效果，具有可移动式运行、无动力、无维护、使用寿命长等特点。自然水域浮床技术早期仅应用于农业生产，近 10 年来有学者利用该技术进行水污染控制，采用人工新材料作浮床，并通过独特的肥料供应、植物栽培与相应的工程措施，在自然水域的水面上无土栽培植物，在改善水域环境的同时也增加农产品产量。

目前，研究报道过的“人工生物浮床”（卢进登等，2005）、“生物浮岛”（唐林森等，2008）、“人工浮岛”（李英杰等，2007）、“浮岛无土栽培”（黎华寿等，2003；马立珊等，2000；宋祥甫等，1991）等概念都属于水域浮床技术这一范畴。

该项技术治理水环境与生态修复的原理是：通过植物在生长过程中对水体中 N、P 等植物必需元素的吸收利用及植物根系和浮床基质等对水体中悬浮物的吸附作用，富集水体中的有害物质，与此同时，植物根系释放出大量能降解有机污染物的分泌物，加速有机污染物的分解；随着部分水质指标的改善，尤其是 DO 的大幅度增加，为好氧微生物的大量繁殖创造了条件。通过微生物对有机污染物、营养物的进一步分解，使水质得到进一步改善，最终通过收获植物体的形式，将 N、P 等营养物质以及吸附积累在植物体内和根系表面的污染物搬离出水体，使水体中的污染物大幅度减少，水质得到改善，从而为高等水生生物的生存、繁衍创造生态环境条件，为最终修复水生生态系统提供可能（任照阳和邓春光，2007）。水域浮床技术对水体中的植物性浮游生物，N、P 等营养物质，重金属等污染物具有净化作用。

浮床分为干式浮床和湿式浮床，水和植物不接触的为干式浮床，水和植物接触的为湿式浮床。干式浮床因植物与水不接触，可以栽培大型的木本、园艺植物，通过不同木本的组合，构成良好鸟类生息场所的同时也美化了景观。但这种浮床对水质没有净化作用。一般这种大型的干式浮床是用混凝土或发泡聚苯乙烯制作的。湿式浮床植物与水良好接触，植物根系吸收水体中各种营养成分，降低水体富营养化程度，还可以利用特定植物的选择吸收性，对重金属污染进行修复。湿式浮床又分为有框架的和无框架的，有框架的湿式浮床，其框架一般可以用纤维强化塑料、不锈钢加发泡聚苯乙烯、特殊发泡聚苯乙烯加特殊合成树脂、盐化乙烯合成树脂、混凝土等材料制作。据统计，目前框架型的湿式人工浮床比较多，占了七成。无框架浮床一般是用椰子纤维编织而成，对景观来说较为柔和，而且不怕相互间的撞击，耐久性也较好。也有用合成纤维作植物的基盘，然后用合成树脂包起来的做法。一般来说浮床的边长 1～5m 不等，考虑到搬运性、施工性和耐久性，边长 2～3m 的比较多。形状上四边形的居多，也有三角形、六角形或各种不同形状组合起来的。以往施工时单元之间不留间隙，现在趋向各单元之间留一定的间隔，相互间用绳索连接（连接形式因人工浮床的制造厂家的不同而异）。这样做的理由主要是：可防止由波浪引起的撞击破坏；可为大面积的景观构造降低造价；单元和单元之间会长出浮叶植物、沉水植物，丝状藻类等也生长茂盛，成为鱼类良好的产卵场所、生物的移动路径；有水质净化作用。

国内使用最多的是泡沫板，根据植物体的大小选用合适的间距和孔径打孔，每孔扦插或隔孔扦插。在植株茎基部包裹适量海绵，插入泡沫板的小孔中（卢进登等，2006）。将栽培好植物的泡沫板放入受试水体，用竹片和软绳连接起来。浮床整体组装完成后，再将四周固定，浮床即构建完成。

自 1991 年以来，我国利用生态浮床技术在大型水库、湖泊、河道、运河等不同水域，成功地种植了 46 科的 130 多种陆生植物，累计面积 $10hm^2$ 余。其中大面积单季水稻每公顷产量在 8.5t 以上，最高可达 10.07t；黑人蕉、旱伞草等花卉比在陆地种植取得了更好的群体和景观效果（任照阳和邓春光，2007）。

在冬季低温条件下（4～10℃），采用浮床技术，水芹、多花黑麦草和大蒜对富营养化水体中的 TN、TP 和 COD（化学需氧量）等污染物有较好的去除效果，而且生长良好，有效抑制了藻类的繁殖。研究结果丰富了冬季低温条件下治理富营养化水体的方法，也为冬季浮床植物的选择提供了依据（李欲如和操家顺，2005）。

司友斌等（2003）采用浮床种植香根草技术净化 3 种富营养化水体（巢湖水、环城河水、池塘水），发现香根草对 N、P、COD_{Cr}、BOD_5 等具有明显的去除效果，其中 TN 去除率分别为 85.3%、91.2%、96.7%，NH_4^+-N 去除率则全部达到 100%，TP 去除率分别为 98.0%、96.7%、97.0%，PO_4^{3-} 去除率分别为 83.1%、96.8%、96.5%。

卢进登等（2006，2005）在 20 种植物中遴选出了美人蕉、水蕹菜、牛筋草、香蒲、芦苇、荻、水稻 7 种合适的浮床栽培植物，而且还研究了这 7 种植物的生长特性及产品的安全性。结果表明，利用人工浮床栽培植物，这 7 种植物成活率都在 70%以上，2 个月的生长期内生物的生长量（鲜重）都超过 $20kg/m^2$。浮床栽培芦苇的净化效果最好，每平方米的芦苇浮床可以使 $117.93m^3$ 的水从Ⅴ类水质净化为Ⅲ类水质（以 TP 计），其次分别为荻、水稻、水蕹菜、牛筋草、香蒲和美人蕉。对水蕹菜和水稻植株的检测表明，分别作为蔬菜和青饲料均完全符合国家有关卫生标准。

水域浮床技术因具有净化水质、创造生物的生息空间、改善景观、消波等综合性功能，在水位波动大的水库或因波浪的原因难以恢复岸边水生植物带的湖沼或是在有景观要求的池塘等水域得到广泛的应用。由于该技术可以种植粮食、蔬菜等农作物，在有效治理富营养化的同时还能收获农产品，因而得到越来越多的重视和广大专家学者的青睐。其实施过程和后续效果不但能确保对人体健康、对水生生物有安全保障，而且在治理过程中还能美化水域景观，对水生生物的多样性发展也能起到积极的促进作用。同时，它的实施效果好于其他技术，且成本远低于物理生态工程，并适于进行规模化、模式化和机械化作业，已成为 21 世纪我国生态环境保护领域最有价值和最具生命力的生物处理技术。

4. 根际过滤技术

根际过滤技术是利用超富集植物根部从废水中吸收、富集和沉淀污染物的一种植物修复技术，是近几年发展的一种植物修复技术，主要用来处理放射性核素废水、重金属废水以及富含营养盐的废水。它利用超富集植物的根系从废水中吸收、富集和沉淀污染物，是更经济、更适于现场操作的原位污染治理技术（Eapen et al.，2003；Susarla et al.，2002；

唐志坚等，2003)。

根际是指受植物根系影响的根-土界面的一个微区，也是植物-土壤-微生物与其环境条件相互作用的场所。在植物及其根际微生物这一共存体系中，植物给根际微生物提供生态位和适宜的营养条件，以保证微生物数目和活性的维持；而微生物的代谢活动也会促进根系分泌物的释放。研究通常认为(王建龙，2002)根际微生物对铀的吸附主要有两种机理：①铀和细胞壁上的活性基团发生定量结合反应，这些基团包括羧基、羟基、磷酸基、胺基等；②通过物理吸附或形成无机沉淀沉积在细胞壁上。而 Tsezos 和 Deutschmann (1990)对根霉菌(*Rhizopus arrhizus*)吸附铀的机理进行了系统的研究，更明确地将铀的吸附过程分为 3 个步骤：①首先是根霉肉细胞壁上的几丁质与离子态的铀化合，并保持在菌丝体的细胞壁内；②溶液中剩余的铀被几丁质物理吸附；③第一步中形成的化合物水解，水解产物沉淀在细胞壁上，几丁质胺基再次吸附铀直到水解产物抑制这种循环为止。

在应用根际过滤技术处理含铀废水时，植物根部及其根际微生物的共同作用，对废水中的铀具有较高的吸附效率。国外学者采用根际过滤技术处理含铀废水，结果表明几乎所有从水中去除的铀都集中在向阳花属植物根部，并且根部与水相中铀浓度比的生物累计系数达 30 000(Dushenkov et al.，1997)。

因此，一个理想的用于根际过滤的植物，也应该具有迅速生长的根系，以利于根际微生物的生长，这对于提高铀的清除效率起着极其重要的作用。从目前的研究来看，凤眼莲、破铜钱等是具有发达的纤维状根系和很高生物产量的水生植物，能够在水中有效地去除重金属和放射性核素，尤其满足根际过滤技术的要求(Zhu et al.，1999a)。

根际过滤技术具有处理效率高、选择性高、pH 和温度范围宽等独特的优点，在处理大面积低浓度含铀废水领域有着较好的应用前景。但是目前，这项技术的研究绝大多数还处于实验室阶段，在实用化和工业化过程中还存在着诸多有待于进一步深入研究的问题：根际微生物细胞吸附铀的机理；根际微生物对铀的选择吸收性以及吸附容量与环境因素之间的关系；如何从功能和成本两个方面开发优良的超富集植物和根际微生物；被吸附的铀在植物体内以何种形式存在以及如何处理；根际过滤技术在实际应用中应该如何操作、具体的操作条件应该如何控制等(唐志坚等，2003)。

四、水生植物的净化机理

水生植物的净化机理十分复杂，水生植物通过物理、化学和生物学等过程去除污染物(成水平和夏宜琤，1998)。目前，有关水生植物的净化机理还有许多问题尚在探究之中。

1. 水生植物的吸收作用

水生植物在生长过程中，可以通过根部直接吸收大量的 N、P 等营养物质，并同化成自身的结构组成物质，当水生植物被运送出水生生态系统时，被吸收的营养物质随之从水体中输出，从而达到净化水体的作用(杨旻等，2007)。植物的生长和繁殖离不开营养物质，水体中相当部分的营养物被植物转化或保存在植物体内。废水中 NH_3-N 作为植物生长过程中不可缺少的物质可以被植物直接摄取，用于合成植物蛋白质与有机氮，再通过植物的收割从而将其从废水和湿地系统中去除，也可以通过挥发和离子交换而去除。水生植物自身对P也有吸收作用。一般认为植物各器官对P的吸收量依次为叶＞茎＞胚轴(缪绅裕和陈桂珠,1999)。生根植物直接从砂土中去除N、P等营养物质,而漂浮植物则在水中去除营养物质,许多根系不发达的沉水植物能直接从水中吸收营养物质。水生植物对P的吸收虽然很慢,但它是一个不可逆的过程,当基质吸附达到饱和状态时,植物对P的吸收发挥着重要作用。对于不同生活型的水生植物,普遍认为漂浮植物吸收能力强于挺水植物,沉水植物最差。与木本植物相比草本植物对污水中的污染物具有较高的去除率,如有芦苇的湿地对NH_4^+-N的去除率接近100%,而无芦苇时,仅为40%～75%(Drizo et al.,1997)。定期和持续地从湿地系统中收获成熟的植物,并妥善处理收获的植物,是保证污水中的养分被有效去除和防止对水体造成二次污染的唯一途径(Hosoi et al.,1998)。

植物对污水的净化作用是植物吸收和微生物综合作用的结果,植物的存在有利于硝化、反硝化细菌的生存。人工湿地根际附近有氧区域与缺氧区域的共同存在为根区的好氧、兼氧和厌氧微生物提供了各自的小生境,存在着明显的好氧菌和厌氧菌群体,在植物的根、茎上好氧菌占优势,远离根部的地方厌氧菌占优势(马安娜等,2006)。张鸿等(1999)研究表明,在种植水芹、凤眼莲的湿地中,硝化和反硝化细菌的数量均高于没有植物的湿地,水芹湿地的细菌数量多于凤眼莲湿地的细菌数量,但前者对NH_3-N的去除率却低于后者,说明人工湿地系统对N的去除,植物的吸收占主导地位。吴振斌等(2002)在上行、下行流复合人工湿地系统的研究中发现,分别种植不同植物的湿地对COD、BOD_5、TN、TP的去除效果均好于没有种植植物的对照湿地。湿地植物直接吸收和利用可利用态P,起到去P的作用,并且植物的生长状况直接影响其对P的去除效果,良好的长势是去除P的保证(王晓玥等,2001)。Adcock和Ganf(1994)研究了人工湿地和天然湿地中3种植物的地上、地下及总的生物量,生长状况和组织中营养成分的含量,结果表明通过植物的吸收利用,水麦冬(*Triglochin procerum*)对N、P有良好的去除效果。

2. 水生植物的生化和降解作用

湿地系统具有明显的缺氧环境,湿地中氧的传播速率约为陆地环境中氧的传播速率的万分之一。湿地环境对很多生物来说是一种逆境,缺氧条件下,生物不能进行正常的有氧呼吸,某些还原态的元素和有机物的浓度可达到有毒的水平。水生植物则具有适合在缺氧条件下生存的结构与特征,包括茎肥大,茎和根的中心具有较大的组织,茎中空,具浅根系等。植物的这种特殊结构,有利于氧在其体内的传输并能传递到根区,不仅满足了植物在缺氧环境中的呼吸作用,而且还可以促进根区的氧化还原反应与好氧微生物的活动。人工湿地中植物将光合作用产生的氧传递到根区,在根区还原态的介质中形成氧化的微环境,根区有氧区域与缺氧区域的共同存在为根区的好氧、兼氧和厌氧微生物提供了各自的小生境,使不同微生物都能发挥各自的作用(Siobhan et al.,1994)。研究表明,有植物的湿地系统,细菌数量显著高于无植物的湿地系统,且植物根部的细菌比介质中高1～2个数量级,植物的根系分泌物还可以促进某些嗜P、N细菌的生长,促进N、P的释放与转化,从而间接提高净化率(张鸿等,1999)。周炜等(2006)研究了3种植物配置对构造湿地根际区硝化菌群数量及脱N效果的影响,结果表明:3个湿地池植物根际区硝化菌群数量均较多，富营养化河水加上充足的溶解氧含量和合适的 pH 及水温为硝化菌群的生长繁殖提供了良好的物质及环境条件；根须硝化菌群数量平均比基质高 1 个数量级，溶解氧含量的不同可能是造成这种差异的主要原因。氧在植物根部的释放主要取决于植物内部氧的浓度、周围基质的需氧量以及植物根壁的渗透性。植物通过吸收而在根部释放氧是由其本身的结构所决定的，植物的结构阻止了其在径向的泄漏，并努力使释放到根区的氧的损失减少到最低。氧的释放率一般在根的亚顶端区域最高，并随着与根尖距离的增大而降低（张鸿等，1999）。水生植物具有对流型通气组织，其根区和根部都具有较高的内部氧浓度，这种对流型气体的流动明显增加了可供氧根的长度，同时还可以通过氧化和脱毒减少根部一些潜在的有害物质。水生植物光合作用产生的氧气通过根系向水中扩散的过程中伴随着根系周围沉降物的氧化分解。释放氧气可以使水体底部和基质土壤形成“根际区”，有利于微生物的生长，微生物可以加速污染物的降解和转化，便于水生植物的吸收和利用，减少底泥向水体中的营养释放。NH_4^+ 在根部好氧区转化为 NO_3^-，在缺氧的情况下，NO_3^- 发生反硝化作用，生成气态的 N_2 或 N_2O，这种好氧与厌氧交替的环境，使硝化和反硝化作用交替进行，为有机氮转化成气态氮创造了条件；对 P 的去除作用主要是水生植物的吸收作用，微生物的降解作用较小，约占总去除率的 10%（熊飞等，2005；徐红灯等，2007）。同时，水生植物本身也可为微生物提供附着基质和栖息场所。水生植物的根系常形成一个网络状的结构，并在根系附近形成好氧、缺氧和厌氧的不同环境，为各种不同微生物的吸附和代谢提供了良好的生存环境。植物的根分泌物还可以促进某些嗜 N、P 细菌的生长，促进 N、P 的释放和转化，从而间接提高净化率（吴建强等，2007；张鸿等，1999）。研究发现，随着污水处理过程的延续，芦苇床系统根际表面的微生物数量逐渐增加，细菌数量最高可达 5.4×10^5 cfu/g 干根，冬季床内各种微生物仍可维持较高的数量，且芦苇系统内的根际微生物与污染物去除率之间有明显的相关性；污水中 BOD 和 COD 的去除率与微生物的数目都有较明显的正相关性，NH_3-N 的去除率与根区硝化细菌和反硝化细菌数量的正相关性极其显著（李科德和胡正嘉，1995）。水生植物对 P 的去除的生化机制则主要体现在它的根区为微生物的生存和降解 P 提供了必要的场所和好氧、厌氧条件，使 P 转化反应的氧化还原电位上升，微生物通过对 P 的正常同化吸收和聚磷菌对 P 过量积累达到去除 P 的目的；此外，植物根系分泌的有机酸、还原糖和氨基酸、磷酸酶等还具有溶 P 作用（王世和，2007）。

另外，水生植物在净化过程中能分泌脱卤酶、硝酸盐还原酶（nitrate reductase）、过氧化物酶（peroxidase，POD）、漆酶（laccase）和氰水解酶等，酶能加速湿地中的有机化学反应，从而促进湿地净化污水功能的发挥，植物特有酶的降解过程为植物净化污水的潜力提供了有力的证据。人工湿地系统中，水生植物根系扩展、微生物和酶空间分布特征明显。植物的根系主要集中在基质上层 25cm 内，表层的磷酸酶（phosphatase）、葡聚糖脱水酶（glucan dehydratase）和蛋白酶（proteinase）的活性强于地下 20cm 处，水质净化方面湿地表层好于下层空间，可见表层酶的分布对污水的净化效果起到了重要作用（成水平等，1999）。吴振斌等（2001b）通过对人工湿地根区磷酸酶和脲酶活性的测定发现，脲酶活性与 TN 去除率有较明显的相关关系，几乎达到极显著水平，而磷酸酶活性与 TP 去除率没有显著相关性，证明植物根际酶对 P 的去除可能只起到一定的作用。

3. 水生植物的沉降、吸附和过滤作用

湿地中水生植物的存在,可以降低风速,减小风浪和阻挡水流,这为水体中固体悬浮物的沉积创造了有利的条件,降低了沉积物质再悬浮的风险,增加了水体与植物表面区域间的接触时间,同时水生植物密集的根系还可以增强底质的稳定性,阻止侵蚀沟的形成(Brix,1997)。漂浮植物有发达的根系,与水体接触面积大,从而形成了密集的过滤层,当水流经过时,不溶性胶体会被根系黏附或吸附,使水中的悬浮物沉降下来(陈桂珠等,1990;齐玉梅和高伟生,1999)。挺水植物的茎和叶以及漂浮植物的根可以减缓水流速度、削弱湍流,从而达到过滤和沉淀泥沙颗粒、有机微粒的目的(Greenway,2003)。例如,凤眼莲叶柄可从沼液池中吸附相当于自身重量60%的悬浮物(陈秀霞,2010)。植被的拦截和过滤作用还能大量滞留许多有害的金属,吸收地表污染物。在河道两侧和湖泊建设缓冲带和护坡,依靠种植的植物吸收、沉淀、过滤和降解溶于雨水中的酚、氰、铬、锌等,使含有毒有害物质的雨水得到过滤和净化,减少了有毒有害物质对水体的污染(吴建强等,2007)。与此同时,附着于根系的细菌体进入内源生长阶段后会发生凝集,部分为根系所吸附,部分凝集的菌胶团则把悬浮性的有机物和新陈代谢产物沉降下来。植物根系也是重金属和某些有机物的沉积场所(白峰青等,2004)。水生植物还能吸附、富集一些重金属,如铅、镉、汞、砷、钙、铬、镍、铜、铁、锰、锌等;不同生活型的水生植物吸收积累能力也有差别(沉水植物>漂浮植物>挺水植物);而且同一植物的不同部位富集作用也不同(根>凋落物>地下茎>地上茎>叶),各器官的生物富集系数随污水浓度的升高而下降(吴建强等,2005)。

4. 对藻类的抑制作用

大型水生植物能够通过光线遮蔽,减少水体可利用的营养物质和分泌生化他感物质,来抑制浮游藻类的生长,减少其生物量,从而增加水体的透明度(Scheffer,1999)。淡水沉水植物金鱼藻和苦草中的挥发性物质对铜绿微囊藻有明显的化感活性,且对它的抑制作用与挥发性物质的浓度呈正相关(鲜啟鸣等,2006)。西湖的小南湖区恢复生长聚草、苦草和金鱼藻等水生植物后,水质明显变好,透明度大大提高,与主体湖相比,浮游植物密度和叶绿素a大幅度下降(吴洁和虞左明,2001)。某些水生植物根系还能分泌克藻物质,达到抑制藻类生长的目的。例如,用培植石菖蒲的水培养藻类,可破坏藻类的叶绿素a,使其光合速率、细胞还原氯化三苯基四氮唑(triphenyltetrazolium chloride,TTC)的能力显著下降(何池全和叶居新,1999)。凤眼莲、喜旱莲子草、大薸等可以分泌克藻物质,对水体中藻类的繁殖具有明显的抑制作用。同样藻类也可以对高等水生植物产生克制作用。藻类大量繁殖形成水华时,会附着在沉水植物体和漂浮植物的根系上,对高等植物生长不利,也可能有分泌物对高等植物产生毒害作用(俞子文等,1992),使高等水生植物的生长率和叶绿素含量呈下降趋势(白峰青等,2004)。另外,水生植物根圈为某些小型动物(如水蜗牛)和浮游动物提供了优良的栖息环境,可以增加这些动物的丰度,其中许多种类能以藻类为食。

5. 其他作用

沉水植物和湖底水生植被在水体底层形成一道屏障,可吸附并储存生物碎屑于植物根部,增加底泥表层溶氧,遏制 P 的释放,阻止上层水体动力扰动向湖底的传输,减少湖底水动力交换系数,从而有效地遏制底泥营养盐向水体的释放(濮培民等,2001)。此外,水生植物还能通过植物残体的沉积将部分生物营养元素埋入沉积物中,使其脱离湖泊内的营养循环,进入地球化学循环过程。湖边以挺水植物为主的水陆交错带,有利于对面源污染物的去除和沉淀等。植物的存在可以隔绝人工湿地处理系统与外界的热量交换,从而减少热量损失,防止基质在冬季冻结,为冬季湿地系统维持一定的净化功能提供热量(Smith et al.,1997)。植物对基质的水力传导性能产生一定的影响,植物的根在生长时对土壤具有干扰和疏松作用,当根死亡或腐烂后,会留下一些管形的大孔隙,在一定程度上增加了基质的水力传导性。淹没于水中的水生植物的茎和叶形成的生物膜,为大量的光合细菌、藻类和原生微生物等在植物组织上的生长提供了一定空间,埋藏于土壤中的根和根区也为微生物的活动提供了巨大的物理活动表面。因此,植物地上和地下的生物膜对于湿地中发生的所有微生物过程都具有重要作用(白峰青等,2004)。总之,水生植物的存在,有利于形成一个良性的水生生态系统,并能在较长时间内保持水质的稳定。

五、水生植物净化能力的影响因素

水生植物的净化能力受诸多因素的影响,包括植物类型、群落构成、覆盖度等,还有光照、水温、溶解氧、pH、营养盐、水体透明度和风浪等环境因子。不同生活型的水生植物对这些因素的敏感性不同。

1. 水生植物的选型及群落配置

目前,全球发现的高等水生植物多达 6700 余种,被用于人工湿地的具有一定净化效果的仅仅几十种(Kadlec and Wallace,2009)。因此,在人工湿地处理系统中水生植物的选择仍有很大的空间。在提高植物处理效果方面,一个重要的研究内容是如何选择合适的植物种类和确定不同植物的组合。水生植物的选择应以土著植物为主,可适当引入观赏类和具有经济价值的外来物种。水体修复时选择水生植物考虑的因素很多,但主要有以下几个方面:耐污能力强、去污效果好、适合当地环境、根系发达。现在国际上公认的湿地淡水水生植物优势品种有:宽叶香蒲、芦苇、苦草、凤眼莲、软水草和狐尾藻(吴建强等,2005)。不同物种对不同污染因子的净化能力不一样,同一物种在不同的环境中对污染因子的净化能力也不一样,所以考虑适当的群落配置不仅能提高水生植物系统的净化效果,更能体现生物多样性,易于建立完整稳定的生态系统。例如,在河道中由岸边向水体中心依次栽种湿生植物、挺水植物、漂浮植物和沉水植物,也可以采用人工浮岛、沉床技术等。李文朝(1997)选用耐寒植物伊乐藻和喜温植物菱及凤眼莲组建的常绿型人工水生植被,不仅使实验区内常年保持较好的水质,而且对外来污染冲击有很强的缓冲能力,可用于水源保护、局部性水质控制、污水净化生态工程、小型富营养水体的生态恢复等。

凤眼莲是南方人工湿地中常用的一种漂浮植物,净化效果也较好。但鉴于其作为外来入侵植物在淡水水体引发的生态灾难，利用该植物时一定要加强管理。挺水植物芦苇、香蒲的使用频率最高。不同的物种或同一物种在不同湿地环境中的净化效果都会有较大的差异。多种植物的合理搭配能产生比单一植物更好的去污效果，净化效果更稳定，而且有可能解决湿地去污中 NO_3^--N 的净化问题（夏汉平，2002）。多层次、多物种配置在人工湿地系统是有效和可行的。但是，在进行多层次、多物种配置时，必须结合植物筛选工作，以确保配置更有效（刘春常等，2006）。

水生生态系统逐步恢复，关键取决于其自身的自净能力和环境容量，而自净能力和环境容量又取决于稳定的和优化的水生植物群落的形成（白峰青等，2004）。沉水植物群落是建立草海优化生态系统的基础，草海长期以来，沉水植物就是湖泊中最主要的生产者。随着水体富营养化的加剧，沉水植物大量消亡，草海的水生植物群落的构成发生了很大变化，漂浮植物凤眼莲成为草海的单优势群落，致密生长的凤眼莲使湖水复氧受阻，水体中溶解氧得不到补充。凤眼莲虽具有很强的吸收 N、P 的能力，但过度繁盛的凤眼莲腐烂后造成的二次污染反而加重了水体的富营养化水平。

不同物种对不同污染因子的净化能力不一样，同一物种在不同的环境中对污染因子的净化能力也不一样。所以适当的群落配置能提高水生植物系统的净化效果，易于建立完整稳定的生态系统。水生植物能否发挥其最大的净化及应用潜力，关键在于植物种类的选择和植物群落的搭配，通过试验选择耐污性强、净化效果好、适宜其生存环境的物种是一项优先考虑的工作。多个物种的合理搭配无疑会增强系统对水体的净化效果，而根据各地的具体情况进行植物筛选和系统观测研究，则是选择理想物种，发挥植物最大潜能的有效途径。

2. 温度

所有水生植物都有适合其生长的季节和温度，温度是水生植物生长的必备要素，因此也影响着植物对受污水体的净化效果。水生植物对污染物的吸收受温度的制约，当温度处于植物适应的范围内时，随着温度的升高植物的生长速度加快，植物对水体中 N、P 等营养物质的去除效果也随之增强。夏、秋季节，许多喜温水生植物处于生长旺盛期，同时也表现出较高的净化效率，这是由于水生植物的净化能力与其自身的生长状况及新陈代谢有关。高吉喜等（1997）于自然条件下研究了 7 种水生植物对面源污水的净化效率，试验结果表明同一植物在不同月份对富营养化水体中 N、P 的净化率不同，其原因可能是在不同时期植物的生长发育阶段不同，其生长速率及代谢功能也不同，由此导致植物对 N、P 等营养元素的吸收量不同。深秋和冬季，许多喜温水生植物已处于衰老和死亡阶段，自然会失去净化能力。黄蕾等（2005）对伊乐藻、石菖蒲和水芹在不同季节、温度条件下去除 N、P 的效果进行了研究，结果表明植物在春季吸收 N 的效果要好于冬季。同时水温对植物的季节生长也有显著影响，不仅决定植物的生长量和生长速率，还决定着植物的开花和休眠期。有研究表明，苦草种子的萌发与种皮结构、水温及萌发基质有关，适宜的水温对植物种子的萌发有一定的促进作用（由文辉和宋永昌，1995）。但对水芹、聚草等耐寒植物来说，在低于 10℃ 的寒冷季节它们对水体中的 COD、TN 和 TP 等污染物有较好的净化效果，而且可以提高水体的自净能力（张圣照等，1998；郑翀等，2006）。因此，可以充分利用这两类习性不同的水生植物对废水进行净化处理，以解决冬季污水净化的问题。

3. 光照

水体光强影响着水生植物特别是沉水植物的光合作用，大量的研究表明，在水体的一定深度存在光补偿点和补偿深度；在光补偿深度以上，沉水植物才能进行正常的光合作用和呼吸作用(白峰青等，2004)。水体光线在水体中的透射度随水体和其中悬浮物、浮游藻对入射光的吸收和散射的不同而变化，悬浮物的成分和含量极大地影响着水体的透明度(张运林等，2003)。在严重污染的水体中含有的大量悬浮物和有机物增加了光在水体中的吸收和散射，导致污染水域的底层水体光照十分微弱，透明度很低，群落光合作用小于呼吸作用，生存困难，最终导致植物群落的消亡。

4. 污染物浓度

受污染水体中的N、P是水生植物生长的营养来源，但水生植物的生存需要一个阈值，水体中污染物浓度一旦超过其生存阈值则会导致水生植物枯萎，甚至死亡。目前国内外对水生植物生存阈值的研究较少，少数研究的重点也集中于沉水植物及pH和重金属方面(江行玉和赵可夫，2001；林昱和林荣澄，1999)，这也影响了水生植物在污水处理中的应用。有实验表明，在一定的浓度范围内，沉水植物的净化率随水体中N、P物质含量的增加而增大，随着水中N、P浓度的不断增大，超过一定限度后，水生植物的净化率反而减小(高光，1996)。营养盐(TN和TP)浓度变化会影响金鱼藻的生物合成，在富营养水平下金鱼藻中的抗氧化防御酶活跃，POD、SOD活性增高，但过高营养盐浓度会抑制金鱼藻的抗逆性能(王珺等，2005)。陈国祥等(2002)研究了不同P浓度对睡莲和菱叶片生理活性的影响，研究结果表明，随着P营养盐水平的提高，叶内无机磷的含量也逐渐增加，而叶绿素则随P含量的增加而降低。综合考虑P对两种植物各指标的影响，认为菱最适宜的P浓度为0.1mmol/L，睡莲最适宜的P浓度为0.5mmol/L，超过或低于该浓度，都会对其生理活性产生不利影响。该研究结果间接反映了不同植物对P的吸收作用，为去P植物的选择提供了参考。夏汉平等(1999)用凤眼莲、百喜草、喜旱莲子草、香根草4种植物对垃圾污水进行净化，凤眼莲在高浓度和低浓度两种污水中均被毒害致死；百喜草在高浓度的渗滤液中不能存活，在低浓度污水中受到严重伤害；喜旱莲子草在高浓度污水中伤害较重，低浓度污水中形成庞大生物体；香根草在两种污水中受到的伤害在4种植物中最轻。

5. 水体的透明度

水体透明度表示光线在水体中的透射深度，其大小随水体和其中悬浮物、浮游藻类对入射光的吸收和散射的不同而变化，所以悬浮物的成分和含量极大地影响着水体的透明度变化(张运林等，2003)。水体透明度是沉水植物的限定因子。

水体中含有的大量悬浮物质和有机物质增加了光在水体中的吸收和散射，使水下光强进一步减弱，这样就导致污染水域的底层水体光照十分微弱，透明度很低。在这样的水体环境条件下，沉水植物的生存将受到严重威胁，群落光合作用小于呼吸作用，生存困难，并最终导致植物群落的消亡。国内众多行洪河道在行洪期水位急剧上升，泥沙等悬浮物降低了水体的透明度，使得原本生长在水体中的挺水、沉水植物都位于光补偿点以下，导致其死亡。由于水生植物生态修复中补偿深度条件的限制，目前通常采用的方法是通过降低水位的办法来改变水下光照条件，随着植物的生长，逐渐恢复到原来的水位。通过降低水位的办法克服补偿深度对植被恢复的限制在实践中也取得了一定的效果，但是由于技术条件和实施难度的制约，在应用中受到很大的限制。因此，如何在低透明度水体和行洪河道中移栽水生植物进行水体修复成为研究难点。

六、存在的问题与应用前景

利用水生植物净化受污染水体成本低，对环境扰动小，有利于保护环境和改善环境。但目前存在的主要问题是：水生植物在工程应用中受各种环境因子影响大，处理周期长；水生植物净化系统的工艺设计、最优化配置和后续处理还不完善；需要不断寻找和选育适应能力强，净化效率高的物种；不断开发已应用于水体修复的植物的新功能；不同水体中如何选择植物种类和搭配植物群落才能取得最好的效果。最近有人提出在富营养化水面利用浮床技术栽培水稻或陆生经济植物的生态模式，既可净化水体，又可创造经济价值。水生植物对不同类型污染物的净化机理尚未完全弄清或存在不同观点，因此将来还应该着重加强以下方面的研究：不同生境条件下水生植物的生理生态研究；不同条件下水生植物的最优群落配置的研究；低透明度污染水体和行洪河道水生植物自下而上的研究；不同水生植物对于不同污染因子的生存阈值问题(吴建强等，2007)。

此外，水生植物系统具有易遭受虫害，生长过密引起蚊虫孳生，植物残体打捞不及时造成二次污染等问题。冬季多数植物地上部分枯死，净化效果也降低，水生植物的生长易受季节的影响，净化效果的季节性问题和持续性问题尚未得到很好的解决。这就要求选择出喜温及耐寒的水生植物种类，在不同的季节用于净化。植物的耐寒性不佳是影响植物净化系统处理效果的一个重要因素。许多研究表明，耐寒性是可以诱导的。目前诱导植物耐寒性的方法很多，如冷锻炼(或称低温驯化、低温锻炼)、ABA(脱落酸处理)、热处理、盐分逆境、干旱锻炼及植物生长调节剂处理等。利用水生植物吸收营养物质，并通过收获植物带走水中的营养物质是一种简单、高效、代价低的修复富营养化水体的方法。该方法需要的技术支持少、容易维持，水生植物根系可为微生物提供营养适合的生存环境，并能吸附大量的悬浮物质，从而提高水质，近年来被广泛用于富营养化水体修复(方云英等，2008)。另外，水生植物还具有较高的美化环境价值，易为社会接受。正是因为这些显著的优越性，利用水生植物净化污水将具有很广阔的应用前景。尤其对包括我国在内的发展中国家来说，环境污染和生态破坏都很严重，而环保投入又有限，水生植物的净化技术提供了一种很好的治理手段。

第二节　水土流失及农业面源污染的植物修复技术

目前，利用植物修复技术防治水土流失及农业面源污染主要有植物篱和植被过滤带两种形式。

一、植物篱

植物篱被定义为“在农耕地上以等高方式种植乔木、灌木和多年生草本植物并间以农作物的生产系统”(Kang,1993),是一种用于拦蓄坡地径流、泥沙和农业面源污染物的带状植被。由于植物篱对坡地水土流失和农业面源污染具有显著的防治效果,因此国内外对其进行了较多的研究,以下就相关方面分别进行综述。

1. 植物篱类型

按所选植物植物篱可分为木本植物篱、草本植物篱、混合植物篱等。目前应用较多的植物篱有香根草、新银合欢、黄荆、马桑、紫穗槐、黄花菜等。与木本植物篱相比,草本植物篱具有成本低、见效快、投入少、易推广的优点,因此应用更为普遍,近些年更是出现了固氮植物篱、牧草植物篱和经济植物篱的概念(陈一兵等,2002)。草本植物篱中,禾本科牧草须根系发达、分蘖能力强,具有很好的水土保持功能,而且还可提供优质饲料,因此禾本科牧草可能是一种兼具优秀水土保持功能和一定经济效益的理想植物篱,有必要对其进行深入研究。

2. 植物篱设计

植物篱设计主要是确定带宽和带间距。植物篱的带宽目前并无定制,通常按照单行、双行以及多行等方式种植,缺乏理论依据(李怀恩等,2006)。目前有关带宽的研究大多针对植被过滤带(植物篱是植被过滤带的一种特殊形式),相关研究表明植被过滤带对泥沙的拦蓄效率随过滤带宽度的增加而增加,但超过某一定值后将不再变化。其中,Foster(1982)研究认为,通过植被过滤带的泥沙输移量与带宽呈指数函数递减;Abu-Zreig 等(2004)研究表明,植被过滤带宽度为 2m 时,拦沙率为 68%～83%,5m 时为 76%～87%,10m 时为 86%～97%,15m 时为 86%～98%;Robinson 等(1996)研究发现,4.6m 宽的雀麦草能拦截 70%以上的泥沙,并认为 3～4m 宽的过滤带对拦截薄层均匀流的泥沙具有重要意义。可见,在植物篱最优水土保持效果和最小占地面积之间选择一个平衡点从而确定植物篱的最适带宽,是目前迫切需要解决的问题。

带间距的确定是植物篱设计时需要考虑的另一个关键问题。Ehui 等(1990)研究发现,4m 带间距的银合欢植物篱综合效益高于 2m 带间距的,而 Rao 等(1991)对印度半干旱淋溶土上的银合欢和狼尾草草篱进行了研究,认为 3.0m 带间距比 5.4m 带间距的水土流失防治效果好,可见植物篱带间距存在一个最适值。对于最适带间距的确定方法,蔡强国和卜崇峰(2004)研究认为河北张家口地区植物篱带间距以不大于 10m 为宜,而在三峡库区的紫色土陡坡耕地上植物篱带间距应以 5m 为宜。总之,植物篱带间距受多种因素影响,在某一特定地区应根据当地的气候、地形、土壤等条件并结合不同植物篱本身的特点来确定,这需要进行大量的研究工作。

3. 植物篱的水土保持效果

不同地区、不同植物篱的水土保持效果差异较大,其中:美国自 1991 年即开展了大量植物篱控制水土流失的研究，长期研究结果表明植物篱可减少 60％的地表径流和 75％的泥沙(钟勇，2004)；在我国三峡库区，陈治谏等(2003)通过定位研究发现，皇竹草植物篱种植 3 年后可降低地表径流 50％～70％，降低土壤侵蚀 97％～99％；在长江三峡紫色土地区，夏立忠等(2007)研究表明，香椿和紫花苜蓿植物篱可使坡面径流、泥沙分别降低 77.09％和 74.27％；蔡强国和卜崇峰(2004)在三峡库区秭归县观测发现，香根草、马桑、黄荆、新银合欢植物篱能显著减少 22.0％～66.2％的地表径流和 72.2％～98.0％的泥沙，且在大雨强时尤其明显；同样在三峡库区，廖晓勇等(2008)的研究表明，在坡地果园中间植皇竹草草篱能减少 58.71％～65.74％的地表径流和 70.70％～77.92％的泥沙；在金沙江干热河谷区，孙辉等(1999a)研究发现新银合欢植物篱在栽种当年即可有效减少 76.1％～85.5％的坡耕地土壤侵蚀，次年可减少 97％～99％的土壤侵蚀；在黄土高原地区，焦菊英(2006)认为沟沿线上部建立草灌与整地工程措施相结合的植物廊道可使流域的土壤侵蚀量减少 54.5％～77.0％；在南方红壤区，陈正刚等(2006)采用经济植物篱配合平衡施肥，可使地表径流量减少 41.48％～48.20％，土壤流失量减少 88.58％～89.25％，而李新平等(2002)观测得出黄花菜和百喜草植物篱可减少 4.67％的地表径流和 37.82％的泥沙。可见在不同地区，不同植物篱的水土保持防治效果差异较大，因此有必要针对各种水土流失典型地区分别开展相关研究。

由于不同植物篱的水土保持效果差异明显，因此研究者对多种植物篱进行了综合比较，以期筛选出水土保持效果最好的植物篱种类。其中，王喜龙等(1999)对黄土高原区植物篱的生态效益进行了模糊评价，结果表明紫穗槐、黄花菜、柠条的生态效益相对较好，海棠较差；许峰等(2000)通过模型模拟发现坡地植物篱-农作系统中新银合欢植物篱表现较好；马廷等 (2006)在湖北省秭归县的三峡库区内发现香根草的水土保持作用优于马桑、黄荆和新银合欢。研究发现，目前并不存在一种在不同地区可通用的植物篱种类，因此各个地区应针对各自特点筛选适宜的植物篱种类。

对于植物篱防治水土流失的机理，蔡强国和黎四龙(1998)认为机械拦阻是植物篱减少土壤侵蚀的主要原因，植物篱主要通过植物根部阻挡水流、减缓水流流速、减小水流的泥沙携带能力，同时过滤泥沙、阻碍细沟的形成并最终减少土壤侵蚀。除此以外，Lopes 和 Meyer(1993)研究发现植物篱具有降低坡度的作用；马廷等(2006)认为植物篱还可通过延长雨水停留时间、改善土壤水分入渗能力从而显著减小水力作用下的土壤流失；袁梦仙等(2004)认为植物篱枯落物对泥沙具有显著的拦截作用；李新平等(2002)认为植物篱还可通过地下根系显著改善耕层土壤的物理性状、提高土壤抗冲性。可见，植物篱防治水土流失的机理仍有待深入研究，明确和细化不同侵蚀条件下植物篱防治水土流失的机理对于植物篱的设计、筛选和模型模拟等均具有重要意义。

4. *植物篱对养分流失的防治效果*

许多植物篱对土壤养分影响方面的研究都表明：植物篱能减少养分流失，提高土壤中有机质、N、P 的含量。许峰等(1999)认为坡地植物篱-农作系统中径流携带的养分流失是坡面养分流失的重要途径，尤其是坡面有效养分损失的主要途径。通过改善土壤入渗性能和加速植物篱前淤积带形成可以减少坡面径流量，从而进一步减少植物篱-农作系统的养分流失量。还有研究表明，不管是N素还是P素，流失形态主要以泥沙结合态为主（王兴祥等，1999），不管是随径流迁移还是以泥沙态形式流失，植物篱都能通过减少坡耕地径流和土壤侵蚀，从而达到减少坡耕地养分流失的目的。其中，王青杵等（2001）得出植物篱地土壤中有机质提高15%～68%，TP提高0.3%～22%，TN提高53%～120%。黄欠如等（2001）在1997～1999年试验结果表明：丘陵红壤坡耕地实施香根草篱开发，可使养分流失量减少69.2%～90.4%。孙辉等（1999a）曾在四川宁南县坡耕地上对等高固氮植物篱新银合欢和山毛豆进行了研究，结果表明：两者在防治土壤养分退化方面作用明显，经正常耕作3～6年后，作物带土壤全N可增加80%～130%，有机质增加20%～40%，有效钾和阳离子交换量等也均有不同程度的增加。对四川省金沙江流域内坡耕地种植的植物篱进行的研究得出：在植物篱种植6年后，与对照相比，土壤有机质含量提高了19.8%～32%，含N量提高74.9%～133.9%，使极为退化的土地得到改善。陈治谏等（2003）进行的定量研究表明，皇竹草（*Pennisetum hydridum*）与农作物的植物篱模式效益明显高于对照，土壤有机质、TN、TP、TK、碱解氮（AN）、速效磷（AP）、速效钾（AK）分别比对照高10.39%、15.25%、12.70%、14.38%、13.71%、21.50%、12.90%。

另外，植物篱本身每年留给土壤的枯枝落叶及修剪返还农田的大量枝叶，增加了地面覆盖度和土壤有机质含量，也增强了土壤生物的活动，促进团粒结构的形成，从而改善土壤的生化环境，使N、P、K养分含量都有不同程度的提高。唐亚等（2001）发现通过枝叶还田及腐根和枯枝落叶，可有效改善土壤肥力，土壤TN含量增加65%～103%，有机质含量增加25%～35%。同时，植物篱能从深层土壤富集养分到表土，起到养分泵的作用。孙辉等（1999b）研究表明，植物篱内40cm以下土层中AP和AK含量显著增加，说明植物篱根系可将土壤深层的P、K吸收并通过刈割枝叶返还给表层土壤；之后孙辉等（2002）又在同一试验点上对坡耕地土壤坡面养分进行了研究，结果认为等高固氮植物篱模式对养分的影响表现在对养分的归还和在土壤坡面的再分配，植物篱根系可将土壤深层的P、K吸收并通过刈割枝叶返还种植带，发挥养分泵的功能。因此，植物篱可以通过生物固氮和养分泵的功能提高土壤养分含量，促进矿质养分循环。

5. *需深入研究的问题*

综上所述，目前国内外针对植物篱已经有了较多的研究，但在以下方面仍有待深入：①特定地区（如黄土高原地区）植物篱防治水土流失的机理仍有待明确；②植物篱最适带宽和带间距的确定方法缺乏理论依据；③不同种类植物篱水土流失防治效果的研究仍有不足，比较、筛选综合效益最好的植物篱种类仍是相关研究的重点；④对植物篱的经济效益有所忽视，筛选兼具水土保持功能和一定经济效益的植物篱种类（如牧草类），可在一定程度上促进植物篱技术的推广应用；⑤植物篱的模型模拟方法研究较少，针对特定地区对已有模型（如VFSMOD）进行验证和修正可能是一种较为便捷的方法。

二、植被过滤带

植被过滤带（vegetative filter strip，VFS）技术始于20世纪60年代，最初被定义为“可使地表径流中污染物沉降、过滤、稀释、下渗和吸收的草地、以草覆盖的水道以及农田等植被区域系统”(Dickey and Vanderholm，1981)，或者是“将产生地表径流及污染的区域同地表水体分隔开的植物带”(Phillips，1989a)。几十年来，相关学者针对植被过滤带进行了较多的研究，但这些研究主要集中在欧美国家，国内少有报道，以下就相关方面分别进行综述。

1. 植被过滤带类型

植被过滤带可分为草地过滤带、灌木过滤带、乔木过滤带以及两类以上植被构成的复合过滤带。其中，草地过滤带具有较好的污染物去除效果(Reed and Carpenter，2002)，同时投资少、易管理，因此应用最为普遍，但其长效性较差(Blanco-Canqui et al.，2004；滕利强，2008)。相比之下，灌木、乔木过滤带对污染物的控制更为长效(Lowrance，1992)，然而其对污染物的去除率存在争议(Hill，1996；Smith，1989)。目前，研究者通常建议在去除农田径流污染物时采用草地过滤带(Dillaha et al.，1989)，而河岸植被过滤带则最好选用乔木、灌木(Lowrance，1992)或者乔、灌、草相结合(Magette et al.，1989)。至于植被过滤带中具体植物种的选择，目前尚缺乏对比试验研究，一般认为应首先考虑本地植物，然后再根据生长特征、根系分布等进行筛选。综上所述，复合植被过滤带具有更好的污染物去除效果和长期有效性，得到了较为一致的认可，是目前植被过滤带的发展趋势。但对于复合植被过滤带的配置以及具体植物种的筛选，仍需进行大量试验研究。

2. 植被过滤带宽度

研究表明，不同宽度的植被过滤带具有显著不同的污染物去除效果(Fiener and Auerswald，2005)，因此确定最适宽度，使其去污效果最好并且占地面积最少，是设计植被过滤带时首先考虑的问题，但目前相关研究存在较大争议。Robinson 等(1996)研究认为，对于地表径流中泥沙等沉积物，3m 宽的植被过滤带已很有效，但一般建议最小应为 9m；Dhondt 等(2002)研究表明，5～8m 宽的植被过滤带即可全部去除径流中的硝态氮(NO_3^--N)，但 Dosskey(2002)认为这一宽度至少应为 30m，而 Phillips (1989b)根据模型分析则认为植被过滤带宽应为 80m。但这些研究绝大部分是在样地水平上进行的，试验中径流面积和过滤带的面积比率大多为 5∶1～10∶1，而按照美国农业部 (USDA) 国家资源保护局 (NRCS) 的指导方针，这个比率应为 50∶1～70∶1。所以在设计过滤带宽度时，要充分考虑径流来源区域的大小(Dabney et al.，2006)。对于最适带宽的计算，李怀恩等(2006)分析比较 Nieswand、Flanagan 和 Overcash 3 种典型计算方法后认为，这 3 种方法均有一定程度的适用性，但同时也都有所不足。分析已有研究可知，植被过滤带最适宽度是目前研究最多、同时也是争议最大的问题，相关研究结果存在数倍、甚至数十倍的差异，基本不具有可比性。这一状况可能与不同研究区的气候特征、土壤类型、所选植物种类、所需去除的污染物等因素有关。因此在某一特定地区，应综合考虑上述因素以确定该区植被过滤带的最适宽度，同时完善最适带宽的理论分析和计算方法。

3. 植被过滤带配置

过滤带的植被配置是考虑采用什么植物和如何配置。复合植被过滤带具有更好的污染物去除效果和长期有效性,但对其配置模式(乔、灌、草的比例、位置等)目前报道较少。由于生态系统保护的目标,侧重的生态功能,研究区域土壤、地形、植被、排水特征等因素各异,植被过滤带生态水文功能发挥所要求的宽度和配置也各有不同。

大致来说,选择植物不外乎乔木、灌木和草本植物,而具体选择植物类别和物种则需根据具体自然条件和具体要求来确定。例如,许多研究者建议采用草本植被过滤源于农田径流中的污染物和养分,而对河岸植被过滤带而言,最好选用乔、灌,或灌、草,或草、草相结合,效果才会更理想(Abu-Zreig et al.,2003;Krutz et al.,2005)。研究表明,植被过滤带的配置模式决定其污染物去除效果(Barling and Moore,1994;Delgado et al.,1995),因此最优配置模式的确定十分重要。美国农业部国家资源保护局于1993年提出了"多种植物河岸缓冲带"的设计方案(Lee et al.,2003),该方案为共20m宽的乔、灌、草复合植被过滤带,其中紧靠河岸的为4～5排乔木(1.2m×1.8m),其次是2排灌木(0.9m×1.8m),最后是7m宽草地。美国艾奥瓦州采用此方案进行了4年的示范研究,结果表明所构建的植被过滤带可有效保持水土、过滤 NO_3^--N 和其他农田污染物。然而,尽管"多种植物河岸缓冲带"的设计方案具有较好的污染物去除效果,但该配置模式是否为最优配置尚需进行对比验证。目前,确定复合植被过滤带的最优配置模式是亟须解决的问题,需开展大量野外试验工作。

4. 植被过滤带去除污染物的机理

植被过滤带又称植被缓冲带(vegetative buffer strip,VBS)、植被保护带(vegetative conservation strip,VCS),是一类水土保持和面源污染控制的生物治理措施的总称。植被过滤带实际上是一个土壤-微生物-植物生态系统,主要是利用该生态系统各种相互联系和制约作用,使径流中的各类污染物(包括N、P、有机物、病原体等)在进入水体之前被去除,其净化过程十分复杂,综合了物理、化学和生物等多种机理。

(1) 植被过滤带去除污染物的物理机理

植被过滤带对污染物去除的物理机理主要是植物对径流中沉积物及其携带的污染物的阻挡和过滤。植被过滤带阻挡径流流动、促进雨水入渗,进而显著降低径流流速(Barling and Moore,1994),并最终使径流中的泥沙发生沉降,这是植被过滤带去除各种污染物的首要原因。非点源污染的主要特征或危害是产生携带有固态(颗粒态)或可溶性(溶解态)污染物的地表径流,当地表径流发生时,携带有颗粒态和溶解态N、P及有机物的水经过植被过滤带进入溪流。在这一过程中,植被过滤带对非点源污染的物理去除机理类似于一个土地渗滤处理系统,系统中的植被增加了径流的阻力,促进径流下渗,降低了水流速度,致使大多数颗粒态污染物随之淀积,相应减少了沉积物的搬运量。同时,过滤带内植物的枯落层和疏松的土壤结构有利于溶解性污染物随水渗透到更深层的土壤中,从而降低了地表径流对可溶性污染物的转运能力。径流污水中的病原体(包括细菌和病毒)在植被过滤带中的物理去除机理主要是通过土壤的吸附、过滤及太阳辐射等作用而被去除。

(2) 植被过滤带去除污染物的化学机理

非点源污染物在植被过滤带中的化学去除机理主要是化学吸附和固定作用。植被过滤带中的土壤是一个强大的胶体系统(刘燕等,2008),农业非点源污染中的有机磷绝大部分是通过土壤胶体的化学固磷作用而被去除的,若土壤中 Al、Fe 和 Ca 等矿物质含量多,在还原条件和较高的 pH 情况下有利于土壤固磷。污染物中的部分 N、可溶性的有机质及病原体等也能被土壤上的胶体或生物膜吸附、吸收从而被分解去除(Anbumozhi et al.,2005)。

(3) 植被过滤带去除污染物的生物机理

植物同化作用,即植被对污染物的吸收和利用,是植被过滤带去除污染物的主要生物机理之一(吴健等,2008)。NO_3^--N 是植物吸收利用农业非点源污染中 N 的主要形式,水中可溶性有机物则可通过植物根系的吸附、吸收及生物代谢过程而被分解去除。此外,无机磷是植物生长所必需的营养物质,径流污染物中的无机磷在植物的吸收和同化作用下,被合成 ATP、DNA、RNA 等有机分子,通过对植物的收割从系统中除去(徐晓锋等,2006)。

植被过滤带去除污染物的另一主要生物机理是微生物的同化分解,即土壤微生物对污染物的降解、转化和固定。农业非点源污染中 N 的去除主要是微生物的硝化、反硝化作用。据估计,通过植被过滤带的反硝化作用每年每公顷土地可以去除 20～160kg 的 N,反硝化作用是植被过滤带这一生态系统永久性地消除 N 的唯一自然过程(Lee et al.,2004)。另外,农业非点源污染中的部分 P 也能通过微生物同化吸收而被去除。污染物中的有机质和病原菌等,也可通过生物降解和生物吞噬等作用而被去除(Hefting et al.,2005)。除此以外,对 N 污染物而言:高鹏和于素荣(2002)认为,水流流经植被过滤带所需时间的延长是径流中 NO_3^--N 减少的最重要因素;Osborne 和 Kovacic(1993)研究认为,植物吸收和反硝化作用是植被过滤带去除径流中 NO_3^--N 的两种主要方式。对 P 污染物而言,由于泥沙携带作用是 P 污染物迁移的主要途径(Reed and Carpenter,2002),因此绝大部分 P 污染物可随泥沙一起被植被过滤带拦截、吸附和吸收。目前有关植被过滤带去除污染物机理的研究大多针对泥沙和 NO_3^--N 等,对其他各种形态的污染物研究较少,相关研究值得进一步扩展和细化。

植被过滤带对农业非点源污染的去除利用的是土壤-微生物-植物的自平衡机制,机制中各种机理的协同作用保证了植被过滤带去除污染物的稳定能力(刘燕等,2008)。综上所述,植被过滤带防治农业非点源污染的基本机理是:通过滞缓径流、沉降泥沙、强化过滤和增强吸附等功能来增加地表径流和污染物渗入到土壤中的机会,从而提高植被对各种悬浮物、沉积物和可溶性污染物的过滤和吸收能力,实现明显降低各种污染物浓度的目的(Parkyn et al.,2005)。

5. 植被过滤带的影响因素

研究表明,径流来源区域大小、降雨量、降雨集中程度、地貌(Dosskey,2002;Fiener and Auerswald,2005)、径流中沉积物含量、污染物特性(Simpkins et al.,2002)、过滤带土壤理化性质(Vidon and Hill,2005)以及生物学特征等多种因素均能对植被过滤带的污染物去除效果产生不同程度的影响。除此以外,滕利强(2008)研究报道不同年限的植被过滤带去污效果有所不同,在前 3 年拦蓄效率随时间延长而逐年增加,3 年后基本稳定,并认为拦蓄效率的增加主要是植被过滤带建立后改善土壤的结构、大孔隙、渗透性等特征并最终增加土壤入渗量的结果；Magette 等(1989)报道了相似的研究结果，他们指出植被过滤带的有效性随径流流经时间的延长、过滤带面积与污染源面积比值的减小而降低；Phillips(1989a)发现植被过滤带去除沉降颗粒上吸附的粒子状污染物(如重金属和杀虫剂等)的有效性主要取决于坡度和土壤饱和水力传导度。可见，植被过滤带的影响因素众多，综合分析、比较这些因素的重要性，对于植被过滤带的设计具有重要意义。

6. 植被过滤带模型

植被过滤带可用的模型最早的是 20 世纪 70 年代所建立的 GRASSF 模型，该模型是在实验室使用钉子和玻璃珠分别模拟人工草地和泥沙的基础上建立的，模型考虑了泥沙浓度和类型、植被类型、过滤带坡度和宽度等因素，但未考虑过滤带的径流入渗问题(Barfield et al.，1979；Hayes et al.，1979)。针对这一缺陷，Wilson 等(1981)对 GRASSF 模型进行了修正，提出基于水文泥沙过程的流域拦沙模型——DEDIMOT Ⅱ，然而该模型对坡面入渗过程仍然考虑不足。在 GRASSF 和 DEDIMOT Ⅱ模型的基础上，Munoz-Carpena 等(1999)建立了 VFSMOD 模型。与其他模型相比，VFSMOD 模型具有明显的优势，因此得到了较多的应用。除此以外，我国学者也建立了一些简单模型(李新平等，2002；马廷等，2006；唐政洪等，2001)，但模拟效果和使用范围均非常有限。综合可知，虽然目前在植被过滤带防治污染物的模型模拟方面已有较多的尝试，但大多为经验模型和统计模型，对机理仍然考虑不足；同时，多数模型为针对不同地区而建立，是否适用于其他地区尚缺乏试验验证，在这一点上，即使是现有模型中最具潜力的 VFSMOD 模型也不例外。

7. 植被过滤带技术在农业面源污染防治中的作用

(1) 农业面源污染的产生

农业面源污染是指在农业生产过程中过量使用的农药和化肥、生产过程中产生的废弃有机物及畜禽粪便对环境的污染(张从，2001)。农业面源污染来源于非特定的、分散的地区，与土壤的侵蚀程度、化肥、农药的使用量、农业耕作方式、地质地貌、区域降水过程等密切相关，因此，面源污染危害规模大，且难以监测和控制(冷罗生，2009；王夏晖等，2005)。

(2) 农业面源污染的调控

加强水体周围环境的生态建设是切断农业面源污染物进入水体通道的重要措施。目前对农业非点源污染的预防和处理有工程处理和自然处理两种系统(蔡明凯和邓春光，2008)。工程处理系统是指直接或间接利用生物或生物体的某些组成部分或某些功能，建立降低或消除污染物的生产工艺或者能够高效净化环境污染，同时又能生产有用物质的工程技术系统；自然处理系统是指利用天然处理系统进行废物处理的技术，具体包括：建立、恢复和利用氧化塘、人工湿地系统(汪洪等，2007)和农业生态工程等技术系统开展小流域综合治理，防治农业面源污染(徐晓锋等，2006)；其最大的特点是能够最大限度地发挥自然界中的生物生态功能，投资运行费用少，易于操作管理，是一种省力、省费用、省能耗的技术(刘燕等,2008)。

植被过滤带是自然处理系统中一项重要的生物技术,涉及生态学、环境学、水文学、地学、管理科学等多个学科(王良民和王彦辉,2008)。美国早在1978年就将植被过滤带技术定为农业非点源治理的一种"最佳经营措施"。英国和其他欧洲国家也不同程度地研究和提倡使用植被过滤带。我国植被过滤带技术起步较晚,从20世纪80年代早期开始,在一些重要湖、河的研究中也取得了一定进展。国外的研究与实践表明,利用植物体系构建植被过滤带,是截留陆域农业非点源污染、改善河道水质和恢复生态系统的有效手段(饶良懿和崔建国,2008;郑粉莉等,2004)。

植被过滤带技术的产生和发展与农业非点源污染日益加重紧密相关。众所周知,进入21世纪,随着我国人口的迅速增长、城镇化进程的加快以及农业产业化和集约化程度的快速发展,农业非点源污染问题已经成为我国多个流域水体污染的主要原因。中国国家环境保护总局在太湖、巢湖、滇池、三峡库区等流域的调查发现,农村生活污水和农田的N、P流失对水体N、P富营养化的贡献率高达60%~70%,大大超过来自城市地区的生活点源污染和工业点源污染(其贡献率仅占10%~16%)(李海鹏和张俊飚,2009)。如何治理农业非点源污染,实施农业可持续发展战略,是今后我们面临的又一重大课题。

(3) 植被过滤带对农业非点源污染的缓冲效果

国外许多国家在植被过滤带对农业非点源污染的缓冲效果方面开展了广泛研究,目前,仍在实验开发用于此种目的的设置有美国的植被过滤带、新西兰的水边休闲地(retirement of riparian zones)、英国的缓冲区(bufier zones)、匈牙利的KisPalaton工程和中国的多水塘等(张维理等,2004)。不同的土壤,其物理、化学和生物性质各不相同。土壤的结构、渗透性、酸碱度、氧化还原电位、有机质、微生物种群等性能及构建植被过滤带的植被类型、生物量、覆盖度和植物的组合类型等都会影响植被过滤带的缓冲效果(王静等,2009;王敏等,2008;吴希媛等,2007)。

例如,在英国,1m宽的河道设置5m宽的过滤带就能有效地防止或减少因耕作及排水产生的泥沙进入河流,从而实现水质保护(Wigington et al.,2003)。在新西兰有研究发现对于休闲的牧场,10~13m宽的植被过滤带能够降低80%以上的地表径流中的悬浮沉淀和颗粒状营养元素,溶解态N的去除率达67%。Pinay和Decamps (1988)认为,30m宽的河岸过滤带可以有效地去除浅层地下水中的N。野外调查表明,林木滨岸过滤带的前3.3m可削减地下水中61%的N,过滤带春季的除氮机制主要是植物吸收和反硝化作用,而夏季由于地下水位低于植物根区,因此除氮主要是通过反硝化作用(Schoonover and Williard,2003)。Hubbard和Lowrance (1996)认为,7m宽的森林过滤带,通过植物吸收及硝化作用,可以有效地去除地表径流中的N。已有研究建议在坡度大于3°的林地,控制泥沙的过滤带宽度为55~100m,而50m宽的过滤带可以有效去除水体中的P(Broadmeadow and Nisbet,2004)。

(4) 植被过滤带防治农业面源污染的环境效益

水体周边植被过滤带是指水体边缘向岸坡爬升的植被带,它主要用于防止或转移由坡地地表径流、废水排放、地下径流和深层地下水流所带来的养分、沉积物、有机质、农药及其他污染物进入水体(饶良懿和崔建国,2008)。

水体周边植被过滤带一般由水域区、河岸区和相邻土地区3部分组成。水域区一般由粗木质残体及水生植物构成，其功能主要在于控制水流和泥沙，营造不同的泥沙拦截池，截留养分及枯落物，为野生动植物提供栖息地等；河岸区组成包括根系、岸边草丛、河岸树木和灌丛的林冠和根茎等，主要功能在于减少河岸侵蚀，截留泥沙，提供遮阴，调节河溪微气候及水温、影响河流的初级生产力，吸收排放污水中的养分，河岸植被枯落物及粗木质残体可为陆生无脊椎动物提供食物和养料来源，为野生动植物提供栖息地等；相邻土地区则包括林地及开阔植被地区，其主要功能在于保护河岸和水生生态系统不受林业经营活动的干扰，截留地表径流中的养分和泥沙，为野生动植物提供栖息地等。因此，水体周边植被过滤带对水陆生态系统间的物流、能流、信息流和生物流发挥重要的廊道、过滤器和屏障作用，具有重要的水文、生态、美学和社会经济功能。

8. 需深入研究的问题

综上所述，目前针对植被过滤带已经进行了较多的研究，但在以下方面仍有待深入：①已有研究对单一植被过滤带考虑较多，而复合植被过滤带具有更好的污染物去除率和长期有效性，是未来发展的趋势；②复合植被过滤带对污染物的去除效果得到大家一致认可，但其具体配置模式，即乔、灌、草的比例和位置等缺乏试验研究；③相关研究大多关注植被过滤带的效果，而对最适带宽及其理论计算方法报道相对较少；④植被过滤带中具体植物种的选择可显著影响其污染物去除效果，因此比较、筛选出适合的植物种对于植被过滤带技术的应用和推广具有重要意义，但目前的相关研究较为薄弱；⑤植被过滤带的污染物去除效果与当地的气候、降水、土壤等因素密切相关，因此不同地区应综合考虑上述因素以设计适宜的植被过滤带，然而目前大部分研究均集中在国外进行，并不能为我国植被过滤带技术的应用和推广提供直接参考；⑥国外已建立了可用于模拟植被过滤带中污染物输入、输出的数学模型，但这些模型均具有不同程度的局限性，同时缺乏广泛的试验验证。

第三节　污染土壤的植物修复

一、重金属污染土壤的植物修复

土壤是农业生产的重要资源，随着我国工业化进程的不断加快，土壤重金属污染的环境问题日益严重并引起了广泛的关注。重金属污染的来源主要有城市污水、大气污染、矿山废水废渣，含有铅、汞、镉、砷等的农药和不合理地施用化肥以及农用塑料薄膜的大量使用。土壤重金属污染的危害是非常严重的，它对食品安全、人类健康和土壤的生态功能都会造成一定的危害(Mclaughlin et al.，1999)。重金属在土壤中的污染比在其他生物圈更难治理，因为重金属对土壤的污染是一个不可逆的过程，它具有隐蔽性、潜伏性、长期性的特点，可以在土壤中存在很长时间，并且不像有机物那样容易降解，因此土壤中重金属的治理是一项比较艰巨的任务。

1. 重金属污染土壤的治理方法

目前重金属污染土壤的治理方法主要有以下几种。

(1) 物理法

物理法即将污染土壤通过深翻到土壤底层或者在污染的土壤上覆盖新土或将污染土壤挖走换上未被污染土壤的方法。这种方法工程量大,消耗高,仅适用于小面积的,土壤污染严重的状况。

(2) 化学法

化学法即利用重金属和改良剂之间的化学反应从而对土壤中的重金属进行固定、分离、提取的方法。该技术的关键在于找到优良的改良剂。目前常用的比较好的改良剂有石灰、沸石、碳酸钙、磷酸盐、硅酸盐和促进还原作用的有机物质。

(3) 植物修复

不管是物理法还是化学法,所需要的工程造价都是比较高的,并且其修复治理都有一定的局限性。近年来,一种经济有效且对环境友好的修复方法逐渐被认可,这种修复方法即植物修复。植物修复也称为绿色修复,主要是利用自然生长或遗传培育的植物对土壤中的污染物进行固定和吸收的方法。基于植物修复重金属污染的过程和应用,目前把植物修复分为以下几种。

植物提取是植物修复的一般形式,是利用植物的根系从土壤中吸收重金属并将其运输到植物的地上部分,经过一定时期的生长和重金属积累后,通过收割的方式移除重金属的方法。Pb、Cd、Ni、Cu、Cr 等重金属都可以通过这种方式持续的移除。但是,这种方法只适用于轻度或中度污染的土壤,在重度污染的土壤上植物无法生长(Padmavathiamma and Li,2007)。植物提取是植物修复中常用的一种技术,Zhang 等(2007)通过对广西某电镀厂附近的植物和土壤的野外调查,发现湿生植物李氏禾对 Cr 有明显的超富集特征,叶片内 Cr 含量达 1786.9mg/kg,并且叶片内 Cr 的含量与根茎中 Cr 含量之比最高达 11.59。

植物挥发是指植物利用根系从土壤中吸收重金属并将其转换成毒性小的气体状态,通过蒸腾作用释放到空气中。一些重金属,如 As、Hg 和 Se 在环境中是以气体状态存在的。有研究表明,一些植物,如灰色轮藻(*Chara canescens*)、芥菜(*Brassica juncea*)和拟南芥(*Arabidopsis thaliana*)具有吸收重金属并在其体内转化成气体形式并释放到环境中的能力(Ghosh and Singh,2005)。拟南芥和芥菜可将 Se 转化成二甲基甲硅烷的形式释放到环境中(Bañuelos et al.,2000)。

植物固定是指将重金属固定在土壤中,阻止其进一步的扩散,不能将重金属去除而只是改变重金属形态的一种技术。这种技术要求植物必须可以在污染的土壤中生长,并且其根系可以深入到污染土壤中,通过改变土壤的生物、物理化学特性使得重金属的有毒形态转变成毒性小的形态。例如,深根植物可以将高毒性的 Cr^{6+} 转变成低价的、低毒性的 Cr^{3+} (James,2001)。植物固定的优点是不需要土壤及植物样品的移除和处理。

根际过滤主要依赖根吸附和滞留重金属污染物来修复受污染的土壤和水体,这种方法可以修复 Pb、Cd、Ni、Cu、Cr 等重金属污染的土壤,其理想植物具有强大的根系和表面积,可以积累和耐受一定量的重金属,并且容易种植,费用低,产生较少的次级代谢物。陆生植物比较适合根际过滤的技术,因为陆生植物一般具有由多纤维组成的具有巨大表面积的根系统,这些特点有利于重金属的吸收。根际过滤主要用于水污染,在土壤污染中的应用比较少。

植物修复的关键是筛选超富集植物,按照 Haque 等(2008)的标准,超富集植物必须满足以下条件:①重金属在植物中的浓度必须达到超富集的水平,但是不同的金属超富集的水平是不同的。例如,对于 Pb 和 Cu 是大于 1000mg/kg(Baker and Walker,1989);对于 Zn 则要大于 10 000mg/kg(Brown et al.,1994)。②重金属在超富集植物中的浓度必须为正常植物中的 10～500 倍(沈振国和刘友良,1998)。③重金属在茎中的浓度要比在根中的大。④富集系数(即重金属在茎中和在土壤中浓度的比率)要大于 1。

2. 超富集植物的修复机制

植物的根系从土壤中吸收重金属是重金属吸收的第一步,其吸收效率主要是基于重金属在土壤中的生物有效性。重金属在土壤中是以不同的化合态存在的,这些化合态之间存在并保持着平衡(Chaney,1988),不同的化合态决定了重金属生物有效性的高低。在这个过程中,植物根的分泌物对重金属的吸收有重要的作用,它可作为重金属螯合剂增强植物对重金属的吸收。另外,植物可以通过排出质子增加根际土壤的酸性,从而增加离子和其他重金属在土壤溶液中的有效性。一旦重金属的存在形态可被植物吸收,重金属便通过共质体或质外体的方式进入植物根系细胞。重金属被根系吸收后,一方面保留在根中,另一方面开始从根部向茎部转移。对超富集植物来说,重金属从根部到茎部的高效转移是非常重要的特征。有研究表明,植物将重金属从根部向茎部转移依赖于重金属在根中的浓度(Hardiman et al.,1984)。Przemeck 和 Haase(1991)的研究表明,螯合剂介导的重金属转移是重金属从根部向茎部转移的主要途径。

对超富集植物来说,其根和茎都必须对重金属有高的耐受能力,耐受能力是吸收和积累的基础。植物对特定重金属的耐受能力被认为是由植物内部一系列的生理和分子方面的相互作用来控制的,包括植物对有毒金属元素的排斥和代谢(Singh et al.,2003)。植物对有毒金属元素的排斥起始于根对重金属的吸收,植物的根细胞通过调节细胞膜对金属离子的通透性,改变金属与植物细胞壁的结合能力来阻止金属离子进入细胞内。金属离子在液泡中的区室化也是植物耐性和去毒性的机制之一,这个过程将重金属局限在一个特定的区域从而阻止其在细胞质中的过量积累(Tong et al.,2004)。

重金属在植物中积累,诱导植物产生螯合剂,螯合剂通过缓冲细胞质中的金属浓度来减轻重金属对植物的毒性。在植物中主要的金属螯合剂有植物螯合肽和金属硫蛋白、有机酸和氨基酸。

植物螯合肽是一个金属复合物的多肽家族,它的结构是$(\gamma\text{-Glu Gys})_n-\text{Gly}$,其中 n 为 2～5。在重金属存在时,它在植物螯合肽合酶的作用下由谷胱甘肽经过两步反应被快速诱导产生(Rauser,1999)。在拟南芥中鉴定到了编码 PC 合酶的 *CAD* 基因,并且在粟酒裂殖酵母中也发现了它的同源基因。尽管早期的研究已经证实了植物螯合肽在金属去毒性中的作用,但最为清晰的证据是拟南芥中 PC 突变体(Cad1-3)和酵母 PC 合酶突变体的发现。两种突变体都对Cd和As敏感，但对Cu、Hg和Ni却没有敏感性。上述表明，PC对Cd和As毒性的去除起重要作用，但是对Cu、Hg和Ni的去除不起作用（Ha et al.，1999）。

金属硫蛋白（MT）是一种低分子质量、富含半胱氨酸的金属结合蛋白，它为金属的螯合作用提供硫醇基团。MT是由基因编码的多肽，主要分为两种类型，MT1和MT2。在很多高等植物中都分离出了MT编码基因，除了MT1和MT2外，还有MT3和MT4类型（Goldsbrough，2000），在其他种类的植物中还存在其他类型的MT，说明这个家族是有植物组织特异性的。有研究表明，MT1、MT2和MT3都由Cu调控，并且在Cu的积累和Cu在韧皮部的运输中起重要的作用（Guo et al.，2008）。

二、石油污染土壤的植物修复

1. 石油污染土壤概况

土壤是人类赖以生存和发展的重要自然资源，也是最重要的环境要素之一（马强等，2008）。与重金属污染相比，有机物的污染要严重得多，联合国环境规划署（UNEP）1990年的报告指出，每年有3亿～4亿t有机污染物进入环境，其中大部分进入了土壤环境，土壤生态系统成了有机污染物的最大受体（Huismans，1980）。有关调查表明，目前大家关注的有机污染物主要有多氯联苯（PCB）、多环芳烃（PAH）、有机溶剂（TCE）、总石油烃类（TPH）、杀虫剂和爆炸物（TNT）等，这些污染物都能被特定植物不同程度地吸收、转运和分解（Gifford et al.，2007；Mills et al.，2006）。石油是一种复杂的多组分均质混合物，被称为现代工业的“血液”，主要成分有烷烃、环烷烃和芳香烃，还有少量的含氧化合物、含硫化合物、含氮化合物、胶质和沥青质等（郑希来等，2004）。

随着石油工业的迅速发展，土壤的石油污染日趋严重，已严重威胁人类的生存发展。美国环境保护署报道，在20世纪90年代已有10万个地下油罐存在不同程度的泄漏（蔺昕等，2006）。我国每年新增污染土壤1×10^5t（宁雯，2009）。油田区落地石油污染是石油污染土壤的主要形式，80%以上的原油被截留在50cm以上的表层土壤中（刘继朝，2009；彭胜巍，2009）。有调查研究表明，在胜利油田、大庆油田和辽河油田等石油污染严重的区域，土壤中的含油量远远超过国家农业标准临界值500mg/kg，有的已经达到10 000mg/kg，致使周围数百公顷土地受到严重污染（李方敏等，2006）。

2. 石油污染土壤的来源与危害

石油工业迅速发展的同时也产生了许多环境问题。第一，在石油开采、加工和运输过程中，大量的原油洒落在油井周围，造成了严重的土壤污染和生态破坏。第二，石油在开采和冶炼时产生大量的含油矿渣、污泥和垃圾，这些含油废物在厂矿周围堆置，致使土壤中石油含量比非堆放区高出数倍。广东省茂名市曾因含油矿渣的大量堆积使周围大片农田成为寸草不生的荒地（宁雯，2009）。第三，使用含油污水灌溉农田也是石油污染土壤的主要原因。第四，油类常被作为各种农药的溶剂或乳化剂，农药的大量使用严重污染了土壤。

石油在表层土壤中的积累导致其盐碱化、沥青化和板结化，引起土壤有机质碳氮比(C/N)和碳磷比(C/P)的变化，影响土壤的通透性，从而抑制土壤酶活性和土壤微生物的生长繁殖，并对农作物的生长发育造成很大的负面影响(李小利等，2007)。在石油中占极小比例的多环芳香烃类，具有强烈的“三致”(致癌、致畸变和致突变性)效应，能通过食物链在动植物体内逐级富集和放大，进而对人类健康造成严重的威胁(常慧萍，2008;陆光华等，2003)。土壤的石油污染不仅给生态环境带来了巨大的危害，也给国家、企业和个人造成无法挽回的经济损失。1998 年中国石油天然气集团公司所属的石油、炼化企业共发生污染事故 151 次，污染事故赔罚款总额 48.5 亿元(李宝明，2007)。

3. *石油污染土壤国内外研究进展*

随着石油污染土壤面积的不断扩大，各种修复技术应运而生。生物修复技术与传统的物理、化学修复技术相比，因费用低、效果好、无二次污染而具有很好的应用前景。20 世纪 60 年代，微生物学家开始探索提纯和工厂化生产自然界中存在的石油降解菌的方法。80 年代初，一系列可以以碳氢化合物为食物和促进碳氢化合物分子氧化的菌种品系被分离出来，并且能在控制条件下工厂化生产，为人们利用这些微生物来降解石油污染奠定了基础(李英丽，2008)。用微生物降解土壤石油污染始于 80 年代后期，是在生物降解基础上研究发展起来的生物修复技术。1989 年，在美国阿拉斯加首次大规模应用生物技术修复原油泄漏污染的滩涂土壤获得巨大成功，以生物学方法修复石油污染土壤，从理论研究到实用技术都取得进展(蔺昕等，2006)。早期人们所指的生物修复其实都是微生物修复，对植物修复的研究是后来发展起来的。植物修复技术是一门新兴的生物修复应用技术，90 年代后期，因该技术具有处理成本低、无二次污染和自然美观等优点，已成为国际上备受关注的科学前沿和热点研究领域，对该技术的研究已经成为当今环境保护领域新的热点。

国内关于石油污染土壤的植物修复技术大多还仅限于实验室研究阶段(刘鹏等，2006)。目前已报道的修复植物有藻类植物、蕨类植物、裸子植物和被子植物，既有草本植物，也有木本植物(刘继明，2009)。张大庚等(2003)的研究表明，石油浓度达到 0.5%时明显抑制水稻的生长。土壤中石油浓度小于 0.5%时对玉米种子的萌发和幼苗生长无显著影响，而大于 0.5%时影响逐渐加重，达到 10%时可致玉米绝收(吕志萍和程龙飞，2001)。经改良的紫花苜蓿可耐受浓度为 2%的原油污染(程国玲和李培军，2007)。土壤中石油含量为 4%时，大麦的萌发率与对照之间无显著差异(Li et al.，1997)。在自然条件下，小麦和棉花对石油污染土壤的降解率在 70%以上(张兴儒和张士权，1998)。宋玉芳等(2001)研究发现，投肥对苜蓿草降解土壤中矿物油有促进作用，但对水稻降解土壤中矿物油无明显作用;有机肥量与苜蓿草根际土著真菌、细菌数量明显呈正相关。这说明植物根际的土壤环境发生变化，有利于污染物的降解。因此通过选择适当植物和调控土壤条件等手段，可以实现污染土壤的快速修复。总之，植物修复技术不仅可以修复石油污染的土壤，而且通过资源化利用也能取得一定经济效益，因此是一项非常适合我国国情的实用技术，具有广阔的应用前景。

从世界范围看，利用植物修复技术修复石油污染土壤已经越来越引起人们的重视。

荷兰于20世纪80年代投资约15亿美元进行土壤的修复工作(李宝明,2007)。德国在1995年花费约60亿美元修复污染土壤,在2000年政府又赞助40多个环境修复项目;美国政府在2000年赞助了160个大的植物修复研究与示范项目,其中包括102项有机污染物处理项目(田侠,2006)。此外,法国、丹麦、瑞典等国家也纷纷加入植物修复石油污染土壤这一研究领域。

Huang等(2005)利用高羊茅(*Festuca arundinacea*)和微生物的共同作用来降解土壤中总石油烃,经过4个月的联合修复,土壤中90%的石油烃得以去除。Phillips等(2006)比较了黑麦草(*Lolium perenne*)、紫花苜蓿(*Medicago sativa*)、紫羊茅(*Festuca rubra*)、长穗偃麦草(*Agropyron elongatum*)、窄颖赖草(*Elymus angustus*)和碱茅属植物(*Puccinellia nuttalliana*)对石油烃污染土壤的修复效果,4.5个月后植物修复组中石油烃的降解率均比对照组高,其中紫羊茅的降解率最高,表明植物修复能有效地降低土壤中石油烃的含量。Merkl等(2005)通过分析多种种植在石油污染土壤中的植物根的形态特征(根长、根表面积、根体积和根平均直径)来筛选适合修复石油污染土壤的植物,结果表明,牛筋草(*Eleusine indica*)受石油烃污染的影响较小,且石油烃的降解率与植物根系的表面积呈正相关关系。Parrish等(2006)比较了小胡瓜、黄瓜和南瓜对PAH的吸收作用,经过112天以后,小胡瓜吸收PAH的量是黄瓜和南瓜吸收量之和的2倍,从而证明小胡瓜对PAH有较好的修复效果。Qiu等(1997)研究了12种草对多年污染的黏土中PAH的吸附和降解,除了根部以外,在草的茎、叶组织中均未检测到PAH,因此,采用植物修复技术实际修复PAH污染的土壤时,不必担心修复植物对食物链造成影响。Schwab等(1998)用紫花苜蓿和紫羊茅研究植物根系对萘的吸附降解情况,发现植物挥发可去除土壤中32%~45%的萘。修复土壤中的烷烃和单环芳香化合物比较成功的是杨树、柳树和紫花苜蓿等(Corseuil and Moreno,2001;Thompson et al.,1998;Wiltse et al.,1998)。杨柳科的杨树属可去除土壤中75%的有机污染物(Thompson et al.,1998)。这些研究成果为今后深入研究石油污染土壤的植物修复技术并建立实用规模的修复工程提供了良好的理论基础。

4. 石油污染土壤的植物修复技术

目前,治理石油污染土壤的生物修复技术主要有两类:一类是微生物修复技术,按修复的地点又可分为原位生物修复和异位生物修复;另一类是植物修复法。微生物修复技术有一定的优点,但也有一定的局限性。例如,一种微生物只能降解污染物中特定类型的化合物;微生物活性及降解效果受环境条件影响很大。近年来的研究表明利用植物对环境进行修复,即植物修复是一个更经济、更适用于现场操作的去除环境污染物的技术。植物修复的优势与特点是:从技术应用过程来看,植物修复是可靠的、对环境相对安全的技术,可以尽可能地减少对土壤的破坏,对环境扰动小,可以减少来自公众的关注和担心;修复植物的稳定作用可以绿化污染土壤,使地表稳定,防止污染土壤因风蚀或水土流失而带来的污染扩散问题;修复植物的蒸腾作用可以防止污染物质对地下水的二次污染;利用植物的提取、挥发、降解作用可以永久性地解决土壤污染问题;经植物修复的土壤,有机质含量和土壤肥力都会增加,一般适于农作物种植,符合可持续发展战略;部分修复植物成熟时可进行收获，因而也能创造一些经济效益；植物修复过程依靠修复植物的新陈代谢活动来治理污染土壤，技术操作比较简单，成本低，容易大范围实施；植物修复的过程也是绿化环境的过程，易于被社会所接受。总之，植物修复技术正逐步成为未来石油污染土壤治理研究的一个重要方向。

近些年来，植物的毒性测试被频繁地应用于石油污染土壤修复过程的监测(彭胜巍等，2009；宋玉芳等，2004)。鉴于土壤石油污染对植物的毒害作用，选择耐受性较强的植物是开展植物修复实践的基础(马强等，2009)。国内外研究资料显示，牧草类多为耐受性植物的候选，经改良的紫花苜蓿可耐受浓度为2%的原油污染(程国玲和李培军，2007；宋雪英等，2006)，一些研究探讨了大豆等作物对石油污染的耐受性，但还未明确何种作物最耐石油污染。

(1) 植物修复石油污染土壤的机理

A. 植物对石油污染物的直接降解作用

植物降解是指植物吸收土壤中石油污染物中的一种或几种成分以后，通过体内的新陈代谢作用或自身分泌的物质，将所吸收的污染物在体内分解为 CO_2 和 H_2O，或转化成毒性微弱甚至无毒性的中间代谢物储存在植物细胞中，从而达到去除环境中有机污染物的作用。植物酶在植物细胞降解石油烃的过程中起到很重要的作用(彭胜巍，2009)。一般认为，植物转化烷烃的途径是烷烃→伯醇→脂肪酸→乙酰辅酶A→各种化合物(刘晓冰等，2005)。最近研究表明大豆可降解^{14}C-蒽、苯和芘，叶片和根具有同化烷烃的能力，禾本科牧草可代谢苯、甲苯和二甲苯(Edwards et al.，1982；Durmishidze，1977)。植物直接降解是去除有机污染物的有效途径之一，其中植物根系是吸收积累土壤有机污染物的重要组织，因此植物根系吸收有机污染物的深入研究对于筛选高效修复植物品种具有重要的指导意义。

B. 植物对石油污染物的间接降解作用

植物对土壤中石油污染物的间接降解体现在两个方面：一方面是根际微生物降解；另一方面是根释放分泌物与酶促进降解或酶系统的直接降解。根际是受植物根系活动影响的根与土界面的一个微区，也是植物根-土壤-微生物与其环境相互作用的场所(邰红建等，2004)。根际土壤微生物量是最大的，比非根际土壤微生物量多10倍以上(彭胜巍，2009)。一方面，植物能通过根系改变土壤的理化条件，改善土壤的通透性，提高微生物活性，从而促进根际微生物降解；另一方面，植物根系释放的分泌物与酶能够刺激微生物的转化作用，根细胞死亡所增加的土壤有机碳也增强了微生物对污染物的矿化作用。植物为微生物提供生存场所并转移氧气，使根区的好氧转化作用能够正常进行，这也是植物促进根区微生物矿化作用的一个机制。另外，植物根区的菌根真菌与植物形成共生关系，通过独特的酶途径可降解不能被细菌单独转化的有机物。植物分泌的酶主要有脱卤酶、硝酸还原酶、过氧化氢酶(CAT)、氰水解酶等(Newman et al.，1997)。研究表明，有些植物酶可直接参与有机污染物降解的生化过程，如硝酸还原酶和漆酶能降解TNT等军用废弃物，过氧化物酶可以促进PCB的降解，腈水解酶能降解氯化氰苯(Macek et al.，2000；Schnoor et al.，1995)。许多研究表明，植物可促进根际微生物对有机污染物的转化。利用苜蓿根系根际土和非根际土的实验表明，保持植物根系和其分泌物的存在是土壤多环芳香族烃降解所必需的(刘晓冰等,2005)。

C. 植物的挥发作用

植物吸收土壤中的有机污染物以后,把它们转化为低毒或无毒的气态物质,再通过叶片把它们蒸发到大气中去。据报道白杨树能把它们所吸收的三氯乙烯(TCE)(其中的90%)蒸发到大气中(李英丽,2008)。

(2) 植物修复石油污染土壤的影响因素

A. 石油的来源和组成

由于产地不同,油层不同,原油组成及各成分之间的比例都有很大差别。一般而言,植物根系容易吸收相对分子质量小于500的有机化合物,石油中各烃类被土壤中微生物降解的相对能力为:饱和烃>芳香烃>胶质和沥青(李英丽,2008;刘五星等,2006)。饱和烃中,直链烷烃最容易被降解;芳香烃中,二环和三环化合物较容易被降解,而五环或五环以上的芳香烃难于被降解;胶质和沥青则极难被降解(丁克强和骆永明,2001)。另外,污染物的浓度、疏水性、离解常数等直接影响植物根系对污染物的吸收。

B. 植物的种类

种类的选择是植物修复的关键,不同的植物种类对土壤中污染物的吸收机制明显不同,甚至同一种类不同亚种的植物,其修复效果也有一定差异。植物对有机物的吸收分为主动吸收和被动吸收,被动吸收的动力主要来自蒸腾拉力,不同植物的蒸腾作用强度不同,对污染物的吸收运转能力不同。植物不同部位累积污染物的能力不同,对多数植物而言,根系累积污染物的能力大于茎叶和果实(林道辉等,2003)。植物根系的须根比主根有更大的比表面积,且通常处于污染物集中的土壤表层,因此须根吸收污染物的量高于主根,这也是禾本植物比木本植物更容易吸收和积累有机物的原因之一。大量的研究表明,紫花苜蓿、披碱草、黑麦草、高羊茅等植物被较多地应用于修复石油污染的土壤,并具有较好的修复效果(Muratova et al.,2003;Parrish et al.,2005;陈嫣等,2005;高彦征等,2005)。

C. 土壤的理化性质

土壤的颗粒组成、土壤酸碱性、土壤中矿物质和有机质含量以及土壤水分等都能影响植物的修复效果。土壤颗粒比表面积的大小影响污染物的生物可给性;酸性土壤颗粒吸附的有机污染物可重新回到土壤水中,更有利于植物根系吸收;矿物质含量高的土壤对离子性有机污染物吸附能力较强,而有机质含量高的土壤会吸附或固定大量的疏水性有机物;土壤水分能抑制土壤颗粒对污染物的表面吸附能力,促进其生物可给性,但不宜过多(李英丽,2008;林道辉等,2003)。

D. 外界环境条件

外界环境条件包括气象条件和人为条件。气象条件包括风力、湿度、温度等,影响污染物的挥发和植物的蒸腾作用,影响土壤和植物对有机污染物的吸附和分配能力。人为条件包括补充微生物、添加外源营养物质,即给植物施肥、调控N/P、加入表面活性剂等,可促进植物与根际微生物对有机污染物的吸收与降解。

第四节　污染大气的植物修复

大气污染是指大气中污染物含量达到一定程度，对环境、生态和人体健康产生影响或造成损害的现象。随着世界各地工业化、城市化和现代化的迅速发展，由人为因素造成的大气污染已成为人类无法回避的现实问题。大气中一次污染物与二次污染物的复合污染，有机污染物与无机污染物的混合污染，颗粒物、颗粒携带污染物与气态污染物的交织污染，已直接或间接地威胁到陆地生态系统和人类自身的健康与生存。

大气污染的治理方式很多，但是植物净化因具有独特的吸尘、吸噪，释放 O_2、水蒸气和香气的作用，而且不会产生二次污染而得到了一致认可。利用植物净化大气污染物是一种低碳、有效、非破坏型的环境污染修复方式，植物净化污染大气的思想及技术对城市园林绿化、环境规划和生态环境建设等具有直接的指导意义和应用价值。同时，控制和治理大气污染是维持和提高区域性和全球性环境质量、保障生态环境卫生和人体健康的迫切需要，也是社会经济可持续发展的重要保障。

一、大气污染分类

大气污染的主要类型包括：

1）根据污染物性质：分为化学性物质、放射性物质和生物性物质。

2）根据污染物存在形态：分为颗粒物质和气态物质。

3）根据污染源类型：分为煤烟型污染、石油型污染、混合型污染、特殊型污染。

4）根据与污染源关系：分为一次污染物和二次污染物。一次污染物，即污染源直接排放到大气中的污染物；二次污染物，即在大气中通过与其他物质发生反应，化合成新的污染物。

5）根据尺度：在城市大气污染研究中，根据尺度大气污染可以分为微观城市大气污染和宏观城市大气污染。微观城市大气污染，具体指的是城市居民住宅内和住宅环境的大气污染直接给城市居民带来危害。宏观城市大气污染，具体指的是整体城市大气污染对城市气候的影响和危害。

大气污染的分类很多，但我们通常说的大气污染，一般为物理性污染物（粉尘）、化学性污染物和生物性污染物三大类。

二、植物净化机理

大气污染对植物有一定的影响和危害，另外，植物对于一定浓度范围内的大气污染物，不仅具有一定程度的抵抗力，而且也具有相当程度的吸收能力。也就是说，植物对一定程度的大气污染具有净化作用。这种净化作用主要有两种途径：一种是通过植物积聚和过滤粉尘、隔音等起到净化作用的物理途径；另外就是通过植物的挥发性物质杀灭大气中的微生物，而更多的是通过植物叶片对大气污染物的吸收、转化和累积而起到净化大气作用的生物化学途径。

植物对大气中不同污染物的净化与累积作用不完全相同，这是由于不同化学性质的污染物进入植物叶片后具有不同的代谢途径。这也决定了植物对大气污染具有不同的净化机理。

1. 吸收与吸附

植物对大气污染的吸收和吸附主要是指植物体表面通过附着和吸收气体分子、固体颗粒及溶液中的离子来达到净化的作用。

植物枝叶表面可有效地吸附大气中的浮尘、雾滴等悬浮物及其吸附着的气体分子、离子及固体颗粒，O_3、SO_2等可被吸附在叶片和枝干表面的粉尘中。植物对化学性污染物的吸附取决于植物的叶片形态、粗糙程度、着生角度以及分泌物。植物叶片通过气孔或表皮角质层对污染物进行吸收。对气态无机污染物而言，气孔渗透为主要路径；对疏水性极高的有机污染物，更多的是通过角质层渗透。对于挥发或半挥发性的有机污染物，污染物的分子质量、溶解性、水蒸气压和辛醇/水分配系数等都直接影响植物的吸收。同时，植物叶片对污染物的吸收能力与叶龄和毛状体的多少有关，还与外源污染物的化学性质和渗透条件有关。例如，光照条件控制叶片气孔的开闭，对植物吸收污染物有较大影响。湿润的植物表面比干燥的植物表面对水溶性污染物的吸收能力强。

2. 代谢降解

代谢降解是指植物通过代谢过程来降解污染物或通过植物自生物质，如酶类来分解植物体内外污染物的过程。能直接降解有机污染物的酶类主要为：脱卤酶、硝基还原酶、过氧化物酶、漆酶及腈水解酶等，其中硝基还原酶能够有效地降解 TNT 和其他硝基芳烃；含有漆酶的植物可以有效地降解苯胺化合物，如三氨甲苯；含有脱卤酶的植物可以有效地降解氯化合物和杀虫剂。

3. 转化修复

植物转化是植物保护自身不受污染物影响的重要生理反应过程。它是指利用植物的生理过程将污染物由一种形态转化为另一种形态的过程。最典型的是植物通过光合作用吸收大气中的二氧化碳并且释放出氧气。

植物转化过程与植物降解过程有一定的区别，因为转化后的污染物分子结构不一定比转化前的更简单。转化后产物还有可能比转化前物质具有更高的生物毒性。但一般对植物本身无毒或低毒。如何防止植物增毒和如何强化植物解毒是利用植物转化修复大气污染物的关键，使植物将有毒有害的污染物转化为低毒低害或者完全无毒无害的物质应是主攻方向。

4. 同化和超同化修复

植物同化是指植物通过生理过程将污染物转化为其他形态并同化到自身体内。具体为植物通过对含有植物营养元素的污染物的吸收，并同化到自身物质组成中，以促进植物体自身生长的现象。大气有害物质中的硫、碳、氮等都是植物生命活动所需的营养元素，植物通过气孔将 CO_2、SO_2等吸入体内参与代谢，最终以有机物的形式储存在氨基酸和蛋白质中，促进植物体自身生长。除 CO_2外，植物可以有效地吸收大气中的 SO_2，并迅速将其转化为亚硫酸盐甚至是硫酸盐，再加以同化利用。

超同化现象是指植物将含有其所需营养元素的大气污染物，如氮氧化合物、硫氧化合物等作为营养物质源高效吸收与同化，同时促进自身的生长。超同化现象比同化现象具有更高的净化能力，但在超同化植物的培养中，往往会发生基因漂移现象。若将转基因植物释放到环境中，可能会改变物种间的竞争关系，破坏原有自然生态的平衡，导致生物多样性的丧失，破坏野生和野生近缘种的遗传多样性。

5. 中和缓冲作用

植物叶表面吸附的 K^+、Ca^{2+}、Mg^{2+}等阳离子可与 H^+进行交换，或与叶片中淋失的弱碱与强酸中和形成盐，从而吸收 H^+，降低酸雨浓度，达到净化大气污染的作用，称为植物对大气污染的中和缓冲作用。

三、植物对大气污染物的抗性和避性

植物对大气污染的抗性大致分为两大类：一类为屏蔽性，是植物通过各种形态解剖上的适应控制或减少污染物的侵入而造成的伤害；另一类为忍耐性，是植物对进入体内并积累于一定器官内的有害物质的忍耐能力。具体表现为植物通过体内一系列的生理生化反应对污染物进行反作用、降解利用、吸收积累或转运排出体外，来抑制和调节污染物的危害。由于忍耐性具有特殊的生理学上的特点，所以对植物的抗性起重要作用。

避性是植物体抗御有害物质入侵和伤害的能力。当污染物超过正常生态环境的含量时，植物可通过形态解剖学、生理学和生态学特性保护机体，避免危害；或者少吸收、不吸收有害物质；或者吸收一定数量的有害物质，通过生理生化作用进行降解或把它们排出体外。

四、国内外研究现状

过去国内外对植物净化大气污染的研究主要集中在土壤污染或水污染的植物修复技术上，对大气污染的植物修复研究仅仅集中在少数植物上，关于植物对各种污染物修复能力的系统性研究较少。目前的研究多集中在通过实验筛选对大气污染有较强抵抗能力，或对污染物有较强吸收净化能力的植物上。针对当前日益严重的环境问题，利用植物修复技术来治理大气污染尤其是近地表大气的混合污染，是近年来国际上正在加强研究和迅速发展的前沿性新课题。关于植物净化大气污染的研究现状，主要通过植物对大气污染的指示作用和植物对大气污染的净化作用（机理和量化）两个方面来进行阐述。

1. 植物对大气污染的指示作用

在植物对大气污染的指示作用上，Cho 等（2008）通过研究发现草的茎、根和土壤的挥发性有机化合物的浓度水平可以作为污染指标。李天庆（1979）研究发现可以依据地衣的种类成分、分布高低、原植物大小以及繁殖器官的发育状况等因素来划分污染区。蒋高明（1996）发现树皮 pH 变化对大气酸性气体有明显的指示作用。方炎明和魏勇（2000）综述了苔藓生物监测大气重金属污染的研究进展。黄土良等(2004)则通过研究苔藓植物对石家庄市区大气污染的不同反应,确定葫芦藓(*Funaria hygrometrica*)、扭口藓(*Barbula unguiculata*)、墙藓(*Tortula muralis*)等植被可以起到指示大气污染的作用。王玲梅等(2009)研究发现水稻对矿山开采与冶炼周边区不同来源的重金属污染具有指示作用。章金鸿和李玫(1999)研究发现城市植物叶片重金属元素含量与大气污染有密切的关系,植物对大气中的重金属具有多种反应,植物叶片中重金属的含量可以作为大气中重金属污染的指标。

2. 植物对大气污染的净化作用

(1) 植物的滞尘杀菌作用

绿化植物可以通过吸滞粉尘以及减少大气含菌量而起到净化大气的作用;绿化植物的滞尘能力一直是城市生态园林设计中的重要依据。国外在20世纪70年代就已经开始了对树木滞尘能力的研究,其研究重点集中于树木滞纳放射性颗粒物和痕量金属污染物方面,并提出了森林植物是颗粒态污染物蓄积库的说法。美国环境保护署在1976年就制订了一个典型示范的计划,利用城市木本植物来改善大气质量。自90年代以来,我国很多学者也进行了树木滞尘方面的研究。丁菡和胡海波(2005)对城市大气污染和植物修复的研究表明,一般而言,叶片较多、叶面积较大、表面粗糙有绒毛、分泌黏性物质的植物滞尘能力较强,草本植物的滞尘能力相对较弱。鲁敏和李英杰(2002)研究发现乔木树种占滞尘总量的87.0%,灌木占11.3%,草坪占1.7%,同时也说明了乔木是对大气灰尘进行净化的主要植物。张秀梅和李景平(2001)对太原市绿化植物净化大气颗粒物污染的能力进行了调查测试,就不同树种叶片滞尘量和单株树木滞尘能力作了分析研究。戚继忠和齐清弘(2000)、谢慧玲和詹瑞华(1997)分别就植物的杀菌作用进行了研究,前者对园林植物清除空气中细菌的能力进行了比较研究,认为园林植物具有较强的清除细菌能力,其能力大小在不同种类间具有一定差异;后者对植物杀菌作用的历史、研究现状、作用机理和应用前景作了初步探讨。

(2) 植物对大气污染物的吸收和转化

A. 机理研究

植物对大气污染的净化作用主要还是对污染物的吸收和转化,国内外学者对其净化机理做了大量的研究。Baosheng 等(2009)研究发现棕榈净化室内空气污染的能力随室内温度的升高而由15%上升到35%。而且,棕榈大气污染的净化能力会随污染物分子质量的增加而减少。Fujii 等(2005)通过分析 CO_2 和 NO_x 对植物的响应来研究植物的吸收和吸附作用对大气污染的影响,发现随着温度的升高,植物对 CO_2 的吸收作用增加,而对 NO_x 的吸附作用减少,植物的光合作用影响植物对 CO_2 的吸收。Hasegawa 等(2004)利用生物电位的线性和非线性模型来分析大气净化过程,并且认为生物电位法是一个有用的评估植物对大气净化能力的方法。Oyabu 等(2003)利用锡氧化物气体传感器来评估植物的大气净化能力,发现多汁植物比非多汁植物的大气净化能力低。但是在夜间,多汁植物具有更高的大气净化能力。多汁植物和非多汁植物配置在一起时,白天和夜间均能够发挥大气净化作用。Sawada 和 Oyabu (2008)研究发现植物吸收甲醛的能力跟它的生长状况和大气温度有关，植物净化能力随光线强度的增加而增大，而在污染物的分子质量增大时，植物净化能力降低。Xu 等(2011)通过植物对甲醛气体的净化作用发现：增加裸土面积可以增加植物对甲醛的净化，对甲醛吸收的限制往往来自扩散而不是反应，对甲醛吸收的速率取决于甲醛的脱氧酶活性。郝卓莉等(2003)认为不同植物对有害气体的敏感性与植物先天性组织器官的结构和生理代谢特征相对应，有害气体污染对植物生理上所产生的效应往往同植物面临自然环境胁迫时产生的效应相类似，适应的途径是一样的。张学星等(2006)和温达志等(2003)分别研究了植物的吸附能力与受害症状的关系，最后都认为植物对污染物的吸附能力与受害症状没有绝对关系。

B. 量化研究

在各种植物对大气污染的具体净化效果上，国内外学者都进行了大量研究。美国在对芝加哥库克和杜佩齐市区的城市森林净化效果研究中发现，在 1991 年夏，城市森林平均每天吸收 CO_2 1200t、SO_2 3.7t、NO_2 4.2t、O_3 10.8t。日本的门田测得 10 年左右树龄的黑松林(叶量 1.5kg/m^2)在夏季 3 个月中 105kg 树枝吸硫量可达 5g，达到 0.002mg/(kg · s)的净化能力。除此之外，植物还可以吸收 Cl_2、HF 等有害气体以及一些有机污染气体。张学星等(2006)就云南乡土绿化树种对 HCl 和 HF 气体的净化作用进行了量化研究，并且认为滇润楠、云南拟单性木兰、云南含笑、鸡嗉子等树种对 HCl 和 HF 气体具有较强的抗性及净化能力。美国佐治亚大学园艺系的研究人员对 28 种常见室内观赏植物净化能力的研究发现，紫海棠、洋常春藤、球兰、刺文竹以及紫罗兰这 5 种植物净化室内大气中苯、甲苯、三氯乙烯等易挥发性污染物的效果非常明显。

不仅植物的种类对污染气体的净化能力有所差别，而且污染气体的化学形态也会影响植物的净化作用。很多学者对不同植物、不同环境的净化能力进行了研究。Morikawa 等(1998)研究了 217 种天然植物同化的情况，结果发现不同植物同化 NO_2 的能力差异达 600 倍。北京园林局调查发现落叶阔叶林对 SO_2 的吸收能力为 12.0kg/hm^2，柏类为 34.3kg/hm^2，而杉类和松类净化能力相差无几，为 9.8kg/hm^2。

(3) 植物对大气中重金属的净化作用

随着城市化的发展和市内工业、交通排放各种废弃物的增多，人为因素造成的重金属污染越来越严重。重金属污染具有长期性、潜伏性、累积性和不可逆性。目前，重金属污染已成为不可忽视的环境问题。国内外对植物净化大气中重金属的研究主要集中在两个方面：一是土壤中重金属污染的净化研究，如李琴在 2007 年综述了植物对土壤重金属污染修复的研究进展；二是植物中重金属分布、累积及生物循环规律的研究。胡星明等(2008)分析了城市大气重金属污染的来源、迁移与转化及其造成的环境学效应，重点总结了植物对其进行净化的研究成果。苏育炜等(2007)综述了硅藻土对重金属离子的吸附作用及用于环境重金属污染修复的研究进展。鲁敏和李成(2006)研究了部分城市绿化树种对重金属污染物的吸附净化能力。杨震(2009)研究发现园林绿化树种的净化能力因污染物和树种的不同而具有明显差异：雪松对铅滞留量高，而杨树和国槐则对锌的滞留量较高。树木叶片滞尘量与未洗叶片和已洗叶片含铅、锌量的差值存在着显著的相关性。章金鸿等(2001)研究了污水处理中红树林对 Cu、Pb、Zn、Cd 4 种重金属元素的吸收、累积、分布和循环，结果表明 4 种重金属的周转周期分别为 10 年、63 年、21 年和 58 年。

(4) 植物净化空气污染的应用

刘艳菊和丁辉(2001)通过分析植物对大气污染的反应与城市绿化，建议利用植物在混合大气污染物作用下的宏观和微观、形态和解剖、生态和生理等方面的综合反应特性，科学地划分植物对大气污染物的抗性等级，结合植物的吸污能力，提出筛选绿化植物的合理建议，认为绿化树种的选择不仅要考虑吸污指标，同时还要考虑抗污指标。

Ma 等(2004)利用 GIS 技术估算了西安植物大气净化的经济谱，建立了一套完整的大气净化价值评估体系。植物对污染物的吸收和净化作用是有限度的，同一种植物对不同类型的污染物和不同种植物对同一类型的污染物的净化能力各异，科学地选出具有强降污能力和强抗污能力的植物种类，为绿化植物的合理选用提供重要的依据。

五、去污能力植物筛选

根据鲁敏(2002)对北方污染大气去污绿化树种的选择以及其他文献(张秀梅和李景平，2001；谢慧玲和詹瑞华，1997)对各种植物去污能力的分析，筛选出一些去污能力强的植物。

1. 吸收 SO_2 能力强的植物

吸收 SO_2 能力强的植物一般包括：加杨、新疆杨、卫矛、臭椿、紫丁香和山楂等。

2. 吸收 Cl_2 能力较强的植物

卫矛、京桃、暴马丁香、山梨、山楂、山杏、白桦和榆树等为吸收 Cl_2 能力较强的植物。

3. 吸收 HF 能力强的植物

吸收 HF 能力强的植物有：枣树、榆树、山杏、白桦、桑树等，其中较强的为：毛樱桃、紫丁香、卫矛、华山松、云杉、白皮松、茶条槭、皂角、臭椿等。

4. 滞粉尘能力强的部分园林植物

滞粉尘能力强的部分主要园林植物有：榆树、朴树、木槿属植物、刺槐、臭椿、杨属植物、桑树等。

5. 具有杀菌能力的部分园林植物

这些植物可分泌杀菌素，能杀死白喉、肺结核、霍乱和痢疾等病原菌。具有杀菌能力的主要绿化植物有：珍珠梅、侧柏、桦木属植物、黄栌、合欢、悬铃木、石榴、枣、水栒子、垂柳、银白杨、钻天杨、臭椿、稠李、辽东栎、栾树、蔷薇属植物。

6. 减低噪声效果较好的植物

理论上讲 40m 宽的林带可使噪声减少 10～15dB，绿化的街道比不绿化的街道可减少噪声 8～10dB。减少噪声较好的植物主要有：雪松、桧柏、悬铃木、垂柳、臭椿、云杉、楸树等(王笑然等，2003)。

六、展望

随着全球气候变化问题和大气污染的日益严重，现阶段植被净化大气污染方面的研究还远远不能满足人类的需求，这就要求我们在植被净化机理以及各种植物对大气污染的抗性和净化能力的量化上都应该取得更大的研究成果。

在各种高新技术快速发展以及各学科间高度交叉融合的背景下，今后植物修复的主要研究方向为：①通过大量的调查研究，建立不同植物对不同有害气体净化能力的数据库；②针对不同的大气污染情况，进行常用植物对大气污染的抗性研究；③进行不同植物，特别是乔、灌、草和土壤空间立体的植被网络对大气污染的多重净化研究，探索机理并且进行数字量化；④进行优异植物的生态、生理、生物化学过程研究，探索其生长条件与修复机理，努力提高综合净化能力的同时对富集能力强的植物进行优化培育；⑤深入研究净化植物中重金属和放射性元素的回收技术，防止二次污染，研究阻断生态系统中污染物沿食物链迁移的措施；⑥综合利用分子生物学、生理生态学、土壤学、计算机技术、定量遥感技术和 GIS 等空间数据库功能进行植物净化的多元化研究。

第五节　植物修复技术的优势及局限性

一、植物修复技术的优势

植物修复是利用植物去除环境污染物或使污染物无害化，是一种环境友好型的绿色生物技术，具有许多其他化学和物理处理技术不可比拟的优势。

植物修复技术成本较低，这也是其得到政府和公众认可的主要原因之一。环境污染治理需要巨额的资金投入。20 世纪 80 年代初期，全国环保治理投资每年为 25 亿～30 亿元人民币；2007 年全国环境污染治理投资总额达 3387 亿元人民币，是 1981 年的 135 倍，其中全国城市环境基础设施建设投资是 1981 年的 272 倍。投入不足，一直是制约中国有效治理环境污染、导致环境污染总体上呈加剧趋势的重要原因（中国国家统计局，2008）。在经费较为紧张的情况下，选择成本低廉的治理技术成为必然。植物修复技术以太阳能为能源，成本仅为传统工程修复技术（如土方开挖、土壤淋洗或焚化、抽出处理系统等）的 10%～50%（Pilon-Smits，2005；Van Epps，2006）。据估计，焚化处理有机污染物的成本为 200～1500 美元/t 土壤，而植物修复技术的成本仅为 10～500 美元/t 土壤；客土掩埋处理无机污染物的成本为 100～500 美元/t 土壤，植物修复技术的成本仅为 25～100 美元/t 土壤（Pilon-Smits and Freeman，2006）。可见，植物修复技术在治理有机污染物上更具成本优势。

植物修复通常是在原位实施，是将污染物就地降解和消除。该技术操作方便，对环境扰动少，不需要土方的挖掘及运输，也不需要占地面积巨大的处理场所；同时还不会破坏土壤生态环境，能使土壤保持良好的结构和肥力状态，无需进行二次处理，即实现污染土地的农田种植生产功能。这也是其成本低廉的重要原因，同时这也可以减少污染物向人类、野生动植物和环境暴露。对于化工厂和动用大型机械的工程而言，植物修复技术是绿色清洁的选择。许多政府和企业均将其纳入到环境治理策略中，借此来获得更多的经费支持。

植物修复对周边环境干扰小，不会破坏实施场所，有助于改善污染场地的生态景观，对周边地区的空气和水体环境也有改善作用。而且还能绿化环境，增加地表的植被覆盖，可以控制风蚀、水蚀，减少水土流失，有利于退化生态环境的恢复、改善和保护；此外，植物修复技术还可以为野生生物的繁衍生息提供良好的生境，有利于污染地生物多样性的恢复和重建；植物修复中用到的树木和草本植物还有固碳作用，树木还可为建设物遮阴，这样在夏季可以减少制冷的能量消耗。

植物修复过程中，可以对植物地上部进行收割管理，对收获的植物进行集中处理可减少二次污染，遗留问题较少。用于修复重金属污染场地的植物，重金属（特别是具有较高利用价值的重金属）富集量较高时，还可以进行重金属的回收利用处理。

二、植物修复技术的局限性

植物修复技术具有许多优势，一个成功的植物修复工程，受诸多因素的影响，如污染物的种类、浓度和存在的深度，被污染场地的属性，适宜植物的选择，植物的存活与生长以及气候条件。因此，植物修复在实践中也存在一些问题，一定程度上限制了其应用。一旦选择了植物修复措施，在大规模的系统工程开始前，要进行室内研究、小区试验，最好有野外示范，来确定植物种类和相应的管理措施（包括水肥管理），确保修复的效果（Van Epps，2006）。

植物修复技术主要依赖生物进程，与一些常用工程措施（如焚化、抽出异位处理等）相比，植物修复技术见效慢，修复过程比较缓慢。一般地，水溶性较高、且以水溶液状态存在的污染物在植物修复系统中降解所用时间较短，而土壤中的污染物依靠植物去除通常要花费数年时间，尤其是与土壤结合紧密的疏水性污染物。

植物生长对养分和生活环境有一定的要求。因此，植物修复也受土壤类型、温度、湿度、营养等条件的限制。此外，所要去除的污染物的毒性水平也会对植物的生长构成威胁。理想的植物必须能忍耐污染物，可在污染场地生长并能蓄积较高的生物量，还要对污染物有较好的净化作用。实践中，如果土壤有毒，往往需要加入改良土壤的物质，使土壤能够满足植物的生长需要。再者，有些植物在生长过程中会有病虫害发生，这也会影响其修复能力。

植物修复技术用于重金属污染的土壤治理时，一种植物不可能同时对多种重金属具有富集能力，往往只能吸收一种或两种重金属元素，如此就限制了其在多种重金属污染土壤治理中的应用；而且，植物修复的成效还会受到治理土壤地理条件的影响。因此，对不同重金属污染及不同土壤污染状况均需选择不同的植物。此外，目前发现的对重金属具有超积累能力的植物，其植株矮小、地上部分生物量小、生长缓慢、生长周期长，一定程度上影响了其修复效率，也限制了其在实际中的应用（蒋先军等，2002）。

另外，植物修复技术的应用还受植物根深的限制。虽然有些植物根可达地下潜水层的地下水，湿生植物的根系可深达 15m 或更多，但草本植物的根系深度一般为 50cm，树为 3m（Pilon-Smits，2005）。因为植物修复只对根系所及范围内的污染物有效，当污染物位于植物根系深度之下时，植物则对其失去效用。

植物修复技术的效率还受污染物的生物可利用性限制。如果污染物部分或全部不能被植物利用，那么利用植物修复技术完全清除污染物是不可行的。但有时通过添加土壤改良剂可增强污染物的生物可利用性。

目前实施的植物修复技术，多是将植物的幼苗或成株移栽到污染场地，极少采用播种的方式，这不易于机械化作业。因此，大面积实施植物修复需要巨大的劳动力投入。

用于植物修复的植物的处理，仍然是一个重要的、易让人产生疑虑的技术环节。尽管现在针对富集了价值昂贵的重金属的植物收割后有了焚化回收的处理措施（植物采矿）(Brooks et al.，1998)，但对于吸收了其他有毒有害污染物的植物材料，污染物的归趋仍是人们担心和关注的问题。如果所用植物是引进的，还存在环境入侵风险。

目前，植物修复技术在治理土壤重金属污染方面研究的较多，应用技术也比较成熟，在修复水体和大气污染中应用的相对较少。

生物/植物修复和非生物修复并不是对立的。因为许多地点污染物的分布和浓度是不同的。最有效、最经济的修复技术可能是多种修复技术的综合应用。

第六节　植物修复技术的发展趋势

在过去的十几年，由于社会发展和实践的极大需求，植物修复技术呈现出惊人的发展速度，已成为一种广受欢迎的环境治理技术，也成为一个公认的研究领域。许多学者对其进行了卓有成效的研究，在植物及其相关微生物对污染物的吸收、转移和降解机制方面获得了大量的科学数据。但由于缺乏对植物基本进程和植物-微生物互作关系全面深入的了解，植物修复的效率仍然受到限制。未来提高植物修复的效率，可以从植物种类或品种的选择、农事操作和生物技术的应用等方面着手进行研究(Pilon-Smits and Pilon，2000)。

一、超富集植物的筛选与培育

目前筛选超富集植物的方法主要有两种：一是从自然界中筛选；二是利用突变体技术培育新的植物品种。在污染环境，特别是长期处于高污染的环境中寻找耐受型植物，是从自然界中筛选超富集植物的一个常用方法。目前发现的超富集植物均为在野外矿山开采或冶炼区发现的品种，一般土壤介质中的重金属含量较高（韦朝阳和陈同斌，2001）。该方法需要开展大量的野外调查，还需要用室内试验来验证。在自然界中直接获得超富集植物的难度很大，概率也很小。对于一些具有超富集某种污染物潜力的植物，尽管植物地上部含量可以达到一定高的含量，但其生物富集能力还受其生物量的影响。因此，韦朝阳等(2001)还指出，应特别注意对野外发现的一些耐性强、生长快、生物量大并有一定富集能力植物的筛选、引种培育和综合试验工作，而不能仅仅把范围缩小在少数富集能力特别高、但往往生物量都很小的植物上。另外，植物超富集某种污染物的特性也不是与生俱来的，可通过人工驯化栽培、配合添加土壤改良剂等技术手段，来提高野生植物对污染物的吸收富集能力。当然，人工驯化需要一个较长的过程，成功的配套技术也要由大量的试验来研究确定。利用突变体技术培育新的植物品种，是将不同植物的不同优良超富集特性集中于同一植物。该方法的针对性更强，目标也比较明确，研究周期相对较短。但该方法是建立在从自然界中筛选的工作基础之上，需要大量的相关植物信息作为目标特性的来源。因此，在不同污染场地开展植物资源调查，是筛选和培育超富集植物的首要任务。进行全国超富集植物资源的调查研究，了解其分布及对何种污染物具有超富集能力等，并建立超富集植物的数据库，进行信息共享。研究人员和社会公众均可以从在线的数据库中获得有价值的信息，来指导他们的研究及应用。例如，美国环境保护署就专门设立了植物修复在线数据库（http://www.clu-in.org）供人们查询，并提供相应的技术支持服务。这样就可以省去技术使用者大量复杂漫长又重复的植物筛选过程，节约时间，降低成本。

二、农业操作对植物修复的辅助作用

许多植物修复是在土壤条件较差的场地进行的，除了有污染物存在，肥力水平也较低。适当的农事操作，可对植物修复过程的土壤条件进行优化，如调整土壤酸碱度，施肥或添加螯合剂。合适的水肥条件，可以促进修复植物的生长，增强植物的抗逆性，增加植物生物量的积累。生长健壮的植物可以耐受更高浓度的污染物，高生物量也可以提高植物的修复效率。另外，螯合剂的施用可以有效地活化土壤中的重金属，增强重金属的生物可利用性，使其移动性大大增加。有研究表明，添加螯合剂能明显提高油菜对 Pb 的转运效率，而且还可以促进 Pb 由根系向地上部转移（张守文等，2009）。此外，植物能够降解污染物的条件首先是要接触到污染物，而后是要能对污染物发生作用，这很大程度上取决于污染物的生物可利用性。污染物的生物可利用性不仅与污染物的化学性质有关，而且还受环境条件的影响，其中土壤性质是一个很重要的影响因素。含水量较高的黏土比沙土拥有更多的离子结合位点，特别是阳离子交换能力（cation exchange capacity，CEC）更强；由于土壤腐殖质多由植物残体组成，植物细胞壁带有大量的负电荷，木质素可以结合疏水性化合物，因此土壤 CEC 及结合疏水性有机污染物的能力也与土壤有机质含量呈正相关（Pilon-Smits，2005）。土壤的酸碱度也会影响植物对污染物的降解效果。在明确污染物特性的前提下，要创造适合植物发挥作用的土壤酸碱度。针对不同的修复植物和目标污染物，要研究配套的田间管理措施，以获得最佳的修复效果。这也是未来植物修复要面对的一个重要课题。

三、分子生物学和基因工程技术的应用

近 20 余年来，通过基因工程法，获取具有高修复能力的基因工程植物，是获得环境污染治理新突破的关键。利用生物技术获得植物修复的超级植物主要通过两种方法：一是通过效率限制酶的超表达加速现在已知的植物降解机制的开发利用；二是通过转入外部基因获得全新降解途径。这种方法可将外部基因导入植物细胞染色体组中，从而获得具有目标特征的植物，如植物对多种污染物具有更高的抗逆性、富集能力和降解能力。分子生物学在该领域的应用主要有三个方面。

1. 将微生物的基因转入植物

将微生物具有独特代谢功能的基因转入植物，来增强植物对环境中污染物的净化能

力,是基因改造修复策略之一。利用对污染物具有抗性的微生物修复污染土壤和沉积物具有一定的效果。然而,细菌和真菌对环境条件的适应范围较窄,也使这种生物修复方法的应用受到限制。但植物具有发达的根系,加之根际的影响,其在土壤中的作用范围更广也更深。因此,利用生物技术可以将微生物控制代谢功能的基因转入植物体并得以表达,可以将两者的优势很好地结合起来。一个成功的案例就是利用转基因植物对有机汞化合物和具有毒性的离子态汞(Hg^{2+})的转化和去除(Arthur et al.,2005)。自然条件下只有一些细菌具有这种降解途径,而植物根本没有。从汞污染环境中分离得到的细菌,其对汞的耐受性由 *mer* 操纵子编码,其中包含汞离子还原基因 *merA* 和有机汞裂解基因 *merB*;转入后者的植物可以将根系所吸收的甲基汞转化成离子态 Hg^{2+},而转入前者的植物可将根系吸收的 Hg^{2+} 转化成低毒的 Hg^0 从植物体中挥发出来(Summers,1986)。同时转入这两个基因而获得的转基因植物则可以实现对离子态汞和甲基汞的有效去除(Heaton et al.,1998)。最早是利用转基因模式植物拟南芥作为此两基因的受体植物(Bizily et al.,2000),随后对烟草(*Nicotiana tabacum*)、黄杨(*Liriodendron tulipifera*)和大米草(*Spartina* spp.)、香蒲(*Typha* spp.)、莎草(*Scirpus* spp.)及耐水的杨树(*Populus* spp.)、柳树(*Salix* spp.)也开展了转入此两基因的研究工作,特别是获得的转基因水生植物,可以种植于水生生态系统和人工湿地进行汞污染的去除(Pilon-Smits and Pilon,2000)。

自然条件下对重金属具有超富集能力的植物生物量小,而且生长缓慢(Zhu et al.,1999b),这极大地限制了植物修复重金属污染的效率。另外,重金属的生物有效性及重金属由植物根系向茎叶运输的效率也影响修复效果。通过基因工程获得对重金属抗性强、富集能力强的植物是解决这一问题的途径之一。甘蓝型油菜(*Brassica napus*)转入阴沟肠杆菌(*Enterobacter cloacae*)1-氨基环丙烷-1-羧酸盐脱氨酶的结构控制基因,种子萌发能力更强,根系和茎叶生物量增大,叶片叶绿素和蛋白质含量增加,对砷酸盐的累积能力比非转基因的甘蓝型油菜增加了 3 倍(Nie et al.,2002)。

随着生物技术在植物修复中的应用,转基因植物在野外应用的环境风险评估也应予以足够重视,包括转基因植物释放到环境中可能产生的影响,挥发性汞沉降后对环境是否构成威胁,富集了重金属的植物组织是否会增加对野生生物的暴露,转基因植物逃逸后是否会和野生近缘种进行杂交等(Pilon-Smits and Pilon,2000)。

2. 植物间解毒机制的结合

许多植物都具有可作为植物修复作用植物的某种特征,或是有较高的生物量,或是对某种污染物具有较强耐受性或超富集能力。因此,挖掘不同植物的优良性状,并让它们在一种植物上表现出来,是基因工程技术在该领域应用的一个重要方面。例如,将重金属超富集基因转入高生物量植物种类可以克服超富集植物生物量低的不足。遏蓝菜(*Thlaspi caerulescens*)和甘蓝型油菜的体细胞融合诱导形成的植株,不仅具有较高的生物量,而且还能富集较高浓度的锌,该浓度水平的锌对欧洲油菜具有毒性;该杂交体对铅也有较高的去除能力;遏蓝菜已成为修复土壤重金属污染植物的基因来源(Rascio and Navari-Izzo,2011)。光烟草(*Nicotiana glauca*)生长快,生物量大,分布广,动物不喜欢取食,对多种环境污染物具有抗性;通过农杆菌介导转化,诱导和表达了编码小麦植物螯合肽合成酶(PCS)基因的光烟草,对重金属 Pb 和 Cd 的抗性显著提高,同时转基因植物的地上部分累积的 Pb 是野生型的 2 倍,根长是野生型的 1.6 倍,叶片也更大更绿(Gisbert et al.,2003)。PCS 普遍存在于生物界,继续分离克隆这些基因,加强对转基因植物的研究,寻找能够稳定表达该基因并提高对重金属的抗性与富集能力的植物物种,为将该基因应用于重金属污染土壤的植物修复奠定基础,是今后需要深入开展的工作(李安明等,2011)。目前,有价值基因的筛选、转基因植物对环境的影响、转基因植物遗传性能等主要在室内进行测试研究,污染物也是人为模拟的。大量的野外试验是植物修复技术成功应用必不可少的环节。

3. 将哺乳动物控制代谢功能的基因转入植物

为了提高植物的修复效率,将哺乳动物的基因转入植物也是途径之一。由于缺少相应的植物基因,利用人类和老鼠的 P450 cDNA 以期获得抗除草剂的植物。与非转基因植物相比,表达了人类细胞色素 P450 单氧化酶性状的转基因水稻(*Oryza sativa*)和表达了人类或老鼠细胞色素 P450 单氧酶性状的转基因马铃薯(*Solanum tuberosum*)对多种除草剂(乙草胺、阿特拉津、氯磺隆、绿麦隆、唑吡嘧磺隆、噻唑隆、异丙甲草胺、氟草敏和稗草丹)表现出更强的代谢能力和抗性(Arthur et al.,2005)。人类细胞色素 P450 2E1 通过单加氧作用可氧化多种外源物质,如 TCE、二溴乙烯(EDB)、四氯化碳、三氯甲烷、氯乙烯、苯和苯乙烯;转入该基因的烟草,对地下水中常见的卤代烃污染物 TCE 和 EDB 的代谢能力增强;通过检测 TCE 的代谢物三氯乙醇发现,转基因烟草提高了对 TCE 的降解能力,根、茎和叶分别增加了 642 倍、171 倍和 140 倍(Doty et al.,2000)。目前,对表达了哺乳动物基因的转基因植物的功能评价还只限于实验室,有关植物 P450 的解毒或修复潜力还在进一步挖掘开发之中;但从动物获得的初步研究结果表明,转入 P450 基因的转基因植物,在土壤和地下水有机污染物的修复中应用前景广阔(Morant et al.,2003)。

四、植物-微生物互作对污染物的吸收、转化和解毒机制

有关植物修复的研究有很多,人们已经掌握了大量的关于植物及其相关微生物对污染物的吸收、运输和解毒等机制的基础知识。但仍有许多基础的生物学机制尚不明确,植物修复的效率也受到一定限制,其包括植物-微生物互作和其他根际过程,植物吸收,污染物迁移机制,植物抗性机制(隔离固定还是降解),参与污染物储藏与运输的螯合作用。污染物在生态系统中通过土-水-植物系统向更高营养水平的运动也需要更多的研究。现已明确,植物去除土壤中有机污染物的途径有三个:吸附固定、吸收降解和刺激根区微生物的活性(Siciliano and Germida,1998)。将此三个途径区分开来,是植物修复研究中的一个关键问题。解决了这个问题,可以有针对性地探索增强植物修复活力的方法,而且还可以明确修复植物富集的有毒污染物的归趋,消除人们的疑虑。通过生物技术手段,来阐明植物修复过程(如根系吸收、根部向茎叶的转移和化学转化等)的生物化学和遗传学机制,是建立高效的植物修复体系的基础。植物修复的三个途径往往是同时存在的。修复过程中,微生物对植物根系分泌物具有较强的选择性。植物根系分泌物决定着根际圈中微生

物体系的结构和功能。同时，根际圈有机污染物降解率与根际圈微生物数量呈正相关，且多数情况下多种微生物联合的群落比单种群落能降解更多种类的有机污染物(魏树和和周启星，2003)。因而，今后研究重点应集中在对有机污染物吸收水平较高且根系具有特异分泌能力植物的筛选上，然后再接种有利于有机污染物降解的专性或非专性真菌和细菌，建立高效的植物修复体系(魏树和和周启星，2006)。

五、修复技术的综合应用

植物修复对污染场地的修复是有效的，但该技术的一些局限性需要其他修复技术来弥补。因此，要进一步研究植物修复与传统的物理、化学方法以及其他生物修复技术相结合的综合技术。采取一些必要的措施或技术来强化和提高植物修复效率，应该是未来植物修复研究中的一个重要问题。一般来说，吸收能力强的植物与修复能力强的细菌、真菌等微生物联合起来的修复，是强化植物修复性能的有效手段之一(魏树和和周启星，2006)。对于一些污染物浓度较高的场所，也可以先用物理或化学方法处理，对植物正常生长不再构成毒害后，再实施植物修复措施。这样比全部用传统方法处理成本低，而且还可恢复先期处理对环境造成的破坏。

六、仍需开展大量野外试验研究

尽管现在针对植物修复已开展了大量的研究，但多数研究在室内进行或规模较小。所以需要更多的野外试验来证明该技术的修复成效，以赢得更广泛的认可。另外，野外试验需要多学科领域的专家和工程技术人员、研究人员及企业的协同配合，这样相关的研究成果才能满足环境治理的实际需求。目前，有关植物修复技术，高校和科研院所针对重金属、农药、多环芳烃(PAH)、多氯联苯(PCB)等持久性有机污染物(POP)、TNT 等污染物，在植物分子生物学、植物生物化学、植物生理学、生态学和微生物学方面开展的研究较多。

七、植物修复与其他建设需求相结合

首先，植物修复可以和园林景观建设相结合。在城区污染场所(如公园、自然开阔地域)进行的修复工程，在设计时要考虑景观建设需求，这样当污染物对公众健康风险较低时，无论是在修复过程中还是在修复结束后均可向公众开放。其他地方的污染场所(如矿区等)修复后可用作野生动物的栖息场所。

其次，植物修复可以和生物质能源利用相结合。将植物修复技术和生物质能源利用技术有效结合是一个同时解决环境问题和能源问题的新的思考方向。由于污染土壤中的农作物不能正常生长或存在农产品安全问题，在恢复耕作的较长一段时间内可种植一些生物量大、生长周期短的超富集植物和耐性植物，不但满足修复污染土壤的需要，同时又可为生物质能源提供稳定的原料来源。修复植物可以固化成固体燃料，制成 CO、H_2和CH_4等气体燃料，还可制取甲醇、乙醇和生物柴油等液体燃料(谭长银等，2011)。

参考文献

艾尔肯·热合曼,阿布都克里木·热合曼,吾甫尔·米吉提,等.1996.利用水浮莲净化酿酒业污水的技术及其实践.环境科学与技术,(2):41～44

白峰青,郑丙辉,田自强.2004.水生植物在水污染控制中的生态效应.环境科学与技术,27(4):99～100,110

包先明,陈开宁,范成新.2005.浮叶植物重建对富营养化湖泊氮磷营养水平的影响.生态环境,14(6):807～811

蔡明凯,邓春光.2008.我国农业面源污染调控办法分析.农机化研究,2(2):211～213

蔡强国,卜崇峰.2004.植物篱复合农林业技术措施效益分析.资源科学,26(1):7～15

蔡强国,黎四龙.1998.植物篱笆减少侵蚀的原因分析.土壤侵蚀与水土保持学报,4(2):54～60

常慧萍.2008.石油烃污染土壤的生物修复.生物学杂志,25(001):55～56

陈桂珠,郝登峰.1998.酸性制浆造纸废水对高等水生植物的影响.见:中山大学环境科学研究所.环境科学研究与应用——中山大学环境科学研究所论文集.北京:中国环境科学出版社:72～74

陈桂珠,马曼杰,蓝崇钰,等.1990.香蒲植物净化塘生态系统调查研究.生态学杂志,9(4):11～15

陈国祥,刘双,王娜,等.2002.磷对水生植物菱及睡莲叶生理活性的影响.南京师范大学学报(自然科学版),25(1):71～77

陈小峰,陈开宁,张守栋,等.2005.太湖不同污染区域荇菜叶的比较解剖研究.植物资源与环境学报,14(2):38～41

陈秀霞.2010.水葫芦叶柄对磷及悬浮物的吸附研究.中国农学通报,26(22):355～358

陈嫣,李广贺,张旭,等.2005.石油污染土壤植物根际微生态环境与降解效应.清华大学学报(自然科学版),45(006):784～787

陈一兵,林超文,朱钟麟,等.2002.经济植物篱种植模式及其生态经济效益研究.水土保持学报,16(2):80～83

陈正刚,朱青,王文华,等.2006.南方红黄壤区经济植物篱配合平衡施肥的水土保持效应研究.水土保持研究,13(5):248～251

陈治谏,廖晓勇,刘邵权.2003.坡地植物篱农业技术生态经济效益评价.水土保持学报,17(4):125～127

成水平,吴振斌,夏宜琤.1999.人工湿地污水净化空间的研究.长江流域资源与环境,8(3):270～275

成水平,夏宜琤.1998.香蒲,灯心草人工湿地的研究:Ⅲ.净化污水的机理.湖泊科学,10(2):66～71

成小英,王国祥,濮培民,等.2002.冬季富营养化湖泊中水生植物的恢复及净化作用.湖泊科学,14(2):139～144

程国玲,李培军.2007.石油污染土壤的植物与微生物修复技术.环境工程学报,1(6):91～96

崔理华,朱夕珍,骆世明,等.2007.几种人工湿地基质磷的吸附特性研究.农业环境科学学报,26(3):894～898

戴金裕,戴文宁,高翔,等.1990.水生高等植物对废水中银的净化与富集特性研究.生态学报,10(4):343～348

戴全裕,陈源高,魏云,等.1996.水培经济植物对酿酒废水净化与资源化生态工程研究.科学通报,41(6):547～551

邓瑞芳,张永春,谷江波.2004.人工湿地对污染物去除的研究现状及发展前景.新疆环境保护,26(3):19～22

丁菡,胡海波.2005.城市大气污染与植物修复.南京林业大学学报:人文社会科学版,5(2):84～88

丁克强,骆永明.2001.生物修复石油污染土壤.土壤,33(4):179～184

方炎明,魏勇.2000.苔藓生物监测大气重金属污染研究进展.南京林业大学学报:自然科学版,24(5):64～68

方云英,杨肖娥,常会庆,等.2008.利用水生植物原位修复污染水体.应用生态学报,19(2):407～412

高光.1996.伊乐藻,轮叶黑藻净化养鱼污水效果试验.湖泊科学,8(2):184～188

高吉喜,叶春,杜娟,等.1997.水生植物对面源污水净化效率研究.中国环境科学,17(3):247～251

高鹏,于素荣.2002.荷兰有关利用植被过滤带控制径流中污染物的研究.水土保持科技情报,(3):15～17

高彦征,凌婉婷,朱利中,等.2005.黑麦草对多环芳烃污染土壤的修复作用及机制.农业环境科学学报,24(3):498～502

郜红建,蒋新,常江,等.2004.根分泌物在污染土壤生物修复中的作用.生态学杂志,23(4):135～139

顾龚平,吴国荣,陆长梅,等.2000.荇菜对镉污水的净化作用及其机制探讨.农村生态环境,16(3):9～14

韩潇源,毕继胜,宋志文.2005.水生植物在水污染控制中的应用与发展.青岛理工大学学报,26(6):88～91

韩玉林,仇硕,夏采意,等.2006.黄菖蒲适生环境筛选.植物资源与环境学报,15(2):38～41
郝卓莉,黄晓华,张光生,等.2003.城市环境污染的植物监测.城市环境与城市生态,16(3):1～4
何池全,叶居新.1999.石菖蒲(*Acorus tatarinowii*)克藻效应的研究.生态学报,19(5):754～758
胡焕斌,周化民,王桂珍,等.1997.人工湿地处理矿山炸药污水.环境科学与技术,(3):17～18
胡星明,王丽平,毕建洪.2008.城市大气重金属污染分析.安徽农业科学,36(1):302～303
华涛,周启星,贾宏宇.2004.人工湿地污水处理工艺设计关键及生态学问题.应用生态学报,15(7):1289～1293
黄道营.1989.水生高等植物净化污水中硫化物的探讨.重庆环境科学,11(1):27～31
黄蕾,翟建平,蒋鑫焱,等.2005.三种水生植物在不同季节去污能力的对比研究.环境保护科学,31(3):44～47
黄沛生,刘正文,韩博平.2005.太湖湖滨带浮叶植物菱(*Trapa quadrispinosa* Roxb)对氮素再悬浮的影响.长江流域资源与环境,14(6):750～753
黄欠如,章新亮,李清平,等.2001.香根草篱防治红壤坡耕地侵蚀效果的研究.江西农业学报,13(2):40～44
黄士良,王晓蕊,赵建成,等.2004.苔藓植物对石家庄市区大气污染的指示作用研究.河北师范大学学报:自然科学版,28(6):615～620
贾凤芝,谢平,陈俊玲,等.1998.水花生对城市污水净化能力的研究.水处理技术,24(5):308～310
江行玉,赵可夫.2001.植物重金属伤害及其抗性机理.应用与环境生物学报,7(1):92～99
姜翠玲,范晓秋,章亦兵.2004.农田沟渠挺水植物对N、P的吸收及二次污染防治.中国环境科学,24(6):702～706
蒋高明.1996.树皮pH值的变化及其对大气酸性气体污染的指示作用.植物资源与环境,5(2):28～33
蒋先军,骆永明,赵其国.2002.重金属污染土壤的植物修复研究 Ⅲ.金属富集植物 *Brassica juncea* 对锌镉的吸收和积累.土壤学报,39(5):664～670
焦菊英.2006.黄土高原沟沿线的廊道防蚀效应探析.水土保持通报,26(005):108～110
冷罗生.2009.我国面源污染控制的立法思考.环境与可持续发展,(2):21～23
黎华寿,聂呈荣,方文杰,等.2003.浮床栽培植物生长特性的研究.华南农业大学学报(自然科学版),24(2):12～15
李安明,李德华,邓青云,等.2011.植物螯合肽合成酶的研究进展.植物生理学报,47(001):27～36
李宝明.2007.石油污染土壤微生物修复的研究.北京:中国农业科学院博士学位论文
李方敏,姚金龙,王琼山.2006.修复石油污染土壤的植物筛选.中国农学通报,22(9):429～431
李海鹏,张俊飚.2009.中国农业面源污染与经济发展关系的实证研究.长江流域资源与环境,18(6):585～590
李寒娥,李秉滔,黄耀丽,等.2006.漂浮植物净化污水试验研究.水处理技术,32(8):46～49
李怀恩,张亚平,蔡明,等.2006.植被过滤带的定量计算方法.生态学杂志,25(1):108～112
李怀正,叶建锋,徐祖信.2007.几种经济型人工湿地基质的除污效能分析.中国给水排水,23(19):27～30
李科德,胡正嘉.1995.芦苇床系统净化污水的机理.中国环境科学,15(2):140～144
李天庆.1979.地衣对空气氟污染的指示作用Ⅰ:空气氟污染与地衣生态地植物学的关系.北京林学院学报,(1):127～137
李文朝.1997.富营养水体中常绿水生植被组建及净化效果研究.中国环境科学,17(1):53～57
李向心,武周虎,孔德玉,等.2004.人工湿地污水处理研究与进展.青岛建筑工程学院学报,25(4):56～61
李小利,刘国彬,薛萐,等.2007.土壤石油污染对植物苗期生长和土壤呼吸的影响.水土保持学报,21(3):95～98
李新平,王兆骞,陈欣,等.2002.红壤坡耕地人工模拟降雨条件下植物篱笆水土保持效应及机理研究.水土保持学报,16(2):36～40
李扬汉.1984.植物学(第二版).上海:上海科学技术出版社:359～360
李英杰,金相灿,年跃刚,等.2007.人工浮岛技术及其应用.水处理技术,33(10):49～51,77
李英丽.2008.大庆油污土壤生物修复实验研究.大庆:大庆石油学院硕士学位论文
李欲如,操家顺.2005.冬季低温条件下浮床植物对富营养化水体的净化效果.环境污染与防治,27(7):505～508
李占华.2004.人工湿地处理系统在长城以北地区的设计应用.中国环保产业,(11):26～27
李宗辉,唐文浩,宋志文.2007.人工湿地处理污水时水生植物形态和生理特性对污水长期浸泡的响应.环境科学学报,27(1):75～79
梁继东,周启星,孙铁珩.2003.人工湿地污水处理系统研究及性能改进分析.生态学杂志,22(2):49～55

廖晓勇,罗承德,陈治谏,等.2008. 三峡库区坡地果园间植草篱的水土保持效应.长江流域资源与环境,17(1):152～156
林道辉,朱利中,高彦征.2003. 土壤有机污染植物修复的机理与影响因素.应用生态学报,14(10):1799～1803
林昱,林荣澄.1999. 厦门西港引发有害硅藻水华磷的阈值研究.海洋与湖沼,30(4):391～396
蔺昕,李培军,台培东,等.2006. 石油污染土壤植物-微生物修复研究进展.生态学杂志,25(1):93～100
刘春常,夏汉平,简曙光,等.2006. 多层次多物种配置人工湿地处理生活污水研究.生态环境,15(2):229
刘继朝.2009. 中原油田石油污染土壤生物修复技术研究.北京:中国地质科学院博士学位论文
刘佳,刘永立,叶庆富,等.2007. 水生植物对水体中氮,磷的吸收与抑藻效应的研究.核农学报,21(4):393～396
刘佳,王泽民,李亚峰,等.2005. 潜流人工湿地系统对污染物的去除与转化机理.环境保护科学,31(1):53～54,57
刘鹏,李大平,王晓梅,等.2006. 石油污染土壤的生物修复技术研究.化工环保,26(2):91～94
刘五星,骆永明,滕应,等.2006. 石油污染土壤的生物修复研究进展.土壤,38(5):634～639
刘晓冰,邢宝山,周克琴,等.2005. 污染土壤植物修复技术及其机理研究.中国生态农业学报,13(1):134～138
刘学燕,代明利,刘培斌.2004. 人工湿地在我国北方地区冬季应用的研究.农业环境科学学报,23(6):1077～1081
刘艳菊,丁辉.2001. 植物对大气污染的反应与城市绿化.植物学通报,18(5):577～586
刘燕,尹澄清,车伍.2008. 植草沟在城市面源污染控制系统的应用.环境工程学报,2(3):334～339
卢进登,陈红兵,赵丽娅,等.2006. 人工浮床栽培 7 种植物在富营养化水体中的生长特性研究.环境污染治理技术与设备,7(7):58～61
卢进登,帅方敏,赵丽娅,等.2005. 人工生物浮床技术治理富营养化水体的植物遴选.湖北大学学报(自然科学版),27(4):402～404
卢少勇,张彭义,余刚,等.2007. 人工湿地处理农业径流的研究进展.生态学报,27(6):2627～2635
鲁敏,李成.2006. 绿化树种对大气重金属污染物吸收净化能力的研究.山东林业科技,(3):31～32
鲁敏,李英杰.2002. 园林植物对大气污染物吸收净化能力的研究.山东建筑工程学院学报,17(2):45～49
鲁敏.2002. 北方吸污绿化树种选择.中国园林,18(3):86～88
陆光华,万蕾,苏瑞莲.2003. 石油烃类污染土壤的生物修复技术研究进展.生态环境,12(2):220～223
吕志萍,程龙飞.2001. 石油污染土壤中石油含量对玉米的影响.油气田环境保护,11(1):36～37
马安娜,张洪刚,洪剑明.2006. 湿地植物在污水处理中的作用及机理.首都师范大学学报(自然科学版),27(6):57～63
马立珊,骆永明,吴龙华,等.2000. 浮床香根草对富营养化水体氮磷去除动态及效率的初步研究.土壤,32(2):99～101
马强,林爱军,马薇,等.2008. 土壤中总石油烃污染(TPH)的微生物降解与修复研究进展.生态毒理学报,3(1):1～8
马强,张旭红,林爱军,等.2009. 土壤石油烃污染的植物毒性及植物-微生物联合降解.环境工程学报,3(3):544～548
马廷,周成虎,蔡强国.2006. 不同植物篱坡面的土壤侵蚀过程 CA 模拟.地理研究,25(6):959～966
缪绅裕,陈桂珠.1999. 人工污水中的磷在模拟秋茄湿地系统中的分配与循环.生态学报,19(2):236～241
莫健伟,姚兴东,张谷兰,等.1997. 海藻去除水中双偶氮染料机理及重金属离子研究.中国环境科学,17(3):241～243
宁雯.2009. 石油污染盐碱土壤的微生物修复技术研究.北京:中国石油大学硕士学位论文
彭胜巍,周启星,张浩,等.2009. 8 种花卉植物种子萌发对石油烃污染土壤的响应.环境科学学报,29(4):786～790
彭胜巍.2009. 石油污染土壤的花卉植物修复研究.天津:南开大学硕士学位论文
濮培民,王国祥,李正魁,等.2001. 健康水生态系统的退化及其修复——理论、技术及应用.湖泊科学,13(3):193～203
戚继忠,齐清弘.2000. 园林植物清除细菌能力的研究.城市环境与城市生态,13(4):36～38
齐玉梅,高伟生.1999. 凤眼莲净化水质及其后处理工艺探讨.环境科学进展,7(2):136～140
饶良懿,崔建国.2008. 河岸植被缓冲带生态水文功能研究进展.中国水土保持科学,6(4):121～128

任照阳,邓春光.2007.生态浮床技术应用研究进展.农业环境科学学报,26(B03):261～263
阮宜纶,林荣枕,张建国.1994.地热水对环境影响及污染防治(二).中国给水排水,10(6):12～16
沈耀良,杨铨大.1996.新型废水处理技术——人工湿地.污染防治技术,9(1):1～8
沈振国,刘友良.1998.重金属超量积累植物研究进展.植物生理学通讯,34(2):133～139
司友斌,包军杰,曹德菊,等.2003.香根草对富营养化水体净化效果研究.应用生态学报,14(2):277～279
宋福,乔建荣.1997.常见沉水植物对草海水体(含底泥)总氮去除速率的研究.环境科学研究,10(4):47～50
宋海亮,吕锡武,李先宁,等.2004.水生植物滤床处理太湖入湖河水的工艺性能.东南大学学报(自然科学版),34(6):810～813
宋祥甫,应火冬,朱敏,等.1991.自然水域无土栽培水稻的研究.中国农业科学,24(4):8～13
宋雪英,宋玉芳,孙铁珩,等.2006.石油污染土壤植物修复后对陆生高等植物的生态毒性.环境科学,27(9):1866～1871
宋玉芳,宋雪英,张薇,等.2004.污染土壤生物修复中存在问题的探讨.环境科学,25(2):129～133
宋玉芳,许华夏,任丽萍.2001.两种植物条件下土壤中矿物油和多环芳烃(PAHs)的生物修复研究.应用生态学报,12(1):108～112
苏育炜,杨志军,周永章.2007.硅藻土对重金属离子的吸附作用及其用于环境重金属污染修复的研究评述.中山大学研究生学刊(自然科学与医学版),28(1):94～101
孙辉,唐亚,陈克明,等.1999a.固氮植物篱防治坡耕地土壤侵蚀效果研究.水土保持通报,19(6):1～5
孙辉,唐亚,陈克明,等.1999b.固氮植物篱改善退化坡耕地土壤养分状况的效果.应用与环境生物学报,5(5):473～477
孙辉,唐亚,何永华,等.2002.等高固氮植物篱模式对坡耕地土壤养分的影响.中国生态农业学报,10(2):79～82
谭长银,余霞,邓楚雄,等.2011.镉污染土壤的植物修复及修复植物的能源利用潜力.经济师,(8):52～53
汤显强,李金中,李学菊,等.2007.7种水生植物对富营养化水体中氮磷去除效果的比较研究.亚热带资源与环境学报,2(2):8～14
唐林森,陈进,黄茁.2008.人工生物浮岛在富营养化水体治理中的应用.长江科学院院报,25(1):21～24,39
唐述虞,吴博成,宋正达.1993.金属矿酸性废水的湿地生态工程处理研究.中国环境科学,13(5):356～360
唐亚,谢嘉穗,陈克明,等.2001.等高固氮植物篱技术在坡耕地可持续耕作中的应用.水土保持研究,8(1):104～109
唐政洪,蔡强国,许峰,等.2001.GIS支持下小流域农林复合经营的侵蚀控制模拟——以冀西北青边口河小流域为例.水土保持学报,15(6):70～73
唐志坚,张平,左社强.2003.低浓度含铀废水处理技术的研究进展.工业用水与废水,34(4):9～12
陶明煊,吴国荣,顾龚平,等.2002.Cd对荇菜光合、呼吸速率和ATPase活性的毒害影响.南京师范大学学报(自然科学版),25(3):94～98
滕利强.2008.不同类型植被过滤带拦蓄效率随时间的变化.水土保持应用技术,(2):10～11
田侠.2006.石油河老君庙段土壤石油污染及修复植物筛选研究.兰州:西北师范大学硕士学位论文
汪洪,李录久,王凤忠,等.2007.人工湿地技术在农业面源水体污染控制中的应用.农业环境科学学报,26(B10):441～446
王德华.1994.水生植物的定义与适应.生物学通报,29(6):10
王建龙.2002.生物固定化技术与水污染控制.北京:科学出版社
王静,郭熙盛,王允青.2009.秸秆覆盖与平衡施肥对巢湖流域农田磷素流失的影响研究.中国土壤与肥料,(5):53～56
王珺,顾宇飞,朱增银,等.2005.不同营养状态下金鱼藻的生理响应.应用生态学报,16(2):337～340
王良民,王彦辉.2008.植被过滤带的研究和应用进展.应用生态学报,19(9):2074～2080
王玲梅,韦朝阳,杨林生.2009.矿冶区周边水稻对不同来源重金属污染的指示作用.生态毒理学报,4(3):373～381
王敏,吴建强,黄沈发,等.2008.不同坡度缓冲带径流污染净化效果及其最佳宽度.生态学报,28(10):4951～4956
王青杵,王彩琴,杨丙益.2001.黄土残塬沟壑区植物篱水土保持效益研究.中国水土保持,(12):25～27
王世和.2007.人工湿地污水处理理论与技术.北京:科学出版社:135～137

王喜龙,蔡强国,王忠科.1999.不同生物埂生态效益的模糊对比分析与评价.土壤侵蚀与水土保持学报,5(3):27～32
王夏晖,尹澄清,单保庆.2005.农业流域“汇”型景观结构对径流调控及磷污染物截留作用的研究.环境科学学报,25(3):293～299
王晓玥,徐青山,葛滢.2001.人工湿地对西湖非点源污染源的治理研究.杭州师范学院学报(自然科学版),18(6):6～10
王笑然,马勇,陈丽.2003.利用植物的吸收净化能力改善城市生态环境.太原科技,(3):21
王兴祥,张桃林,张斌.1999.红壤旱坡地农田生态系统养分循环和平衡.生态学报,19(3):335～341
韦朝阳,陈同斌.2001.重金属超富集植物及植物修复技术研究进展.生态学报,21(7):1196～1203
魏树和,周启星.2003.根际圈在污染土壤修复中的作用与机理分析.应用生态学报,14(1):143～147
魏树和,周启星.2006.有机污染环境植物修复技术.生态学杂志,25(6):716～721
温达志,陆耀东,旷远文,等.2003.39种木本植物对大气污染的生理生态反应与敏感性.热带亚热带植物学报,11(4):341～347
吴建强,黄沈发,丁玲.2007.水生植物水体修复机理及其影响因素.水资源保护,23(4):18～22
吴建强,阮晓红,王雪.2005.人工湿地中水生植物的作用和选择.水资源保护,21(1):1～6
吴健,王敏,吴建强,等.2008.滨岸缓冲带植物群落优化配置试验研究.生态与农村环境学报,24(4):42～45
吴洁,虞左明.2001.西湖浮游植物的演替及富营养化治理措施的生态效应.中国环境科学,21(6):540～544
吴希媛,张丽萍,张妙仙,等.2007.不同雨强下坡地氮流失特征.生态学报,27(11):4576～4582
吴振斌,成水平,贺锋,等.2002.垂直流人工湿地的设计及净化功能初探.应用生态学报,13(6):715～718
吴振斌,梁威,成水平,等.2001b.人工湿地植物根区土壤酶活性与污水净化效果及其相关分析.环境科学学报,21(5):622～624
吴振斌,邱东茹,贺锋,等.2001a.水生植物对富营养水体水质净化作用研究.武汉植物学研究,19(4):299～303
吴振斌,邱东茹,贺锋,等.2003.沉水植物重建对富营养水体氮磷营养水平的影响.应用生态学报,14(8):1351～1353
夏汉平,王庆礼,孔国辉.1999.垃圾污水的植物毒性和植物净化效果之研究.植物生态学报,23(4):289～301
夏汉平.2002.人工湿地处理污水的机理与效率.生态学杂志,21(4):52～59
夏会龙,吴良欢,陶勤南.2001.凤眼莲加速水溶液中马拉硫磷降解.中国环境科学,21(6):553～555
夏立忠,杨林章,李运东.2007.生草覆盖与植物篱技术防治紫色土坡地土壤侵蚀与养分流失的初步研究.水土保持学报,21(2):28～31
鲜啟鸣,陈海东,邹惠仙,等.2006.沉水植物中挥发性物质对铜绿微囊藻的化感作用.生态学报,26(11):3549～3554
项学敏,宋晨,周集体,等.2006.人工湿地水处理技术研究进展存在问题与改进.环境科学与技术,29(10):101～102,114
谢慧玲,詹瑞华.1997.植物杀菌作用及其应用研究.河南农业大学学报,31(4):367～370
熊飞,李文朝,潘继征,等.2005.人工湿地脱氮除磷的效果与机理研究进展.湿地科学,3(3):228～234
徐红灯,席北斗,王京刚,等.2007.水生植物对农田排水沟渠中氮、磷的截留效应.环境科学研究,20(2):84～88
徐晓锋,周小平,杨林章,等.2006.小葱在污水净化及资源化中的应用效果研究.中国生态农业学报,14(4):138～140
许峰,蔡强国,吴淑安,等.2000.坡地农林复合系统土壤养分时间过程初步研究.水土保持学报,14(3):46～51
许峰,蔡强国,吴淑安.1999.等高植物篱在南方湿润山区坡地的应用:以三峡库区紫色土坡地为例.山地学报,17(3):193～199
许航,陈焕壮,熊启权,等.1999.水生植物塘脱氮除磷的效能及机理研究.哈尔滨建筑大学学报,32(4):69～73
许航,杨一清.2002.水生植物塘运行规律及设计参数的研究.城市环境与城市生态,15(3):19～21
颜素珠.1983.中国水生高等植物图说.北京:科学出版社:8～12
杨凤江,李立明.1996.利用水生植物治理淀粉废水.环境保护科学,22(2):24～26

杨旻，吴小刚，张维昊，等．2007. 富营养化水体生态修复中水生植物的应用研究．环境科学与技术，30(7)：98～102
杨震．2009. 南京市15种绿化树木对大气重金属污染净化能力的研究．滁州学院学报，11(4)：61～63
叶建锋，徐祖信，李怀正．2008. 垂直潜流人工湿地堵塞微观概念模型的提出．环境污染与防治，30(2)：16～19
叶志鸿，陈桂珠，蓝崇钰，等．1992. 宽叶香蒲净化塘系统净化铅/锌矿废水效应的研究．应用生态学报，3(2)：190～194
尹炜，李培军，尹澄清，等．2004. 潜流人工湿地的局限性与运行问题．中国给水排水，20(11)：36～38
由文辉，宋永昌．1995. 淀山湖3种沉水植物的种子萌发生态．应用生态学报，6(2)：196～200
于少鹏，王海霞，万忠娟，等．2004. 人工湿地污水处理技术及其在我国发展的现状与前景．地理科学进展，23(001)：22～29
俞子文，孙文浩，郭克勤，等．1992. 几种高等水生植物的克藻效应．水生生物学报，16(1)：1～7
袁东海，高士祥，任全进，等．2004. 几种挺水植物净化生活污水总氮和总磷效果的研究．水土保持学报，18(4)：77～80
袁东海，景丽洁，高士祥，等．2005. 几种人工湿地基质净化磷素污染性能的分析．环境科学，26(1)：51～55
袁梦仙，李琳，李凤英．2004. 坡面植被枯落物层的拦沙效应试验研究．江西农业大学学报，26(5)：798～800
曾健，徐婉琴，虞登洋，等．1997. 水生植物净化三肼污水的研究．环境污染与防治，19(4)：17～20
张从．2001. 中国农村面源污染的环境影响及其控制对策．环境科学动态，4(4)：10～13
张大庚，依艳丽，郑西来．2003. 沈抚污水灌区石油烃对土壤及水稻的影响．土壤通报，34(4)：333～336
张洪洋，于水利，修春海，等．2008. 水平潜流人工湿地系统处理微污染原水的研究．环境工程学报，2(11)：1447～1450
张鸿，陈光荣，吴振斌，等．1999. 两种人工湿地中氮磷净化率与细菌分布关系的初步研究．华中师范大学学报(自然科学版)，33(4)：575～578
张军，周琪，何蓉．2004. 表面流人工湿地中氮磷的去除机理．生态环境，13(1)：98～101
张圣照，王国祥，濮培民．1998. 太湖藻型富营养化对水生高等植物的影响及植被的恢复．植物资源与环境，7(4)：52～57
张守文，呼世斌，肖璇，等．2009. 油菜对Pb污染土壤的修复效应研究．西北植物学报，29(1)：122～127
张太平，潘伟斌．2003. 根际环境与土壤污染的植物修复研究进展．生态环境，12(1)：76～80
张维理，冀宏杰，Kolbe H，等．2004. 中国农业面源污染形势估计及控制对策 Ⅱ. 欧美国家农业面源污染状况及控制. 中国农业科学，37(7)：1018～1025
张兴儒，张士权．1998. 油气田开发建设与环境影响：北京：石油工业出版社
张秀梅，李景平．2001. 城市污染环境中适生树种滞尘能力研究．环境科学动态，(2)：27～30
张学星，何蓉，施莹，等．2006. 云南乡土绿化树种对HCl和HF气体的反应．西北林学院学报，21(5)：47～51
张一丁，王本德，刘伟，等．2005. 利用人工湿地法解决哈尔滨信义沟水污染问题．长春工程学院学报(自然科学版)，6(1)：20～21
张永勇，张光义，夏军，等．2005. 湿地污水处理机理的研究．环境科学与技术，28(B06)：165～167
张运林，秦伯强，陈伟民，等．2003. 太湖水体透明度的分析，变化及相关分析．海洋湖沼通报，(2)：30～36
章金鸿，李玫．1999. 植物对金属镉的吸收、分配及其影响因素．广州环境科学，14(3)：28～32
章金鸿，汪晖，陈桂珠，等．2001. 重金属Cu、Pb、Zn、Cd在深圳福田红树林中的迁移、累积与循环．广州环境科学，16(2)：36～39
郑翀，孙梅，郑少奎，等．2006. 低温下水芹浮床对氨氮类富营养水体的连续小试净化．环境污染治理技术与设备，7(8)：23～26
郑粉莉，李靖，刘国彬．2004. 国外农业非点源污染(面源污染)研究动态．水土保持研究，11(4)：64～65，112
郑希来，王秉忱，佘宗莲．2004. 土壤-地下水系统石油污染原理与应用研究：北京：地质出版社：9
中国国家统计局．2008. 改革开放30年我国经济社会发展成就系列报告之十五：环境保护事业取得积极进展
钟勇．2004. 美国水土保持中的缓冲带技术．中国水利，10(10)：63～65
种云霄，胡洪营，钱易．2003. 大型水生植物在水污染治理中的应用研究进展．环境污染治理技术与设备，4(2)：

36～40

周风帆，王新光，丁树荣．1989．利用凤眼莲（*Eichhornia crassipes*）净化水中重金属放射性核素60钴、65锌和137铯的研究．中国环境科学，9(1)：26～30

周炜，黄民生，年跃刚．2006．植物配置对构造湿地根际区硝化菌群及脱氮影响．环境工程，24(3)：18～20

朱斌，陈飞星，陈增奇．2002．利用水生植物净化富营养化水体的研究进展．上海环境科学，21(9)：564～567

朱莉·斯托弗．2000．水危机——寻找解决淡水污染的方案：北京：科学出版社

Abu Zreig M, Rudra R P, Lalonde M N, et al. 2004. Experimental investigation of runoff reduction and sediment removal by vegetated filter strips. Hydrological Processes, 18(11): 2029～2037

Abu-Zreig M R, Whiteley R P, Lalonde H R, et al. 2003. Phosphorus removal in vegetated filter strips. Journal of Environmental Quality, 32(2): 613～619

Adcock P W, Ganf G G. 1994. Growth characteristics of three macrophyte species growing in a natural and constructed wetland system. Water Science & Technology, 29(4): 95～102

Anbumozhi V, Radhakrishnan J, Yamaji E. 2005. Impact of riparian buffer zones on water quality and associated management considerations. Ecological Engineering, 24(5): 517～523

Arthur E L, Rice P J, Rice P J, et al. 2005. Phytoremediation—an overview. Critical Reviews in Plant Sciences, 24(2): 109～122

Baker A, Walker P L. 1989. Physiological responses of plants to heavy metals and the quantification of tolerance and toxicity. Chemical Speciation and Bioavailability, 1(1): 7～17

Baosheng K, Shibata S, Sawada A, et al. 2009. Air purification capability of potted phoenix roebelenii and its installation effect in indoor space. Sensors and Materials, 21(8): 445～455

Barfield B J, Tollner E W, Hayes J C. 1979. Filtration of sediment by simulated vegetation I. Steady-state flow with homogeneous sediment. Transactions of the American Society of Agricultural Engineers, 22(3): 540～545

Barling R D, Moore I D. 1994. Role of buffer strips in management of waterway pollution: a review. Environmental Management, 18(4): 543～558

Bañuelos G S, Zambrzuski S, Mackey B. 2000. Phytoextraction of selenium from soils irrigated with selenium-laden effluent. Plant and Soil, 224(2): 251～258

Bizily S P, Rugh C L, Meagher R B. 2000. Phytodetoxification of hazardous organomercurials by genetically engineered plants. Nature Biotechnology, 18(2): 213～217

Blanco-Canqui H, Gantzer C J, Anderson S H, et al. 2004. Grass barrier and vegetative filter strip effectiveness in reducing runoff, sediment, nitrogen, and phosphorus loss. Soil Science Society of America Journal, 68 (9-10): 1670～1678

Brix H. 1997. Do macrophytes play a role in constructed treatment wetlands? Water Science and Technology, 35(5): 11～18

Broadmeadow S, Nisbet T R. 2004. The effects of riparian forest management on the freshwater environment: a literature review of best management practice. Hydrology and Earth System Sciences, 8(3): 286～305

Brooks R R, Chambers M F, Nicks L J, et al. 1998. Phytomining. Trends in Plant Science, 3(9): 359～362

Brown S L, Angle R L, Baker J S. 1994. Phytoremediation potential of Thlaspi caerulescens and bladder campion for zinc-and cadmium-contaminated soil. Journal of Environmental Quality, 23(6): 1151～1157

Chaney R L. 1988. Metal speciation and interactions among elements affect trace element transfer in agricultural and environmental food-chains. *In*: Kramer J R, Allen H E. Metal Speciation: Theory, Analysis and Applications. Chelsea, MI: Lewis Publishers Inc: 218～260

Cho C, Corapcioglu M Y, Park S, et al. 2008. Effects of grasses on the fate of VOCs in contaminated soil and air. Water Air and Soil Pollution, 187(1-4): 243～250

Corseuil H X, Moreno F N. 2001. Phytoremediation potential of willow trees for aquifers contaminated with ethanol-blended gasoline. Water Research, 35(12): 3013～3017

Dabney S M, Moore M T, Locke M A. 2006. Integrated management of in-field, edge-of-field, and after-field buffers. JAWRA Journal of the American Water Resources Association, 42(1): 15～24

Delgado A N, Periago E L, Viqueira F D F. 1995. Vegetated filter strips for wastewater purification: A review. Bioresource Technology, 51(1): 13～22

Dhondt K, Boeckx P, Van Cleemput O, et al. 2002. Seasonal groundwater nitrate dynamics in a riparian buffer zone. Agronomie, 22(7-8): 747～753

Dickey E C, Vanderholm D H. 1981. Vegetative filter treatment of livestock feedlot runoff. J Environ Qual, 10(3): 279～284

Dillaha T A, Reneau R B, Mostaghimi S, et al. 1989. Vegetative filter strips for agricultural nonpoint source pollution control. Transactions of the American Society of Agricultural Engineers, 32(2): 513～519

Dosskey M G. 2002. Setting priorities for research on pollution reduction functions of agricultural buffers. Environmental Management, 30(5): 641～650

Doty S L, Shang T Q, Wilson A M, et al. 2000. Enhanced metabolism of halogenated hydrocarbons in transgenic plants containing mammalian cytochrome P450 2E1. Proceedings of the National Academy of Sciences, 97(12): 6287

Drizo A, Frost C A, Smith K A, et al. 1997. Phosphate and ammonium removal by constructed wetlands with horizontal subsurface flow, using shale as a substrate. Water Science and Technology, 35(5): 95～102

Durmishidze S V. 1977. Metabolism of certain air-polluting organic compounds in plants. Applied Biochemistry and Microbiology, 13(6): 646～653

Dushenkov S, Vasudev D, Kapulnik Y, et al. 1997. Removal of uranium from water using terrestrial plants. Environmental Science & Technology, 31(12): 3468～3474

Eapen S, Suseelan K N, Tivarekar S, et al. 2003. Potential for rhizofiltration of uranium using hairy root cultures of Brassica juncea and Chenopodium amaranticolor. Environmental Research, 91(2): 127～133

Edwards N T, Ross-Todd B M, Garver E G. 1982. Uptake and metabolism of 14C anthracene by soybean (*Glycine max*). Environmental and Experimental Botany, 22(3): 349～357

Ehui S K, Kang B T, Spencer D. 1990. Economic analysis of soil erosion effects in alley cropping, no-till and bush fallow systems in South Western Nigeria. Agricultural Systems, 34(4): 349～368

Fiener P, Auerswald K. 2005. Measurement and modeling of concentrated runoff in grassed waterways. Journal of Hydrology, 301(1-4): 198～215

Foster G R. 1982. Modeling the erosion process. *In*: Haan C T, Johnson H P, Brakensiek D L. Hydrologic Modeling of Small Watersheds. Michigan: American Society of Agricultural Engineers: 297～380

Fujii S, Cha H, Kagi N, et al. 2005. Effects on air pollutant removal by plant absorption and adsorption. Building and Environment, 40(1): 105～112

Gersberg R M, Elkins B V, Lyon S R, et al. 1986. Role of aquatic plants in wastewater treatment by artificial wetlands. Water Research, 20(3): 363～368

Ghosh M, Singh S P. 2005. A review on phytoremediation of heavy metals and utilization of it's by products. Applied Ecology and Environmental Research, 3(1): 1～18

Gifford S, Dunstan R H, O' Connor W, et al. 2007. Aquatic zooremediation: deploying animals to remediate contaminated aquatic environments. Trends in Biotechnology, 25(2): 60～65

Gisbert C, Ros R, De Haro A, et al. 2003. A plant genetically modified that accumulates Pb is especially promising for phytoremediation. Biochemical and Biophysical Research Communications, 303(2): 440～445

Goldsbrough P. 2000. Metal tolerance in plants: The role of phytochelatins and metallothioneins. *In*: Terry N, Bañuelos G. Phytoremediation of Contaminated Soil and Water. Boca Raton: CRC Press: 221～233

Greenway M. 2003. Suitability of macrophytes for nutrient removal from surface flow constructed wetlands receiving secondary treated sewage effluent in Queensland, Australia. Water Science and Technology, 48(2): 121～128

Guo W J, Meetam M, Goldsbrough P B. 2008. Examining the specific contributions of individual Arabidopsis metallothioneins to copper distribution and metal tolerance. Plant Physiology, 146(4): 1697～1706

Ha S B, Smith A P, Howden R, et al. 1999. Phytochelatin synthase genes from *Arabidopsis* and the yeast *Schizosaccharomyces pombe*. The Plant Cell Online, 11(6): 1153～1164

Haque N, Peralta-Videa J R, Jones G L, et al. 2008. Screening the phytoremediation potential of desert broom (*Baccharis sarothroides* Gray) growing on mine tailings in Arizona, USA. Environmental Pollution, 153 (2): 362～368

Hardej M, Ozimek T. 2002. The effect of sewage sludge flooding on growth and morphometric parameters of *Phragmites australis* (Cav.) Trin. ex Steudel. Ecological Engineering, 18(3): 343～350

Hardiman R T, Jacoby B, Banin A. 1984. Factors affecting the distribution of cadmium, copper and lead and their effect upon yield and zinc content in bush beans (*Phaseolus vulgaris* L.). Plant and Soil, 81(1): 17～27

Hasegawa Y, Asada S, Katsube T, et al. 2004. Analysis of bioelectrical potential when plant purifies air pollution. Ieice Transactions on Electronics, E87-C(12): 2093～2098

Hayes J C, Barfield B J, Barnhisel R I. 1979. Filtration of sediment by simulated vegetation II. Unsteady flow with non-homogeneous sediment. Transactions of the American Society of Agricultural Engineers, 22(5): 1063～1067

Heaton A C P, Rugh C L, Wang N, et al. 1998. Phytoremediation of mercury-and methylmercury-polluted soils using genetically engineered plants. Journal of Soil Contamination, 7(4): 497～509

Hefting M M, Clement J C, Bienkowski P, et al. 2005. The role of vegetation and litter in the nitrogen dynamics of riparian buffer zones in Europe. Ecological Engineering, 24(5): 465～482

Hill A R. 1996. Nitrate removal in stream riparian zones. Journal of Environmental Quality, 25(4): 743～755

Hosoi Y, Kido Y, Miki M, et al. 1998. Field examination on reed growth, harvest and regeneration for nutrient removal. Water Science and Technology, 38(1): 351～359

Huang X D, El-Alawi Y, Gurska J, et al. 2005. A multi-process phytoremediation system for decontamination of persistent total petroleum hydrocarbons (TPHs) from soils. Microchemical Journal, 81(1): 139～147

Hubbard R K, Lowrance R R. 1996. Solute transport and filtering through a riparian forest. Transactions of the ASAE, 39(2): 477～488

Huismans J W. 1980. International Register of Potentially Toxic Chemicals(IRPTC). Ecotoxicology and Environmental Safety, 4(4): 393～403

James B R. 2001. Remediation-by-reduction strategies for chromate-contaminated soils. Environmental Geochemistry and Health, 23(3): 175～179

Kadlec R H, Wallace S. 2009. Treatment wetlands. Second edition. Boca Raton, FL: CRC Press

Kang B T. 1993. Alley cropping: Past achievements and future directions. Agroforestry Systems, 23(2): 141～155

Krutz L J, Senseman S A, Zablotowicz R M, et al. 2005. Reducing herbicide runoff from agricultural fields with vegetative filter strips: A review. Weed Science, 53(3): 353～367

Lee K H, Isenhart T M, Schultz R C. 2003. Sediment and nutrient removal in an established multi-species riparian buffer. Journal of Soil and Water Conservation, 58(1): 1～7

Lee P, Smyth C, Boutin S. 2004. Quantitative review of riparian buffer width guidelines from Canada and the United States. Journal of Environmental Management, 70(2): 165～180

Li X, Feng Y, Sawatsky N. 1997. Importance of soil-water relations in assessing the endpoint of bioremediated soils. Plant and Soil, 192(2): 219～226

Lopes V L, Meyer J. 1993. Watershed management program on Santiago Island, Cape Verde. Environmental Management, 17(1): 51～57

Lopes V L, Meyer J. 1993. Watershed management program on Santiago Island, Cape Verde. Environmental Management, 17(1): 51～57

Lowrance R. 1992. Groundwater nitrate and denitrification in a coastal plain riparian forest. Journal of Environmental Quality, 21(3): 401～405

Ma X H, Wu B F, Huang H P, et al. 2004. Estimation of monetary value for vegetation's air purification services supported by GIS -A case study in Xi'an, China. *In*: IEEE International Geoscience and Remote Sensing Symposium Proceedings. New York: IEEE Press: 4629～4632

Macek T, Mackova M, Ká J. 2000. Exploitation of plants for the removal of organics in environmental remediation. Biotechnology Advances, 18(1): 23～34

Magette W L, Brinsfield R B, Palmer R E, et al. 1989. Nutrient and sediment removal by vegetated filter strips. Transactions of the American Society of Agricultural Engineers, 32(2): 663～667

Mclaughlin M J, Parker D R, Clarke J M. 1999. Metals and micronutrients-food safety issues. Field Crops Research, 60 (1-2): 143～163

Merkl N, Schultze-Kraft R, Infante C. 2005. Phytoremediation in the tropics-influence of heavy crude oil on root morphological characteristics of graminoids. Environmental Pollution, 138(1): 86～91

Mills T, Arnold B, Sivakumaran S, et al. 2006. Phytoremediation and long-term site management of soil contaminated with pentachlorophenol (PCP) and heavy metals. Journal of Environmental Management, 79(3): 232～241

Morant M, Bak S, Moller B L, et al. 2003. Plant cytochromes P450: Tools for pharmacology, plant protection and phytoremediation. Current Opinion in Biotechnology, 14(2): 151～162

Morikawa H, Higaki A, Nohno M, et al. 1998. More than a 600-fold variation in nitrogen dioxide assimilation among 217 plant taxa. Plant, Cell & Environment, 21(2): 180～190

Munoz-Carpena R, Parsons J E, Gilliam J W. 1999. Modeling hydrology and sediment transport in vegetative filter strips. Journal of Hydrology, 214: 111～129

Muratova A Y, Turkovskaya O V, Hübner T, et al. 2003. Studies of the efficacy of alfalfa and reed in the phytoremediation of hydrocarbon-polluted soil. Applied Biochemistry and Microbiology, 39(6): 599～605

Newman L A, Stuart E, Choe N, et al. 1997. Uptake and biotransformation of trichloroethylene by hybrid poplars. Environmental Science & Technology, 31(4): 1062～1067

Nie L, Shah S, Rashid A, et al. 2002. Phytoremediation of arsenate contaminated soil by transgenic canola and the plant growth-promoting bacterium Enterobacter cloacae CAL2. Plant Physiology and Biochemistry, 40(4): 355～361

Osborne L L, Kovacic D A. 1993. Riparian vegetated buffer strips in water-quality restoration and stream management. Freshwater biology. Oxford, 29(2): 243～258

Oyabu T, Kuroda H, Sawada A, et al. 2003. Comparison of air-purification characteristics for potted Golden Hahnii and Warneckii. *In*: Fayzieva D, Brebbia C A. Environmental Health Risk II. Southampton: WIT Press: 59～68

Padmavathiamma P K, Li L Y. 2007. Phytoremediation technology: hyper-accumulation metals in plants. Water, Air, & Soil Pollution, 184(1): 105～126

Parkyn S M, Davies-Colley R J, Cooper A B, et al. 2005. Predictions of stream nutrient and sediment yield changes following restoration of forested riparian buffers. Ecological Engineering, 24(5): 551～558

Parrish Z D B, Schwab M K, Paul A. 2005. Effect of root death and decay on dissipation of polycyclic aromatic hydrocarbons in the rhizosphere of yellow sweet clover and tall fescue. Journal of Environmental Quality, 34(1): 207～216

Parrish Z D, White J C, Isleyen M, et al. 2006. Accumulation of weathered polycyclic aromatic hydrocarbons (PAHs) by plant and earthworm species. Chemosphere, 64(4): 609～618

Phillips J D. 1989a. An evaluation of the factors determining the effectiveness of water quality buffer zones. Journal of Hydrology, 107(1-4): 133～145

Phillips J D. 1989b. Evaluation of North Carolina's estuarine shoreline area of environmental concern from a water quality perspective. Coastal Management, 17(2): 103～117

Phillips L A, Greer C W, Germida J J. 2006. Culture-based and culture-independent assessment of the impact of mixed and single plant treatments on rhizosphere microbial communities in hydrocarbon contaminated flare-pit soil. Soil Biology and Biochemistry, 38(9): 2823～2833

Pilon-Smits E, Freeman J L. 2006. Environmental cleanup using plants: Biotechnological advances and ecological considerations. Frontiers in Ecology and the Environment, 4(4): 203～210

Pilon-Smits E, Pilon M. 2000. Breeding mercury-breathing plants for environmental cleanup. Trends in Plant Science, 5(6): 235～236

Pilon-Smits E. 2005. Phytoremediation. Annual Review of Plant Biology, 56(1): 15～39

Pinay G, Decamps H. 1988. The role of riparian woods in regulating nitrogen fluxes between the alluvial aquifer and surface water: A conceptual model. Regulated Rivers: Research & Management, 2(4): 507～516

Przemeck E, Haase N U. 1991. On the bonding of manganese, copper and cadmium to peptides of the xylem sap of plant roots. Water, Air, & Soil Pollution, 57(1): 569～577

Qiu X, Leland T W, Shah S I, et al. 1997. Field study: Grass remediation for clay soil contaminated with polycyclic aromatic hydrocarbons. *In*: Kruger E L, Anderson T A, Coats J R. Phytoremediation of Soil and Water Contaminants. Washington DC: ACS Publications: 186～199

Rao M R, Ong C K, Pathak P, et al. 1991. Productivity of annual cropping and agroforestry systems on a shallow Alfisol in semi-arid India. Agroforestry Systems, 15(1): 51～63

Rascio N, Navari-Izzo F. 2011. Heavy metal hyperaccumulating plants: How and why do they do it? And what makes them so interesting? Plant Science, 180(2): 169～181

Rauser W E. 1999. Structure and function of metal chelators produced by plants. Cell Biochemistry and Biophysics, 31(1): 19～48

Reed T, Carpenter S R. 2002. Comparisons of P-Yield, Riparian Buffer Strips, and Land Cover in six Agricultural Watersheds. Ecosystems, 5(6): 568～577

Robinson C A, Ghaffarzadeh M, Cruse R M. 1996. Vegetative filter strip effects on sediment concentration in cropland runoff. Journal of Soil and Water Conservation, 51(3): 227～230

Sawada A, Oyabu T. 2008. Purification characteristics of pothos for airborne chemicals in growing conditions and its evaluation. Atmospheric Environment, 42(3): 594～602

Scheffer M. 1999. The effect of aquatic vegetation on turbidity; how important are the filter feeders? Hydrobiologia, 408/409: 307～316

Schnoor J L, Light L A, Mccutcheon S C, et al. 1995. Phytoremediation of organic and nutrient contaminants. Environmental Science & Technology, 29(7): 318～323

Schoonover J E, Williard K W J. 2003. Ground water nitrate reduction in giant cane and forest riparian buffer zones. Journal of the American Water Resources Association, 39(2): 347～354

Schwab A P, Al-Assi A A, Banks M K. 1998. Adsorption of naphthalene onto plant roots. Journal of Environmental Quality, 27(1): 220～224

Siciliano S D, Germida J J. 1998. Mechanisms of phytoremediation: Biochemical and ecological interactions between plants and bacteria. Environmental Reviews, 6(1): 65～79

Simpkins W W, Wineland T R, Andress R J, et al. 2002. Hydrogeological constraints on riparian buffers for reduction of diffuse pollution: Examples from the Bear Creek watershed in Iowa, USA. Water Science and Technology, 45(9): 61～68

Singh O V, Labana S, Pandey G, et al. 2003. Phytoremediation: An overview of metallic ion decontamination from soil. Applied Microbiology and Biotechnology, 61(5): 405～412

Siobhan F M, Cronk J K, Mitsch W J. 1994. Macrophyte productivity and community development in created freshwater wetlands under experimental hydrological conditions. Ecological Engineering, 3(4): 469～484

Smith C M. 1989. Riparian pasture retirement effects on sediment, phosphorus, and nitrogen in channelised surface run-off from pastures. New Zealand Journal of Marine and Freshwater Research, 23(1): 139～146

Smith I D, Bis G N, Lemon E R, et al. 1997. A thermal analysis of a sub-surface, vertical flow constructed wetland. Water Science and Technology, 35(5): 55～62

Summers A O. 1986. Organization, expression, and evolution of genes for mercury resistance. Annual Reviews in Microbiology, 40(1): 607～634

Susarla S, Medina V F, Mccutcheon S C. 2002. Phytoremediation: An ecological solution to organic chemical contamination. Ecological Engineering, 18(5): 647～658

Thompson P L, Ramer L A, Schnoor J L. 1998. Uptake and transformation of TNT by hybrid poplar trees. Environmental Science & Technology, 32(7): 975～980

Tong Y P, Kneer R, Zhu Y G. 2004. Vacuolar compartmentalization: A second-generation approach to engineering plants for phytoremediation. Trends in Plant Science, 9(1): 7～9

Tsezos M, Deutschmann A A. 1990. An investigation of engineering parameters for the use of immobilized biomass particles in biosorption. Journal of Chemical Technology & Biotechnology, 48(1): 29～39

US EPA. 1995. A Handbook of Constructed Wetlands: A Guide to Creating Wetlands for Agricultural Wastewater, Domestic Wastewater, Coal Mine Drainage, Stormwater in the Mid-Atlantic Region. -Volume 1: General Considerations. Washington DC: US Government Printing Office: 32～33

Van Epps A. 2006. Phytoremediation of petroleum hydrocarbons. Technical publication report. http://www. clu-in. org/download/techdrct/A_Van_Epps-Final. pdf [2011-1-17]

Vidon P, Hill A R. 2005. Denitrification and patterns of electron donors and acceptors in eight riparian zones with contrasting hydrogeology. Biogeochemistry, 71(2): 259～283

Vuillot M, Boutin C. 1987. Waste stabilization ponds in Europe: A state of the art review. Water Science & Technology, 19(12): 1～6

Wigington P J, Field S M, Baham J A, et al. 2003. Nitrate removal effectiveness of a riparian buffer along a small agricultural stream in western Oregon. Journal of Environmental Quality, 32(1): 162～170

Wilson B N, Barfield B J, Moore I D. 1981. A hydrology and sedimentology watershed model, part I: Modeling techniques. Lexington: University of Kentucky

Wiltse C C, Rooney W L, Chen Z, et al. 1998. Greenhouse evaluation of agronomic and crude oil-phytoremediation potential among alfalfa genotypes. Journal of Environmental Quality, 27(1): 169～173

Xu Z J, Wang L, Hou H P. 2011. Formaldehyde removal by potted plant-soil systems. Journal of Hazardous Materials, 192(1): 314～318

Zhang X H, Liu J, Huang H T, et al. 2007. Chromium accumulation by the hyperaccumulator plant Leersia hexandra Swartz. Chemosphere, 67(6): 1138～1143

Zhu Y L, Pilon-Smits E A H, Tarun A S, et al. 1999b. Cadmium tolerance and accumulation in Indian mustard is enhanced by overexpressing γ-glutamylcysteine synthetase. Plant Physiology, 121(4): 1169～1177

Zhu Y L, Zayed A M, Qian J H, et al. 1999a. Phytoaccumulation of trace elements by wetland plants: II. Water hyacinth. Journal of Environmental Quality, 28(1): 339～344

第三章 植物修复技术在治理水体富营养化中的应用

工业废水、农药、生活污水以及各种固体和气体废弃物等污染物大量排入河湖、水库等水体，使得北京及周边地区水质遭受污染。另外，引水渠流域缺乏覆盖植被，水流携带的泥沙，也会造成水质下降。例如，官厅水库 1997 年因水质恶化被迫退出作为北京生活饮用水的水源地，主要污染物为 COD 类化合物和 NH_3-N。由于北京河湖上游流域植被覆盖程度差、各种无机盐及有机物随水流入河湖，导致河湖淤积，营养物质积蓄，造成浮游藻类及其他生物大量繁殖，促进了水体的富营养化。

北京市郊区村镇污水已成为北京水环境恶化的重要污染源。据北京市水务局 2005 年调查的结果，北京市郊区共有海淀、朝阳、石景山、密云、怀柔、门头沟等 14 个区县，185 个乡镇，3978 个行政村，308 万人口（农业人口），212 万非农业人口，排污企业 1587 个。生活污水排放量每年达 2 亿 t；污水排放总量达 4 亿 t，约占北京市排污总量（13 亿 t）的 28.6%。除了少部分城镇污水可以通过集中污水处理厂处理外，大部分污水直接排放到地表水体，处理率不到 13%。另外，农村养殖业的污水排放量也在剧增，北京市近郊 2500 家养殖场日排放污水量就达 8 万 t。目前，水污染治理主要是截污后集中建污水处理厂，但这种工程的建设和运行费用极高。我国许多地区，资金和能源短缺问题普遍，建立完善的污水处理系统十分困难。再者，从技术上讲，建立污水处理厂只能对点源污染进行处理。即便进行了彻底的截污和清淤，由于河湖是一个开放的水环境，地表土壤中的有机污染物随雨水流入及人为的垃圾丢弃难以避免，时间一久水质重新被污染，因此并不能一劳永逸地解决河湖污染问题。

利用水生植物净化污水主要采用栽种高等水生植物的方法吸收营养元素及清除底泥等。植物净化污染水体充分利用了植被的净化能力，在受纳水体的岸边按照不同的功能种植不同的植物带，充分发挥植物带的生态净化功能。这种技术与我国的经济发展水平相适应，是一种成本低廉、节约能源、效益较高的、简便易行的方法。首先，水体经治理后重新作为北京生活饮用水的水源地，可以大大缓解北京水资源紧缺的严峻局面。其次，水生植物的科学利用可以为水域增添一道亮丽的风景，可以成为当地的旅游资源。还有就是这种治理污水的方法一次投资，多年受益，可以实现对水体污染的可持续治理。

第一节 水生植物对 N、P 污染浓度的适应性评价

水生植物是湖泊生态系统的重要初级生产者，能够通过多种机制影响湖泊生态系统，这些机制包括营养竞争、抑制风浪和浮游藻类、促进营养物质的沉降、固持底泥、降低湖水的营养盐含量以及为水生动物提供觅食和庇护场所等（李文朝，1996；刘春光等，2004）。因此，水生植物在水生生态系统中具有十分重要的地位。大型水生植物的生长受光照、透明度、pH（Havens et al.，2004；Irfanullah and Moss，2004；刘晓燕等，2004）、温度（Rooney and Kalff,2000;Santamar and Hootsmans,1998)、CO_2(严雪等,2003)等多种环境因子的影响。另外,营养盐作为水域生态系统的重要化学物质基础,对大型水生植物的生长也起到重要作用(张平和沈志良,2001)。有报道提出,水体中 TN 浓度过高,会抑制沉水植物黑藻和狐尾藻的光合作用,而且 NH_4^+-N 的增加对这两种植物有一定的毒害作用(金相灿等,2007)。研究发现,TN 浓度对马来眼子菜、苦草和黑藻的株高、根长和鲜重的净增量有显著影响(叶春等,2007);不同蓝藻对不同浓度 P 的吸收能力和生理响应有较大差异(谭香等,2007)。但是以往的研究往往侧重于植物对水中 N 的吸收,或者水生植物的 N 含量与水体中 N 含量的关系,而关于水体中 TN 水平对水生植物,尤其是我国湖泊中广泛分布的优势大型水生植物生长的影响尚没有系统的研究。鉴于 N、P 等营养物质的增加在水体富营养化过程中所起的重要作用,研究不同 N、P 浓度条件下水生植物发生的生理生化和形态变化,对于认识水生植被衰退的机理、建立水生植物耐富营养化的综合评价指标,从而指导水生植被的恢复重建具有重要意义。本节介绍 TN 和 TP 浓度对北京地区 3 种常见挺水植物——水生鸢尾、菖蒲和水葱生长的影响,探讨 3 种挺水植物对 TN 和 TP 浓度的响应规律,为净化污染程度各异的水体的挺水植物的恢复与先锋物种的选择提供科学依据。

一、TN 浓度对水生植物生长的影响

1. TN 浓度对水生植物 N 去除率和 N 累积能力的影响

供试的 3 种水生植物对 TN 的平均去除率有一定差异,水生鸢尾>菖蒲>水葱;同种植物在不同 TN 浓度条件下的 N 去除率也各不相同(表 3-1)。

表 3-1 水生植物对 TN 的去除效果

植物	试验开始时 TN 浓度/(mg/L)	试验结束时 TN 浓度/(mg/L)	去除率/%
水生鸢尾	2.0	1.09	45.8
	4.0	1.50	62.4
	8.0	1.61	79.8
	16.0	2.29	85.7
	32.0	2.38	92.6
	64.0	3.63	94.3
	平均	—	76.8
菖蒲	2.0	1.20	40.2
	4.0	2.04	49.0
	8.0	2.52	68.6
	16.0	4.56	71.5
	32.0	3.86	87.9
	64.0	2.16	96.6
	平均	—	69.0

续表

植物	试验开始时 TN 浓度/(mg/L)	试验结束时 TN 浓度/(mg/L)	去除率/%
水葱	2.0	1.45	27.7
	4.0	2.49	37.9
	8.0	2.31	71.2
	16.0	2.49	84.4
	32.0	3.85	88.0
	64.0	4.60	92.8
	平均	—	67.0

菖蒲、水葱和水生鸢尾 3 种水生植物的 N 去除率均随 TN 浓度的增加而增加；TN 浓度从 2mg/L 到 8mg/L，去除率的增加速率较大，TN 浓度从 8mg/L 到 64mg/L，去除率的增加速率相对较小。水生植物的 N 去除率与 TN 浓度的关系可以用对数方程很好地拟合[$y=16.573\ln x+28.747$，$R^2=0.9786$；$y=20.163\ln x+18.066$，$R^2=0.8947$；$y=13.983\ln x+42.834$，$R^2=0.9057$](图 3-1)。

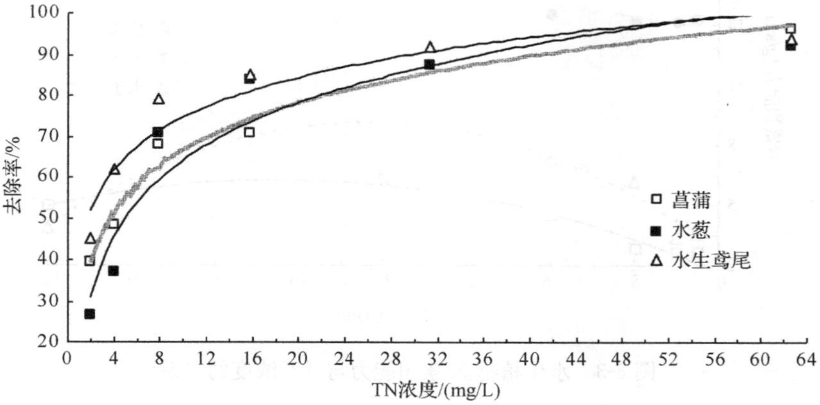

图 3-1　水生植物 N 去除率与 TN 浓度的关系

菖蒲、水葱和水生鸢尾 3 种水生植物在不同 TN 浓度培养液中生长 30 天后，植物茎叶、根系 N 含量及植物平均 N 含量差异较大。3 种水生植物茎叶 N 含量均高于根系 N 含量；在 TN 浓度为 2～64mg/L 时，茎叶 N 含量与 TN 浓度呈正相关($y=0.1107x+15.78$，$R^2=0.9749$；$y=84.156x+22444$，$R^2=0.9016$；$y=140.74x+10736$，$R^2=0.9379$)，根系 N 含量与 TN 浓度的关系则符合二次抛物线关系($y=-0.0015x^2+0.1284x+10.078$，$R^2=0.8714$；$y=-3.2921x^2+217.52x+16131$，$R^2=0.9663$；$y=-5.4075x^2+349.05x+8547.3$，$R^2=0.9627$)(图 3-2)。

3 种水生植物在不同 TN 浓度条件下的 N 累积能力有较大差异(图 3-3)。

各个 TN 浓度处理的水葱 N 累积能力明显高于菖蒲和水生鸢尾的 N 累积能力。水生鸢尾的 N 累积能力，除 64mg/L 处理的外，其余各浓度处理的均高于菖蒲。TN 浓度对每种植物的 N 累积量的影响也不同。在 TN 浓度为 2～64mg/L 时，水葱的 N 累积能力

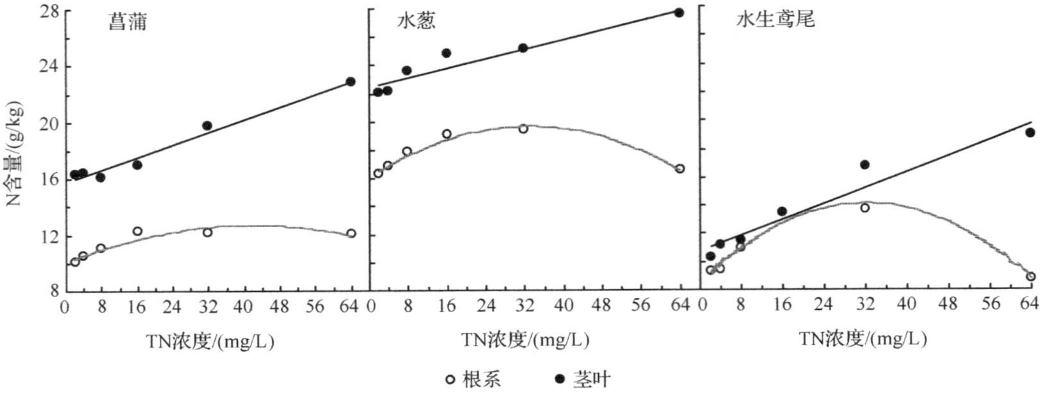

图 3-2　3 种水生植物根系、茎叶 N 含量与 TN 浓度的关系

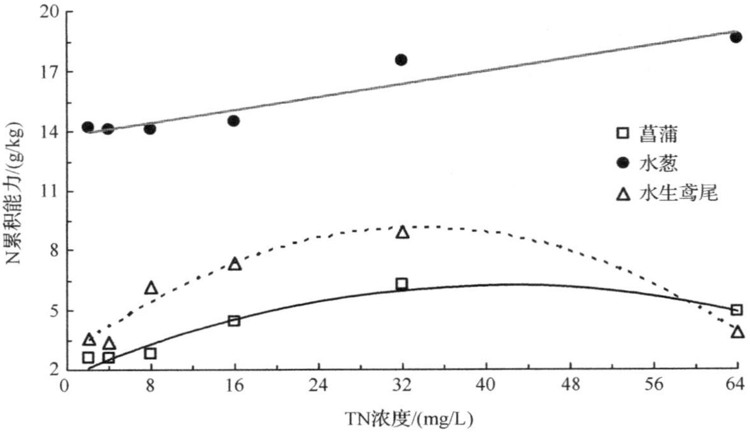

图 3-3　水生植物 N 累积能力与 TN 浓度的关系

与 TN 浓度呈正相关关系($y=79.203x+13826,R^2=0.9038$)，菖蒲和水生鸢尾的 N 累积能力与 TN 浓度符合二次抛物线关系($y=-2.5842x^2+215.41x+1721.9,R^2=0.9561$；$y=-6.0195x^2+409.98x+2231.7,R^2=0.9394$)。菖蒲和水生鸢尾最高 N 累积能力的 TN 浓度分别为 41.7mg/L 和 34.1mg/L。水生鸢尾最高 N 累积能力的 TN 浓度与最高平均 N 含量的 TN 浓度相近。可见，水生鸢尾在 TN 浓度为 35mg/L 左右的污染水体可以最大限度地发挥其去除 N 素的作用。而且，水生鸢尾的 N 累积能力与 N 含量密切相关。

TN 浓度影响水生植物对 N 素的去除，水生植物对 N 的去除率随 TN 浓度的增加而增加，两者呈对数增长关系。本试验中 TN 浓度在 2～64mg/L 范围内，水生植物 N 含量及 N 累积量与 TN 浓度密切相关。植物不同器官 N 含量与培养液 N 浓度的关系有明显差异：茎叶 N 含量与 TN 浓度呈正相关，根系 N 含量与 TN 浓度则符合二次抛物线关系；水生植物 N 累积能力与 TN 浓度的关系，不同植物有所差异：水葱的 N 累积能力与 TN 浓度呈正相关关系，菖蒲和水生鸢尾的 N 累积能力与 TN 浓度呈二次抛物线关系。可见，水生植物对 TN 浓度具有一定的适应范围。因为根系与污水直接接触，又是吸收 N 的重要器官，所以对污水中 TN 浓度的变化反应较敏感。植物根系对 TN 浓度的适应阈值，也就是植物能正常发挥净化能力的阈值范围。水生植物的 N 累积能力与 TN 浓度也呈二次抛物线关系。吴楚等(2003)以水曲柳为测试植物的研究结果显示，在一定 TN 浓度范围内，植物的 N 累积量随 N 浓度的增加而增加，过多的 N 供给并不能使植物累积更多的 N。本研究表明过量的 N 供给，植物的 N 累积能力下降，可能是因为高浓度的 N 素抑制了植物的光合作用，植物叶片合成和累积 N 及可溶性蛋白的能力降低。N 浓度影响植物可溶性糖、蛋白质和叶绿素 a 生物合成的结论在蔡卓平的研究中得到证实(蔡卓平和段舜山，2007)。而吴爱平等(2005)的研究结果显示挺水植物的 N 含量变化趋势与湖泊营养水平升高不一致。原因可能是挺水植物的根系长在底泥中，茎叶不像沉水植物和浮叶植物那样可以吸收养分，其 TN 含量与底泥的关系更为密切。在富含 N 的污水处理中，选择茎叶生物量大的水生植物，可以有效提高植物对 N 的吸收累积。水葱对 N 的耐受能力和累积能力明显高于菖蒲和水生鸢尾，在污水 N 净化中有较好的应用前景。

2. *TN 浓度对水生植物生长的影响*

(1) 水葱

用不同 TN 浓度处理后，水葱的株高和根长的净增量差异显著，但无明显变化趋势。株高和根长的净增量随着培养时间的增加而增加(图 3-4)。其中株高净增量与培养时间的关系，根长净增量与培养时间的关系均可用指数方程来描述(表 3-2)。

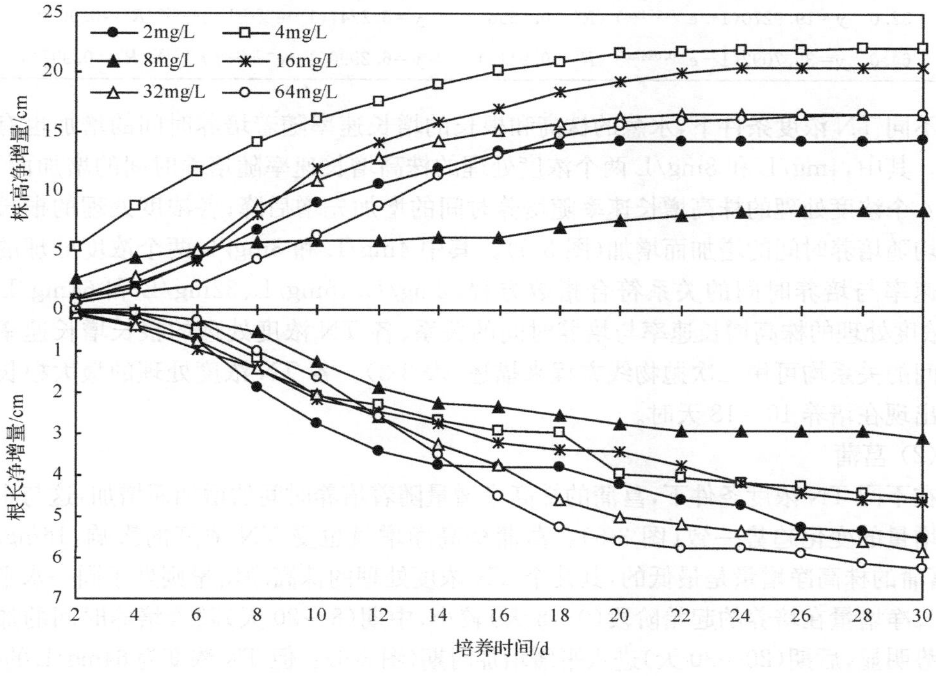

图 3-4　水葱株高和根长净增量的变化

表 3-2 水生植物株高净增量(y)、根长净增量(y)与培养时间(x)的关系

植物	浓度/(mg/L)	株高净增量	根长净增量
水生鸢尾	2.0	$y=0.5145x$ ($R^2=0.8741$)	$y=18.8864(1-e^{-0.0430x})^{3.1243}$ ($R^2=0.9945$)
	4.0	$y=0.0960x$ ($R^2=0.8880$)	$y=7.9906(1-e^{-0.1313x})^{6.0289}$ ($R^2=0.9990$)
	8.0	$y=0.3465x$ ($R^2=0.9635$)	$y=10.7117(1-e^{-0.2278x})^{12.1537}$ ($R^2=0.9920$)
	16.0	$y=0.0928x$ ($R^2=0.7668$)	$y=6.6265(1-e^{-0.1140x})^{4.0641}$ ($R^2=0.9885$)
	32.0	$y=0.3773x$ ($R^2=0.9802$)	$y=9.4588(1-e^{-0.2165x})^{9.9099}$ ($R^2=0.9996$)
	64.0	$y=0.4899x$ ($R^2=0.9908$)	$y=13.5431(1-e^{-0.1695x})^{8.9385}$ ($R^2=0.9980$)
菖蒲	2.0	$y=58.8477(1-e^{-0.0556x})$ ($R^2=0.9531$)	$y=13.0495(1-e^{-0.1380x})^{4.3696}$ ($R^2=0.9897$)
	4.0	$y=164.4790(1-e^{-0.0118x})$ ($R^2=0.9827$)	$y=14.4853(1-e^{-0.1607x})^{12.1983}$ ($R^2=0.9986$)
	8.0	$y=108.1675(1-e^{-0.0201x})$ ($R^2=0.9565$)	$y=13.5858(1-e^{-0.0115x})^{2.1902}$ ($R^2=0.9991$)
	16.0	$y=20.3290(1-e^{-0.0455x})$ ($R^2=0.9452$)	$y=128.6064(1-e^{-0.1140x})^{4.0641}$ ($R^2=0.9968$)
	32.0	$y=182.5203(1-e^{-0.0105x})$ ($R^2=0.9573$)	$y=9.3394(1-e^{-0.2340x})^{17.5080}$ ($R^2=0.9902$)
	64.0	$y=80.7187(1-e^{-0.0361x})$ ($R^2=0.9909$)	$y=2.5336(1-e^{-0.0947x})^{2.4239}$ ($R^2=0.9648$)
水葱	2.0	$y=17.8038(1-e^{-0.0685x})$ ($R^2=0.9533$)	$y=5.4510(1-e^{-0.1387x})^{2.8238}$ ($R^2=0.9795$)
	4.0	$y=23.1821(1-e^{-0.1207x})$ ($R^2=0.9982$)	$y=4.8808(1-e^{-0.1218x})^{3.0114}$ ($R^2=0.9878$)
	8.0	$y=8.1956(1-e^{-0.1328x})$ ($R^2=0.9332$)	$y=2.9677(1-e^{-0.2495x})^{10.2627}$ ($R^2=0.9959$)
	16.0	$y=28.8113(1-e^{-0.0497x})$ ($R^2=0.9556$)	$y=5.4100(1-e^{-0.0829x})^{1.8036}$ ($R^2=0.9939$)
	32.0	$y=19.9270(1-e^{-0.0749x})$ ($R^2=0.9598$)	$y=6.2247(1-e^{-0.1316x})^{3.5866}$ ($R^2=0.9970$)
	64.0	$y=35.7092(1-e^{-0.0242x})$ ($R^2=0.9419$)	$y=6.2990(1-e^{-0.2136x})^{10.4780}$ ($R^2=0.9974$)

不同 TN 浓度条件下,水葱的株高和根长的增长速率随着培养时间的增加也有不同变化。其中,4mg/L 和 8mg/L 两个浓度处理的株高增长速率随培养时间的增加而下降,其余 4 个浓度处理的株高增长速率随培养时间的增加先增后降;各浓度处理的根长增长速率均随培养时间的增加而增加(图 3-5)。其中 4mg/L 和 8mg/L 两个浓度处理的株高增长速率与培养时间的关系符合指数方程,2mg/L、16mg/L、32mg/L 和 64mg/L 4 个 TN 浓度处理的株高增长速率与培养时间的关系、各 TN 浓度处理的根长增长速率与培养时间的关系均可用二次抛物线方程来描述(表 3-3)。各 TN 浓度处理的最大根长增长速率出现在培养 10～18 天时。

(2) 菖蒲

在不同 TN 浓度条件下,菖蒲的株高净增量随着培养时间的增加而增加,这与水葱株高净增量的变化趋势一致(图 3-6)。菖蒲株高净增量也受 TN 浓度的影响:16mg/L 处理,菖蒲的株高净增量是最低的,其几个 TN 浓度处理的株高净增量则处于同一水平。菖蒲根长净增量在培养的起始阶段(0～8 天)较小,中期(8～20 天)随着培养时间的加长上升趋势明显,后期(20～30 天)进入平缓增加时期(图 3-6)。但 TN 浓度为 64mg/L 的处理,菖蒲的根长净增量的增加幅度一直比较平缓,而且低于其他 TN 浓度处理的根长净增量。本试验条件下,株高净增量、根长净增量与培养时间的关系可用指数方程来描述(表 3-2)。

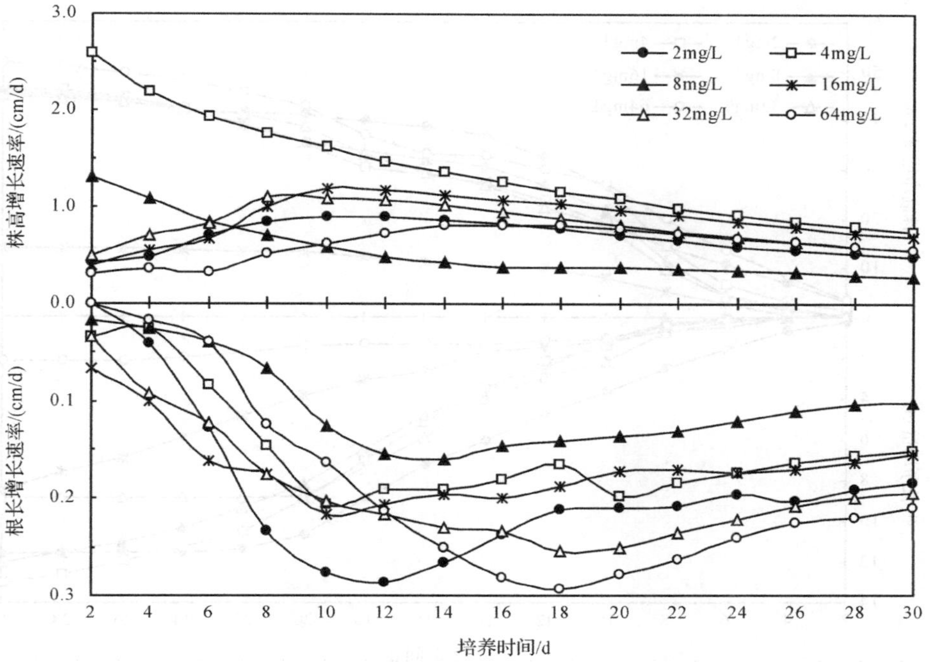

图 3-5　水葱株高和根长增长速率的变化

表 3-3　水生植物株高增长速率(y)和根长增长速率(y)与培养时间(x)的关系

植物	浓度/(mg/L)	株高增长速率	根长增长速率
水生鸢尾	2.0	—	$y=-0.0001x^2+0.0103x-0.0207$ ($R^2=0.9819$)
	4.0	—	$y=-0.0004x^2+0.0233x-0.0535$ ($R^2=0.9437$)
	8.0	—	$y=-0.0013x^2+0.0517x-0.0658$ ($R^2=0.9450$)
	16.0	—	$y=-0.0005x^2+0.0212x-0.0293$ ($R^2=0.9413$)
	32.0	—	$y=-0.0012x^2+0.0480x-0.0795$ ($R^2=0.9179$)
	64.0	—	$y=-0.0009x^2+0.0467x-0.0962$ ($R^2=0.9417$)
菖蒲	2.0	$y=-0.0068x^2+0.2182x+0.7224$ ($R^2=0.7294$)	$y=-0.0012x^2+0.0481x+0.0061$ ($R^2=0.9872$)
	4.0	$y=-0.0050x^2+0.1868x+0.2331$ ($R^2=0.8719$)	$y=-0.0004x^2+0.0305x-0.0913$ ($R^2=0.9223$)
	8.0	$y=-0.0065x^2+0.2443x-0.1729$ ($R^2=0.8645$)	$y=-0.0004x^2+0.0290x-0.0860$ ($R^2=0.9242$)
	16.0	$y=-0.0025x^2+0.0862x+0.0103$ ($R^2=0.8240$)	$y=0.0099x$ ($R^2=0.9720$)
	32.0	$y=-0.0056x^2+0.2192x-0.1734$ ($R^2=0.9350$)	$y=-0.0009x^2+0.0414x-0.0993$ ($R^2=0.8966$)
	64.0	$y=-0.0055x^2+0.1742x+1.0801$ ($R^2=0.5363$)	$y=-0.0003x^2+0.0106x-0.0127$ ($R^2=0.9350$)
水葱	2.0	$y=-0.0020x^2+0.0611x+0.3807$ ($R^2=0.7591$)	$y=-0.0008x^2+0.0300x-0.0125$ ($R^2=0.7851$)
	4.0	$y=0.0782\exp(185.5431/(x+51.3553))$ ($R^2=0.9972$)	$y=-0.0006x^2+0.0216x-0.0083$ ($R^2=0.8784$)
	8.0	$y=0.1070\exp(42.6475/(x+14.8342))$ ($R^2=0.9897$)	$y=-0.0005x^2+0.0175x-0.0191$ ($R^2=0.8842$)
	16.0	$y=-0.0030x^2+0.1001x+0.2798$ ($R^2=0.7697$)	$y=-0.0005x^2+0.0193x+0.0354$ ($R^2=0.8317$)
	32.0	$y=-0.0023x^2+0.0648x+0.5264$ ($R^2=0.6966$)	$y=-0.0007x^2+0.0258x-0.0019$ ($R^2=0.9829$)
	64.0	$y=-0.0020x^2+0.0746x+0.0960$ ($R^2=0.8836$)	$y=-0.0007x^2+0.0312x-0.0598$ ($R^2=0.9236$)

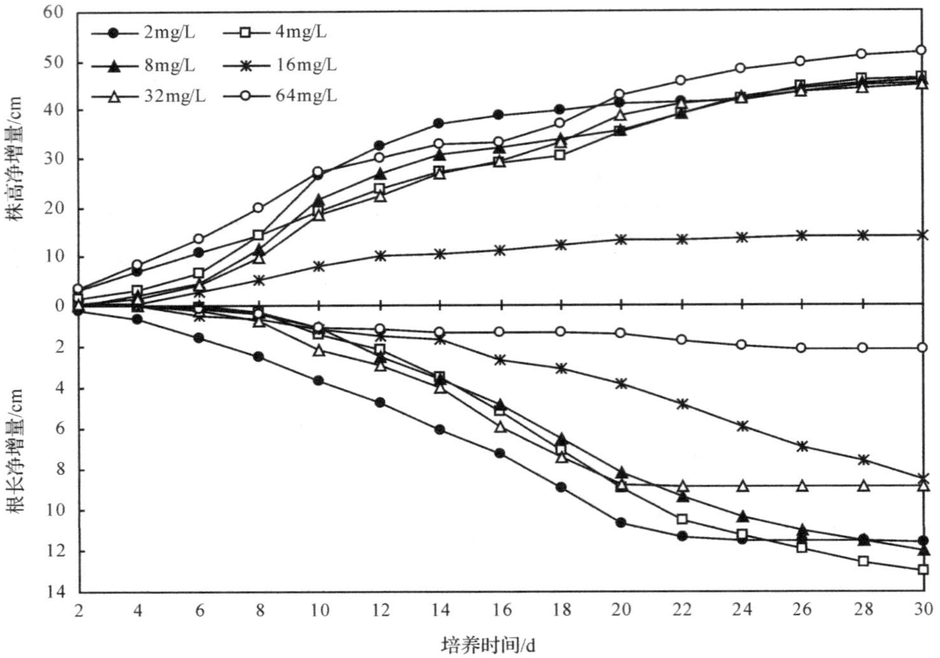

图 3-6　菖蒲株高和根长净增量的变化

用不同 TN 浓度溶液培养 30 天，菖蒲的株高增长速率随培养时间的增加出现先增加后减小的趋势(图 3-7)。培养的前 10 天内，株高增长速率呈不断增加趋势。各 TN 浓度处理的株高增长速率最高峰出现的时间较为一致，为培养后 10～12 天，随后呈逐渐下降趋势。拟合两者关系的二次抛物线方程列于表 3-3。菖蒲的根长增长速率随培养时间的变化趋势随 TN 浓度的不同，变化各异(图 3-7)。16mg/L 处理的根长增长速率随培养时间的增加而增加，另外 5 个浓度处理的则是先升后降，但根长增长速率最高峰出现的时间有较大差别：64mg/L 处理的出现在培养的第 10 天，2mg/L、4mg/L、8mg/L 和 32mg/L 处理的出现在 20～22 天。可见，64mg/L 处理的株高和根长增长速率的最高峰出现的时间相吻合，2mg/L、4mg/L、8mg/L 和 32mg/L 处理的株高增长速率最高峰出现的时间早于根长增长速率最高峰出现的时间，时间差约为 10 天。

(3) 水生鸢尾

水生鸢尾用不同 TN 浓度溶液培养 30 天后，株高净增量随培养时间的增加而增加(图 3-8)，二者呈正相关关系(表 3-2)。水生鸢尾根长净增量与培养时间的关系与菖蒲的较为相近。培养的起始阶段(0～8 天)，根长净增量较小，中期根长净增量随培养时间的加长上升趋势明显，后期根长净增量则进入平缓增加时期。水生鸢尾的根长净增量与培养时间的关系可用指数方程来描述(图 3-8，表 3-2)。

水培的 30 天内，各 TN 浓度处理的水生鸢尾的株高增长速率出现了几次波动(图 3-9)。其中，2mg/L 和 64mg/L 处理的株高增长速率变化趋势较为简单：前者水培前期株高增长速率处于高速增加阶段，第 12 天达到最高，此阶段植株增高的加速度较大；12

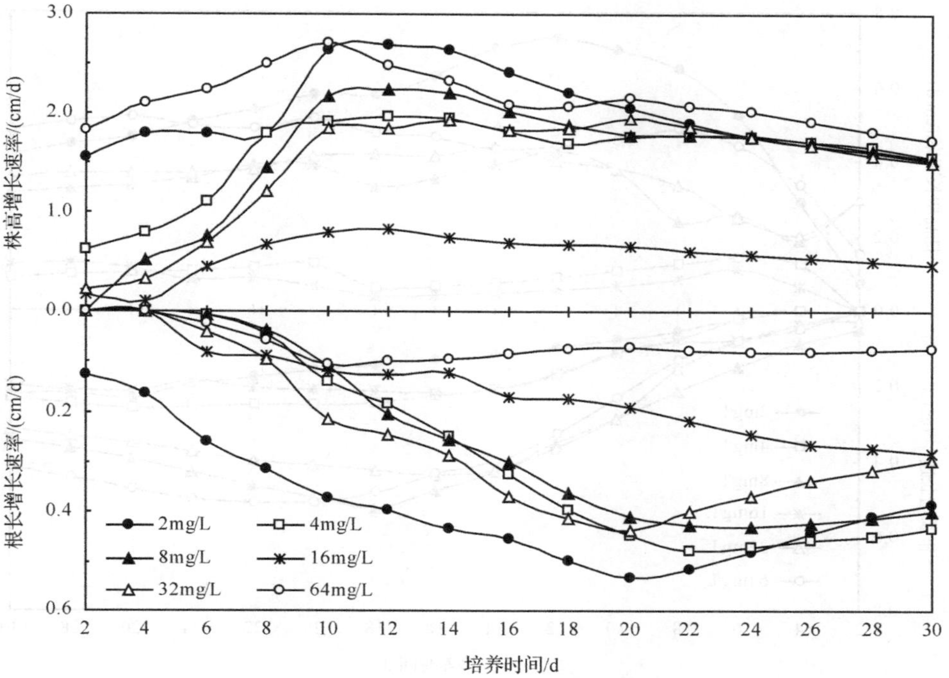

图 3-7　菖蒲株高和根长增长速率的变化

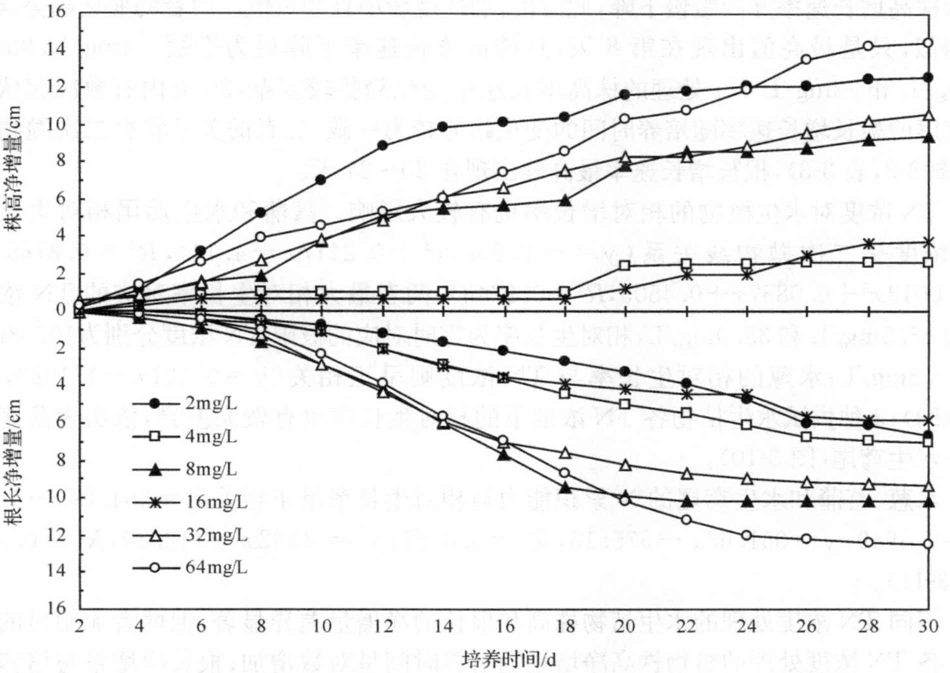

图 3-8　水生鸢尾株高和根长净增量的变化

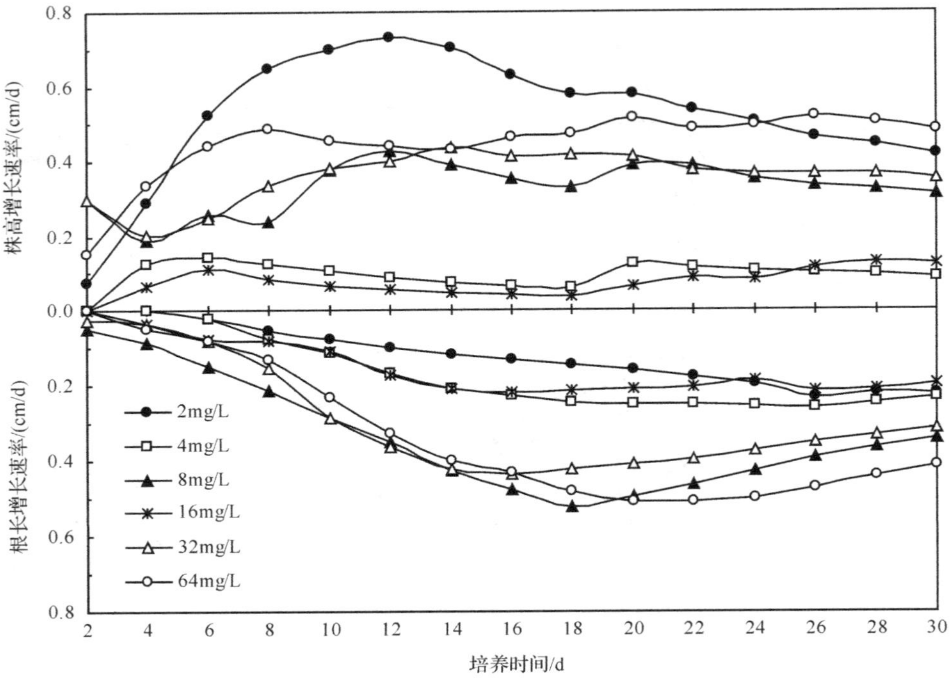

图 3-9 水生鸢尾株高和根长增长速率的变化

天后株高增长速率开始缓慢下降,此阶段,加速度较小且为负值。后者的变化趋势与前者的相似,只是最高值出现在第 8 天,且株高增长速率下降更为平缓。4mg/L、8mg/L、16mg/L 和 32mg/L 4 个处理的株高增长速率变化趋势较复杂,30 天内有数次起伏。水生鸢尾的根长增长速率随培养时间的变化趋势较为一致,二者的关系符合二次抛物线方程(图 3-9,表 3-3),根长增长速率最高峰出现在 20～24 天。

TN 浓度对水生植物的相对增长率也有较大影响。菖蒲和水生鸢尾相对生长率与 TN 浓度呈二次抛物线关系($y=-0.0026x^2+0.2417x+4.144$, $R^2=0.8785$; $y=-0.0013x^2+0.0857x+0.4505$, $R^2=0.9748$),两者最大相对生长率对应的 TN 浓度分别为 46.5mg/L 和 33.0mg/L,相对生长率为零时对应的极限 TN 浓度分别为107.8mg/L 和 70.8mg/L;水葱的相对生长率与 TN 浓度则呈正相关($y=0.131x+1.1023$, $R^2=0.8483$);3 种供试水生植物各 TN 浓度下的相对生长率也有较大差异,依次为菖蒲＞水葱＞水生鸢尾(图 3-10)。

水葱、菖蒲和水生鸢尾的 N 累积能力与相对生长率呈正相关($y=554.29x+13354$, $R^2=0.8949$; $y=651.63x-575.15$, $R^2=0.8165$; $y=4332x+712.89$, $R^2=0.9217$)(图 3-11)。

不同 TN 浓度处理的水生植物株高和根长的净增量差异显著,但两者无明显的相关性。各 TN 浓度处理的植物株高净增量随培养时间呈对数增加;根长净增量与培养天数的关系各植物有所不同:水葱的为对数关系,菖蒲和水生鸢尾的为正相关关系。各植物根长和株高增长速率与培养天数的关系较为复杂,不同植物对不同 TN 浓度溶液的变化趋

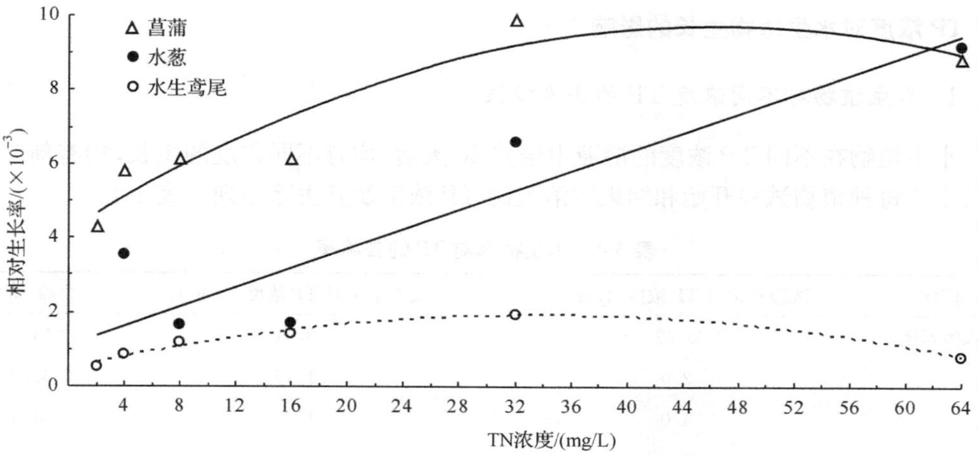

图 3-10 水生植物相对生长率与 TN 浓度的关系

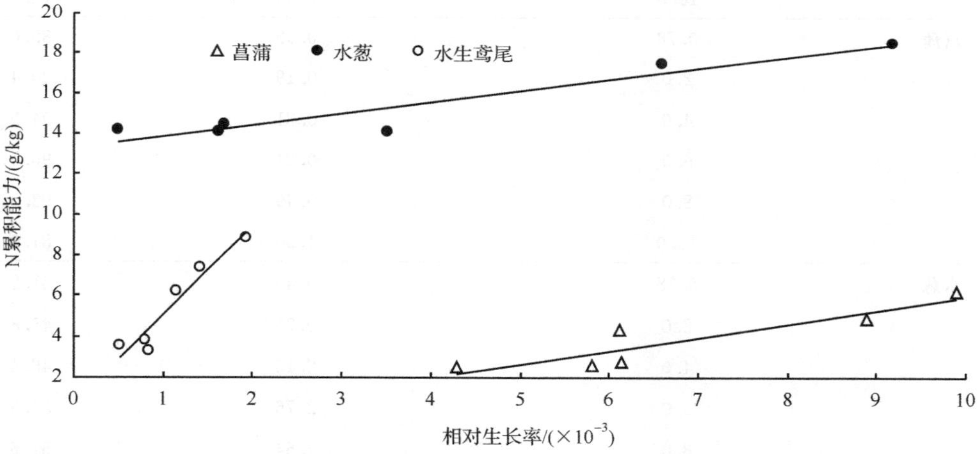

图 3-11 水生植物 N 累积能力与植物相对生长率的关系

势各异。但总体趋势是根长和株高的增长速率与培养天数呈二次抛物线关系。在培养10～18 天时，根长和株高增长速率最高。王余龙等(1997)研究发现适量增加供 N 浓度显著促进不定根总长度和重量的增加，而 N 浓度过高或过低均不利于不定根总长度的增加，这与本研究的结论相近。TN 浓度对水生植物的生物量增加影响较大。菖蒲在各 TN 浓度下均保持了较高的相对生长率，水葱次之，水生鸢尾最小。植物相对生长率与 TN 浓度的关系与植物 N 累积能力的关系相同，这说明植物的相对生长率与 N 累积能力密切相关，回归分析结果表明两者呈正相关关系。可见，水生植物生物量的增长幅度直接影响其 N 累积能力。蔡卓平和段舜山(2007)的研究也表明高浓度的 N 会降低三角褐指藻的细胞产量和比生长率。

二、TP浓度对水生植物生长的影响

1. 水生植物对不同浓度TP的去除效果

水生植物在不同TP浓度的溶液中培养30天后，均有不同程度的生长，均有新叶、新根长出。每种植物试验开始和结束时溶液的TP浓度及其去除率列于表3-4。

表 3-4　水生植物对TP的去除率

植物	试验开始时TP浓度/(mg/L)	试验结束时TP浓度/(mg/L)	去除率/%
水生鸢尾	0.78	0.54	31.1
	2.0	1.16	42.0
	4.0	1.96	51.1
	6.0	0.68	88.7
	8.0	2.46	69.2
	10.0	2.54	74.6
菖蒲	0.78	0.09	89.0
	2.0	0.19	90.4
	4.0	0.21	94.9
	6.0	0.21	96.5
	8.0	0.49	93.9
	10.0	1.90	81.0
水葱	0.78	0.45	41.8
	2.0	0.75	45.8
	4.0	2.15	46.4
	6.0	2.76	53.9
	8.0	4.54	51.6
	10.0	5.35	46.5

从表3-4可以看出，供试的3种植物对TP均有一定的去除效果。其中，菖蒲对TP的去除效果明显好于水生鸢尾和水葱。水生鸢尾较菖蒲和水葱而言，对不同浓度TP的去除效果差异较大。

菖蒲、水葱和水生鸢尾3种水生植物的TP去除率均随TP浓度的增加先增加后下降，变化趋势符合二次抛物线方程($y=-0.6627x^2+6.8919x+79.291$，$R^2=0.9559$；$y=-0.403x^2+5.2147x+35.19$，$R^2=0.807$；$y=-1.1064x^2+17.832x+7.1795$，$R^2=0.8293$)(图3-12)。三者最高TP去除率的TP浓度分别为5.2mg/L、6.5mg/L和8.1mg/L，水生鸢尾最高TP去除率对应的TP浓度高于水葱和菖蒲。据模拟的抛物线方程推算，当TP浓度分别升至17.3mg/L、17.8mg/L和16.5mg/L时，菖蒲、水葱和水生鸢尾对P的去除率下降为0。三者对P零去除的TP浓度相差不大。

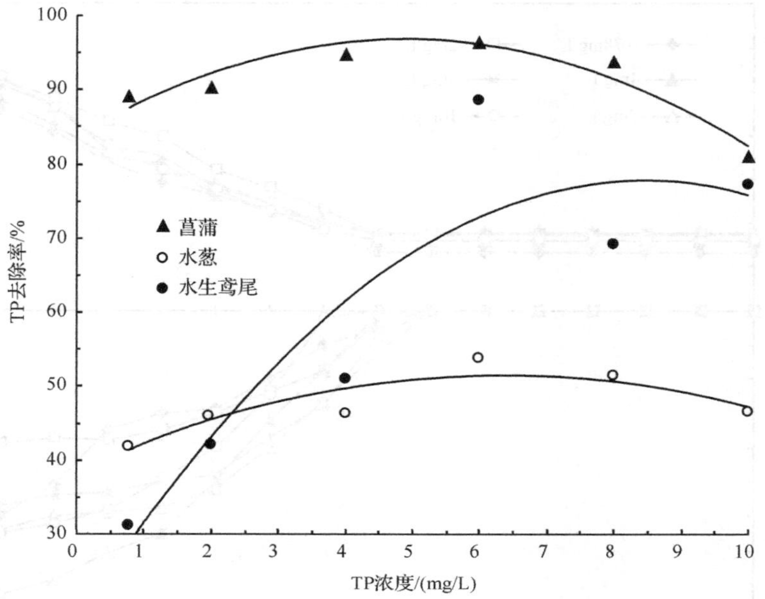

图 3-12　水生植物 TP 去除率与 TP 浓度的关系

水生植物对不同 TP 浓度的污水表现出不同的去除率，植物对 TP 的去除率与 TP 浓度呈二次抛物线关系。有研究表明，菖蒲对 P 的去除率与水体初始 P 浓度呈钟罩形曲线关系，也证明过高或过低的初始 P 浓度都不利于提高 P 的去除率（吴小刚等，2007）。抗旱植物柠条对 P 的吸收和利用效率随 P 浓度的增加也有先增加后降低的响应规律（牛西午等，2003）。其中，水生鸢尾的 TP 去除能力对 TP 浓度的变化较菖蒲和水葱更为敏感。三者去除 P 的最佳浓度相差较大，但对 TP 保持有去除率的极限浓度却很相近。对于水质波动较大的污水的处理，如农村生活污水，要选择对污染物浓度变化有较高适应性的植物，以保持稳定的净化效果。

2. TP 浓度对水生植物生长的影响

(1) 水生鸢尾

水生鸢尾在不同 TP 浓度溶液中生长 30 天，从 12 天始有新根长出，新根的根长在前期增长较快，后期增长相对较慢，新根根长与培养时间的关系，0.78 mg/L 处理呈线性相关；其他 5 个浓度处理可用指数方程较好地拟合（图 3-13），模拟方程列于表 3-5。水生鸢尾株高在培养 14 天后开始增加，时间稍晚于发新根时间。株高随时间呈直线增长（图 3-13，表 3-5）。

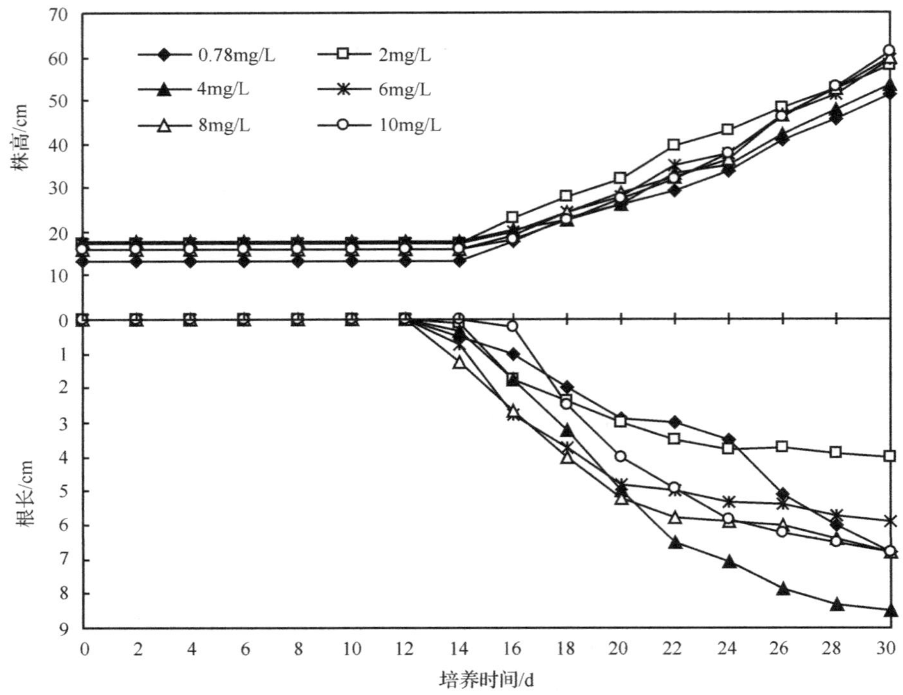

图 3-13 水生鸢尾株高与根长的变化

表 3-5 水生植物根长(y)和株高(y)与培养时间(x)的关系

植物	浓度/(mg/L)	根长	株高
水生鸢尾	0.78	$y=0.3526x$ ($R^2=0.9710$)	$y=2.3200x+12.6956$ ($R^2=0.9889$)
	2.0	$y=4.8326(1-e^{-0.1111x})$ ($R^2=0.9497$)	$y=2.5388x+17.6456$ ($R^2=0.9973$)
	4.0	$y=19.2652(1-e^{-0.0355x})$ ($R^2=0.9654$)	$y=2.2683x+15.0367$ ($R^2=0.9726$)
	6.0	$y=6.5091(1-e^{-0.1378x})$ ($R^2=0.9735$)	$y=2.6442x+14.3022$ ($R^2=0.9777$)
	8.0	$y=7.5872(1-e^{-0.1243x})$ ($R^2=0.9848$)	$y=2.7271x+13.3056$ ($R^2=0.9744$)
	10.0	$y=27.8328(1-e^{-0.0171x})$ ($R^2=0.9222$)	$y=2.8600x+11.9867$ ($R^2=0.9704$)
菖蒲	0.78	$y=0.7326x+3.2753$ ($R^2=0.9718$)	$y=2.1511(1-e^{-0.1082x})+32.0539$ ($R^2=0.9807$)
	2.0	$y=0.6136x+2.5368$ ($R^2=0.9525$)	$y=3.3347(1-e^{-0.0922x})+32.0383$ ($R^2=0.9922$)
	4.0	$y=0.6283x+1.9345$ ($R^2=0.9788$)	$y=2.3844(1-e^{-0.0769x})+32.1539$ ($R^2=0.9951$)
	6.0	$y=0.6188x+3.0361$ ($R^2=0.9786$)	$y=4.1908(1-e^{-0.1687x})+32.0539$ ($R^2=0.9431$)
	8.0	$y=0.6396x+1.8733$ ($R^2=0.9722$)	$y=7.9758(1-e^{-0.1449x})+31.1737$ ($R^2=0.9676$)
	10.0	$y=0.6609x+2.7014$ ($R^2=0.9627$)	$y=2.1275(1-e^{-0.1078x})+32.2209$ ($R^2=0.9567$)
水葱	0.78	$y=4.7907(1-e^{-0.1067x})+1.4159$ ($R^2=0.9687$)	$y=9.0121(1-e^{-0.1149x})+6.6939$ ($R^2=0.9789$)
	2.0	$y=6.0083(1-e^{-0.1178x})+1.9538$ ($R^2=0.9921$)	$y=6.8452(1-e^{-0.1504x})+6.5766$ ($R^2=0.9751$)
	4.0	$y=3.0762(1-e^{-0.0937x})+1.8902$ ($R^2=0.9752$)	$y=4.4295(1-e^{-0.1347x})+6.9126$ ($R^2=0.9753$)
	6.0	$y=3.8639(1-e^{-0.1530x})+1.4187$ ($R^2=0.9377$)	$y=4.5048(1-e^{-0.1513x})+7.0815$ ($R^2=0.9656$)
	8.0	$y=3.4094(1-e^{-0.2134x})+2.0962$ ($R^2=0.8987$)	$y=7.8809(1-e^{-0.1235x})+6.6484$ ($R^2=0.9652$)
	10.0	$y=4.4407(1-e^{-0.0963x})+2.0708$ ($R^2=0.9850$)	$y=8.2687(1-e^{-0.1800x})+6.3620$ ($R^2=0.9458$)

水生鸢尾新根长出后，根长净增量随培养时间增加而增加(图 3-14)。0.78mg/L 的 TP 浓度处理，根长净增量与培养时间呈正相关关系，用 2mg/L、4mg/L、6mg/L、8mg/L 和 10mg/L 浓度处理，根长与培养时间则是指数方程关系，模拟方程见表 3-6。水生鸢尾株高开始增长后，净增量随培养时间呈直线上升(图 3-14)，模拟的直线方程见表 3-6。

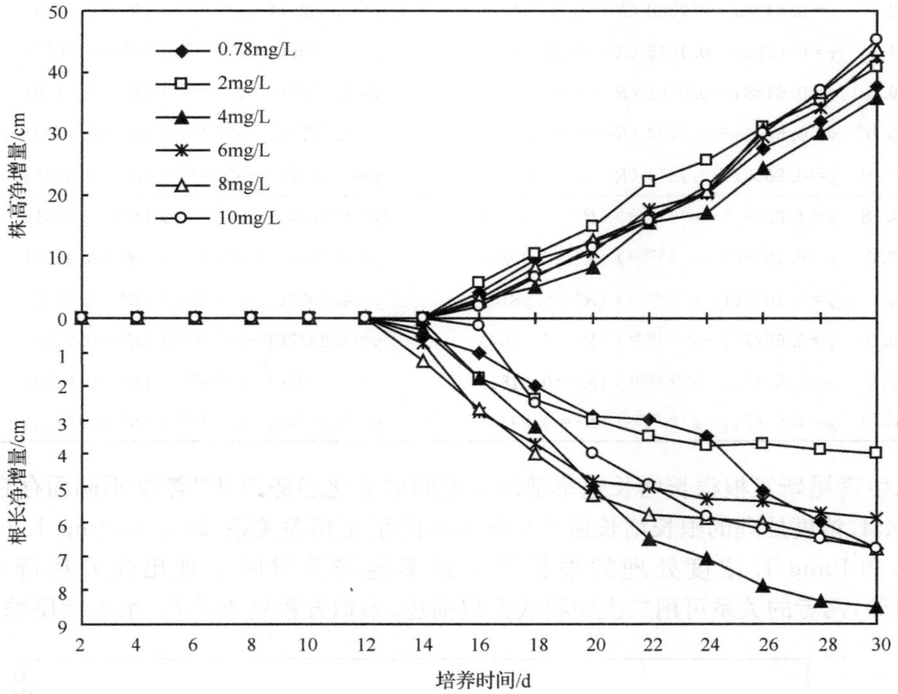

图 3-14 水生鸢尾株高和根长净增量的变化

表 3-6 水生植物根长净增量(y)、株高净增量(y)与培养时间(x)的关系

植物	浓度/(mg/L)	根长净增量	株高净增量
水生鸢尾	0.78	$y=0.3526x$ ($R^2=0.9710$)	$y=2.2490x$ ($R^2=0.9890$)
	2.0	$y=4.8326(1-e^{-0.1111x})$ ($R^2=0.9497$)	$y=2.5737x$ ($R^2=0.9973$)
	4.0	$y=19.2652(1-e^{-0.0355x})$ ($R^2=0.9654$)	$y=2.0289x$ ($R^2=0.9606$)
	6.0	$y=6.5091(1-e^{-0.1378x})$ ($R^2=0.9735$)	$y=2.3841x$ ($R^2=0.9670$)
	8.0	$y=7.5872(1-e^{-0.1243x})$ ($R^2=0.9848$)	$y=2.4893x$ ($R^2=0.9671$)
	10.0	$y=27.8328(1-e^{-0.0171x})$ ($R^2=0.9222$)	$y=2.5059x$ ($R^2=0.9529$)

续表

植物	浓度/(mg/L)	根长净增量	株高净增量
菖蒲	0.78	$y=0.7326x+1.3753$ ($R^2=0.9718$)	$y=2.1237(1-e^{-0.1034x})$ ($R^2=0.9849$)
	2.0	$y=0.6136x+0.7268$ ($R^2=0.9525$)	$y=3.3521(1-e^{-0.0947x})$ ($R^2=0.9939$)
	4.0	$y=0.6283x+0.1045$ ($R^2=0.9788$)	$y=2.3751(1-e^{-0.0728x})$ ($R^2=0.9957$)
	6.0	$y=0.6188x+0.9361$ ($R^2=0.9786$)	$y=3.8577(1-e^{-0.1509x})$ ($R^2=0.9478$)
	8.0	$y=0.6396x+0.0733$ ($R^2=0.9722$)	$y=7.5375(1-e^{-0.1314x})$ ($R^2=0.9702$)
	10.0	$y=0.6609x+0.7614$ ($R^2=0.9627$)	$y=2.1967(1-e^{-0.1223x})$ ($R^2=0.9635$)
水葱	0.78	$y=4.6206(1-e^{-0.0945x})$ ($R^2=0.9712$)	$y=8.7293(1-e^{-0.1059x})$ ($R^2=0.9761$)
	2.0	$y=6.1078(1-e^{-0.1233x})$ ($R^2=0.9934$)	$y=6.4879(1-e^{-0.1374x})$ ($R^2=0.9703$)
	4.0	$y=3.1043(1-e^{-0.0981x})$ ($R^2=0.9810$)	$y=4.2033(1-e^{-0.1212x})$ ($R^2=0.9698$)
	6.0	$y=3.6227(1-e^{-0.1362x})$ ($R^2=0.9464$)	$y=4.2377(1-e^{-0.1362x})$ ($R^2=0.9594$)
	8.0	$y=3.6310(1-e^{-0.2689x})$ ($R^2=0.9181$)	$y=7.3732(1-e^{-0.1083x})$ ($R^2=0.9559$)
	10.0	$y=4.5087(1-e^{-0.1030x})$ ($R^2=0.9876$)	$y=7.5974(1-e^{-0.1609x})$ ($R^2=0.9365$)

水生鸢尾新发根根长增长速率随培养时间的变化趋势因TP浓度不同而存在差别。0.78mg/L浓度处理的根长增长速率与培养时间呈正相关关系，2mg/L、4mg/L、6mg/L、8mg/L和10mg/L浓度处理的根长增长速率随培养时间呈现出先升后降的趋势(图3-15)，两者的关系可用二次抛物线方程描述，模拟方程见表3-7。水生鸢尾株高开始

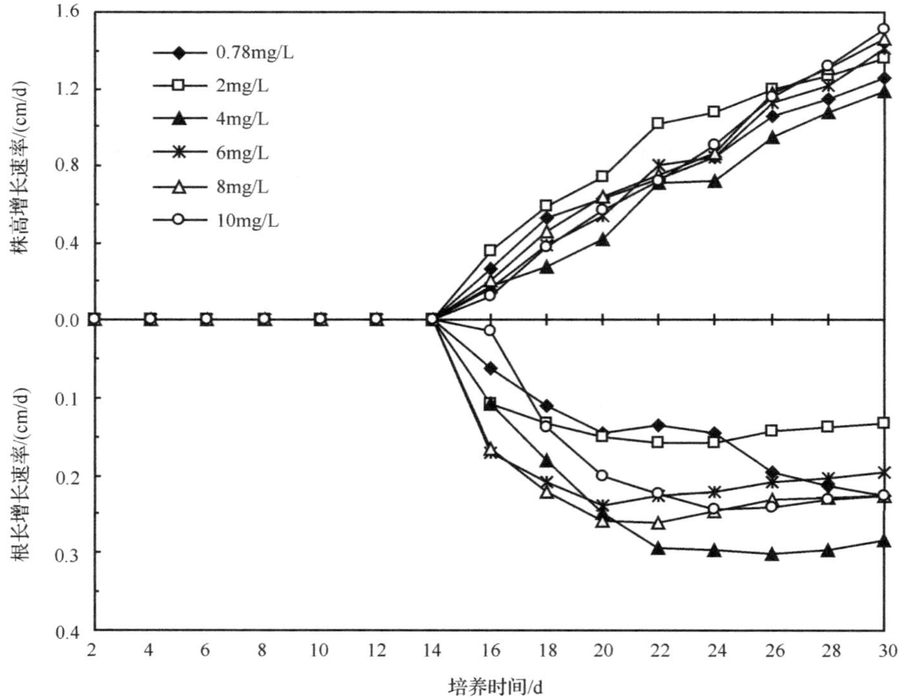

图3-15　水生鸢尾株高和根长增长速率变化

增长后，增长速率随培养时间呈直线上升(图 3-15)，模拟的直线方程见表 3-7。

表 3-7 水生鸢尾根长增长速率(y)、株高增长速率(y)与培养时间(x)的关系

浓度/(mg/L)	根长增长速率	株高增长速率
0.78	$y=0.0109x-0.0955(R^2=0.9313)$	$y=0.1365x-0.7634(R^2=0.9847)$
2.0	$y=-0.0007x^2+0.0352x-0.2603(R^2=0.9073)$	$y=0.1413x-0.6761(R^2=0.9558)$
4.0	$y=-0.0021x^2+0.1065x-1.0637(R^2=0.9839)$	$y=0.1509x-1.049(R^2=0.9823)$
6.0	$y=-0.0009x^2+0.0408x-0.2443(R^2=0.7007)$	$y=0.1744x-1.1943(R^2=0.9888)$
8.0	$y=-0.0012x^2+0.0577x-0.432(R^2=0.7356)$	$y=0.1755x-1.1631(R^2=0.9869)$
10.0	$y=-0.0024x^2+0.1218x-1.3028(R^2=0.9567)$	$y=0.1951x-1.4101(R^2=0.9973)$

(2) 菖蒲

在不同 TP 浓度溶液中，菖蒲的根长和株高随培养时间的增加而增加(图 3-16)。在水培的 30 天内，根长与培养时间呈正相关，株高与培养时间的关系符合指数方程，模拟方程见表 3-5。菖蒲根长净增量随培养时间的变化趋势与根长的相似，株高净增量随培养时间的变化趋势与株高的相似(图 3-17)，关系方程式见表 3-6。

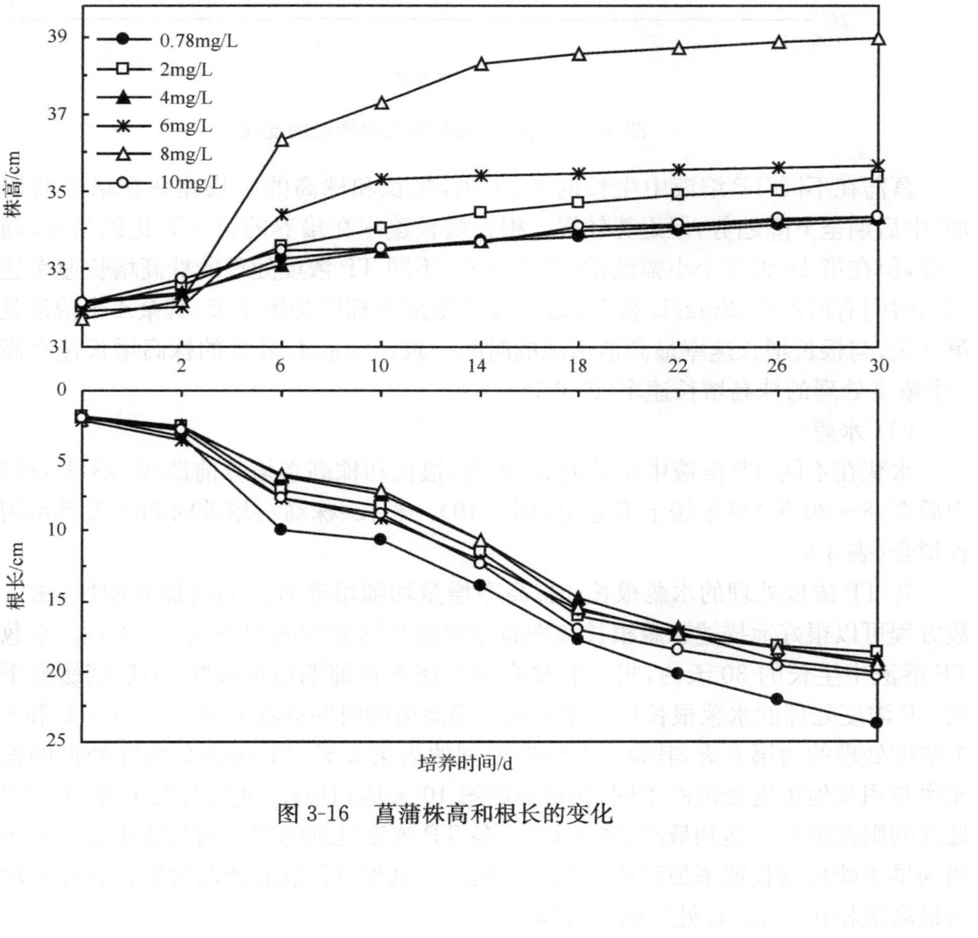

图 3-16 菖蒲株高和根长的变化

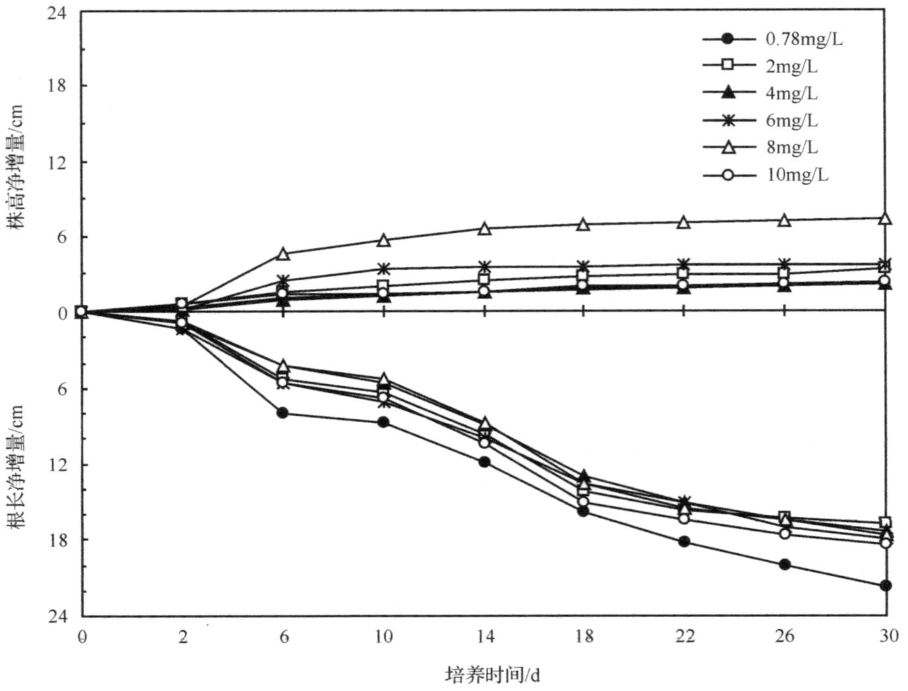

图 3-17　菖蒲株高和根长净增量的变化

菖蒲在不同 TP 溶液中生长的 30 天内，根长和株高的增长速率在培养前期迅速增加，中后期呈下降趋势，但走势较缓。根长增长速率在培养的第 6 天达到最高，随后开始下降，但在第 18 天有个小幅波动(图 3-18)。不同 TP 浓度处理的株高增长速率达到最高值的时间有所不同，2mg/L 和 10mg/L 2 个浓度处理的为第 2 天，其余 4 个浓度处理的为第 6 天，与根长增长速率最高值出现的时间一致。8mg/L 处理的株高增长速率高于其他 5 个浓度处理的株高增长速率(图 3-18)。

(3) 水葱

水葱在不同 TP 溶液中生长的 30 天内，根长和株高在培养前期(0～8 天)迅速增加，中后期(8～30 天)呈平缓上升趋势(图 3-19)。根长、株高与培养时间的关系可用指数方程拟合(表 3-5)。

各 TP 浓度处理的水葱根长和株高净增量均随培养时间的增加而增加(图 3-20)，指数方程可以很好地描述水葱根长和株高净增量与培养时间的关系(表 3-6)。水葱在不同 TP 溶液中生长的 30 天内，根长和株高增长速率在前期增加较快，中后期缓慢下降。不同 TP 浓度处理的水葱根长增长速率达到最高值的时间存在差异，0.78mg/L 和 6mg/L 2 个浓度处理的为第 6 天，其余 4 个浓度处理的为第 2 天；用 8mg/L 浓度处理的株高增长速率与用其他浓度处理的不同，在培养的第 10 天达到最高，随后开始下降；其他 TP 浓度处理的则在第 6 天达到最高(图 3-21)。各 TP 浓度处理的根长增长速率最高值出现的时间均早于株高增长速率最高值出现的时间。与其他 TP 浓度处理的根长和株高增长速率的最高值相比，8mg/L 处理的是最高的。

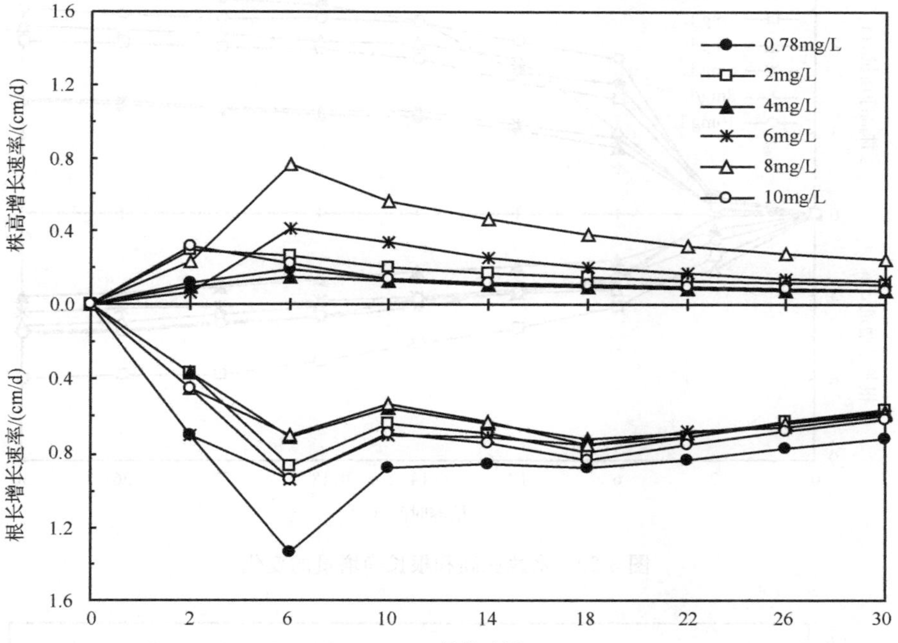

图 3-18 菖蒲株高和根长增长速率的变化

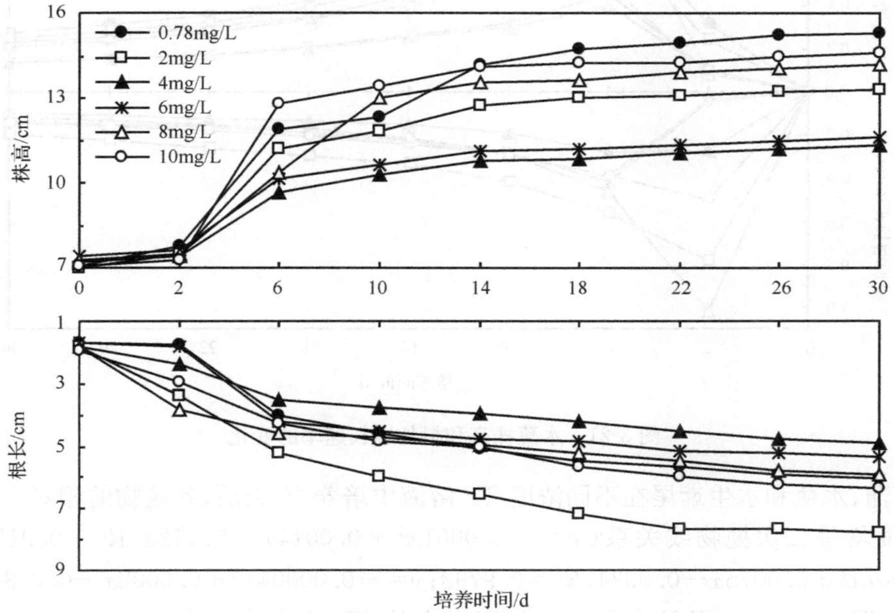

图 3-19 水葱株高和根长的变化

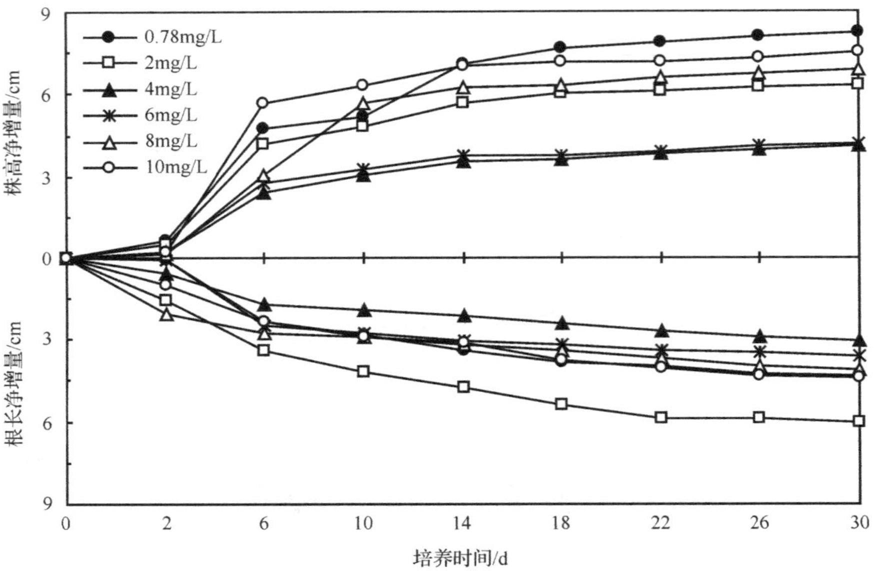

图 3-20 水葱株高和根长净增量的变化

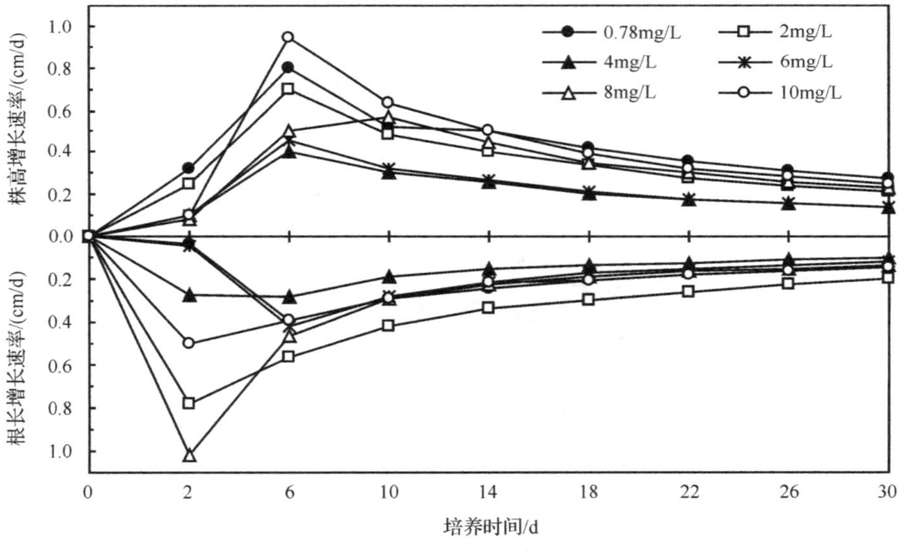

图 3-21 水葱株高和根长增长速率的变化

菖蒲、水葱和水生鸢尾在不同浓度 TP 溶液中培养 30 天后，各植物的相对生长率与 TP 浓度均呈二次抛物线关系（$y=-0.0001x^2+0.0014x+0.0123, R^2=0.9103$；$y=-0.0007x^2+0.0075x-0.0034, R^2=0.9798$；$y=-0.00004x^2+0.0008x+0.0081, R^2=0.875$）（图 3-22）。三者最大相对生长率对应的 TP 浓度分别为 7.0mg/L、5.4mg/L、10.0mg/L，相对生长率为零时的 TP 浓度分别为 20.1mg/L、11.1mg/L、27.4mg/L。水生鸢尾和菖蒲对 TP 浓度的适应能力相近，两者都远远高于水葱，达水葱的 2 倍之多。其

中，菖蒲和水生鸢尾的相对生长率随 TP 浓度变化幅度较小。而水葱的相对生长率，不同 TP 浓度处理的差异很大。0.78mg/L、2mg/L、8mg/L 和 10mg/L 4 个 TP 浓度处理的水葱的相对生长率均低于菖蒲和水生鸢尾的，而 4mg/L 和 6mg/L 2 个 TP 浓度处理的水葱的相对生长率却高于菖蒲和水生鸢尾的。所有 TP 浓度处理的菖蒲的相对生长率均高于水生鸢尾的。

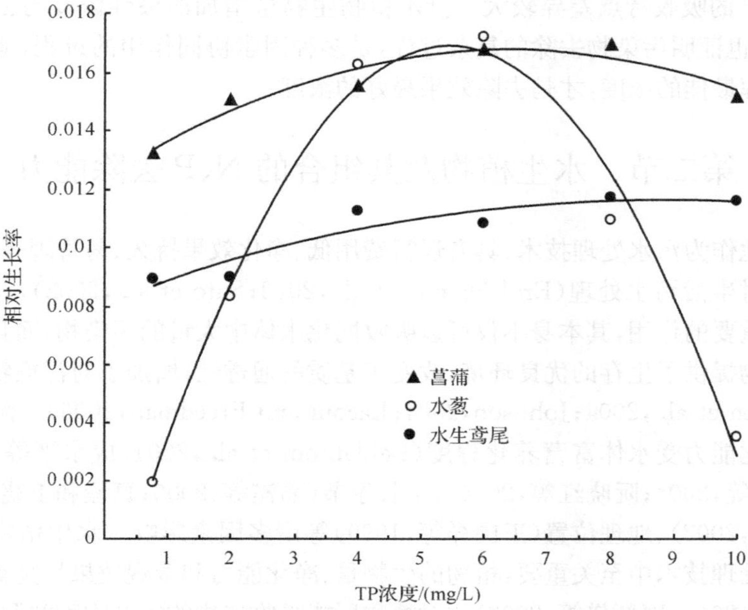

图 3-22　水生植物相对生长率与 TP 浓度的关系

在 TP 浓度为 0.78～10mg/L 范围内，水生植物的根长和株高均随生长天数的增加而增加。菖蒲的根长与生长天数呈正相关，株高与生长天数则符合指数增长关系；水生鸢尾根长、株高与生长天数的关系恰好与菖蒲相反；水葱的根长、株高与培养天数的关系均可用指数方程很好地拟合。各植物根长净增量、株高净增量随培养天数的变化趋势同根长、株高的变化趋势。水生鸢尾的根长增长速率与生长天数呈二次抛物线关系(0.78mg/L处理的除外)，0.78mg/L 处理的根长增长速率与生长天数呈正相关，可能是由于该处理的培养溶液为 1/40 霍氏营养液，与植物所需的养分比例相符，满足植物根系生长对各种营养物质的需求，从而株高增长速率与生长天数呈正相关关系。植物对某种养分的吸收和利用效率不仅与培养基质中该养分的浓度有关，还与其他养分的含量有关(Fredeen et al.，1989)。菖蒲、水葱根长增长速率、株高增长速率与培养天数无明显的相关性。菖蒲、水葱和水生鸢尾生长 30 天的相对生长率随 TP 浓度的变化趋势可以用二次抛物线描述。因为高浓度的 P 对植物生物量增加有很强的抑制作用(吴小刚等，2007)。而玉米的冠层相对生长率与 P 浓度呈正对数关系，根系相对生长率与 P 浓度的关系却是负对数关系，根冠比与 P 浓度也呈负对数关系(张富仓等，2005)，可见 P 浓度对植物相对生长率有较大影响。3 种挺水植物的最佳除 P 浓度不同，生物量停止增长的浓度差别更大。这说明水生植物的除 P 效率直接受污水中 P 含量的影响，为最大限度地发挥植物在水体污染治理中的作用，根据污染物的浓度有针对性地选择植物十分重要；不同水生植物对 P 的耐受范围有所不同，本试验测试的 3 种植物，水生鸢尾对 P 表现出较好的耐受能力。在重度富营养化水体中，可以先选择耐受能力强的水生植物。

挺水植物去除 P 的最佳浓度与其最大相对生长率的浓度并不相同，有的甚至相差很大。而藻类生物量最大时，其除 P 效果也是最佳的（逯多等，2002）。可见不同生活型的水生植物对 P 的吸收特点差异较大。挺水植物生物量增加的最佳浓度与去除的最佳浓度并不吻合，也证明污染物去除的复杂过程，是多种因素协同作用的过程，能使各因素的综合作用发挥最佳的浓度，才是去除效果最好的浓度。

第二节　水生植物及其组合的 N、P 去除能力

人工湿地作为污水处理技术，具有运行费用低、净化效果持久、易管理等特点，现已广泛应用于农村生活污水处理（Erol Nalbur et al.，2003；Sato et al.，2002）。其中，水生植物系统起着重要的作用，其本身不仅可以吸收同化水体中大量的污染物，而且它发达的根系还为微生物提供了生存的优良环境，改变了基质的通透性，增加了对污染物的吸收和沉淀（Cedergreen et al.，2004；Johnson，2004；Lacoul and Freedman，2006）。湿地植物的生长状况和净化能力受水体富营养化程度（Baldantoni et al.，2004；成水平等，2002）、污染物种类（梁威等，2004；阮晓红等，2004）、生长季节（葛滢等，2000；葛滢和王晓月，1999）、水深（成小英等，2002）、地理位置（王国祥等，1999）等诸多因素影响。水生植物的筛选在污水人工湿地处理技术中至关重要，植物的生物量、净化能力和景观效果均是重要的筛选指标（蒋跃平等，2004；廖新俤等，2004）。对植物所能吸收转化的污染物种类及效果，人们已开展了大量的研究（文乐元和樊国盛，2003；夏汉平，2000；袁东海等，2004a）。但此类研究多集中于我国南方，对北方湿生植物的净化能力报道较少。南北方温度的差异直接影响植物对水分和矿质养分的吸收，同种植物在不同地域的污染物吸收转化能力也不同（王庆海等，2008）。本节主要介绍几种北方常见水生植物及其组合对生活污水中 COD、TN 和 TP 的去除效果，旨在明确湿地植物的净化能力，为北方地区湿地植物的恢复和利用提供科学依据。

一般水生植物的初选依据的原则是：来源广、易繁殖、病虫害少和美观。表 3-8 是在水体净化工程措施中经常用到的水生植物。

表 3-8　水体净化工程中常用的水生植物

植物	科名	来源	生活型
水生鸢尾	鸢尾科	北京密云	挺水植物
千屈菜	千屈菜科	北京密云	挺水植物
野慈姑	香蒲科	北京昌平	挺水植物
菖蒲	天南星科	北京昌平	挺水植物
芦苇	禾本科	北京昌平	挺水植物
芦竹	禾本科	北京昌平	挺水植物
荻	禾本科	北京昌平	挺水植物

本节水生植物及其组合净化能力测试所用的污水各项指标见表 3-9。

表 3-9　试验污水的污染物浓度初始值

污染物	COD_{Cr}	TN	TP
浓度/(mg/L)	132.00	29.81	0.49

一、单种水生植物对 N、P 污染物的净化能力

1. 水生植物对污染物的去除率

水生植物对污水中 COD、TN 和 TP 有明显的去除效果，去除率均显著高于无植物的对照，不同植物去除率存在不同程度的差异(图 3-23)。供试植物对 COD 的去除率差异明显，水生鸢尾与千屈菜处于同一水平，显著高于其他 5 种植物；各植物对 TN 和 TP 均表现出了较高的去除率，相互间差异较小。

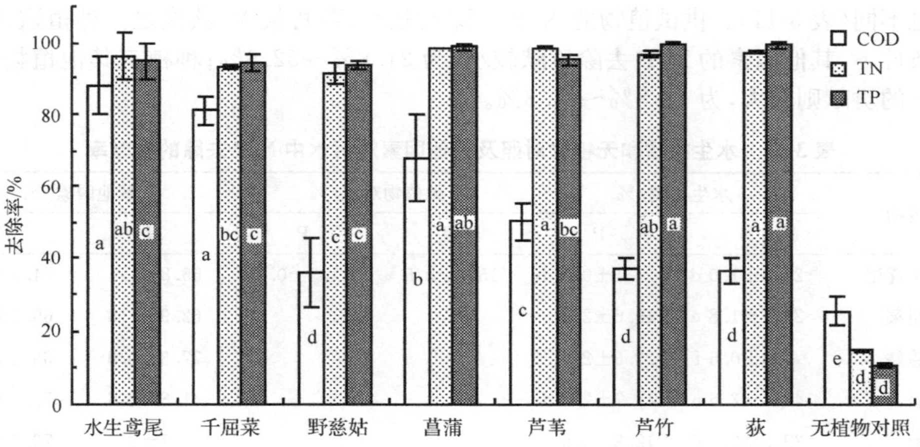

图 3-23　水生植物对 COD、TN 和 TP 的去除率

图中同列相同字母表示邓肯氏新复极差检验差异不显著 ($p>0.05$)

2. 水生植物对污水中 N 和 P 的累积量及去除贡献率

供试的 7 种水生植物，对污水中 N 的累积量差异显著。芦竹最高，荻次之，野慈姑最低。各植物对 P 的累积量，芦竹也是最高的，达到 9.56mg，明显高于其他 6 种植物；荻次之；千屈菜和野慈姑处于同一水平，水生鸢尾、菖蒲和芦苇间无显著差异(表 3-10)。供试的 7 种植物对 N、P 的去除能力也有较大差异(表 3-10)。芦竹对 N、P 的去除能力分别为 1804.4mg/kg 和 31.7mg/kg，均显著高于其他植物。芦苇和荻的 N 去除能力无显著差异，两者显著高于菖蒲、千屈菜、水生鸢尾和野慈姑的 N 去除能力。菖蒲、千屈菜、水生鸢尾和野慈姑的 N 去除能力依次降低，相互间差异显著。水生植物的 P 去除能力，水生鸢尾和菖蒲处于同一水平，两者显著低于其他 5 种植物。芦竹、野慈姑、荻、千屈菜和芦苇的 P 去除能力依次降低，相互间也存在显著差异。

表 3-10 水生植物的 N、P 累积量及去除能力

植物	N 累积量/mg	P 累积量/mg	N 去除能力/(mg/kg)	P 去除能力/(mg/kg)
水生鸢尾	246.92±8.33 d	1.97±0.13 d	445.39±15.03 e	3.56±0.24 f
千屈菜	181.24±15.63 e	2.71±0.34 c	745.59±64.31 d	11.17±1.39 d
野慈姑	59.69±4.30 g	3.25±0.28 c	315.81±22.73 f	17.20±1.48 b
菖蒲	377.46±23.15 c	1.84±0.32 d	1063.63±65.23 c	5.19±0.89 f
芦苇	261.00±16.88 d	1.71±0.13 c	1301.54±84.18 b	8.53±0.63 e
芦竹	544.44±26.72 a	9.56±0.75 a	1804.40±88.57 a	31.70±2.47 a
荻	427.15±37.16 b	5.28±0.51 b	1194.33±103.90 b	14.78±1.42 c

注：表中同列相同字母表示邓肯氏新复极差检验差异不显著($p>0.05$)，后同。

污水中 N、P 污染物消除的过程中，非植物条件因素对 N 去除的贡献率约为 15%，对 P 去除的贡献率约为 11%；水生植物对污水中 N、P 的去除发挥了较大作用，但植物不同贡献也不同(表 3-11)。供试植物的 N、P 去除贡献率，芦竹最大，荻次之。种植这两种植物的条件下，其他因素的 N、P 去除贡献较小，为 21.8%～52.5%；种植有其他植物时，其他因素的贡献则较大，为 41.8%～77.3%。

表 3-11 水生植物和无植物对照及其他因素对污水中 N、P 去除的贡献率

植物	水生植物/%		无植物对照/%		其他因素/%	
	N	P	N	P	N	P
水生鸢尾	28.8±1.0 d	14.1±0.8 d	15.4±0.5	11.3±0.3	55.8±1.1	74.6±0.8
千屈菜	21.7±1.8 e	19.6±2.9 c			62.9±1.8	69.1±3.2
野慈姑	7.3±0.6 f	23.6±2.6 c			77.3±0.8	65.1±2.8
菖蒲	42.8±2.6 c	12.7±2.2 d			41.8±2.6	76.0±2.1
芦苇	29.5±2.0 d	12.2±0.9 d			55.1±2.0	76.5±0.9
芦竹	62.8±3.0 a	65.2±5.2 a			21.8±3.0	23.5±5.2
荻	49.0±4.2 b	36.2±3.8 b			35.6±4.2	52.5±3.9

水生植物根系和茎叶对 N、P 的累积量也有差异(图 3-24)。水生鸢尾和菖蒲的根系 N、P 累积量高于茎叶 N、P 累积量，尤其是 P 累积量，水生鸢尾根系是茎叶的 2.8 倍，菖蒲根系是茎叶的 5.9 倍。这两种植物的根系生物量均大于茎叶生物量，根系与茎叶生物量比分别为 1.5 倍和 2.0 倍。千屈菜、野慈姑、芦苇、芦竹和荻的根系 N、P 累积量与茎叶 N、P 累积量的比值小于 1，即茎叶的 N、P 累积量高于根系的 N、P 累积量。

3. 水生植物的净化功能群

由主成分分析可知，第 1 主成分的贡献率为 57.52%，第 2 主成分的贡献率为 29.99%，两者累计贡献率为 87.51%，已涵盖了 7 个指标的大部分信息(表 3-12)。第 1 主成分(Prin1)和第 2 主成分(Prin2)的表达式分别为：

$$Prin1 = -0.39X_1 + 0.35X_2 + 0.52X_3 + 0.55X_4 + 0.39X_5$$
$$Prin2 = -0.48X_1 + 0.63X_2 + 0.20X_3 + 0.14X_4 - 0.56X_5$$

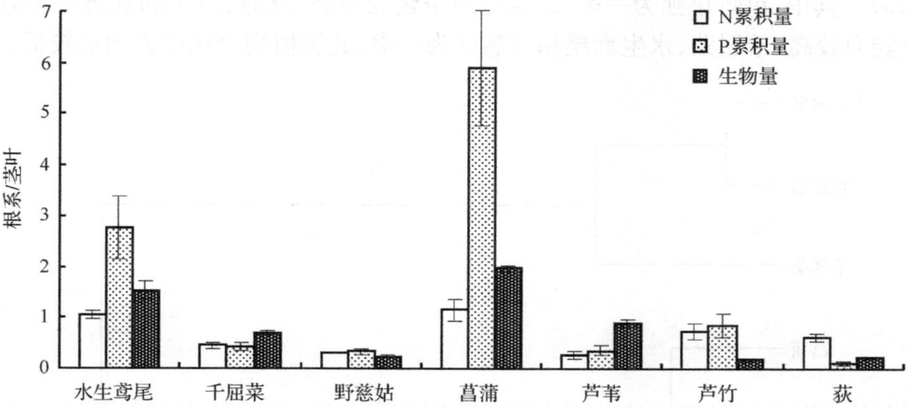

图 3-24　植物根系和茎叶对 N、P 累积量、生物量的比值

表 3-12　主成分分析的相关矩阵、贡献率和累计贡献率

	第 1 主成分	第 2 主成分	第 3 主成分	第 4 主成分	第 5 主成分
X_1	−0.39	0.48	0.78	0.00	0.10
X_2	0.35	0.63	−0.28	0.24	0.58
X_3	0.52	0.20	0.15	−0.81	−0.13
X_4	0.55	0.14	0.26	0.53	−0.57
X_5	0.39	−0.56	0.47	0.11	0.55
贡献率/%	57.52	29.99	7.38	4.69	0.41
累计贡献率/%	57.52	87.51	94.89	99.59	100

注：X_1、X_2、X_3、X_4和 X_5分别代表 COD_{Cr}去除率、N 去除率、P 去除率、植物的 N 累积能力、植物的 P 累积能力。

对第 1 和第 2 主成分进行得分分析，由前 2 个主成分的权重对各植物的主成分得分加权求和，得供试植物净化能力的综合评价值并排序见表 3-13。

表 3-13　第 1、第 2 主成分得分及综合得分

植物	第 1 主成分		第 2 主成分		综合评价值	
	得分	排序	得分	排序	得分	排序
水生鸢尾	−1.89	7	0.92	2	−0.81	5
千屈菜	−1.54	6	−0.21	5	−0.95	6
野慈姑	−1.35	5	−2.15	7	−1.42	7
菖蒲	0.34	4	1.49	1	0.64	3
芦苇	0.34	3	0.73	3	0.41	4
芦竹	2.72	1	−0.85	6	1.31	1
荻	1.38	2	0.07	4	0.81	2

根据第 1 和第 2 主成分的表达式可以计算出 7 个供试植物的主成分值,并对主成分值进行聚类分析。从聚类图可以看出,当聚类距离为 1 时,这 7 种植物明显分为三类(图 3-25)。其中,芦竹单独为一类,此类植物净化能力高;菖蒲、芦苇和荻为一类,此类植物净化能力较高;千屈菜、水生鸢尾和野慈姑为一类,此类植物净化能力相对较低。

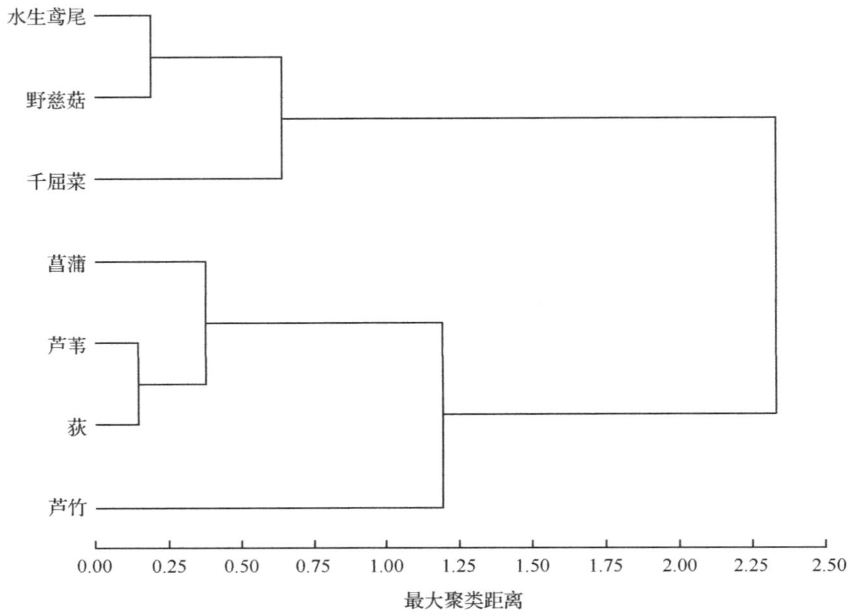

图 3-25　水生植物的主成分聚类图

有植物处理系统对 COD、TN 和 TP 等污染物的去除效果显著高于无植物对照。而袁东海等(2004a)的研究结果却表明这两者差异不大。这可能是由于试验所采用的植物和培养基质不同。不同植物的 N、P 累积能力各异,多数植物的地上部 N、P 累积量高于地下部。这样就可以通过适时收割地上部将 N、P 清除出水体。但当植物根系生物量远大于茎叶生物量时,地下部 N、P 富集量则大于地上部。有研究表明,湿地植物根系生物量与湿地污水净化效果之间存在着明显的正相关关系(赵建刚等,2003)。在污染物去除过程中,植物本身对 N、P 的累积只是湿地净化功能的一个方面。这部分净化作用在污染物去除的贡献中占很大比例,金卫红等(2007)以芦苇为研究对象,也得出相似结论。污水在基质中流动也可以降解污染物,试验中无植物对照具有一定的污染物去除能力就体现了这一点,其他因素的作用则更为重要。特别是植物根际环境的载体作用,为有益微生物提供了良好的生活环境,微生物的降解作用也得到加强。梁威等(2004)认为种植不同植物的湿地系统根区微生物数量不同,净化效果也不同。而且微生物的作用,一定程度上可以促进植物对 N、P 等污染物的吸收。

根据供试植物的净化能力综合分析结果可以看出,芦竹的净化能力强,适合作为污染程度比较严重的水体的净化植物。而且芦竹还是很好的能源植物,具有很高的再利用价值。菖蒲、芦苇和荻的净化能力虽不及芦竹,但对 COD、TN 和 TP 也有良好的去除效果。

相对而言，水生鸢尾、千屈菜和野慈姑的综合净化能力较弱。但水生鸢尾对 COD 的去除率是供试植物中最高的；野慈姑对 P 的吸收能力也仅次于芦竹。在实际应用中应针对不同污水的污染程度和特点，结合净化植物的多样性和景观配置要求，合理选择水生植物。

二、水生植物组合对 N、P 污染物的净化能力

供试的 6 种水生植物组合，对 TN 和 TP 的去除率，菖蒲＋芦苇、蕉草＋芦苇、菖蒲＋野慈姑和荻＋水生鸢尾处于同一水平，显著高于其他 2 个组合；对 COD_{Cr} 的去除率，荻＋菖蒲、荻＋野慈姑和菖蒲＋野慈姑处于同一水平，显著高于其他 3 个组合，菖蒲＋芦苇、蕉草＋芦苇和荻＋水生鸢尾之间无显著差异。对污水中盐分的去除率，荻＋菖蒲显著高于菖蒲＋芦苇、蕉草＋芦苇、菖蒲＋野慈姑和荻＋水生鸢尾 4 个组合。菖蒲＋芦苇的全盐去除率为负值，说明这 2 种植物的组合，从污水中吸收的盐分低于分泌的盐分(表 3-14)。

表 3-14　水生植物组合对污染物的去除率

植物组合	COD_{Cr}/%	TN/%	TP/%	全盐/%
荻＋菖蒲	79.2±0.4 a	63.9±3.9 b	74.2±2.9 b	36.4±3.3 a
荻＋野慈姑	80.2±2.4 a	64.9±7.2 b	68.2±6.0 c	28.4±3.7 ab
菖蒲＋芦苇	37.3±2.4 b	92.1±1.9 a	94.0±0.5 a	－6.3±10.5 e
蕉草＋芦苇	29.4±22.0 b	92.3±0.8 a	93.5±0.7 a	4.7±4.0 d
菖蒲＋野慈姑	81.6±2.4 a	89.4±0.4 a	92.0±1.8 a	23.8±2.7 bc
荻＋水生鸢尾	34.3±6.7 b	89.1±1.0 a	93.7±0.4 a	15.4±8.8 c

水生植物组合的 N 累积量，荻＋菖蒲和菖蒲＋野慈姑两组合处于同一水平，显著高于荻＋水生鸢尾、荻＋野慈姑；而荻＋野慈姑显著高于荻＋水生鸢尾。水生植物组合的 P 累积量，菖蒲＋野慈姑、荻＋水生鸢尾和荻＋野慈姑之间无显著差异，三者均显著高于荻＋菖蒲(表 3-15)。

表 3-15　水生植物组合的 N、P 累积量和去除能力

植物组合	N 累积量/mg	P 累积量/mg	N 去除能力/(mg/kg)	P 去除能力/(mg/kg)
荻＋菖蒲	123.28±15.35 a	7.02±0.64 b	1127.84±95.80 b	64.44±6.05 c
荻＋野慈姑	91.94±10.04 b	12.47±0.99 a	1018.42±99.26 b	138.15±8.80 b
菖蒲＋野慈姑	108.43±3.18 a	11.27±1.65 a	2123.68±219.75 a	219.75±26.24 a
荻＋水生鸢尾	69.83±9.13 c	11.10±0.82 a	428.68±56.26 c	68.13±5.18 c

水生植物组合的 N 去除能力，菖蒲＋野慈姑最高，与荻＋菖蒲、荻＋水生鸢尾、荻＋野慈姑差异显著；荻＋菖蒲和荻＋野慈姑之间差异不显著，荻＋水生鸢尾最低。水生植物组合的 P 去除能力，菖蒲＋野慈姑也最高，与荻＋菖蒲、荻＋水生鸢尾、荻＋野慈姑差异显著；荻＋野慈姑次之；荻＋菖蒲和荻＋水生鸢尾较低，两者处于同一水平(表 3-15)。

三、水生植物在不同组合中的净化能力比较

荻在不同组合中的N、P累积能力有较大差异(表3-16)。其中,荻在各组合中对N的累积能力差异显著,单种最高,荻+菖蒲其次,荻+水生鸢尾最低。荻在各组合中对P的累积能力,荻+野慈姑最高,显著高于其他组合;单种最低,荻+菖蒲和荻+水生鸢尾水平相当。荻在各组合中的相对生长率也有较大差异。单种最高,荻+水生鸢尾次之,荻+菖蒲和荻+野慈姑处于同一水平。菖蒲在不同组合处理中的生长状况差异显著(表3-16)。相对生长率单种时最高,菖蒲+野慈姑次之,荻+菖蒲最低。菖蒲在不同组合处理中的N、P累积能力也各有不同。其N、P累积能力单种时均为最低。N累积能力,菖蒲+野慈姑最高,与其他组合处理的差异显著;P累积能力,菖蒲+野慈姑和荻+菖蒲无显著性差异。菖蒲+野慈姑是较适宜的组合搭配。

表3-16 水生植物单独和组合时的N、P累积能力和相对生长率比较

水生植物	所在组合	N累积量/(mg/kg)	P累积量/(mg/kg)	相对生长率/($\times10^{-3}$)
荻	荻+菖蒲	803.99±60.95 b	41.67±10.14 b	8.28±0.49 b
	荻+野慈姑	514.18±77.47 c	123.32±12.94 a	9.86±0.70 b
	荻+水生鸢尾	375.91±30.91 d	41.44±6.05 b	14.78±0.75 a
	单独	1194.33±103.90 a	14.78±1.42 c	47.00±2.19 c
菖蒲	荻+菖蒲	2111.79±263.43 b	133.99±49.64 a	14.04±0.68 c
	菖蒲+野慈姑	2581.22±129.21 a	171.54±18.72 a	23.04±0.42 b
	单独	1063.63±65.23 c	5.19±0.89 b	25.71±2.23 a
水生鸢尾	荻+水生鸢尾	515.59±182.68 a	113.56±8.09 a	4.98±1.26 b
	单独	445.39±15.03 b	3.56±0.24 b	8.03±0.70 a
野慈姑	荻+野慈姑	3310.73±255.70 a	206.20±18.84 b	33.93±0.87 a
	菖蒲+野慈姑	1419.87±59.54 b	293.31±59.54 a	25.26±2.29 b
	单独	315.81±22.73 c	17.20±1.48 c	26.91±3.04 b

水生鸢尾在组合处理中的N、P累积能力均显著高于单种处理,特别是P的累积能力,组合为单种的30倍之多。这与菖蒲的N、P累积规律相似。水生鸢尾的相对生长率单种处理显著高于组合处理(表3-16),生长状况与荻和菖蒲具有相近表现。野慈姑的相对生长率,荻+野慈姑组合处理最高,与其他处理差异显著;菖蒲+野慈姑组合处理与单种处理之间差异不显著。野慈姑对N、P的累积能力,组合处理均显著高于单种处理。组合处理中,荻+野慈姑的N累积能力显著高于菖蒲+野慈姑,P的累积能力显著低于菖蒲+野慈姑(表3-16)。

同一植物在不同组合处理中的净化能力和生长状况表现各异。荻、菖蒲和水生鸢尾在单独种植时,相对生长率显著高于组合处理,说明与其他植物组合种植时,由于种间对养分和空间的竞争,植物的生长受到抑制。但这种抑制作用,对植物的N、P累积能力无影响。植物在组合中的N、P累积能力均明显优于单种的N、P累积能力,这在植物对P的累积能力上表现尤为突出。与荻、菖蒲和水生鸢尾不同,野慈姑在组合处理中的相对生

长率相当或高于单种处理，可能是由于其在水生植物群落中具有较强的竞争能力。因此，适当的植物组合，会促进植物对N、P的累积，这一点可以为人工湿地的构建提供帮助。

第三节　水生植物在人工湿地中的N、P去除能力及生活力

人工湿地是近些年来发展较快的新型污水处理技术，具有投资少、易维护、运行费用低、处理效果好等优点，现已被广泛地用于处理生活污水、城乡景观水（蒋跃平等，2004；张建等，2006）、养殖废水（廖新俤和骆世明，2002）、农业径流（Moore et al.，2001；2002；卢少勇等，2007）、工业废水（籍国东等，2002）、垃圾渗滤液（陈金发等，2007）等，对污水可进行初级沉淀处理、二级处理和三级深度处理（Bavor et al.，1995），并已形成一定的建造规范（Brix and Arias，2005），在水环境可持续治理中占有举足轻重的地位。湿地植物是人工湿地的重要组成部分。我国南方气候温暖，水网发达，水生植物品种繁多，人工湿地污水净化效果显著，有关人工湿地植物的研究多集中于南方进行。而寒冷的北方地区由于污染水体的水量、水质和水温季节性变化大等特点，人工湿地污水处理系统持续性运行难度大（张建等，2006），关于北方人工湿地植物及其净化效果的报道较少。提高植物在低温环境中的修复效率，不仅可以促进人工湿地净化技术在北方地区的应用发展，而且还可解决植物修复的周年循环问题，是污染水体植物修复过程中必须解决的重要问题（成小英等，2002；黄蕾等，2005）。

本节以构建于北京地区的水平流潜流型人工湿地为对象，对北京地区常见水生植物在湿地中的生活力和净化能力进行了初步研究，旨在探明我国北方人工湿地净化农村生活污水的效果和可行性，以及湿地植物的生态适应性和N、P积累能力，为人工湿地的构建和水生植物的选择提供参考。

一、人工湿地的设计

人工湿地位于北京市密云县石城镇石塘路村，用于处理农村生活污水，污水经沉淀池沉淀后进入湿地。该湿地共有3个单元，每个单元的面积为30m×30m×0.6m，各单元池的底部铺黏土并使其夯实（厚度为10cm），四周以水泥墙封闭防渗，基质上层为沙，厚为15cm，中层为豆砂（直径为2～3cm），厚度为20cm，下层为砾石（直径为5～6cm），厚为15cm（湿地设计见图3-26）。该系统处理水量为270m^3/d，水力停留时间为4天。

二、人工湿地的净化效果评价

1. 人工湿地建成当年（2006年）运行状况

（1）人工湿地的污水净化效果

由表3-17可以看出，人工湿地进水TN和TP的指标均高于Ⅴ类水，经过人工湿地三个单元的净化后，出水水质有了明显的提高，达到了Ⅲ类水标准。进水COD_{Cr}指标为Ⅲ类水，经过人工湿地三个单元的净化后，出水水质达到了Ⅰ类水标准。可见在北方构建人工湿地处理农村生活污水是可行的。

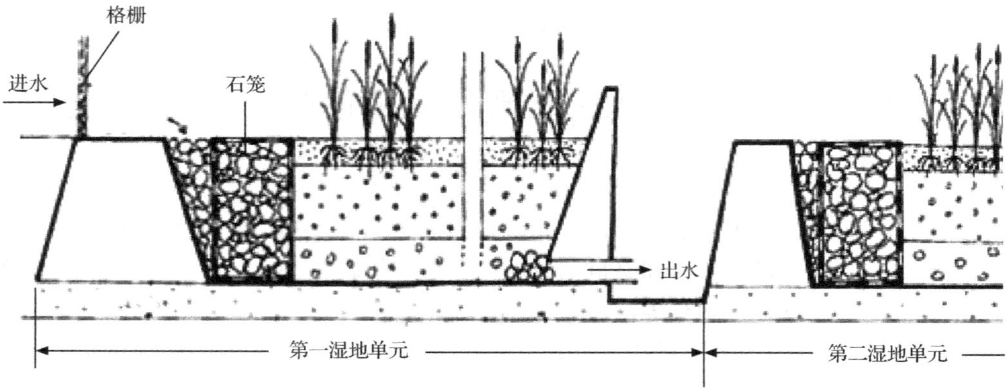

图 3-26　人工湿地示意图

表 3-17　人工湿地水质状况

水质	NO_3^--N	TN	TP	COD_{Cr}
进水/(mg/L)	4.95	6.72	0.53	16.4
第一单元出水/(mg/L)	2.76	3.81	0.21	4.0
第二单元出水/(mg/L)	1.73	2.41	0.17	1.6
第三单元出水/(mg/L)	0.64	0.90	0.14	0.8
第一单元去除率/%	44.2	43.3	60.4	75.6
第二单元去除率/%	37.3	36.7	19.0	60.0
第三单元去除率/%	63.0	62.7	17.6	50.0
总去除率/%	87.1	86.6	73.6	95.1

三个湿地单元对水体中 N、P 等主要污染物均有一定的去除作用，但贡献各不相同(图 3-27)。三个单元对污染物去除贡献率基本上呈递减趋势，只是对 TN 的去除贡献第三单元高于第二单元。三个湿地单元具有相同的处理面积和植物组合，但在整个人工湿地生态系统中的位置不同，对污染物的去除贡献有较大差别。

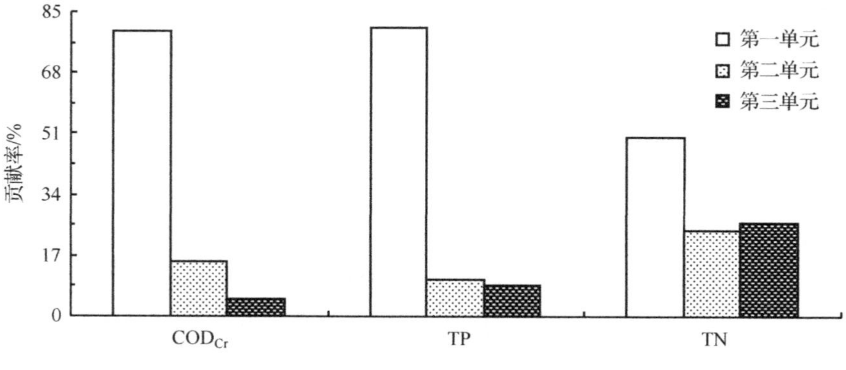

图 3-27　各湿地单元建成当年去除污染物的贡献率

可见，人工湿地系统对生活污水有较好的净化效果，对COD、TN和TP的去除率分别为95.1%、86.6%和73.6%。相对而言，对P的去除效果稍低。有研究表明，人工湿地对P的去除功能主要依靠基质的吸附和沉降作用，植物的作用较小，贡献率约为10%(Cameron et al.,2003;陈源高等,2005)。整个人工湿地系统中，各湿地单元由于在系统中所处的位置不同，对污染物的去除贡献也各不相同。湿地运行2年的结果显示，污水流经各级湿地单元，污染物负荷逐级降低，各湿地单元所处理的污水浓度也越来越低，从而影响各湿地单元的去除贡献，N、P等污染物的去除量也呈下降趋势。可见污染物的浓度是影响各人工湿地单元净化效果的重要因素。葛滢和王晓月(1999)比较了不同程度富营养化水中植物的净化能力，发现重度富营养化水中的植物的净化能力优于轻度富营养化水中的。原因可能是低浓度污水不能够满足植物的生长需要，从而影响到植物的净化能力。因此，在选择人工湿地植物时，位于湿地系统前边的单元应种植耐较高N、P等污染物浓度的植物，后边的单元应选择种植在较低N、P污染物浓度条件下对污染物具有较好去除能力的植物。

(2) 人工湿地中不同植物的生活力

将9种水生植物在人工湿地移栽定植后，对其在人工湿地中的移栽存活和生长情况进行了定期的观察和记录(表3-18)。所有9种植物在人工湿地种植后均可以成活，而且大部分植物无明显的缓苗期。其中，泽泻在8月中上旬即进入盛花期，9月中旬已全部枯死，绿色期较短，相应地其进行污染物去除的功能期也较短，在人工湿地中的生活力较弱，因此在人工湿地中不宜采用。扁秆藨草种植后有近7～10天的缓苗期，定植后长势很好，到10月底地上部几乎全部干枯，生活力一般。菖蒲和香蒲10月底地上部才开始变黄，生活力较强。千屈菜和水生鸢尾10月底生长依旧旺盛，地上部仍呈绿色，且在生长期保持了较高的生长速率，生物量有很大的增加。此两种植物分别开紫红色和黄色的花，十分漂亮，且花期长，美丽的花序也满足了水体景观建设的需求。荻在10月底茎秆变为红色，丰富了植物的色彩。水生植物不仅可以去除水体污染物，而且构成一道美丽的景观，实现了生态功能和景观功能。芦竹10月底的长势仍很旺盛，净化污水的功能期较长。

表3-18　人工湿地中植物的生活力

植物	移植存活率/%	生长期/d
泽泻	100	138
扁秆藨草	100	184
千屈菜	100	214
水生鸢尾	100	235
香蒲	100	209
菖蒲	100	199
芦苇	100	190
荻	100	220
芦竹	100	218

不同水生植物在人工湿地中的生活力有较大差异。泽泻和芦竹由于不能越冬成活，

不宜作为北方的湿地植物。水生鸢尾、菖蒲和荻的生活力强，对污水中的N、P污染物有较强的吸收能力，而且生长期长，景观效果好，是北方人工湿地理想的水生植物。

(3) 人工湿地中水生植物的生物量及其分配

所种8种植物(调查取样时，泽泻已全部枯死，未列表3-18和表3-19中，下同)，种植当年10月20日，各植物的生物量及其分配情况见表3-19。各植物的总生物量为93.0～599.0g/m^2。其中，水生鸢尾最高，显著高于其余7种水生植物($p<0.05$，下同)；扁秆藨草最低，但与芦苇、千屈菜的总生物量无显著差异。各植物的地上生物量，水生鸢尾和芦竹的处于同一水平，显著高于其他6种植物；扁秆藨草的地上生物量最低，与其他植物差异显著。各植物的地下部生物量，菖蒲、水生鸢尾和香蒲较高，荻、芦苇和芦竹居中，扁秆藨草和千屈菜最低。可见，水生鸢尾的地上部和地下部生物量在供试植物中均处于较高水平。各植物地下地上部生物量比为0.38～4.48，荻和水生鸢尾的地下部和地上部生物量相近，芦竹的地下生物量远小于地上生物量，其余的植物地下生物量均大于地上生物量。各植物株高种间也存在显著差异，芦竹最高，扁秆藨草最矮。

表3-19 人工湿地建成当年湿地植物的生物量及株高

植物	株高/m	地上部生物量/(g/m^2)	地下部生物量/(g/m^2)	总生物量/(g/m^2)	R/S
扁秆藨草	0.75±0.30 c	23.70±23.06 d	69.30±54.09 d	93.00±77.06 c	4.48
千屈菜	0.91±0.04 bc	79.60±30.59 c	92.60±43.58 d	172.20±72.83 c	1.16
水生鸢尾	1.17±0.04 abc	311.65±9.26 a	287.35±13.79 a	599.00±23.05 a	0.92
香蒲	1.57±0.59 a	141.47±21.58 c	252.78±47.86 ab	394.24±58.36 b	1.81
菖蒲	0.77±0.1 c	82.80±12.19 c	310.70±33.70 a	393.50±38.32 b	3.80
芦苇	1.10±0.3 abc	81.90±60.84 c	131.00±57.40 cd	212.90±111.56 c	2.21
荻	1.54±0.2 ab	218.00±99.78 b	183.20±49.94 bc	401.20±143.86 b	0.93
芦竹	1.71±0.01 a	319.30±92.07 a	121.00±29.42 cd	440.30±121.48 b	0.38

(4) 人工湿地中水生植物的N、P含量及N、P累积量

供试的8种水生植物在人工湿地经过一定时期的生长后，植物体内的N含量差异显著(图3-28)。除芦竹和水生鸢尾地上部N含量高于地下部外，其余6种植物的地下部N含量均高于地上部。其中芦竹地上部的N含量显著高于其他7种植物；扁秆藨草、千屈菜、水生鸢尾、香蒲和菖蒲的地上部N含量处于同一水平；荻的地上部N含量最低，与芦苇无显著性差异。就地下部N含量而言，各植物的差异表现得不如地上部N含量那么明显。其中，菖蒲的地下部N含量最高；芦苇地下部N含量虽然最低，但仅与菖蒲及扁秆藨草差异显著，与其他5种植物并无显著差异。

8种水生植物体内P含量也存在一定差异(图3-29)。多数植物的地下部P含量高于地上部P含量，只有芦竹和水生鸢尾的地下部P含量低于地上部，这与N含量是同一规律。菖蒲的地上部P含量居供试植物之首，芦竹和水生鸢尾的地上部P含量与之无显著性差异；荻的地上部P含量是8种植物中最低的，仅芦苇的地上部P含量与之处于相同水平。

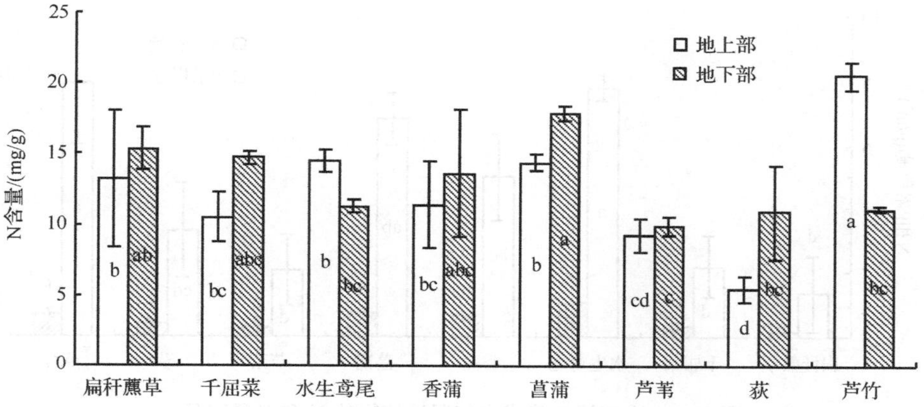

图 3-28　北京地区人工湿地建成当年湿地植物地上部和地下部 N 含量

图中植物同一部位(地上部或地下部)不同字母表示差异显著($p<0.05$),下同

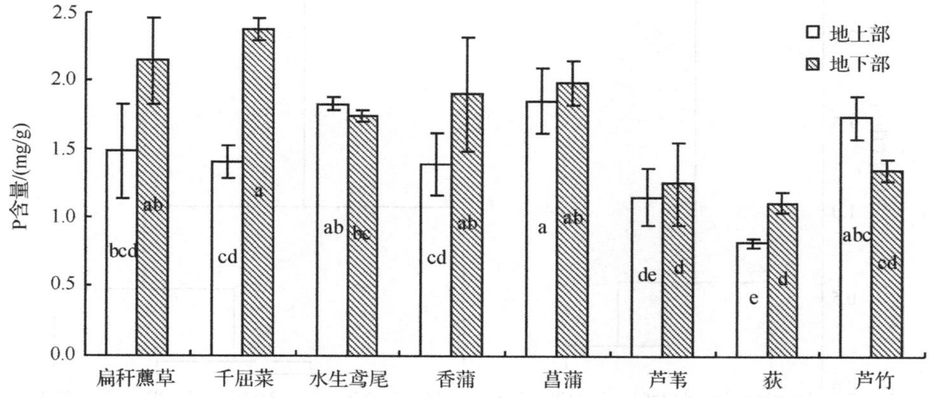

图 3-29　北京地区人工湿地建成当年湿地植物地上部和地下部 P 含量

各供试植物在人工湿地运行 3 个多月后,植株体内 N 和 P 的累积量表现出较大差异(图 3-30)。芦竹、水生鸢尾和菖蒲的 N 累积量处于较高水平;扁秆藨草、千屈菜和芦苇的 N 累积量较低;香蒲和荻的 N 累积量水平居中。相对于 N 累积量而言,各植物的 P 累积量水平层次更为分明。水生鸢尾 P 累积量显著高于其他 7 种植物;香蒲、菖蒲和芦竹的 P 累积量无显著差异;扁秆藨草、千屈菜、芦苇和荻的 P 累积水平相当。

以植物的 N、P 累积量为因变量,植物的生物量和 N、P 含量为自变量进行通径分析。结果表明,植物生物量与 N、P 累积量的直接通径系数分别为 0.8260 和 0.9924,植物 N、P 含量与 N、P 累积量的直接通径系数分别为 0.4641 和 0.4004。可见,植物生物量对 N、P 累积量的影响力远大于植物 N、P 含量。

(5) 人工湿地植物的功能分类

以各水生植物的越冬成活率,功能期,总生物量,植株平均 N、P 含量和 N、P 累积量为指标进行聚类分析,所选择的 8 种水生植物(泽泻除外),根据其在北方人工湿地中的生活力和 N、P 去除能力,可分为三个功能群(图 3-31):以水生鸢尾为代表的湿地植物,属于

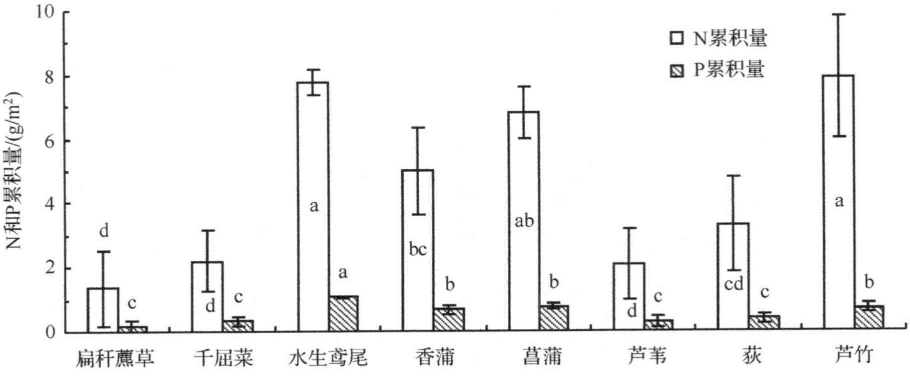

图 3-30 人工湿地建成当年湿地植物的 N 和 P 累积量

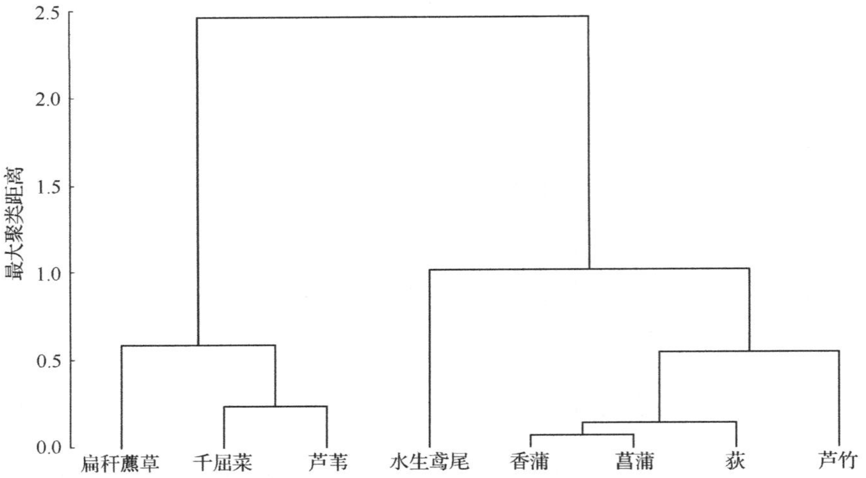

图 3-31 人工湿地中水生植物聚类图

对 N、P 具有高吸收功能、生活力强的植物种类，可作为北方人工湿地植物的首选；菖蒲、香蒲、荻和芦竹为一功能群，对水中 N、P 污染物也具有较强的去除功能，在人工湿地中也具有较强的适应能力，是北方人工湿地植物的重要成员；扁秆藨草、千屈菜和芦苇为一功能群，此类植物对 N、P 的综合去除功能较弱，但出于人工湿地植物多样性原则和景观配置的需要，也可在人工湿地中使用。研究表明，采取覆盖措施可以高效地解决人工湿地系统的冰冻和植物衰退问题(Wallace et al. ,2001；刘学燕等，2004)，这在一定程度上可以弥补耐寒性差的湿地植物的弱势。总之，在构建人工湿地时，设计者要根据所处理污水的富营养状况、景观需要及当地的气候特点，选择合适的功能群植物，最大限度地发挥人工湿地的净化作用。

2. 人工湿地建成次年(2007 年)运行状况

(1) 人工湿地的污水净化效果

由表 3-20 可以看出，污水流经人工湿地后，出水水质有了显著提高。人工湿地 COD_{Cr}、TN 和 TP 对污染物有不同程度的去除作用，分别为 49.1%、39.1% 和 43.8%。但比较人工湿地运行第 1 年的效果(2006 年)，运行第 2 年污染物去除率大幅度下降。

表 3-20 人工湿地水质状况

水质	TN	TP	COD_{Cr}
进水/(mg/L)	7.36	0.58	17.70
第 1 单元出水/(mg/L)	6.32	0.36	11.80
第 2 单元出水/(mg/L)	4.64	0.34	9.85
第 3 单元出水/(mg/L)	4.48	0.33	9.00
第 1 单元去除率/%	14.1	38.7	33.3
第 2 单元去除率/%	26.6	5.0	16.5
第 3 单元去除率/%	3.5	3.5	8.6
总去除率/%	39.1	43.8	49.1

三个湿地单元对水体中 N、P 等主要污染物表现出不同的净化效果，但各单元对污染物的去除贡献各异(图 3-32)。对 COD_{Cr} 和 TP 而言，三个单元对污染物的去除贡献率呈递减趋势，即前边的单元高于后边的；而对 TN 的去除贡献，第 2 单元最大，第 1 单元其次，第 3 单元最低。三个湿地单元，具有相同的处理面积和植物组合，但在整个人工湿地生态系统中的位置不同，对污染物的去除贡献有较大差别。

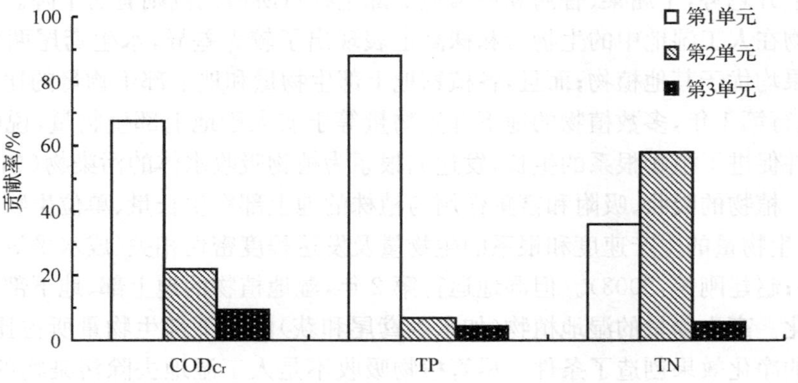

图 3-32 各湿地单元建成次年去除污染物的贡献率

(2) 人工湿地中水生植物的株高、生物量及其分配

人工湿地建成次年 11 月 7 日，6 种湿地植物(采取植物样时，扁秆藨草已全部枯死，地上部已无法取样，泽泻与芦竹未能越冬成活，未列于表 3-21 中，下同)的株高、生物量及

其分配情况见表 3-21。

表 3-21 人工湿地建成次年湿地植物的生物量及株高

植物	株高 /m	地上部生物量 /(g/m²)	地下部生物量 /(g/m²)	总生物量 /(g/m²)	*R/S*
千屈菜	1.01±0.12 c	324.00±68.83 d	192.50±26.69 c	516.50±53.06 d	0.62
水生鸢尾	1.20±0.07 bc	710.15±53.39 a	1140.35±161.29 a	1850.50±214.68 a	1.60
香蒲	1.43±0.26 b	410.80±51.37 c	270.60±32.95 c	681.40±83.52 c	0.66
菖蒲	0.51±0.07 d	196.00±13.69 e	544.80±83.79 b	740.80±93.85 c	2.77
芦苇	1.46±0.33 b	449.40±54.45 bc	275.40±19.78 c	724.80±71.76 c	0.62
荻	1.84±0.25 a	508.70±47.46 b	602.60±26.37 b	1111.30±25.09 b	1.20

各湿地植物的株高种间差异显著，除菖蒲外，其他均比去年同期有很大程度的增加。各植物的总生物量为 516.5～1850.5g/m^2，生物量比第 1 年有大幅度的提高。其中，水生鸢尾仍为最高，显著高于其余 5 种水生植物；荻次之，显著高于千屈菜、香蒲、菖蒲和芦苇；千屈菜最低，与其他 5 种植物差异显著；香蒲、菖蒲和芦苇的生物量则处于同一水平。各植物的地上生物量，水生鸢尾仍处于最高水平，与其他 5 种植物差异显著；荻的次之，芦苇与之无显著性差异；菖蒲的最低，与其他植物差异显著。各植物的地下部生物量，水生鸢尾依旧显著高于其他植物，荻和菖蒲处于同一水平，千屈菜、香蒲和芦苇处于最低水平。可见，水生鸢尾的地上部和地下部生物量在供试植物中均处于最高水平。而且各植物的地上部生物量较地下部生物量的差别更为明显。各植物地下地上部生物量比为 0.62～2.77，水生鸢尾、菖蒲和荻的地下部生物量高于地上部生物量，千屈菜、香蒲和芦苇的地下部生物量小于地上部生物量。水生鸢尾和荻在人工湿地中生长两年后，地下部生物量所占比例呈上升趋势，千屈菜、香蒲和芦苇地下部生物量所占比例则有所下降。

各植物在人工湿地中的生物量和株高也表现出了较大差异，水生鸢尾两年的生物量和株高结果均优于其他植物；而且，各植物地上部生物量和地下部生物量的比例也各不相同，湿地运行第 1 年，多数植物的地下部生物量等于或大于地上部生物量，说明人工湿地的环境条件促进了植物根系的生长，发达的根系为植物吸收水体的污染物（如 N、P 等）提供了保障。植物的吸收、吸附和富集作用与植株的地上部净生长量、单位生物量的污染物蓄积强度、生物量的生产速度和根系的生物量及发达程度密切相关（成水平等，2002；廖新俤等，2005；赵建刚等，2003）。但湿地运行第 2 年，湿地植物的地上部、地下部生物量分配发生了变化。高生物量的湿地植物（如水生鸢尾和荻）的地下部生物量所占比例提高，为提高湿地的净化效果创造了条件。尽管植物吸收不是人工湿地去除污染物的主要途径，但植物为各种化学、物理和生物反应的发生提供了基础（Mantovi et al.，2003），植物滤床对 N 的去除效果显著高于无植物处理（Gersberg et al.，1986）。庞大的根际又为降解有机污染物的微生物的生长提供了良好的微生态环境，为好氧微生物提供了足够的氧气（阮晓红等，2004）。植物根系增加了湿地基质的通气性，防止堵塞，增强和维持湿地基质的水力传输，延长了湿地的运行寿命（Gersberg et al.，1986；袁东海等，2004b）。因此输氧能力也可作为湿地植物的筛选指标之一(华涛等,2004)。

(3) 人工湿地中水生植物的N、P含量及N、P累积量

供试的6种水生植物在人工湿地经过两年的生长后,植物体内的N含量有明显差异,所有植物地下部N含量均高于地上部(图3-33)。就植物的地上部N含量而言,菖蒲和水生鸢尾差异不显著,并显著高于其他4种植物;香蒲、芦苇和荻处于同一水平,三者显著低于另外3种植物;千屈菜居中。各植物地下部N含量也存在明显差异,其中,菖蒲、千屈菜和香蒲的地下部N含量水平相当,芦苇和荻的地下部N含量无显著差异,但后两种植物的地下部N含量显著低于前3种植物的地下部N含量。

6种湿地植物体内P含量也有较大差异(图3-33)。除水生鸢尾外,其余植物的地下部P含量均高于地上部P含量,这与N含量的规律相同。而且地下部P含量达地上部的2~3倍之多。水生鸢尾的地下部P含量与地上部相近。水生鸢尾的地上部P含量是供试植物中最高的,与其他植物存在显著性差异;菖蒲和千屈菜的地下部P含量之间的差异不显著;香蒲、芦苇和荻的地上部P含量水平相当,显著低于其他3种植物。植物的地下部P含量明显分为3个层次,千屈菜最高,菖蒲居中,水生鸢尾、香蒲、芦苇和荻最低。

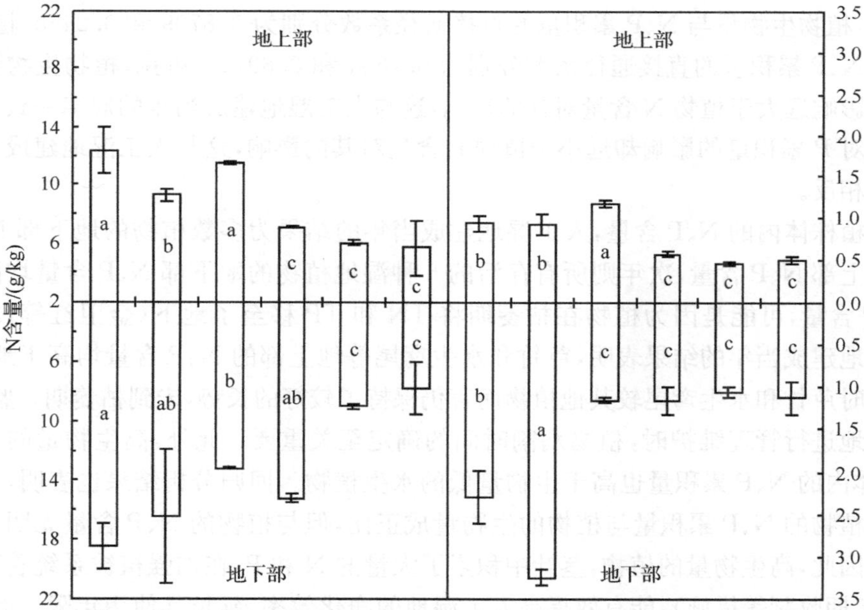

图3-33　北京地区人工湿地建成次年植物地上部和地下部N、P含量

1~6分别表示菖蒲、千屈菜、水生鸢尾、香蒲、芦苇和荻

人工湿地进行两年后,各湿地植物体内N和P的累积量表现出较大差异(图3-34)。水生鸢尾的N、P累积量显著高于其他5种植物;菖蒲的N、P累积量次之,显著高于另外4种植物。千屈菜和荻的N、P累积量水平相当;香蒲和芦苇的N、P累积量水平相当。

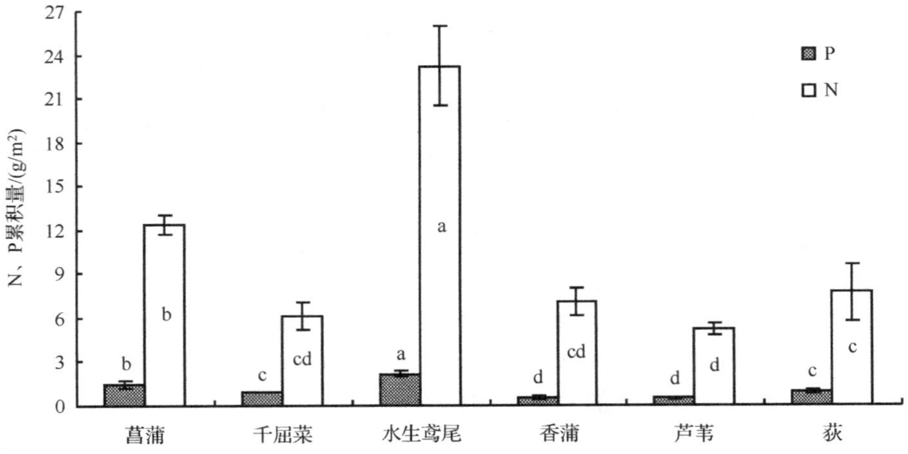

图 3-34　北京地区人工湿地建成次年湿地植物 N、P 累积量

以植物的 N、P 累积量为因变量，植物的生物量和 N、P 含量为自变量进行通径分析。结果表明，植物生物量与 N、P 累积量的直接通径系数分别为 0.8709 和 0.2458，植物 N、P 含量与 N、P 累积量的直接通径系数分别为 0.4664 和 0.8012。可见，植物生物量对 N 累积量的影响远大于植物 N 含量对其的影响，这与人工湿地建成当年的规律一致。而植物生物量对 P 累积量的影响却远小于植物 P 含量对其的影响，这与人工湿地建成当年的研究结果相反。

有关植株体内的 N、P 含量，人工湿地建成当年的结果为多数植物的地下部 N、P 含量高于地上部 N、P 含量，次年则所有存活的 6 种湿地植物的地下部 N、P 含量均高于地上部 N、P 含量，可能是因为植物在枯萎期将 TN 和 TP 移至了地下(金卫红等，2007)。但人工湿地建成当年的结果表明，芦竹和水生鸢尾等地上部的 N、P 含量均高于地下部。因为取样时芦竹和水生鸢尾较其他植物而言仍保持了较好的长势，未到枯萎期。鉴于此，对人工湿地进行管理维护时，植物刈割时间的确定至关重要。此外，高生物量的水生植物，植株体内的 N、P 累积量也高于生物量低的水生植物。回归分析结果也表明，人工湿地中水生植物的 N、P 累积量与植物的生物量成正比，但与植物的 N、P 含量无明显的正比关系。因此，高生物量的植物，茎叶中积累了大量的 N 和 P，在加强植被系统管理的前提下(如定期收割等措施)，能有效提高人工湿地的净化效率，延长其使用年限。而且，收割后的水生植物可以用作生物质能源的原材料(Ciria et al.，2005)。这在一定程度上对人工湿地技术的推广应用具有促进作用。所以，挺水植物应为构建人工湿地植被系统的主要类型植物。同时，水生植物的生物量可作为选择人工湿地植物的一个重要指标。但人工湿地的净化机理复杂，植物对 N、P 的吸收并非湿地去除 N、P 的主要机制。

北京市郊区村镇生活污水每年排放量达 2 亿 t，除了少部分城镇污水可以通过集中污水处理厂处理外，大部分污水直接排放到地表水体，处理率不到 13%。京郊污水问题已成为北京水环境恶化的重要原因。

人工湿地技术作为农村郊区村镇污水处理的最佳技术，可以切实解决京郊农村污水问题。水生植物是人工湿地的重要组成部分之一，水生植物的N、P吸收能力直接影响湿地的净化效果。就本研究而言，芦竹和荻对N、P污染表现出较高的净化能力。芦竹和荻共同的特点是生物量大。首先，高生物量的水生植物对污水生长环境有较好的适应能力，因为其大量增加的根系和茎叶可以保证植物合成更多的氧气并在体内运输，以应对污水环境缺氧的不利条件。其次，生物量的形成需要消耗大量的养分，N、P是最主要的营养成分，因此高生物量的植物会表现出高净化能力。另外，荻是C_4植物，NO_3^--N还原和NH_4^+-N同化所需酶类的空间区域化分布和分工协作使其具有更高的N素利用效率，另外，C_4植物较C_3植物能更有效地转运NO_3^--N，将其转化为蛋白质。此外，这两种植物的高生物量和高纤维细胞含量为其再利用奠定了良好的基础，可以作为能源植物，也可作为造纸原料，生态效益和经济效益兼具。而且这两种植物的根冠比较低，仅为0.2左右，这样就可通过刈割地上部将植物累积的N、P清除出水体。室外研究结果表明，芦竹未能在密云人工湿地条件下越冬成活。该地当年最低温度为－20℃，另有研究表明芦竹可以在－16℃越冬成活（王庆海等，2006）。采取适当的保温措施，可以保护芦竹在人工湿地中安全越冬，发挥净化作用。水生鸢尾和菖蒲则对COD有较好的去除效果，在人工湿地中也表现出较高的N、P累积能力和生活力。两者地下部生物量接近甚至超过地上部生物量，庞大的根系系统有助于植物可溶性糖的生成，为植物的高耐寒性提供了物质基础。因此两者的返青时间早，生长期长，起净化作用的功能期就长。水生植物的根冠比为湿地植物管理提供了参考。这两种植物在重度富营养化水体的生长动态与低浓度N、P水体中的基本一致，根长、株高及相对生长率均表现良好。可见其对高浓度N、P有较好的适应性，这样就可以避免重度富营养化水体中可能产生的单盐毒害作用。

污水净化水生植物的选择，要根据水体的污染物种类、浓度、生物多样性要求及景观建设需要，还要考虑湿地植物的再利用途径，合理选择适宜植物。植物的净化能力是重要的筛选指标，但在实践中不可作为唯一指标。

人工湿地对污水的净化是个复杂的过程。其中几个因素直接影响湿地对N、P污染物的去除率。首先是植物的吸收作用，其次是微生物或微生物与植物的协同作用，再次是污水流经基质的自净作用或自然消减作用。污水在没有人为干扰的情况下发生物理、化学和生物等一系列变化，使其中污染物的质量减少、毒性或活性降低、浓度降低等，这些自然发展的过程就体现为植物的自净能力。植物在人工湿地中完成生长周期，需要吸收大量的养分，因此会从污水基质中消耗许多N、P元素，就表现为湿地植物的直接净化能力。关于植物对N、P的直接吸收和净化能力在污水净化中所起的作用，国内学者有不同的研究结果。但本研究结果显示，不同植物贡献不同，最高的可达65%。植物的净化能力与植物的生物量呈正相关，植物的生物量可以作为湿地植物筛选的重要指标。该指标观测简单，在实践中易于应用。微生物的降解作用，也是人工湿地污水净化效果的重要作用因子。可见，采取适当的管理措施，以提高湿地植物的生物产量，如合适的刈割时间和次数，也是人工湿地净化技术中的一个重要环节。微生物直接或间接地参加了污染物降解的许多化学或生物学反应，有机污染物的降解和转化主要是由微生物来完成的。微生物引起的硝化和反硝化作用是将污染物氮从湿地系统中去除的主要途径。植物和微生物的协同作用也是一个不可忽视的因素。发达的植物根系可以为微生物种群的形成与活力提供适宜的生境，微生物的存在也可以促进植物对污染物的吸收转化。例如，菌根菌就可以和植物形成共生体，在有机物和重金属污染降解中发挥巨大作用。因此，湿地中水生植物的选择至关重要，其本身不仅要具有吸收净化的能力，而且要有发达的根系从而为微生物提供良好生长环境。

湿地长时间运行后的淤堵问题，制约了湿地的净化功效和使用寿命。通过控制湿地进水口对无机悬浮颗粒的过滤可以缓解此问题。另外，北京地区冬季的低温会限制人工湿地的净化效果，解决植物净化的周年循环问题，是人工湿地污水净化技术必须解决的重要问题。采取隔离保温设计，可以解决人工湿地冬季冰冻问题。但要考虑覆盖物所用原材料对人工湿地性能指标的影响以及覆盖物与湿地植物的和谐一致问题。沉水植物较挺水植物和漂浮植物有更高的抗寒性，湿地合理配置沉水植物，可以提高低温条件下植物的净化效果。低温条件下微生物的数量和生命活动下降，也影响了湿地的净化效果，筛选耐低温的微生物也是提高人工湿地冬季污水净化效果的途径之一。硝化反应可在 4℃条件下进行，提高人工湿地冬季的复氧能力也可改善净化效果，

总之，京郊农村污水的处理，要采取制度和技术并行的举措。首先要规范村民的污水排放习惯，做到有机物含量高的污水（如洗锅水）和一般污水（洗衣水和洗澡水）分开排放。其次才是技术层面上的问题。双管齐下，促进农村污水问题的解决。再者农村污水的处理是当前社会主义新农村建设的重要内容之一，是改善农村人居环境的迫切需要。将污水处理技术工程与当地生态旅游或休闲娱乐相结合，统筹安排，充分发挥污水植物处理技术的生态效益和经济效益。

第四节　退化湿地的恢复

一、退化湿地恢复技术

1. 人工种植幼苗

主要采用种植营养钵幼苗的方法，在枯水期进行穴植，种植前期（2 周内）保持 3cm 左右的水位，利于水生植物定植。中期（2～4 周内）水位保持低于 30cm，以利于植物生长。后期水生植物株高达 1.5m 后，水位可根据实际需要自由安排。

2. 人工补充种子库

在上游水位较低的河段，采用补给含水生植物种子的土壤到河床中，增加河床中的水生植物种子库，到 8 月种子库种子可大量萌发，天然水生植物也有大量恢复。也可于 5～6 月，在前期人工恢复水生植物的基础上，进一步开展湿地水生植物的景观配置，根据湿地的自然条件人工补植和点缀湿地植物。

二、退化湿地的恢复效果

地表水水质监测资料表明，退化湿地恢复效果监测区段河道水质长期为 Ⅲ～V 类，主要污染物为有机污染物，主要超标项目为化学需氧量。出现这种情况的原因很多，但主要原因之一是河道流量较小，水体不流动，因此对河道进行适当的生态补水，提高河道的自净能力，增加水体的水环境容量意义重大。所谓水环境容量是指给定水域范围和水文条件、规定排污方式和水质目标的前提下，单位时间内该水域最大允许纳污量。在河道中种植水生植物是近年来常用的改善河流水质状况、提高水体纳污能力、增加水环境容量的有效生物措施之一。

1. 河道补水处水质监测

监测区段河道补充水排放指标的监测值见表 3-22。本区段河道为密云城市河网水域的生态区，补充水符合城镇污水处理厂污染物排放标准(GB 18918—2002)的一级标准分为 A 标准。

表 3-22　河道补充水排放指标监测(日均值)

取样时间(年-月)	pH	TSS	COD_{Cr}	NH_4^+-N /(mg/L)	NO_3^--N	TN	TP	重金属类/(ng/mL)				
								Cd	Cr	Pb	Hg	As
2009-4	7.25	7.83	48	4.95	5.17	14.68	0.26	0.796	<0.01	1.345	0.893	1.274
2009-9	7.27	8.01	46	7.72	6.24	14.21	0.21	0.754	<0.01	1.834	0.654	1.544
2009-10	7.19	7.94	42	7.54	5.63	14.06	0.23	0.3671	<0.01	1.247	0.766	1.467

2. 河道内水环境容量变化

(1) 河道水质监测

A. pH 的变化规律

pH 是水的最基本性质，是对水质变化、水生生物生长繁殖、金属腐蚀性、水处理效果、水中溶解物能否生成沉淀物以及农作物生长等产生影响的重要因素，也是表示水质污染状况的一项重要指标，被广泛应用于水和废水的监测和治理。2009 年 4～11 月对监测区段按月进行取样、化验分析，监测数据表明，河道内水体 pH 变化不大(6.97～7.11)，恢复区和对照区的 pH 差异不显著($p>0.05$，图 3-35)。

B. 化学需氧量的变化规律

COD_{Cr}的监测数据见图 3-36。恢复区 COD_{Cr}随湿地植物的生长，先明显下降后逐渐趋于稳定。恢复区 COD_{Cr}于 2009 年 6 月开始显著低于对照区，并且随湿地植物的生长差距渐大，在 10 月植物生长减弱后，差距又有所减小。COD_{Cr}的监测数据表明，退化湿地水生植物的恢复能显著地提高水体对有机污染物的水环境容量。

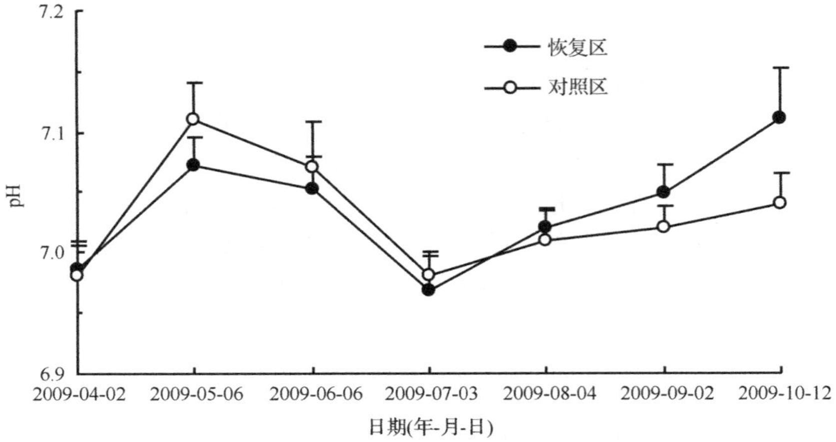

图 3-35　湿地植物恢复区段河道水质 pH 变化

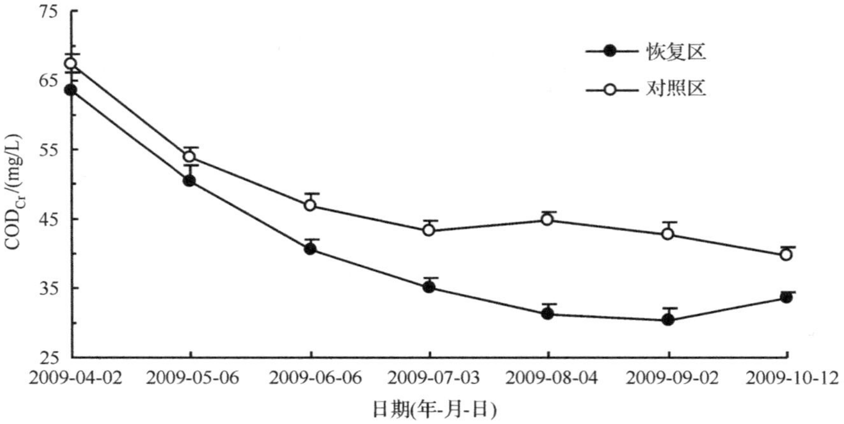

图 3-36　湿地植物恢复区段河道水质 COD_{Cr}变化

C. TN 的变化规律

水中含 N 化合物的多少，可作为水体受到含 N 有机物污染程度的指标。当水体受到含 N 有机物(如氨基酸、蛋白质和多肽等)污染时，含 N 有机物将在水中微生物和氧的作用下进行生物降解，根据不同氧化阶段可以生成 NH_3-N、亚硝酸盐氮(NO_{2-}-N)、NO_3^--N 和 N 等物质。测定水中 TN 的变化规律，有助于评价水体受污染状况。整个监测时间段内，河道内水体 TN 浓度先急剧下降(0.906～0.360mg/L)后缓慢变化(0.360～0.284mg/L)，治理区和对照区的 TN 浓度无显著差异($p>0.05$，图 3-37)。

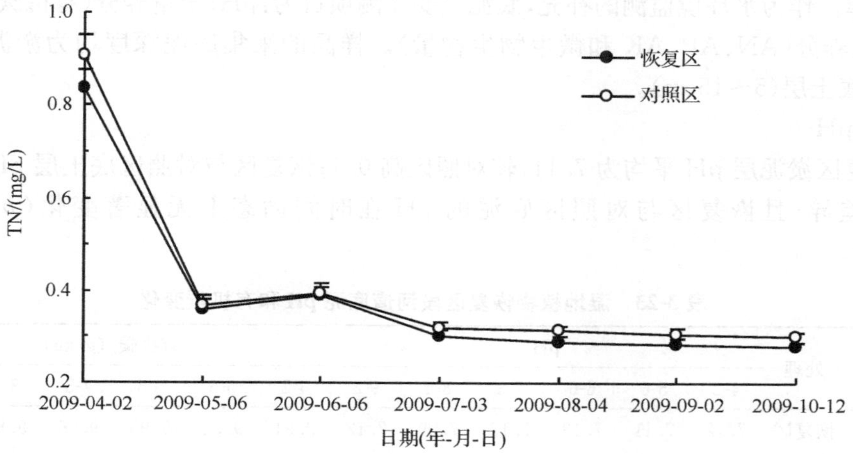

图 3-37　湿地植物恢复区段河道水体 TN 含量变化

D. TP 的变化规律

TP 指水中以各种形态存在的有机和无机含 P 物质的总和，P 也是评价水质的重要指标之一。监测期间，河道内水体 TP 浓度先升高后下降，然后渐趋于平缓(图 3-38)，这与气温变化和水体的流动加速密切相关。

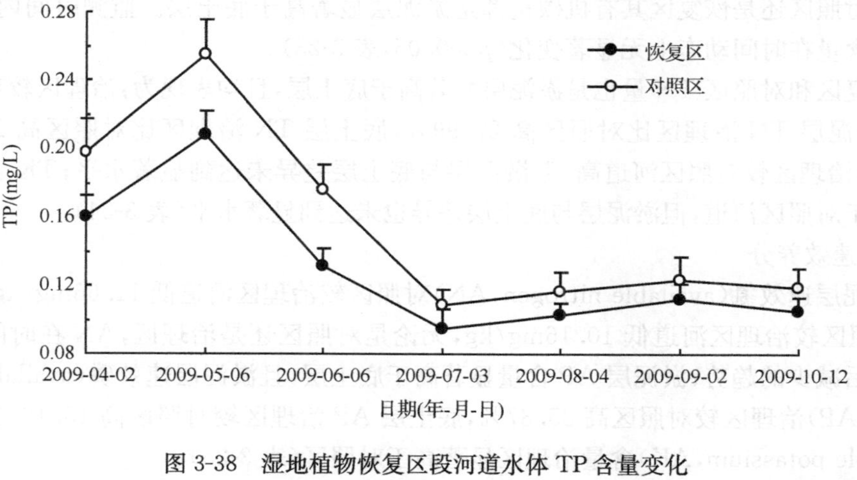

图 3-38　湿地植物恢复区段河道水体 TP 含量变化

在天然水和废水中，P 以各种磷酸盐的形式存在，含量一般不高，但却是生物生长必需的元素之一。在整个监测时间段内，只有对照区 2009 年 5 月的水体中 P 含量超过 0.2mg/L，短期内刺激部分水生微生物及大生物的生长，造成藻类的过度繁殖，导致对照区河道 5～6 月水体的透明度降低，水质变坏。7 月后治理区和对照区的水体 TP 浓度无显著差异($p>0.05$)。

(2) 河道底泥监测

河道底泥监测也是水环境监测的一部分，通过监测可以了解到污染物的沉积、归宿与变化规律。作为水环境监测的补充，底泥主要监测项目为：pH；全量养分（有机碳、TN、P、K）；速效养分（AN、AP、AK 和微生物生物量）。样品的采集底泥深度均为淤泥层（0～5cm）和底土层（5～15cm）。

A. pH

恢复区淤泥层 pH 平均为 7.11，较对照区高 0.1；恢复区与对照区底土层 pH 平均值无显著差异；且恢复区与对照区底泥的 pH 在时间动态上无显著变化（$p>0.05$，表 3-23）。

表 3-23　湿地植物恢复区段河道底泥 pH 和有机碳变化

取样层次	处理	pH						有机碳/(g/kg)					
		4-2	5-6	6-6	7-3	8-4	9-2	4-2	5-6	6-6	7-3	8-4	9-2
淤泥层	恢复区	7.12	7.11	7.13	7.12	7.09	7.12	9.91	9.94	9.98	9.56	9.80	9.82
	对照区	7.15	7.07	7.14	7.13	7.06	7.13	9.47	9.60	9.62	9.25	9.60	9.64
底土层	恢复区	7.13	7.13	7.11	7.12	7.13	7.12	4.32	4.85	4.84	4.32	4.94	4.89
	对照区	7.13	7.13	7.11	7.12	7.11	7.12	4.04	4.19	4.17	4.04	4.34	4.17

注：表中第二行为取样时间（月-日），下同。

B. 全量养分

淤泥层有机碳恢复区较对照区高 3.2%，底土层有机碳恢复区较对照区高 12.9%，且无论是对照区还是恢复区其有机碳量都是淤泥层显著高于底土层。监测时间内，底泥的有机碳含量在时间动态上无显著变化（$p>0.05$，表 3-23）。

恢复区和对照区 TN 量也是淤泥层显著高于底土层，且均表现为：治理区较对照区河道高，淤泥层 TN 治理区比对照区高 27.99%，底土层 TN 治理区比对照区高 24.67%；TP 含量治理区较对照区河道高，但淤泥层与底土层差异未达到显著水平；TK 含量治理区略高于对照区河道，但淤泥层与底土层差异也未达到显著水平（表 3-24）。

C. 速效养分

淤泥层速效氮（available nitrogen，AN）对照区较治理区河道低 11.66mg/kg，底土层 AN 对照区较治理区河道低 10.16mg/kg，无论是对照区还是治理区，AN 在时间上出现先增加后减少的趋势；淤泥层 AP 含量显著高于底土层，且淤泥层速效磷（available phosphorus，AP）治理区较对照区高 35.37%，底土层 AP 治理区较对照区高 15.16%；速效钾（available potassium，AK）含量治理区显著高于对照区（表 3-25）。

D. 微生物生物量

河道底泥内微生物的活动影响其营养成分及有害成分（如有机污染物、重金属污染物等）的沉积与释放。监测期内河道底泥微生物生物量在时间动态上前期变化不显著，后期有减小的趋势，这可能是由于植物的生长以及水体的温度变化而引起的。此外，监测区域内，淤泥层微生物生物量显著高于底土层，且湿地植物恢复区微生物的生物量显著高于对照区（图 3-39）。

表 3-24　湿地植物恢复区段河道底泥全量养分变化　（单位：g/kg）

取样层次	处理	TN						TP						TK					
		4-2	5-6	6-6	7-3	8-4	9-2	4-2	5-6	6-6	7-3	8-4	9-2	4-2	5-6	6-6	7-3	8-4	9-2
淤泥层	治理区	0.86	0.87	0.88	0.98	0.96	0.80	1.89	1.55	1.54	1.58	1.58	1.59	15.54	16.92	16.79	15.85	15.51	15.50
	对照区	0.76	0.76	0.76	0.62	0.68	0.60	1.48	1.41	1.43	1.46	1.47	1.41	15.20	15.10	15.62	15.44	15.36	15.39
底土层	治理区	0.61	0.59	0.57	0.68	0.60	0.69	1.83	1.63	1.62	1.69	1.66	1.67	17.74	15.84	15.68	15.79	15.59	15.58
	对照区	0.58	0.56	0.54	0.47	0.41	0.44	1.56	1.57	1.57	1.46	1.49	1.47	17.60	14.10	15.41	15.51	15.53	15.52

表 3-25　湿地植物恢复区段河道底泥速效养分变化　（单位：mg/kg）

取样层次	处理	AN						AP						AK					
		4-2	5-6	6-6	7-3	8-4	9-2	4-2	5-6	6-6	7-3	8-4	9-2	4-2	5-6	6-6	7-3	8-4	9-2
淤泥层	治理区	37.41	66.85	56.85	59.12	59.15	59.2	16.38	19.86	17.59	16.12	16.15	16.20	167.43	210.53	189.53	179.20	188.77	180.79
	对照区	25.26	49.41	49.64	46.68	48.82	48.84	12.39	12.91	10.93	13.68	12.82	12.84	134.63	110.63	116.63	118.84	115.46	110.68
底土层	治理区	44.42	49.43	39.43	43.53	44.07	44.05	17.49	12.16	10.16	10.53	11.68	11.53	164.03	160.82	171.84	154.05	153.53	150.87
	对照区	34.9	39.53	29.53	33.25	33.4	33.39	15.01	11.02	9.80	9.25	9.40	9.39	150.63	143.13	153.14	133.39	123.25	130.70

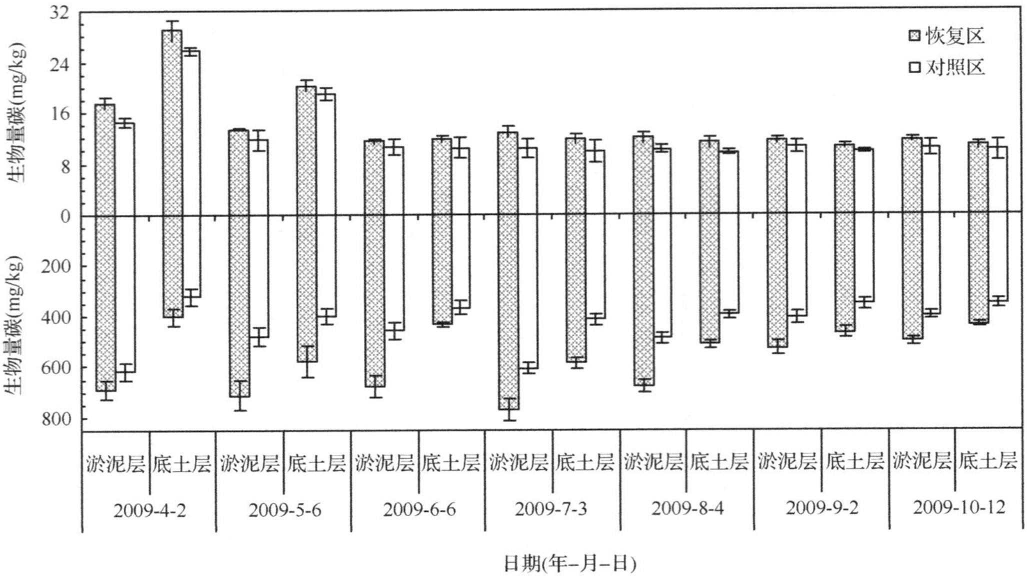

图 3-39　湿地植物恢复区段河道底泥微生物生物量变化

参 考 文 献

蔡卓平，段舜山．2007. 不同氮浓度下三角褐指藻生长特性和化学组成．生态环境，16(6)：1633～1636

陈金发，卿东红，阮尚全．2007. 垃圾渗滤液处理的优化湿地植物组合．水土保持研究，14(1)：146～147，150

陈源高，吴献花，李文朝，等．2005. 抚仙湖窑泥沟人工湿地的除磷效果研究．应用生态学报，16(10)：1913～1917

成水平，吴振斌，况琪军．2002. 人工湿地植物研究．湖泊科学，14(02)：179～184

成小英，王国祥，濮培民，等．2002. 冬季富营养化湖泊中水生植物的恢复及净化作用．湖泊科学，14(2)：139～144

葛滢，常杰，王晓月，等．2000. 两种程度富营养化水中不同植物生理生态特性与净化能力的关系．生态学报，20(6)：1050～1055

葛滢，王晓月．1999. 不同程度富营养化水中植物净化能力比较研究．环境科学学报，19(6)：690～692

华涛，周启星，贾宏宇．2004. 人工湿地污水处理工艺设计关键及生态学问题．应用生态学报，15(7)：1289～1293

黄蕾，翟建平，王传瑜，等．2005. 4 种水生植物在冬季脱氮除磷效果的试验研究．农业环境科学学报，24(2)：366～370

籍国东，孙铁珩，李顺．2002. 人工湿地及其在工业废水处理中的应用．应用生态学报，13(2)：224～228

蒋跃平，葛滢，岳春雷，等．2004. 人工湿地植物对观赏水中氮磷去除的贡献．生态学报，24(8)：1718～1723

金卫红，付融冰，顾国维．2007. 人工湿地中植物生长特性及其对 TN 和 TP 的吸收．环境科学研究，20(3)：75～80

金相灿，楚建周，王圣瑞．2007. 水体氮浓度、形态对黑藻和狐尾藻光合特征的影响．应用与环境生物学报，13(2)：200～204

李文朝．1996. 太湖湖体综合治理对策的探讨．湖泊科学，8(4)：289～296

梁威，吴振斌，詹发萃，等．2004. 人工湿地植物根区微生物与净化效果的季节变化．湖泊科学，16(4)：312～317

廖新俤，骆世明．2002. 香根草和风车草人工湿地对猪场废水氮磷处理效果的研究．应用生态学报，13(6)：719～722

廖新俤，骆世明，吴银宝，等．2004. 人工湿地植物筛选的研究．草业学报，13(5)：39～45

廖新俤,骆世明,吴银宝,等. 2005. 风车草和香根草在人工湿地中迁移养分能力的比较研究. 应用生态学报,16(1):156～160
刘春光,邱金泉,王雯,等. 2004. 富营养化湖泊治理中的生物操纵理论. 农业环境科学学报,23(1):198～201
刘晓燕,胡东,陈卫. 2004. 北京白河沉水植物研究. 首都师范大学学报(自然科学版),25(1):46～50
刘学燕,代明利,刘培斌. 2004. 人工湿地在我国北方地区冬季应用的研究. 农业环境科学学报,23(6):1077～1081
卢少勇,张彭义,余刚,等. 2007. 王家庄滨湖人工湿地去除农业径流中COD效果的测试与分析. 农业工程学报,23(1):192～196
逯多,卿人韦,兰利琼,等. 2002. 藻类在不同磷浓度下除磷能力的研究. 四川大学学报(自然科学版),39(6):1119～1123
牛西午,丁玉川,徐强,等. 2003. 营养液不同磷浓度对柠条苗期植株生长发育的影响. 西北植物学报,23(4):622～627
阮晓红,张瑛,黄林楠,等. 2004. 微生物在湿地氮循环系统的效应分析. 水资源保护,20(6):1～7
谭香,沈宏,宋立荣. 2007. 三种水华蓝藻对不同磷浓度生理响应的比较研究. 水生生物学报,31(5):693～699
王国祥,濮培民,张圣照,等. 1999. 冬季水生高等植物对富营养化湖水的净化作用. 中国环境科学,19(2):106～109
王庆海,段留生,李瑞华,等. 2008. 几种水生植物净化能力比较. 华北农学报,23(2):217～222
王庆海,武菊英,滕文军,等. 2006. 种植方式和越冬保护措施对芦竹成活率的影响. 林业科学研究,19(6):813～815
王余龙,姚友礼,刘宝玉. 1997. 不同生育时期氮素供应水平对杂交水稻根系生长及其活力的影响. 作物学报,23(6):699～706
文乐元,樊国盛. 2003. 养殖废水草滤带处理系统的研究. 草业学报,12(3):110～113
吴爱平,吴世凯,倪乐意. 2005. 长江中游浅水湖泊水生植物氮磷含量与水柱营养的关系. 水生生物学报,29(4):406～412
吴楚,王政权,范志强,等. 2003. 不同氮浓度和形态比例对水曲柳幼苗叶绿素合成、光合作用以及生物量分配的影响. 植物生态学报,27(6):771～779
吴小刚,杨旻,周连凤,等. 2007. 不同磷浓度下菖蒲的生长状况及净化作用研究. 广州环境科学,22(3):25～29
夏汉平. 2000. 香根草和水花生对垃圾污水中N、P、Cl的吸收效果. 植物生态学报,24(5):613～616
严雪,于丹,李永科. 2003. CO_2浓度升高对沉水克隆植物生长速率及营养元素积累的影响. 植物生态学报,27(4):435～440
叶春,邹国燕,付子轼,等. 2007. 总氮浓度对3种沉水植物生长的影响. 环境科学学报,27(5):739～746
袁东海,高士祥,任全进,等. 2004b. 几种挺水植物净化生活污水总氮和总磷效果的研究. 水土保持学报,18(4):77～80
袁东海,任全进,高士祥,等. 2004a. 几种湿地植物净化生活污水COD、总氮效果比较. 应用生态学报,15(12):2337～2341
张富仓,康绍忠,龚道枝,等. 2005. 不同磷浓度对玉米生长及磷、锌吸收的影响. 应用生态学报,16(5):903～906
张建,何苗,邵文生,等. 2006. 人工湿地处理污染河水的持续性运行研究. 环境科学,27(9):1760～1764
张平,沈志良. 2001. 营养盐限制的水域性特征. 海洋科学,25(6):16～19
赵建刚,杨琼,陈章和,等. 2003. 几种湿地植物根系生物量研究. 中国环境科学,23(3):290～294
Baldantoni D, Alfani A, Di Tommasi P, et al. 2004. Assessment of macro and microelement accumulation capability of two aquatic plants. Environ Pollut, 130(2):149～156
Bavor H J, Roser D J, Adcock P W. 1995. Challenges for the development of advanced constructed wetlands technology. Water Science and Technology, 32(3):13～20
Brix H, Arias C A. 2005. The use of vertical flow constructed wetlands for on-site treatment of domestic wastewater: New Danish guidelines. Ecological Engineering, 25(5):491～500
Cameron K, Madramootoo C, Crolla A, et al. 2003. Pollutant removal from municipal sewage lagoon effluents with a free-surface wetland. Water Research, 37(12):2803～2812
Cedergreen N, Streibig J C, Spliid N H. 2004. Sensitivity of aquatic plants to the herbicide metsulfuron-

methyl. Ecotoxicology and environmental safety, 57(2): 153～161

Ciria M P, Solano M L, Soriano P. 2005. Role of macrophyte *Typha latifolia* in a constructed wetland for wastewater treatment and assessment of Its potential as a biomass fuel. Biosystems Engineering, 92(4): 535～544

Erol Nalbur B, Aka L, Bayhan H. 2003. Nitrogen removal during secondary treatment by aquatic systems. Water Science and Technology, 48(11-12): 355～361

Fredeen A L, Rao I M, Terry N. 1989. Influence of phosphorus nutrition on growth and carbon partitioning in *Glycine max*. Plant Physiology, 89(1): 225～230

Gersberg R M, Elkins B V, Lyon S R, et al. 1986. Role of aquatic plants in wastewater treatment by artificial wetlands. Water Research, 20(3): 363～368

Havens K E, Sharfstein B, Brady M A, et al. 2004. Recovery of submerged plants from high water stress in a large subtropical lake in Florida, USA. Aquatic Botany, 78(1): 67～82

Irfanullah H M, Moss B. 2004. Factors influencing the return of submerged plants to a clear-water, shallow temperate lake. Aquatic Botany, 80(3): 177～191

Johnson S. 2004. Effects of water level and phosphorus enrichment on seedling emergence from marsh seed banks collected from northern Belize. Aquatic Botany, 79(4): 311～323

Lacoul P, Freedman B. 2006. Relationships between aquatic plants and environmental factors along a steep Himalayan altitudinal gradient. Aquatic Botany, 84(1): 3～16

Mantovi P, Marmiroli M, Maestri E, et al. 2003. Application of a horizontal subsurface flow constructed wetland on treatment of dairy parlor wastewater. Bioresource Technology, 88(2): 85～94

Moore M T, Rodgersjr J H, Smithjr S, et al. 2001. Mitigation of metolachlor-associated agricultural runoff using constructed wetlands in Mississippi, USA. Agriculture, Ecosystems & Environment, 84(2): 169～176

Moore T M, Schulz R, Cooper C M, et al. 2002. Mitigation of chlorpyrifos runoff using constructed wetlands. Chemosphere, 46: 827～835

Rooney N, Kalff J. 2000. Inter-annual variation in submerged macrophyte community biomass and distribution: The influence of temperature and lake morphometry. Aquatic Botany, 68(4): 321～335

Santamar A L, Hootsmans M J M. 1998. The effect of temperature on the photosynthesis, growth and reproduction of a Mediterranean submerged macrophyte, Ruppia drepanensis. Aquatic Botany, 60(2): 169～188

Sato K, Sakui H, Sakai Y, et al. 2002. Long-term experimental study of the aquatic plant system for polluted river water. Water Science and Technology, 46(11-12): 217～224

Wallace S, Parkin G, Cross C. 2001. Cold climate wetlands: design and performance. Water Science and Technology, 44(11-12): 259～265

第四章　植物修复技术在治理水体农药污染中的应用

第一节　水生植物对杀虫剂毒死蜱的去除作用

毒死蜱是一种广谱性有机磷酸酯类杀虫剂，广泛用于农业和城市害虫的防治（刘开乾，1993），对人体、水生生物及蜜蜂有较高毒性（Mehler et al.，2008；田芹等，2005）。研究表明在农药喷施过程中，一般只有使用量10%～20%的农药会附着在植物体上，其余部分有40%～60%降落于地面。这些农田中残留的农药一部分会通过渗透作用在地表径流的携带作用进入河流和地下水，进而进入海洋和湖泊；另一部分会通过植物蒸腾或是浮尘和地表挥发进入大气，并通过沉降和湿沉降返回地面，造成水体污染。美国对该药在地表水中的残留进行了多年监测，最高浓度为2282ng/L（Hall and Anderson，2003），我国也有在地表水中检出浓度为0.39μg/L的报道（刘丰茂，2000），已超过水体的最大日负荷总量。该药在水环境中降解较慢，半衰期为25.6天（石利利等，2000）；对水体的污染极易引起在水生生物体内富集浓缩（余向阳等，2008），进而通过食物链对人造成危害。毒死蜱在水体中的残留应引起足够的重视。

一、不同浓度毒死蜱对植物生物量的影响

1. 不同浓度毒死蜱对水生鸢尾生物量的影响

水生鸢尾在含不同浓度毒死蜱的培养液中生长20天后，毒死蜱对其鲜重的影响见表4-1。CK的增量和1mg/L处理差异不显著；2mg/L和4mg/L处理之间增量差异不显著；8mg/L处理增量和16mg/L处理增量之间差异不显著；其余处理之间差异显著（$p<0.05$）。5个浓度处理的增重率为28.37%～39.91%，增重最快的是CK，增重率为39.91%；增重最慢的是16mg/L处理，增重率为28.37%。培养液中最初残留毒死蜱浓度为1mg/L、2mg/L、4mg/L、8mg/L和16mg/L时，水生鸢尾的鲜重增量分别比CK降低3.98%、6.37%、9.60%、15.97%和28.45%。水生鸢尾的鲜重增量随培养液中毒死蜱浓度的增加而减少，线性相关分析表明，鲜重增量和浓度之间呈明显线性负相关，线性方程为$y=-1.9347x+112.3$（$R^2=0.9940$）。

表 4-1 不同浓度毒死蜱对水生鸢尾鲜重的影响

毒死蜱浓度 /(mg/L)	初始鲜重 /g	培养 20 天后鲜重 /g	鲜重增量 /g	增重率 /%	与 CK 比值
0 (CK)	287.1±2.9 a	401.6±1.1 a	114.6±3.4 a	39.91	1.00
1	285.9±2.7 a	395.9±1.6 b	110.0±3.4 ab	38.49	0.96
2	287.1±2.3 a	394.4±0.7 bc	107.3±1.6 b	37.37	0.93
4	285.8±0.7 a	389.4±1.4 cd	103.6±0.7 bc	36.25	0.90
8	286.2±1.7 a	382.5±2.2 e	96.3±1.8 cd	33.65	0.84
16	289.0±1.2 a	371.0±6.5 de	82.0±7.1d	28.37	0.72

2. 不同浓度毒死蜱对水葱生物量的影响

水葱在含不同浓度毒死蜱的培养液中生长 20 天后，毒死蜱对其鲜重有明显影响(表 4-2)。对水葱鲜重进行方差分析发现：CK 的增量和 1mg/L 的增量差异不显著；1mg/L和 2mg/L 增量之间差异不显著；2mg/L 和 4mg/L 增量之间差异不显著；8mg/L 增量和 16mg/L 增量之间差异不显著；其余浓度处理之间差异显著($p<0.05$)。CK 增加了 49.75%，其他处理分别增加了 48.98%、45.66%、42.17%、38.14%和 36.15%。当培养液中最初残留毒死蜱浓度为 1mg/L、2mg/L、4mg/L、8mg/L 和 16mg/L 时，水葱的鲜重分别比 CK 降低 1.62%、8.96%、15.24%、24.32%和 27.43%。水葱鲜重增量和毒死蜱浓度之间呈线性负相关($y=-0.9272x+51.457, R^2=0.9092$)。

表 4-2 不同浓度毒死蜱对水葱鲜重的影响

毒死蜱浓度 /(mg/L)	初始鲜重 /g	培养 20 天后鲜重 /g	鲜重增量 /g	增重率 /%	与 CK 比值
0 (CK)	107.7±0.6 a	161.2±1.2 a	53.6±1.6 a	49.75	1.00
1	107.7±2.4 a	160.4±1.3 a	52.7±1.7 ab	48.98	0.98
2	106.9±1.5 a	155.7±1.3 a	48.8±1.1 bc	45.66	0.91
4	107.7±1.0 a	153.2±2.1 b	45.4±1.1 c	42.17	0.85
8	106.4±0.2 a	146.9±3.6 c	40.6±3.8 d	38.14	0.76
16	107.6±0.5 a	146.5±2.8 c	38.9±2.3 d	36.15	0.73

3. 不同浓度毒死蜱对菖蒲生物量的影响

菖蒲在含不同浓度毒死蜱的培养液中生长 20 天后，毒死蜱对其鲜重的影响见表 4-3。CK、1mg/L、2mg/L、4mg/L 和 8mg/L 处理之间差异不显著，2mg/L、4mg/L、8mg/L 和 16mg/L 处理之间差异不显著，CK 和 16mg/L 处理之间差异显著($p<0.05$)。鲜重分别增长了 64.9g、64.7g、63.4g、61.4g、61.9g 和 59.1g。各处理鲜重较初始鲜重的增幅分别为 34.51%、34.67%、34.27%、33.09%、32.76%和 31.38%。与 CK 相比，除 1mg/L 处理略有增加外，其余 4 个浓度处理分别下降了 0.69%、4.10%、5.06%和 9.07%。菖蒲鲜

重增量和毒死蜱浓度之间呈线性负相关($y=-0.341x+64.329, R^2=0.9262$)。

表 4-3　不同浓度毒死蜱对菖蒲鲜重的影响

毒死蜱浓度 /(mg/L)	初始鲜重 /g	培养 20 天后鲜重 /g	鲜重增量 /g	增重率 /%	与 CK 比值
0 (CK)	188.1±1.3 a	253.0±1.0 a	64.9±2.3 a	34.51	1.00
1	186.5±3.3 a	251.2±1.9 ab	64.7±1.6 a	34.67	1.00
2	185.0±2.4 a	248.4±2.5 ab	63.4±4.2 ab	34.27	0.99
4	185.6±2.7 a	247.1±3.0 b	61.4±3.9 ab	33.09	0.96
8	188.8±3.7 a	250.7±2.6 ab	61.9±1.2 ab	32.76	0.95
16	188.2±3.6 a	247.3±2.8 b	59.1±0.8 b	31.38	0.91

二、毒死蜱胁迫下水生植物的生理响应

以霍氏培养液为基础,添加毒死蜱至培养液中浓度达到 5mg/L,以含有此浓度毒死蜱的培养液培养水生植物,并以未添加毒死蜱的培养液为对照(CK),分析毒死蜱胁迫下水生植物的生理响应。

1. 毒死蜱对水生植物单株叶面积的影响

水葱、水生鸢尾和芦苇在含 5mg/L 毒死蜱的培养液中培养 20 天后,单株叶面积分别比 CK 增加了 22.0%、7.1%和 1.6%;凤眼莲的叶面积比 CK 减少了 15.7%(图 4-1)。但各植物的叶面积与 CK 并无显著差异($p>0.05$),可见毒死蜱对水生植物的叶面积无明显影响。

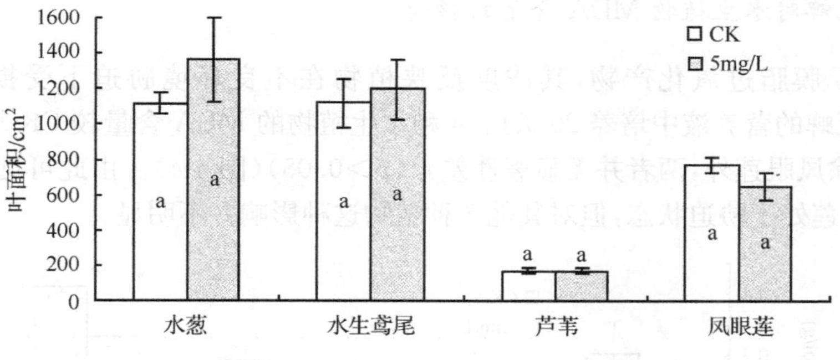

图 4-1　毒死蜱对水生植物叶面积的影响

2. 毒死蜱对水生植物叶绿素的影响

在含毒死蜱的培养液中生长 20 天后,水葱、水生鸢尾、芦苇和凤眼莲的叶绿素 a 含量均低于 CK,分别降低了 0.5%、7.6%、0.9%和 3.1%(图 4-2)。其中水生鸢尾的叶绿素 a 含量与 CK 之间差异显著($p<0.05$)。4 种水生植物叶绿素 b 的含量也均低于 CK,降幅分别为 2.8%、4.8%、4.4%和 6.7%,但与 CK 差异不显著(图 4-3)($p>0.05$)。

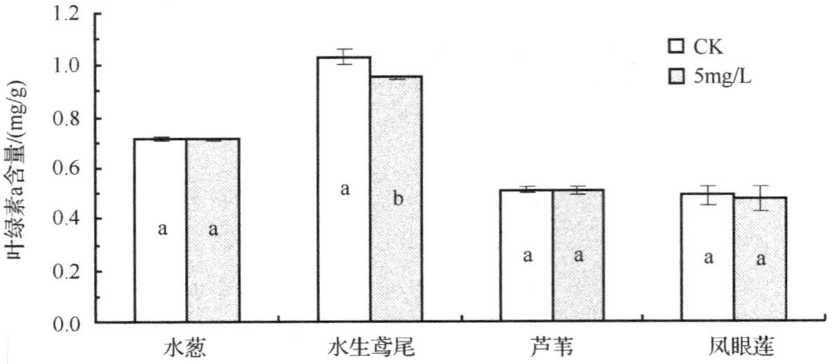

图 4-2　毒死蜱对水生植物叶绿素 a 含量的影响

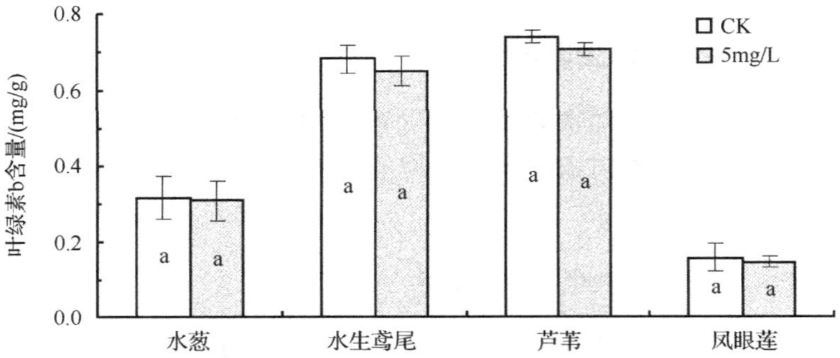

图 4-3　毒死蜱对水生植物叶绿素 b 含量的影响

各植物叶绿素总量降低程度依次为水生鸢尾>芦苇>凤眼莲>水葱。

3. 毒死蜱对水生植物 MDA 含量的影响

MDA 是膜脂过氧化产物，其浓度反映植物在不良环境胁迫下受损的程度。在 5mg/L 毒死蜱的营养液中培养 20 天后，4 种水生植物的 MDA 含量较 CK 均有不同程度的升高；但除凤眼莲外，两者并无显著性差异($p>0.05$)(图 4-4)。由此可见，该剂量的毒死蜱使凤眼莲处于胁迫状态，但对其他 3 种植物这种影响并不明显。

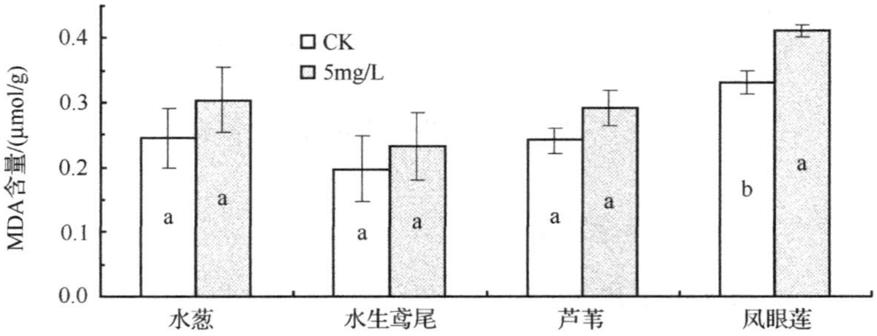

图 4-4　毒死蜱对水生植物 MDA 含量的影响

4. 毒死蜱对水生植物 POD 活性的影响

经毒死蜱培养过的水葱、水生鸢尾、芦苇和凤眼莲，POD 活性与空白对照相比有明显增加，且差异显著（$p<0.05$），增幅分别达 36.9%、60.9%、19.8%和 54.4%（图 4-5）。这表明植物对培养液中的毒死蜱做出了响应，其对毒死蜱的耐性由强到弱的顺序为：水生鸢尾＞凤眼莲＞水葱＞芦苇。

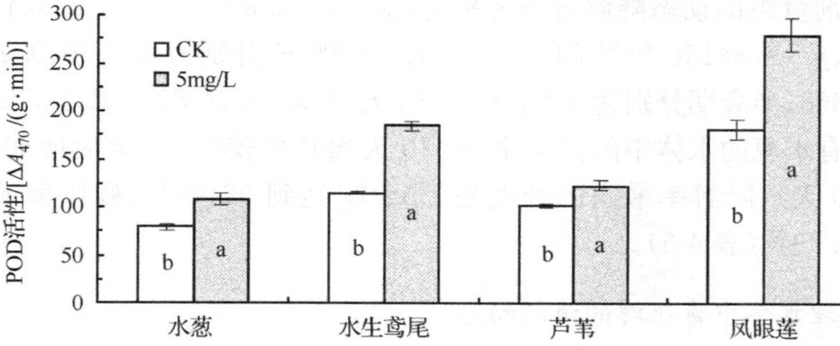

图 4-5　毒死蜱对水生植物 POD 活性的影响

毒死蜱在水生鸢尾、水葱和菖蒲的根系和茎叶组织中均有分布，培养液中毒死蜱浓度越高，植物吸收的量也越多。水生鸢尾和菖蒲吸收的毒死蜱主要集中在根系，较难转移至茎叶。水葱茎叶中残留大于根系残留。毒死蜱在有水生鸢尾、水葱和菖蒲的水环境中降解速率加快。低剂量毒死蜱处理的降解速率高于高剂量处理的速率。植物鲜重增量随培养液中毒死蜱浓度的增加而减少。

水生鸢尾、水葱、芦苇和凤眼莲 4 种水生植物对毒死蜱的生理响应存在一定的差异，耐性也有所不同。毒死蜱仅显著降低水生鸢尾叶绿素 a 的含量，对这些植物的叶面积亦无显著影响。可见，水生植物吸收和传递光能以及光化学反应等重要的生命活动过程受毒死蜱试验剂量的影响不大，具有进行农药污染水体修复的潜能。

毒死蜱胁迫下，4 种水生植物 MDA 含量均有不同程度升高，但仅凤眼莲与对照差异显著；POD 的活性显著升高。POD 作为一种保护性酶在活性氧的清除、控制膜脂过氧化水平及减轻膜的伤害上起重要作用。有研究表明，植物体在受到轻度的环境胁迫时，POD 的活性会有所升高；而当受到重度的环境胁迫时，POD 的活性又会大幅度降低。维持较高的 POD 活性和叶绿素含量，较低的 POD 含量是植物适应环境胁迫的重要生理基础。可见，5mg/L 毒死蜱对水生植物而言应为轻度胁迫，各供试植物均可正常生长。

三、水生植物作用下水体毒死蜱残留的消解动态

1. 水生鸢尾处理水体中毒死蜱的消解动态

根据一级动力学反应方程 $C_t=C_0e^{-kt}$ 对毒死蜱在水生鸢尾组水溶液中的浓度下降过程进行拟合，从低剂量组到高剂量组的动态降解方程分别为：$y=e^{-0.1635t}$、$y=2e^{-0.1187t}$、$y=4e^{-0.1051t}$、$y=8e^{-0.0887t}$ 和 $y=16e^{-0.0608t}$；R^2 分别为 0.9800、0.9944、0.9855、0.9863 和 0.9958；半衰期分别为 4.2 天、5.8 天、6.6 天、7.8 天和 11.4 天。各浓度毒死蜱在植有水

生鸢尾水体中的降解率，前 10 天均升高较快，10 天后增加幅度减小；在实验结束时(20 天)，降解率最高的是 1mg/L 处理，达到 95.30%，残留率最高的处理是 16mg/L，为 29.26%(表 4-4)。

2. 水葱处理水体中毒死蜱的消解动态

根据一级动力学反应方程对毒死蜱在水葱组水溶液中的浓度下降过程进行拟合，从低剂量组到高剂量组的动态降解方程分别为：$y=0.9893e^{-0.1385t}$、$y=2.0242e^{-0.1019t}$、$y=0.8346e^{-0.0948t}$、$y=7.8415e^{-0.0788t}$和$y=16.064e^{-0.056t}$；R^2分别为 0.9736、0.9951、0.9923、0.9801 和 0.9868；半衰期分别为 5.00 天、6.80 天、7.31 天、8.80 天和 12.38 天。各浓度的毒死蜱在植有水葱的水体中的降解率，前 10 天均升高较快，10 天后增加幅度变小，在实验结束时(20 天)，降解率最高的处理是 1mg/L，达到 92.59%，残留率最高的处理是 16mg/L，为 30.79%(表 4-5)。

3. 菖蒲处理水体中毒死蜱的消解动态

根据一级动力学反应方程对毒死蜱在菖蒲组水溶液中的浓度下降过程进行拟合，从低剂量组到高剂量组的动态降解方程分别为：$y=1.0237e^{-0.1142t}$、$y=2.0053e^{-0.1087t}$、$y=3.8915e^{-0.0923t}$、$y=7.9663e^{-0.0728t}$ 和 $y=15.279e^{-0.0512t}$；R^2 分别为 0.9814、0.9991、0.9931、0.9890 和 0.9891；半衰期分别为 6.07 天、6.38 天、7.51 天、9.52 天和 13.62 天。

各浓度毒死蜱在植有菖蒲水体中的降解率，第 1 天除 1mg/L 组为 21.27%外，其余各浓度处理的值均小于 10%；随后各浓度处理的降解率均增加较快，15 天后降解率增加幅度变小；在实验结束时(20 天)，降解率最高的是 1mg/L 处理，达到 90.99%，残留率最高的处理是 16mg/L，为 35.43%(表 4-6)。

四、水生植物对毒死蜱的吸收和累积

1. 水生鸢尾对不同浓度毒死蜱的吸收和积累

不同浓度毒死蜱培养液中，水生鸢尾根系毒死蜱量变化见图 4-6。1mg/L 和 4mg/L 处理浓度下的浓度在 1～10 天缓慢上升，而后缓慢下降，幅度不是很明显；2mg/L 和 16mg/L 处理前 5 天浓度增加，其余时间浓度都是减少；8mg/L 处理下的浓度迅速上升，在第 10 天达到高峰，随后以较大幅度下降。

水生鸢尾茎叶的浓度变化情况与根系的浓度变化情况有所不同(图 4-6)。1mg/L 处理是平稳上升，10 天后又平稳下滑；2mg/L 和 8mg/L 处理是在第 5 天达到积累高峰而后迅速下降；4mg/L 浓度 1～5 天出现小幅度下降后上升，至 10 天后下降；16mg/L 处理的上升幅度很大，第 10 天达到 5.39mg/kg，随后又大幅度下降，至第 20 天已降为 1.89mg/kg。第 20 天的结果表明培养液中毒死蜱的初始浓度越大，水生鸢尾根系和茎叶富集毒死蜱的浓度就越高。

表 4-4　不同浓度毒死蜱在植有水生鸢尾的水体中不同时间的残留量及降解率

毒死蜱浓度/(mg/L)	残留量/(mg/kg)					降解率/%				
	1天	5天	10天	15天	20天	1天	5天	10天	15天	20天
1	0.803±0.066 a	0.430±0.009 b	0.214±0.016 c	0.062±0.011 d	0.047±0.011 d	19.71	57.00	78.61	93.82	95.30
2	1.678±0.089 a	1.150±0.082 b	0.592±0.033 c	0.378±0.060 d	0.172±0.007 e	16.08	42.52	70.38	81.09	91.41
4	3.465±0.008 a	2.320±0.206 b	1.150±0.197 c	0.852±0.151 d	0.531±0.025 e	13.39	42.00	71.24	78.70	86.73
8	7.235±0.199 a	5.208±0.334 b	3.899±0.285 c	1.948±0.168 d	1.323±0.128 e	9.57	34.90	51.27	75.66	83.46
16	14.671±0.229 a	12.166±0.357 b	8.351±0.137 c	6.670±0.164 d	4.681±0.172 e	8.30	23.96	47.80	58.32	70.74

表 4-5　不同浓度毒死蜱在植有水葱的水体中不同时间的残留量及降解率

毒死蜱浓度/(mg/L)	残留量/(mg/kg)					降解率/%				
	1天	5天	10天	15天	20天	1天	5天	10天	15天	20天
1	0.805±0.045 a	0.567±0.042 b	0.265±0.009 c	0.089±0.003 d	0.074±0.006 d	19.51	43.35	73.54	91.05	92.59
2	1.864±0.083 a	1.293±0.037 b	0.661±0.053 c	0.435±0.030 d	0.275±0.040 e	6.81	35.33	66.96	78.24	86.26
4	3.594±0.213 a	2.297±0.096 b	1.429±0.109 c	0.848±0.097 d	0.633±0.076 d	10.15	42.57	64.28	78.79	84.18
8	7.159±0.211 a	5.036±0.264 b	3.477±0.213 c	2.833±0.212 d	1.471±0.043 e	10.52	37.05	56.53	64.58	81.61
16	14.855±0.170 a	12.334±1.069 b	9.217±0.378 c	7.598±0.405 d	4.926±0.214 e	7.15	22.91	42.40	52.51	69.21

表 4-6　不同浓度毒死蜱在植有菖蒲的水体中不同时间的残留量及降解率

毒死蜱浓度/(mg/L)	残留量/(mg/kg)					降解率/%				
	1天	5天	10天	15天	20天	1天	5天	10天	15天	20天
1	0.787±0.063 a	0.641±0.023 b	0.373±0.018 c	0.200±0.034 d	0.090±0.011 e	21.27	35.87	62.68	80.02	90.99
2	1.811±0.150 a	1.190±0.025 b	0.643±0.040 c	0.341±0.023 d	0.229±0.027 d	9.44	40.52	67.84	82.96	88.55
4	3.646±0.086 a	2.255±0.054 b	1.633±0.039 c	0.907±0.047 d	0.643±0.048 e	8.85	43.62	59.18	77.33	83.93
8	7.400±0.178 a	5.945±0.434 b	3.460±0.171 c	2.636±0.109 d	1.946±0.083 e	7.50	25.69	56.75	67.05	75.67
16	14.622±0.332 a	11.505±0.753 b	8.531±0.748 c	7.183±0.284 d	5.669±0.357 e	8.61	28.09	46.68	55.11	64.57

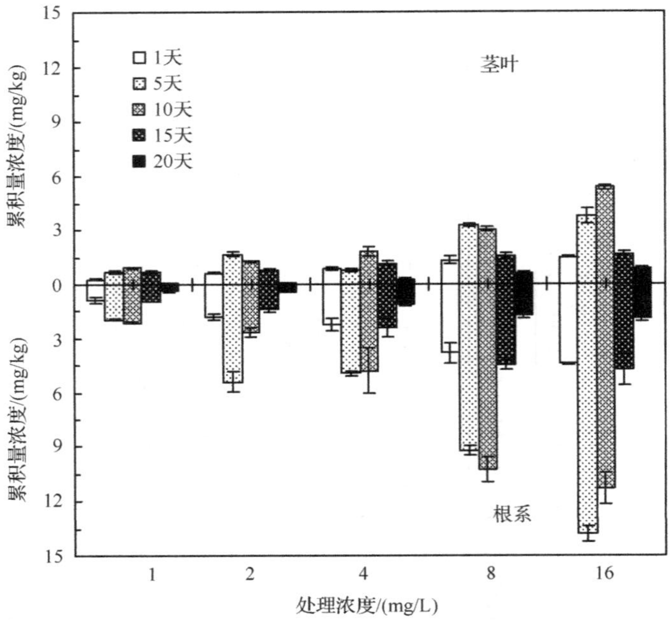

图 4-6　水生鸢尾茎叶和根系中毒死蜱的累积量浓度

经不同浓度毒死蜱溶液培养后，水生鸢尾体内毒死蜱浓度与培养液中浓度的比值，即生物浓缩系数(BCF)见表 4-7。水生鸢尾对毒死蜱的 BCF，根系为 0.12～2.70 倍，茎叶为 0.05～0.91 倍。水生鸢尾体内的残留浓度随处理浓度的增加而上升，除茎叶第 20 天的 BCF 外，可以认为 BCF 是随处理浓度的提高显著下降，但其上升或下降并非与处理浓度呈直线相关。根系残留浓度从第 1 天起直到第 20 天都要大于茎叶残留浓度。水生鸢尾茎叶残留浓度和根系残留浓度的比值，即茎叶/根系残留浓度比，值为 0.15～0.74，表明水生鸢尾吸收的毒死蜱主要集中在根系，转移至茎叶的量则较少。

表 4-7　3 种水生植物根系和茎叶对毒死蜱的富集能力

处理天数/d	毒死蜱处理浓度/(mg/L)	水生鸢尾生物浓缩系数		水葱生物浓缩系数		菖蒲生物浓缩系数	
		根系	茎叶	根系	茎叶	根系	茎叶
1	1	0.84	0.29	0.26	0.24	0.63	0.25
	2	0.90	0.32	0.48	0.36	0.86	0.32
	4	0.56	0.21	0.40	0.48	0.63	0.23
	8	0.48	0.16	0.85	0.55	0.34	0.13
	16	0.28	0.09	0.33	0.22	0.24	0.12

续表

处理天数/d	毒死蜱处理浓度/(mg/L)	水生鸢尾生物浓缩系数		水葱生物浓缩系数		菖蒲生物浓缩系数	
		根系	茎叶	根系	茎叶	根系	茎叶
5	1	1.96	0.69	1.69	0.56	1.78	0.55
	2	2.70	0.82	2.82	1.41	1.77	0.87
	4	1.23	0.19	0.91	1.42	0.87	0.51
	8	1.15	0.41	0.94	0.93	0.85	0.41
	16	0.86	0.24	0.52	0.56	0.83	0.21
10	1	2.12	0.91	4.94	3.62	3.78	1.09
	2	1.35	0.63	1.59	1.48	2.68	1.05
	4	1.20	0.45	1.28	2.07	1.85	0.90
	8	1.28	0.38	1.35	1.07	1.67	0.71
	16	0.70	0.34	0.56	0.64	0.96	0.37
15	1	0.91	0.67	1.99	2.41	2.06	0.45
	2	0.70	0.40	1.11	1.21	1.20	0.43
	4	0.60	0.29	0.70	1.39	0.77	0.39
	8	0.56	0.19	0.43	0.76	0.66	0.20
	16	0.29	0.10	0.63	0.53	0.45	0.17
20	1	0.38	0.07	0.71	0.48	0.77	0.20
	2	0.20	0.05	0.48	0.55	0.58	0.22
	4	0.27	0.07	0.33	0.55	0.44	0.18
	8	0.21	0.07	0.29	0.36	0.21	0.15
	16	0.12	0.05	0.20	0.19	0.13	0.09

2. 水葱对不同浓度毒死蜱的吸收和积累

由图 4-7 可以看出，培养液中毒死蜱的浓度对水葱根系毒死蜱含量有显著影响：1mg/L、4mg/L 和 8mg/L 组在 1 天开始显著上升，至 10 天达到高峰，而后大幅度下降；2mg/L 组从 1 天开始上升，5 天达到最高，而后开始下降；16mg/L 组缓慢上升，至 15 天到达吸收顶峰，后迅速下降。

水葱茎叶的积累情况与根系的积累情况有所不同(图 4-7)。1mg/L 组前 5 天浓度略有上升，5 天后显著上升，第 10 天达到高峰，而后较大幅度下降；2mg/L 组前 5 天上升明显，第 5 天至第 15 天下降平缓，而后出现较明显的下降；4mg/L、8mg/L 和 16mg/L 组都是在 10 天达到高峰，然后下降。

经不同浓度毒死蜱溶液培养后，水葱根系和茎叶对毒死蜱的生物浓缩系数见表 4-7。根系为 0.20～4.94 倍，茎叶为 0.19～3.62 倍。虽然在第 1 天 8mg/L 处理的茎叶的残留浓度要比 16mg/L 处理的同时期的残留浓度大，第 5 天 2mg/L 处理的根系的残留浓度远大于 4mg/L 处理的同时期的浓度，第 10 天时 1mg/L 处理的残留浓度大于 2mg/L 处理

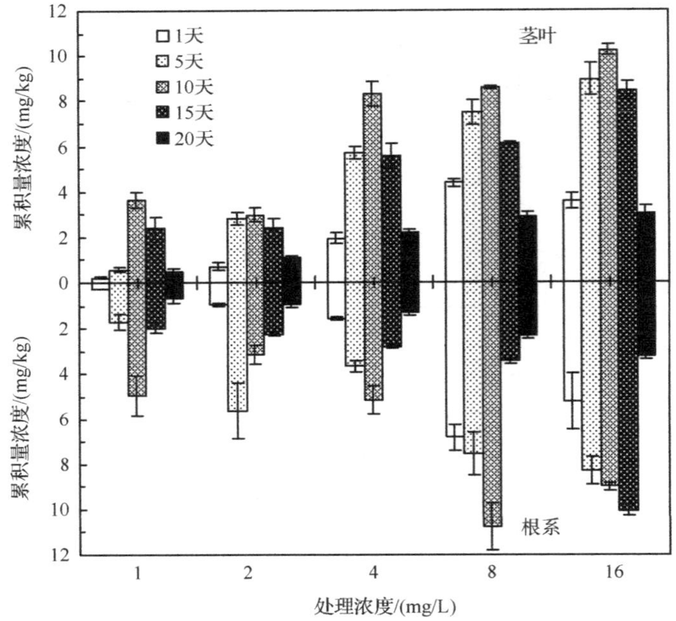

图 4-7 水葱茎叶和根系中毒死蜱的累积量浓度

的同时期的浓度,但仍可以认为水葱体内的残留浓度随处理浓度的增加而上升。生物浓缩系数和处理浓度变化之间没有规律,其上升或下降的幅度并非与处理浓度呈直线相关。水葱中的茎叶/根系残留浓度比在整个培养期间有较大波动,最大可达 1.98,最低为 0.33,但从第 15 天起叶片/根系残留浓度比值均高于 1,表明毒死蜱被水葱吸收后,发生了由根系向茎叶的转移和运输。

3. 菖蒲对不同浓度毒死蜱的吸收和积累

菖蒲根系和茎叶毒死蜱浓度的变化见图 4-8,从开始上升到 10 天后出现下降,是个上升平缓、下降较为迅速的过程。在第 5 天,4mg/L 处理的根系浓度还稍微小于 2mg/L 处理的,在第 10 天已经赶上。从第 20 天来看,植物体内浓度是随培养液中毒死蜱的浓度的增加而增加的。

从表 4-7 中可以看出,除了第 1 天的 2mg/L、第 5 天的 2mg/L 和第 20 天的 2mg/L 组茎叶部不符合残留浓度随处理浓度的增加而上升、生物浓缩系数随处理浓度的提高而下降的规律外,菖蒲的其余组均符合此规律。出现这种情况可能是在取样和测量时出现了问题,造成数据偏大。在整个培养期间,菖蒲的茎叶/根系残留浓度比,其值都为0.22~0.70,证明菖蒲吸收的毒死蜱主要集中在根系,转移至茎叶的量则较少。

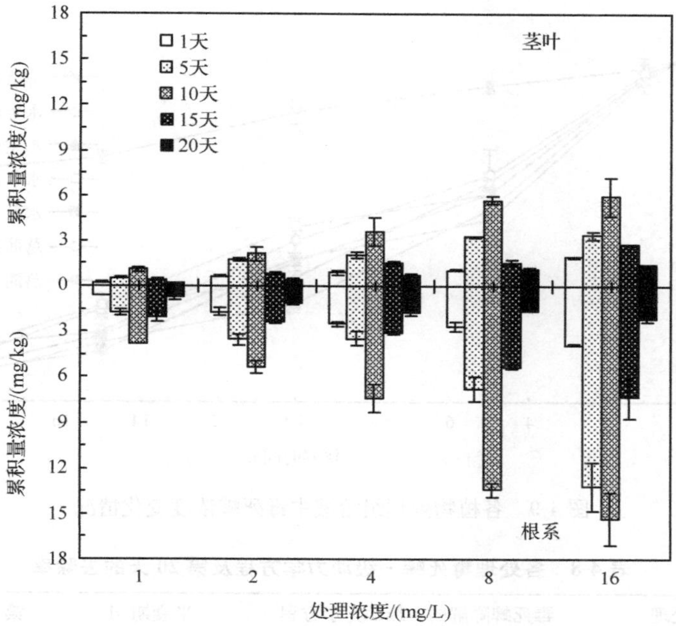

图 4-8　菖蒲茎叶和根系中毒死蜱的累积量浓度

五、水生植物对毒死蜱的去除贡献

水生植物对毒死蜱的去除贡献，是用如下处理来进行评价的。

1）空白对照：种植物，培养液中未添加毒死蜱（用作在试验结束时比较不同处理植物生物量的变化）。

2）无植物抑菌对照：不种植物，培养液中添加毒死蜱，浓度为 5mg/L，并加入氨苄青霉素，浓度为 10mg/L（用作在试验结束时确定不同植物处理组中植物对毒死蜱降解的贡献）。

3）不抑菌处理：种植物，培养液中添加毒死蜱，浓度为 5mg/L。

4）抑菌处理：种植物，培养液中添加毒死蜱，浓度为 5mg/L，并加入氨苄青霉素，浓度为 10mg/L。

1. 植物对毒死蜱降解的贡献

试验进行 20 天后，各处理毒死蜱浓度的变化情况（图 4-9）、残留浓度与其降解时间的关系，可用一级动力学反应方程很好地拟合（表 4-8）。

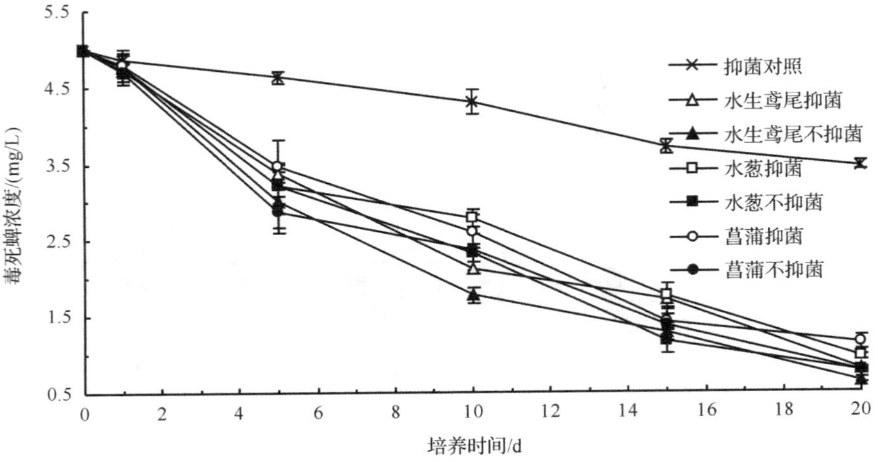

图 4-9　各植物处理组溶液中毒死蜱浓度变化情况

表 4-8　各处理毒死蜱一级动力学方程及第 20 天的去除率

植物	处理	毒死蜱降解的一级动力学方程	半衰期/d	第 20 天去除率/%
无植物	抑菌对照	$y=5e^{-0.0185t}$ ($R^2=0.9823$)	37.5	30.87±1.28 e
水生鸢尾	抑菌	$y=5e^{-0.0842t}$ ($R^2=0.9754$)	8.2	83.98±0.48 b
	不抑菌	$y=5e^{-0.0990t}$ ($R^2=0.9921$)	7.0	87.11±0.60 a
水葱	抑菌	$y=5e^{-0.0759t}$ ($R^2=0.9689$)	9.1	80.94±0.73 c
	不抑菌	$y=5e^{-0.0922t}$ ($R^2=0.9880$)	7.5	84.68±0.39 b
菖蒲	抑菌	$y=5e^{-0.0758t}$ ($R^2=0.9839$)	9.1	77.17±1.96 d
	不抑菌	$y=5e^{-0.0891t}$ ($R^2=0.9843$)	7.8	84.44±0.96 b

无植物抑菌对照处理，试验期间毒死蜱的浓度变化幅度较小，而各植物处理毒死蜱浓度的降幅较大。培养液中毒死蜱第 20 天的去除率，各植物处理组显著高于无植物抑菌对照($p<0.05$)。其中，无植物抑菌对照的去除率仅为 31%，而各植物处理组的去除率均超过 77%。各植物不抑菌处理的去除率高于抑菌处理，两者差异显著($p<0.05$)。氨苄青霉素的加入抑制了微生物的生长，毒死蜱在无菌条件下降解速率较低。植物和微生物存在的条件下，毒死蜱的半衰期缩短，仅为无植物抑菌对照的 1/5～1/3。可见植物和微生物可加速毒死蜱的降解，缩短其在环境中的存留时间。

处理系统对毒死蜱的总降解速率常数(K)是各降解途径(自然水解、微生物和植物的作用)的降解速率常数之和，植物的贡献 K 为植物抑菌处理与无植物抑菌对照处理的降解速率常数之差，微生物的贡献 K 为植物不抑菌处理与植物抑菌处理的降解速率常数之差。据此，水生鸢尾、水葱和菖蒲的贡献 K 分别为 0.0657/d、0.0574/d 和 0.0573/d，3 种植物存在的条件下对应的微生物的贡献 K 分别为 0.0148/d、0.0163/d 和 0.0133/d。各消解因子对农药的降解贡献率可采用各自的 K 值与总 K 值之比得到。水生鸢尾、水葱和菖蒲降解的贡献率分别是 66.4%、62.3%和 64.3%，对应的微生物的降解贡献率分别是 14.9%、17.7%和 14.9%。

2. 不同处理条件下植物的生物量变化

水生鸢尾、水葱和菖蒲在含毒死蜱(浓度为 5mg/L)的营养液中均可正常生长，但其 20 天内生物量增量均显著低于空白对照($p<0.05$)。此 3 种水生植物的鲜重增量在抑菌条件下的低于不抑菌条件下的；两者差异，水生鸢尾和水葱的显著($p<0.05$)，菖蒲的则不显著($p>0.05$)。其中，不抑菌条件下，水生鸢尾、水葱和菖蒲的鲜重增量与空白对照相比分别降低了 9.9%、26.0%和 16.1%；而抑菌条件下，此 3 种水生植物的鲜重增量较空白对照减少了 17.2%、47.9%和 28.0%(图 4-10)。可见，水体中的微生物能促进植物生物量增加。

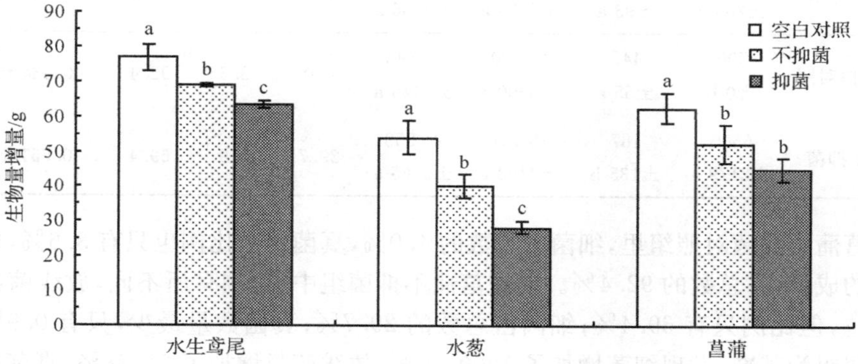

图 4-10　不同处理水生植物生物量变化

3. 毒死蜱对水体微生物数量及多样性的影响

表 4-9 为不同处理条件下的水体微生物数量。经方差分析，除菖蒲的不抑菌对照组和不抑菌组在细菌、真菌和多样性指数(DI)方面差异显著外，其余数据均差异不显著($p<0.05$)。

在水生鸢尾不抑菌对照组中，细菌占微生物总数的 57.5%，真菌占总数的 4.1%，放线菌的比例是 38.4%；在水生鸢尾不抑菌组中，微生物的比例发生了变化，放线菌所占比例最大，为 74.2%，细菌占总数的 24.5%，真菌的比例最小，只有 1.4%。水生鸢尾不抑菌组与对照比，细菌增加了 83.3%，真菌增加了 41.1%，放线菌增加了 733.3%，总数增加了 330.9%，DI 却减少了 8.3%。

水葱方面，放线菌与对照组相比增加了 10.9%，占不抑菌组微生物总数的 69.2%；细菌和真菌比不抑菌对照组减少了 75.8%、69.0%，占不抑菌组微生物总数的 30.2%和 0.6%；微生物总数和多样性指数比对照组减少了 47.1%和 18.6%。

表 4-9　毒死蜱对水体微生物数量的影响

植物	处理	微生物数量				各种微生物所占比例/%			多样性指数
		细菌	真菌	放线菌	总数	细菌	真菌	放线菌	
水生鸢尾	空白对照	3000 ±1000 a	215 ±85 a	2000 ±1500 a	5215 ±415 a	57.5	4.1	38.4	0.709±0.133 a
	不抑菌	5500 ±2179 a	303 ±153 a	16 667 ±9878 a	22 470 ±1166 a	24.5	1.4	74.2	0.651±0.155 a
水葱	空白对照	21 333± 2005 a	312 ±198 a	10 667 ±9385 a	32 312 ±2738 a	66.0	10	33.0	0.795±0.262 a
	不抑菌	5167 ±289 a	97 ±93 a	11 833 ±5485 a	17 097 ±5786 a	30.2	0.6	69.2	0.647±0.069 a
菖蒲	空白对照	500 ±0 b	445 ±55 a	11 500 ±3500 a	12 445 ±3445 a	4.0	3.6	92.4	0.334±0.087 b
	不抑菌	6500 ±2179 a	187 ±135 b	15 167 ±4163 a	21 853 ±6385 a	29.7	0.9	69.4	0.651±0.018 a

在菖蒲不抑菌对照组里，细菌占总数的 4.0%，真菌所占比例也只有 3.6%，放线菌是最主要的成员，占总数的 92.4%。而在菖蒲不抑菌组中，比例有所不同，放线菌虽然仍占主体地位，但比例只有 69.4%；细菌占总数的 29.7%；真菌数量最少，只有 0.9%。以不抑菌对照组为基准，发现细菌增加了 1200.00%，放线菌只增加了 31.88%，真菌却下降了 58.05%，微生物总数增加了 75.60%，DI 上升了 94.99%。

利用植物修复毒死蜱污染水体是可行的。植物的存在提高了毒死蜱的降解速率常数，大幅缩短了毒死蜱的半衰期，植物对毒死蜱的降解起主要作用（王庆海等，2010）。Nakamura 等（2004）将工程菌接种到细香葱根区共同降解五氯酚，结果证实植物在修复五氯酚污染的土壤过程中起主要作用，与本研究结果相似。但本文采用添加氨苄青霉素的抑菌方法并不能抑制全部细菌和真菌，因此微生物贡献有可能被低估。植物种类不同，修复效率也不同；同时其根际微生物的降解贡献也不同。因为不同植物的生长速度、生物量、个体高矮和大小等生物学性状存在差异，植物本身的生物学性状直接关系到污染环境植物修复的效率。由于影响植物效率的因素十分复杂，本研究中植物对毒死蜱的去除率与其生物量增量的关系体现得并不明显。另外，不同植物根际分泌物的数量和成分不同，根际微生物的丰度各异，微生物的降解贡献也表现出一定差异。有研究表明微生物可以缩短毒死蜱在土壤中的半衰期，但高浓度的残留限制微生物的降解作用（吴慧明和朱国念，2003）。

对藻类产生毒害的毒死蜱浓度为 5mg/L，会抑制水生鸢尾、水葱和菖蒲生物量的增加，但对植物的生长发育无明显不良影响。而且水生植物在生长环境抑菌和不抑菌条件下的生物量也有差异，前者低于后者（王庆海等，2010）。植物根际是微生物生长的良好场所，根分泌物为微生物提供了重要的营养和能量物质，植物的存在能够增加微生物的数量（Morgan et al.，2005）。Fletcher 和 Hegde（1995）的研究表明，桑树、桑橙树和苹果树的根际产物黄酮类化合物和氧杂萘邻酮，可以刺激能降解多氯联苯和多环芳烃的微生物生长。同时，根际有益微生物种类和数量的增加，也会促进植物的生长。根际微生物有的可产生植物生长激素，有的可将有机养分转化为无机养分，提高植物利用难吸收养分的能力(陆雅海和张福锁，2006)。另外，植物对污染物的防御可以通过根圈微生物对污染物的外部降解作用得到补充(Walton and Anderson，1992)。毒死蜱对植物的毒害被降低到某个临界点以下，从而使植物能够耐受这种胁迫。

第二节　水生植物对除草剂阿特拉津的去除作用

阿特拉津(Atrazine)又名莠去津，属三氮苯类除草剂，它是一种人工合成的化学品，1952 年由 Geigy 化学公司开发，并于 1958 年申请瑞士专利，1959 年投入商业生产。我国从 20 世纪 80 年代初开始使用，是北方旱区主要作物玉米、高粱、果茶园等常用除草剂(万年升等，2006)。我国每年阿特拉津的用量平均以 20%的速度递增，在美国它也是使用最广泛的除草剂之一；日本于 1965 年登记使用阿特拉津，现每年的生产量为 1750t，产值达 30 亿日元(孟顺龙，2007)。阿特拉津在湿润的土壤中药效最好，施药后若有明显降雨，尤其是强降雨，就容易进入地下水和地表径流中(Graymore et al.，2001)。其水溶性高，多数移动发生在水相，在孔隙大、结构好的土壤中具有很高的渗透潜力。已有在深层土壤、地下水和地表径流检出较高浓度的阿特拉津或其降解物的报道。美国农业区附近河流中的最高检出量为 224μg/L。在我国淮河的信阳、阜阳、淮南、蚌埠 4 个监测断面曾分别检测到 76.4μg/L、80.0μg/L、72.5μg/L、81.3μg/L 的阿特拉津残留(李宏园等，2006)，曾作为北京饮用水源的官厅水库也有检出阿特拉津的报道(任晋等，2002)。

阿特拉津及其部分降解产物均具有植物毒性，有的毒性甚至与阿特拉津相当(如去乙基阿特拉津)(Winkelmann and Klaine，1991)。这些物质在水体中的大量残留不仅会影响水质，而且对水生生态系统中的动植物健康构成直接威胁。较低浓度的阿特拉津(1～10μg/L)就会影响浮游植物的光合作用(Lakshminarayana et al.，1992)，20μg/L 可降低大型沉水植物 60%的丰度(Solomon et al.，1996)。阿特拉津的植物毒性随浓度的增高而增强。沉水植物美洲苦草在 12μg/L 阿特拉津溶液中暴露 47 天的死亡率约为 50%，当浓度增至 120μg/L 时，30 天内死亡率即达 100%(Correll and Wu，1982)。只要阿特拉津浓度不高于 50～100μg/L，湿地生态系统中的大型水生植物会很快恢复。这是由于湿地中存在大量有机沉积物，阿特拉津的半衰期相对较短，仅为 8～14 天，植物在高浓度阿特拉津下的暴露时间相应较短(Detenbeck et al.，1996)。

目前有关阿特拉津对水生植物的毒理学效应的研究主要集中在浮游植物和大型水生植物中的沉水植物上，对挺水植物的毒理效应则鲜见报道。挺水植物是水生植物的一种重要生活型，是通过长期适应水环境而形成的趋同性生态适应类型(刘建康，1999)，在改善水体水质和构造水体景观方具有重要作用。研究阿特拉津对我国水体常见挺水植物生物量与生理指标的影响，探讨挺水植物对阿特拉津胁迫的耐受性，明确阿特拉津对挺水植物的毒理效应，可为阿特拉津水体污染的植物修复技术提供依据。

一、水生植物对阿特拉津的敏感性

1. 阿特拉津对水生植物生物量的影响

(1) 阿特拉津对千屈菜鲜重的影响

在较低浓度如2mg/L处理下，阿特拉津对千屈菜毒性较小。随着阿特拉津浓度的逐渐升高，千屈菜的鲜重增量逐渐减小，但除了16mg/L处理组外，对照组与处理组无显著差异($p>0.05$)。随着培养时间的增加，千屈菜鲜重也迅速增加，但增长势头逐渐减缓(图4-11)。阿特拉津浓度从低到高，其对千屈菜鲜重抑制率逐渐升高(图4-12)，呈线性相关，通过线性方程可算出阿特拉津对千屈菜鲜重的抑制中浓度LC_{50}=85.8mg/L。

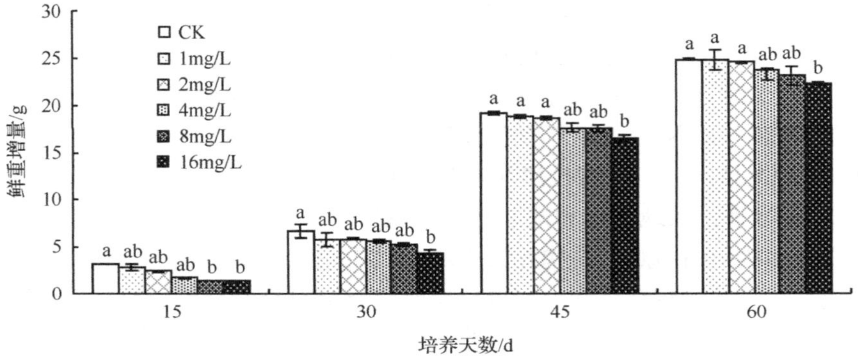

图4-11　阿特拉津对千屈菜鲜重增量的影响

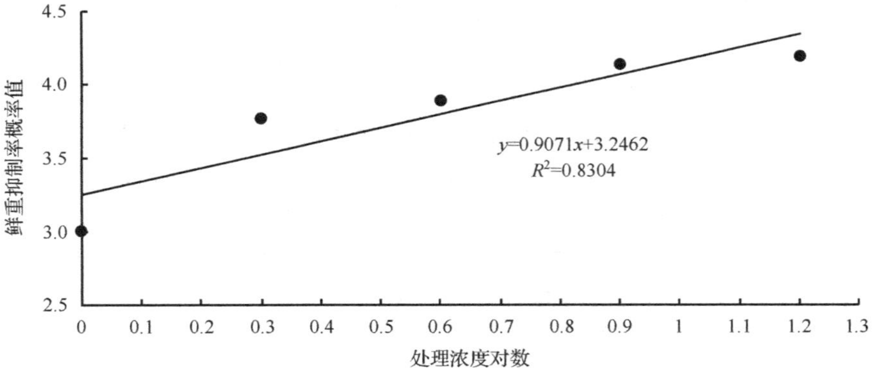

图4-12　阿特拉津对千屈菜鲜重的抑制作用

(2) 阿特拉津对水生鸢尾鲜重的影响

随着阿特拉津浓度的逐渐升高，水生鸢尾鲜重增量呈下降趋势，但幅度较小，无明显差异($p>0.05$)。各个培养时间段表现均如此(图4-13)。阿特拉津浓度从低到高，其对水生鸢尾鲜重抑制率逐渐升高(图4-14)，阿特拉津对水生鸢尾鲜重的抑制中浓度LC_{50}=18 667.8mg/L。

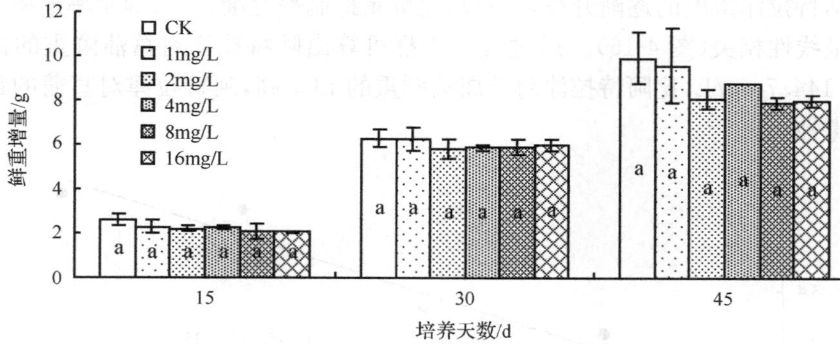

图 4-13　阿特拉津对水生鸢尾鲜重增量的影响

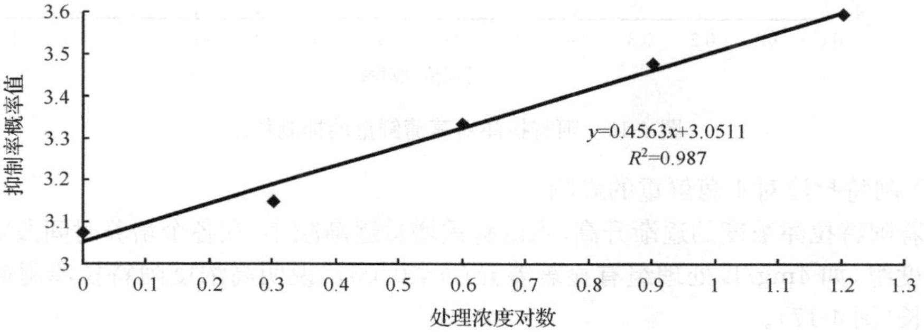

图 4-14　阿特拉津对水生鸢尾鲜重的抑制作用

(3) 阿特拉津对菖蒲鲜重的影响

从图 4-15 可看出，随着阿特拉津浓度逐渐升高，菖蒲鲜重增量整体上呈逐渐减小趋势，在各个培养时间段对照组都与 8mg/L、16mg/L 的处理组有显著差异($p<0.05$)，在培养 15 天的时间段对照组还与 4mg/L 处理组存在显著差异($p<0.05$)，对照组与其他处理组无显著差异($p>0.05$)。这说明阿特拉津对菖蒲鲜重增加有不利影响，且高浓度影响显著，但随着培养时间的增加、植物应激机制的产生，这种不利影响在逐渐减轻。

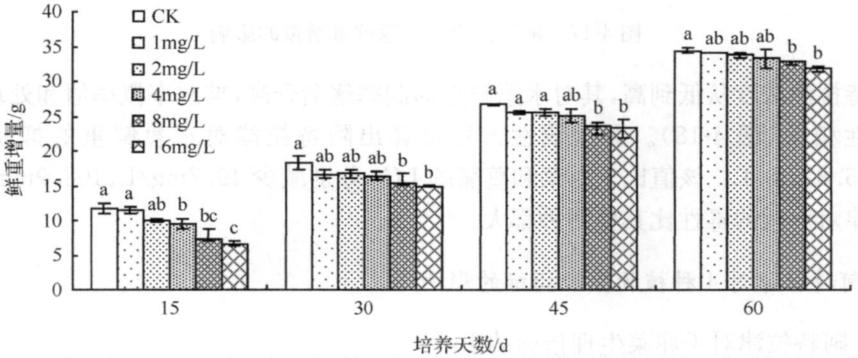

图 4-15　阿特拉津对菖蒲鲜重增量的影响

随着阿特拉津浓度的逐渐升高，其对菖蒲鲜重抑制率逐渐升高，抑制率概率值和处理浓度对数呈线性相关（图 4-16）。通过线性方程可算出阿特拉津对菖蒲鲜重的抑制中浓度 LC_{50} = 144.7mg/L，比阿特拉津对千屈菜鲜重的 LC_{50} 高，阿特拉津对菖蒲的毒性比对千屈菜的毒性小。

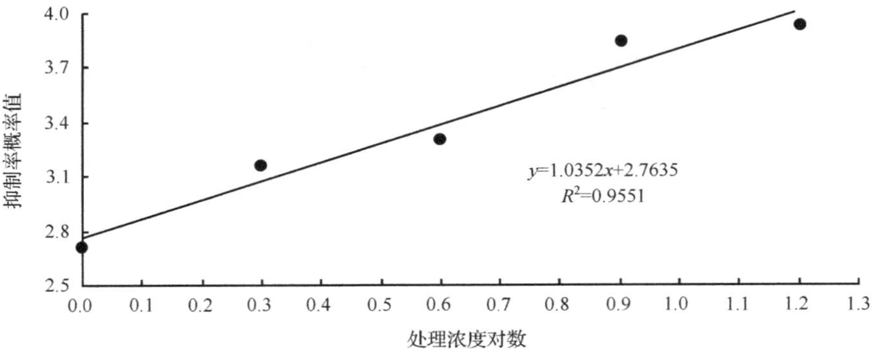

图 4-16　阿特拉津对菖蒲鲜重的抑制作用

（4）阿特拉津对水葱鲜重的影响

随着阿特拉津浓度的逐渐升高，水葱鲜重增量逐渐减小，在各个培养时间段对照组都与高浓度组，如 4mg/L 处理组有显著差异（p<0.05），说明高浓度阿特拉津阻碍水葱鲜重的增长（图 4-17）。

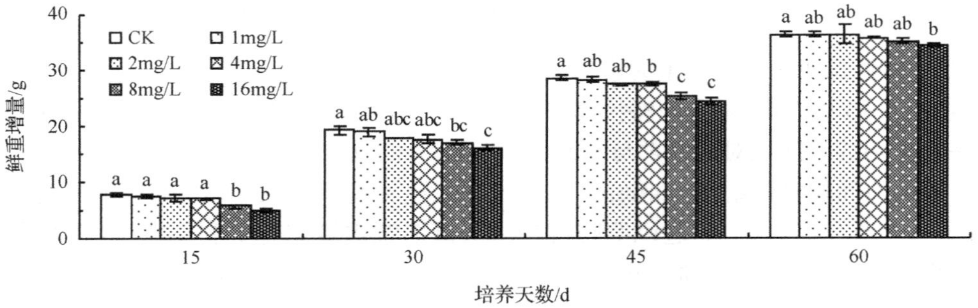

图 4-17　阿特拉津对水葱鲜重增量的影响

阿特拉津浓度从低到高，其对水葱鲜重抑制率逐渐升高，抑制率概率值和处理浓度对数呈线性相关（图 4-18）。通过线性方程可算出阿特拉津对水葱鲜重的抑制中浓度 LC_{50}=35.81mg/L。该值比千屈菜和菖蒲的 LC_{50} 分别减少 49.7mg/L、108.9mg/L，说明阿特拉津对水葱的毒性比其他两种都大。

2. 阿特拉津对 4 种植物生理指标的影响

（1）阿特拉津对千屈菜生理指标的影响

A. 阿特拉津对千屈菜 MDA 含量的影响

从图 4-19 可看出，随着阿特拉津浓度的逐渐升高，千屈菜 MDA 含量总体呈升高趋

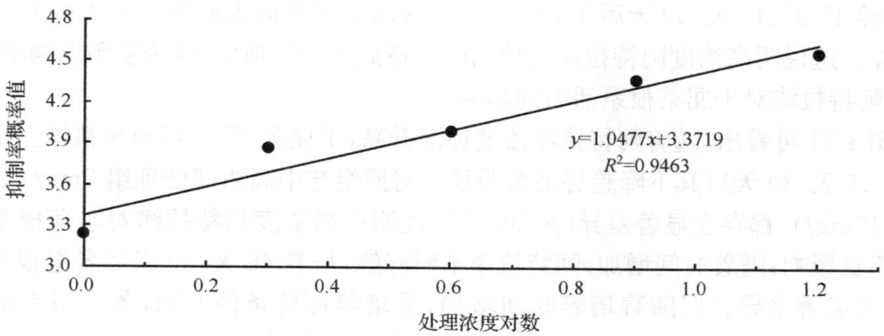

图 4-18　阿特拉津对水葱鲜重的抑制作用

势，说明阿特拉津的加入对植物的膜系统造成了破坏。通过方差分析发现，在各个时间段对照组与 16mg/L 处理 MDA 含量都存在显著差异（$p<0.05$），且在培养 30 天后对照与 8mg/L 处理 MDA 含量也存在显著差异（$p<0.05$）；在培养 60 天后，对照组、1mg/L、2mg/L、4mg/L 同 16mg/L 处理 MDA 含量也存在显著差异（$p<0.05$），其他则无显著差异。随着培养时间的增加，MDA 含量先增加后减少，阿特拉津对植物的膜系统的破坏也先加剧后减轻。

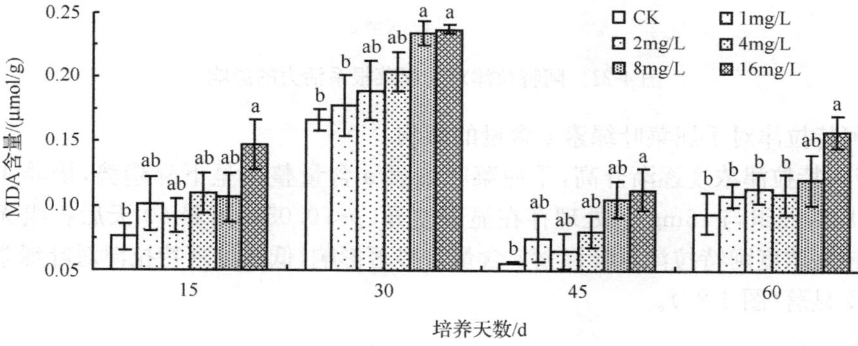

图 4-19　阿特拉津对千屈菜 MDA 含量的影响

B. 阿特拉津对千屈菜叶片相对含水量的影响

从图 4-20 可看出，随着阿特拉津浓度逐渐升高，千屈菜叶片相对含水量整体呈下降

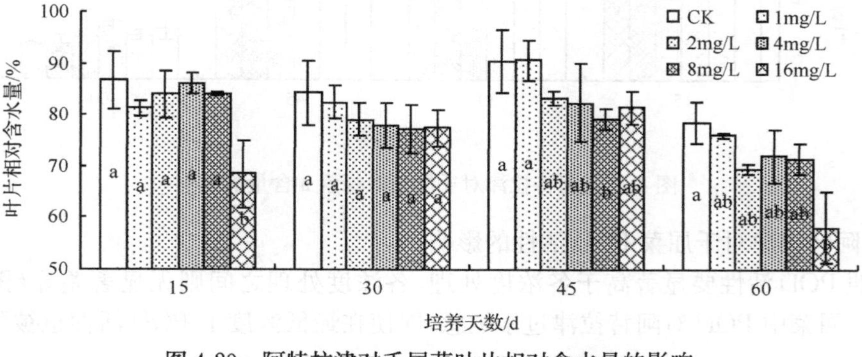

图 4-20　阿特拉津对千屈菜叶片相对含水量的影响

趋势，培养 15 天、45 天、60 天后 16mg/L 中的含水量下降最为显著($p<0.05$)，其他则无显著差异。这说明高浓度阿特拉津对植物叶片造成了一定损伤，低浓度则影响不大。

C. 阿特拉津对千屈菜根系活力的影响

从图 4-21 可看出，随着阿特拉津浓度逐渐升高，千屈菜 TTC 还原量整体上呈下降趋势，培养 15 天、30 天后其下降趋势最为明显。对照组与中高浓度处理组 2mg/L、4mg/L、8mg/L、16mg/L 都存在显著差异($p<0.05$)，说明中高浓度阿特拉津对水葱根系活力有显著的不良影响；随着时间增加，阿特拉津不断降解，培养 45 天、60 天后各组根系活力趋于平均，无显著差异。但随着培养时间增加，受培养环境条件所限，各组根系活力普遍下降。

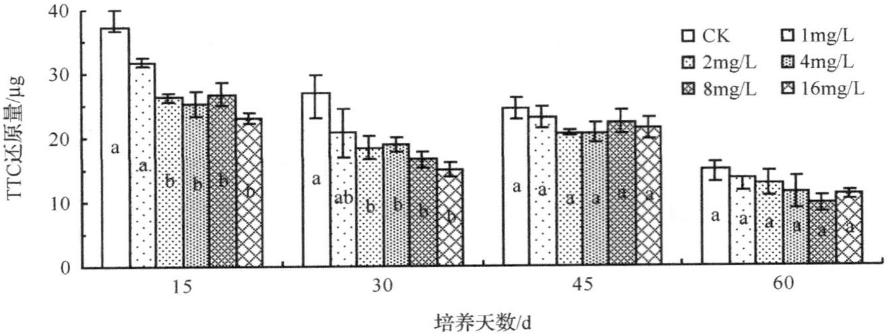

图 4-21 阿特拉津对千屈菜根系活力的影响

D. 阿特拉津对千屈菜叶绿素 a 含量的影响

随着阿特拉津浓度逐渐升高，千屈菜叶绿素 a 含量整体呈下降趋势，培养 15 天、30 天、45 天后对照组与 16mg/L 处理存在显著差异($p<0.05$)，培养 60 天后各组无明显差异，说明较高浓度阿特拉津对叶绿素 a 含量有显著影响，低浓度阿特拉津对叶绿素 a 也有影响，但不显著(图 4-22)。

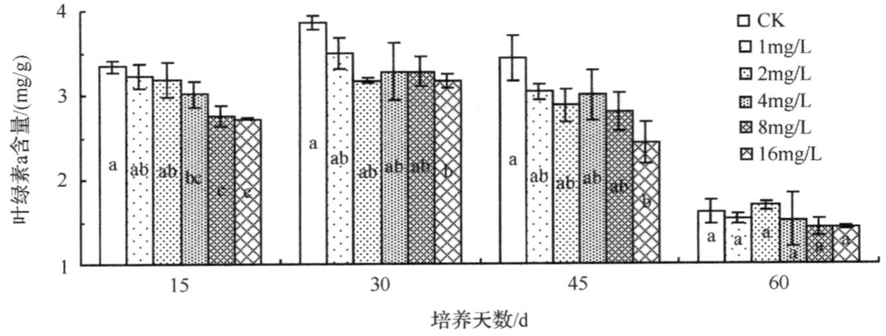

图 4-22 阿特拉津对千屈菜叶绿素 a 含量的影响

E. 阿特拉津对千屈菜 POD 活性的影响

对照 POD 活性要显著高于各浓度处理，各浓度处理之间则无显著差异(图 4-23)。这说明千屈菜中 POD 对阿特拉津过于敏感，即使在最低浓度下 POD 活性也被阿特拉津所抑制。

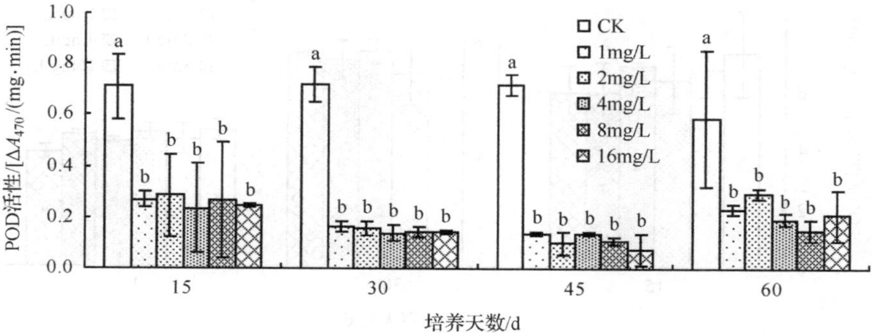

图 4-23　阿特拉津对千屈菜 POD 活性的影响

(2) 阿特拉津对水生鸢尾生理指标的影响

A. 阿特拉津对水生鸢尾叶片相对含水量的影响

从图 4-24 可以看出，随着阿特拉津浓度的逐渐升高，水生鸢尾叶片相对含水量整体呈下降趋势，但幅度较小，无明显差异($p>0.05$)。培养 15 天、30 天、45 天各个处理组之间都无显著差异。

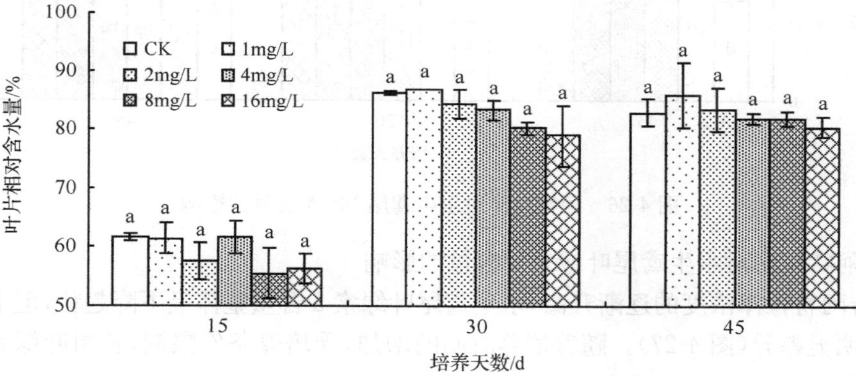

图 4-24　阿特拉津对水生鸢尾叶片相对含水量的影响

B. 阿特拉津对水生鸢尾 POD 活性的影响

从图 4-25 可以看出，随着阿特拉津浓度的逐渐升高，水生鸢尾 POD 活性整体呈下降趋势，但下降幅度较小，无明显差异($p>0.05$)。随着培养时间的增加，受培养条件限制，培养 45 天时，各组 POD 活性有所下降。

C. 阿特拉津对水生鸢尾 MDA 含量的影响

随着阿特拉津浓度的逐渐升高，水生鸢尾 MDA 含量整体呈增加趋势(图 4-26)。培养 15 天时，2mg/L、4mg/L、8mg/L 和 16mg/L 浓度处理均显著高于对照($p<0.05$)；培养 30 天、45 天时，8mg/L 和 16mg/L 处理与对照有显著差异($p<0.05$)。随着培养时间的增加，高浓度处理组(4mg/L、8mg/L、16mg/L)处理的 MDA 含量都有所下降，说明水生鸢尾体内膜系统保护机制启动，阻止了阿特拉津对膜系统的破坏，从而使得 MDA 含量减少。

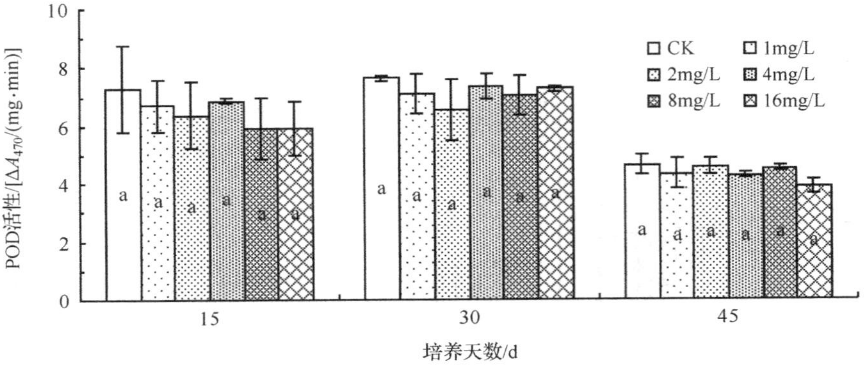

图 4-25　阿特拉津对水生鸢尾 POD 活性的影响

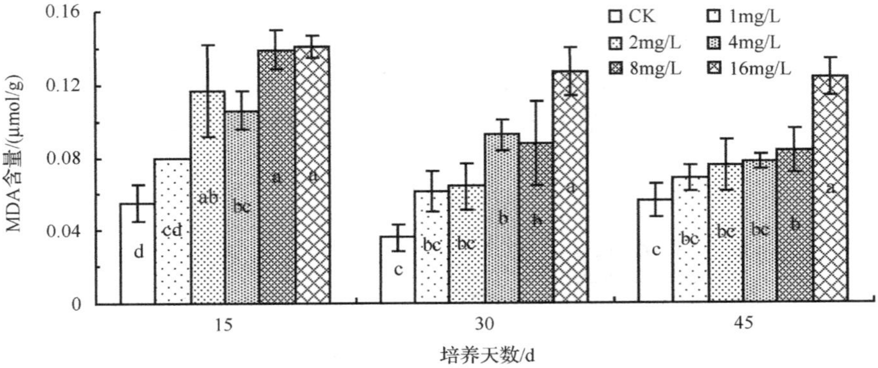

图 4-26　阿特拉津对水生鸢尾 MDA 含量的影响

D. 阿特拉津对水生鸢尾叶绿素 a 含量的影响

随着阿特拉津浓度的逐渐升高，水生鸢尾叶绿素 a 含量整体呈下降趋势，但下降幅度较小，无明显差异(图 4-27)。随着培养时间的增加，受培养条件限制，各组叶绿素 a 含量有所下降。

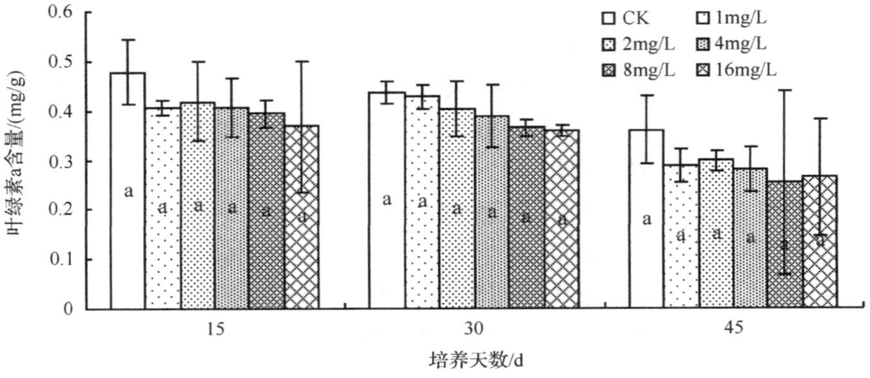

图 4-27　阿特拉津对水生鸢尾叶绿素 a 含量的影响

(3) 阿特拉津对菖蒲生理指标的影响

A. 阿特拉津对菖蒲叶片相对含水量的影响

随着阿特拉津浓度的逐渐升高，菖蒲叶片相对含水量整体呈下降趋势，在培养 15 天后，各处理组含水量下降最为突出，对照组与各处理组都有显著差异；在其他培养时间段对照组都与 8mg/L、16mg/L 处理组有显著差异(图 4-28)。这说明高浓度阿特拉津对菖蒲叶片造成了一定伤害。

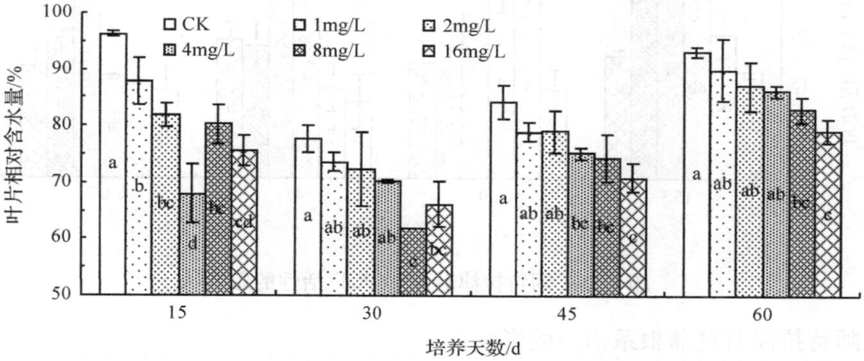

图 4-28　阿特拉津对菖蒲叶片相对含水量的影响

B. 阿特拉津对菖蒲 MDA 含量的影响

各浓度处理 MDA 含量都比对照大，说明阿特拉津的加入对菖蒲膜系统造成了破坏。在培养 15 天、30 天后，各浓度处理 MDA 含量呈先增加后减小然后再增加的趋势，且差异显著，这种趋势表明菖蒲体内应激机制在中浓度产生，然后又被高浓度阿特拉津所抑制。培养 45 天后各浓度处理与对照差异显著，但浓度处理之间则差异不明显。培养 60 天后，各处理差异均不明显。可能是因为随着培养天数的增加，MDA 含量不断积累，在 45 天达到阈值后被植物清除(图 4-29)。

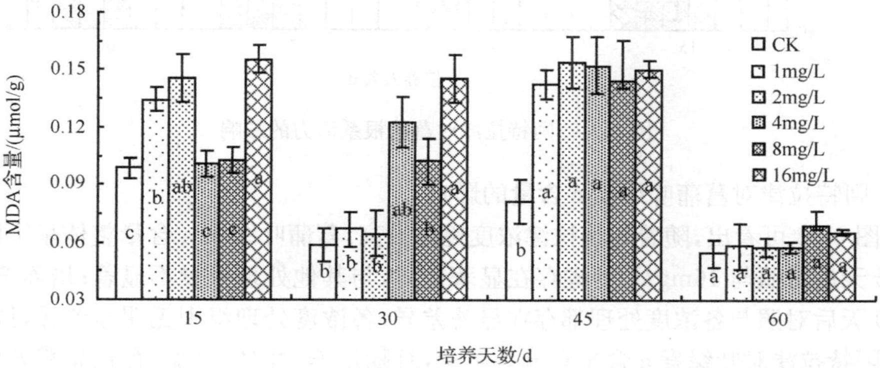

图 4-29　阿特拉津对菖蒲 MDA 含量的影响

C. 阿特拉津对菖蒲 POD 活性的影响

从图 4-30 可看出，随着阿特拉津浓度的逐渐升高，各处理 POD 活性先升高后降低，且在各个培养时间段顶点与两端均差异显著($p<0.05$)，表明随着阿特拉津浓度的升高，菖蒲体内活性氧不断增加，清除活性氧的POD活性随之升高，但POD活性会被高浓度的阿特拉津抑制。

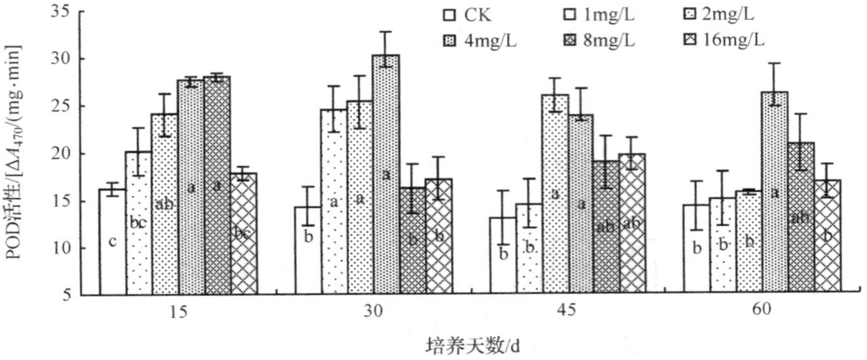

图 4-30　阿特拉津对菖蒲 POD 活性的影响

D. 阿特拉津对菖蒲根系活力的影响

随着阿特拉津浓度的逐渐升高，菖蒲 TTC 还原量整体上呈下降趋势，但各个培养时间段各浓度处理之间差异均不明显(图 4-31)，说明高浓度阿特拉津对水葱根系活力影响不明显。

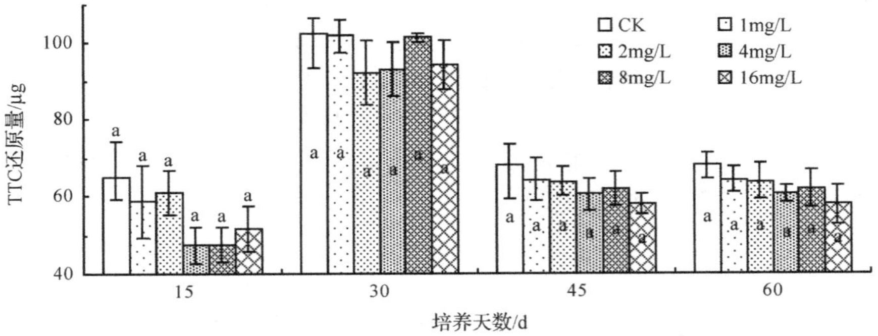

图 4-31　阿特拉津对菖蒲根系活力的影响

E. 阿特拉津对菖蒲叶绿素 a 含量的影响

从图 4-32 可看出，随着阿特拉津浓度逐渐升高，菖蒲叶绿素 a 含量整体呈下降趋势，培养 15 天后对照与 16mg/L 处理存在显著差异，与其他处理差异不显著；培养 30 天、45 天和 60 天后对照与各浓度处理都存在显著差异，各浓度处理组则无明显差异，说明较高浓度的阿特拉津对叶绿素 a 含量有显著影响，且随培养时间的增加，存在累积效应，叶绿素 a 含量不断降低。

(4) 阿特拉津对水葱生理指标的影响

A. 阿特拉津对水葱根系活力的影响

从图 4-33 可看出，随着阿特拉津浓度的逐渐升高，水葱 TTC 还原量整体上呈下降趋

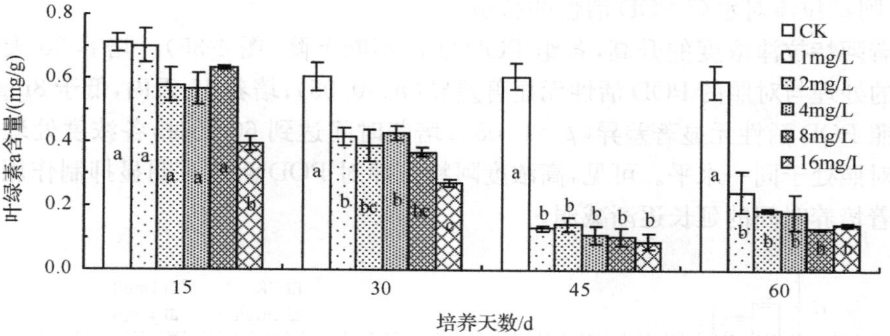

图 4-32　阿特拉津对菖蒲叶绿素 a 含量的影响

势，在各个培养时间段对照都与高浓度处理（如 4mg/L）存在显著差异（$p<0.05$），说明高浓度阿特拉津对水葱根系活力有明显的不良影响。

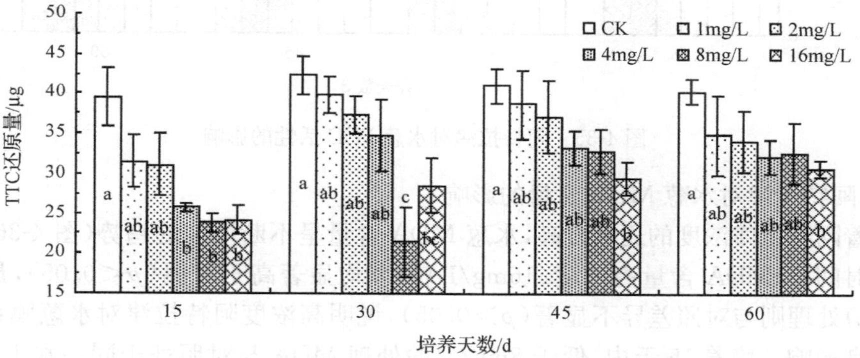

图 4-33　阿特拉津对水葱根系活力的影响

B. 阿特拉津对水葱叶片相对含水量的影响

从图 4-34 可看出，随着阿特拉津浓度的逐渐升高，水葱叶片相对含水量整体呈下降趋势，培养 15 天、30 天和 45 天后，8mg/L 和 16mg/L 处理叶片相对含水量下降最为显著（$p<0.05$），说明高浓度阿特拉津对叶片相对含水量影响较大。

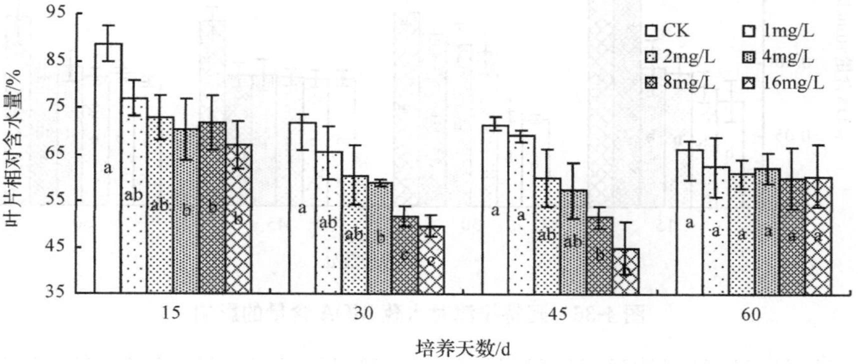

图 4-34　阿特拉津对水葱叶片相对含水量的影响

C. 阿特拉津对水葱 POD 活性的影响

随着阿特拉津浓度的升高，各组 POD 活性不断下降（图 4-35）。培养 30 天内，低于 4mg/L的处理与对照的 POD 活性无显著差异（$p>0.05$）；培养 45 天内，低于 8mg/L 的处理与对照 POD 活性无显著差异（$p>0.05$）；培养时间达到 60 天时，各浓度处理 POD 活性均与对照处于同一水平。可见，高浓度阿特拉津对 POD 活性有明显抑制作用，但这种影响随着培养时间的延长逐渐减弱。

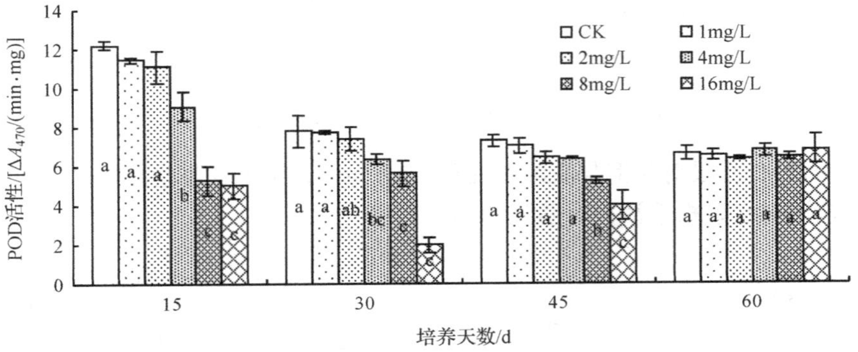

图 4-35　阿特拉津对水葱 POD 活性的影响

D. 阿特拉津对水葱 MDA 含量的影响

随着阿特拉津浓度的逐渐升高，水葱 MDA 含量呈不断增加的趋势（图 4-36）。在各个培养时间段，MDA 含量高浓度（16mg/L）处理均显著高于对照（$p<0.05$），最低浓度（1mg/L）处理则与对照差异不显著（$p>0.05$），说明高浓度阿特拉津对水葱膜系统有明显的不良影响。培养 15 天内，低于 8mg/L 的处理 MDA 与对照处于同一水平；培养 30 天内，仅 1mg/L 的处理 MDA 与对照处于同一水平；培养 45 天后，只有 16mg/L 的处理 MDA 含量显著高于对照。可见，阿特拉津对水葱膜系统的损害在前 30 天内呈逐渐加重趋势，而后又减弱。这可能与植物的损伤补偿机制和适应能力的提高有关。

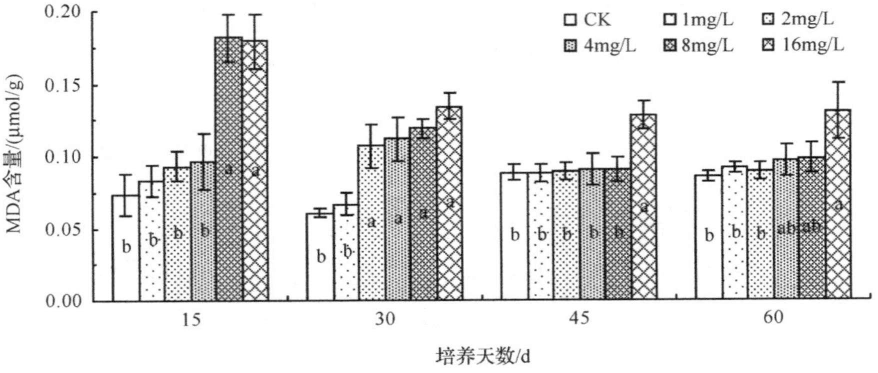

图 4-36　阿特拉津对水葱 MDA 含量的影响

E. 阿特拉津对水葱叶绿素 a 含量的影响

随着阿特拉津浓度的逐渐升高，水葱叶绿素 a 含量不断下降（图 4-37）。培养 15 天内，只有 8mg/L 和 16mg/L 两个处理叶绿素 a 显著低于对照；培养 30 天后，叶绿素 a 含量仅低于 2mg/L 处理的，与对照处于同一水平（$p<0.05$），说明高浓度阿特拉津对叶绿素 a 含量有显著影响。随着培养时间的增加，阿特拉津对叶绿素 a 含量的影响有累积效应，各处理叶绿素 a 含量不断降低。

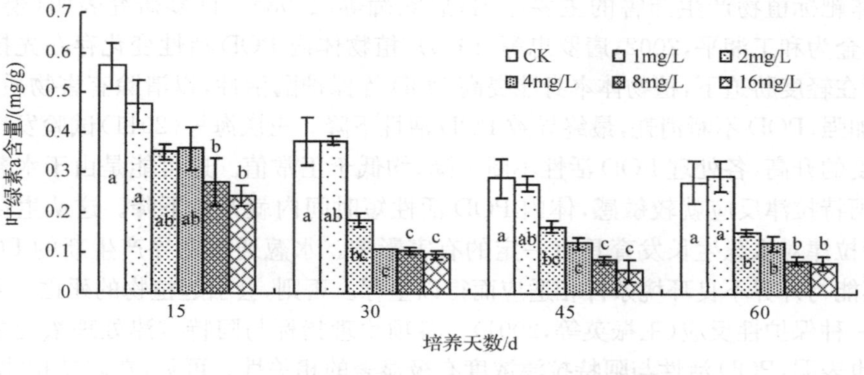

图 4-37　阿特拉津对水葱叶绿素 a 含量的影响图

综上所述，水体阿特拉津残留对挺水植物水葱的生物量及 RWC（相对含水量）、MDA、POD、根系活力、叶绿素 a 含量等生理指标均产生不同程度的影响。这种影响随残留浓度的增加而增强。低浓度（如 1mg/L）阿特拉津植物毒性较弱，而高浓度（如 8～16mg/L）阿特拉津植物毒性则较强（王庆海等，2011）。

根系活力泛指根的吸收能力、合成代谢能力，根系活力的大小与吸收作用的强弱有着直接的关系，根系活力大则吸收作用强，反之，根系活力小则吸收作用弱（陈龙池等，2003）。阿特拉津能够抑制水葱的根系活力，浓度越大，活力越弱。根系活力的降低必然导致水葱对养分吸收的减少，从而造成水葱生长所必需的营养元素的亏缺，致使水葱生产力降低。因此，在本次试验中，随着阿特拉津浓度的逐渐升高，水葱的生长遭受一定的影响，鲜重增量下降。

水葱叶绿素含量对阿特拉津表现尤为敏感，浓度为 2mg/L 就有显著的抑制作用。叶绿素的含量和组成是光合作用的物质基础（王庆海等，2011）。在一定范围内，叶绿素含量与光合强度呈正相关（徐秋曼等，2008）。在阿特拉津的作用下，水葱叶片内叶绿素 a 和叶绿素总量下降趋势明显。叶绿素含量低，水葱光合作用减弱，导致鲜重降低，影响植物正常代谢。这与阿特拉津的性质和除草机理有关。阿特拉津是一种抑制光合作用的选择性内吸传导型除草剂，被植物吸收后迅速传导到分生组织及叶部，干扰抑制光合作用，破坏叶绿素，阻碍碳水化合物的合成、碳源的还原和细胞中 CO_2 的还原，使杂草不能存活（叶新强等，2006）。

MDA 被认为是逆境胁迫下膜脂过氧化的最终产物，对植物细胞有毒害作用，它的含量可以反映植物遭受逆境伤害的程度（武永军等，2009）。MDA 积累越多，表明活性氧、自由基等含量越高（刘周莉等，2009）。随着阿特拉津浓度的逐渐升高，水葱 MDA 含量呈不断增加趋势。这说明水葱在阿特拉津胁迫下，产生大量活性氧，自由基引发膜质过氧化作用，使膜的正常结构和功能受损，从而引起脂膜透性增大，细胞失水（陈少裕，1991），这可能是导致水葱叶片 RWC 下降的原因之一。另外植物在逆境胁迫下代谢降低、根系活力下降、水分吸收减少，也可引起叶片 RWC 降低。

POD 是植物抗氧化系统中重要的酶，可催化植物体内自由基、活性氧等的氧化分解，是一种对环境因子比较敏感的酶（李合生，2000；王长义等，2009）。POD 活性下降，也是农药对非靶标植物产生药害的主要原因（唐除痴等，1998）。许多研究表明（姜孝玉等，1998；苏金为和王湘平，2002；唐罗忠等，1999），植物体内 POD 活性变化存在先扬后抑的过程，即在轻度胁迫下，植物体本身能提高 POD 等保护酶活性，以清除有害物质，但随着胁迫的加强，POD 不断消耗，最终导致 POD 活性下降。王庆海等（2011）试验发现随阿特拉津浓度的升高，各处理 POD 活性不断下降，均低于正常值。这可能是由于水葱对较低浓度的阿特拉津反应就较敏感，体内 POD 活性短时间内就开始下降。这从生化水平表明，阿特拉津对水葱生长发育具有一定的有害影响。水葱通过诱导产生新的 POD 同工酶，使其能与外界不良环境条件相适应而得以生存。否则，会引起植物的死亡。可以认为这也是一种保护性反应（王振英等，2001）。各项生理指标与阿特拉津处理浓度之间的相关分析也表明，POD 活性与阿特拉津浓度有极显著的相关性。可见，在阿特拉津胁迫下，植物细胞中抗氧化作用酶系统的受损打破了植物细胞内活性氧产生与清除间的正常平衡状态，过量的活性氧引起膜脂过氧化程度加重，从而对植物产生毒害。这与林匡飞等（2005）的研究结果一致。

自然水体中，较浮游动物和鱼类而言，大型水生植物对阿特拉津污染更为敏感（Solomon et al.，1996）。长期、高强度的胁迫会降低大型水生植物的生物量、叶绿素含量和光合速率，致使水生生态系统的初级生产力降低，进而影响水生生态系统的群落结构。当阿特拉津浓度低于 20μg/L 时，植物群落结构和功能观察不到明显变化（Huber，1993）；达到 50μg/L 时，植物群落的组成会发生变化，水生维管束植物逐渐被轮藻取代（Fairchild et al.，1994）。因此，水生植物群落变化在一定程度上可以反映水体阿特拉津的污染状况。

综上所述，鲜重、RWC、叶绿素含量、MDA 含量、POD 活性，根系活力等指标都能在一定程度上反映植物受到污染物影响的情况。

阿特拉津对植物鲜重增加有抑制作用，对水葱、菖蒲和千屈菜的抑制作用较明显，而对水生鸢尾的抑制作用则不显著。阿特拉津对水葱的毒性最大，对菖蒲和千屈菜的毒性相对较小，对水生鸢尾毒性最弱。在阿特拉津的作用下，水生鸢尾、水葱、千屈菜和菖蒲的叶绿素 a 含量和对照相比都呈下降趋势，但除了水生鸢尾叶绿素 a 含量的差异不显著外，其他植物差异均显著。可见，阿特拉津对这 3 种植物的叶绿素 a 含量影响较大，而对水生鸢尾影响较小。MDA 含量对阿特拉津很敏感。在高浓度阿特拉津的作用下，水生鸢尾、水葱、千屈菜和菖蒲 MDA 含量和对照相比都呈上升趋势，且差异显著。这说明高浓度阿特拉津对 4 种植物膜系统都造成一定程度的破坏。POD 是植物体内常见的氧化还原酶，可催化有毒物质氧化分解，是一种对环境因子十分敏感的酶。随着污染物及新物质的增加，POD 便以它们为底物，利用 H_2O_2 来促使它们氧化分解，以降低对植物自身的毒害，但 POD 的调节功能有限，易被高浓度的污染物所抑制。在本研究中，菖蒲组的 POD 活性先升高后下降，更加证明了这一点。水葱和千屈菜 POD 活性比对照低，且高浓度组差异显著，说明这两种植物体内 POD 在最低浓度下即被阿特拉津所抑制。水生鸢尾 POD 活性与对照无显著差异。

阿特拉津处理下，4 种植物的叶片含水量均有不同程度的降低，其中水葱、千屈菜和菖蒲下降较明显，而水生鸢尾则受影响不明显，说明在高浓度阿特拉津处理下，前三种植物的叶片受到一定程度的损伤，水生鸢尾叶片变化不大。

根系活力是反映植物根系状况的重要指标。TTC 还原量表示根系 TTC 还原力的大小，而还原力的大小反映了植物根系活力的强弱，TTC 还原量越大，TTC 还原力越强，则表明植物根系活力越高。在高浓度阿特拉津的作用下，水葱、千屈菜和菖蒲根系活力下降明显，水生鸢尾则变化不大，说明在阿特拉津处理下前三种植物根系受到的损伤比水生鸢尾严重。

二、水生植物对阿特拉津的去除效果

1. 水生植物对阿特拉津的去除效果

4 种植物在不同浓度的阿特拉津溶液中培养 30 天和 60 天后，培养溶液中阿特拉津的消除率，水葱＜千屈菜＜菖蒲＜水生鸢尾（图 4-38）。水葱在培养 30 天和 60 天各浓度处理中去除率都是最低的，对阿特拉津的降解作用相对较弱，而水生鸢尾对阿特拉津去除率最高，菖蒲和千屈菜去除能力居中。各植物在 30 天和 60 天对阿特拉津的去除率比较接近。可见阿特拉津降解主要在前 30 天内，30 天后降解的量很少。

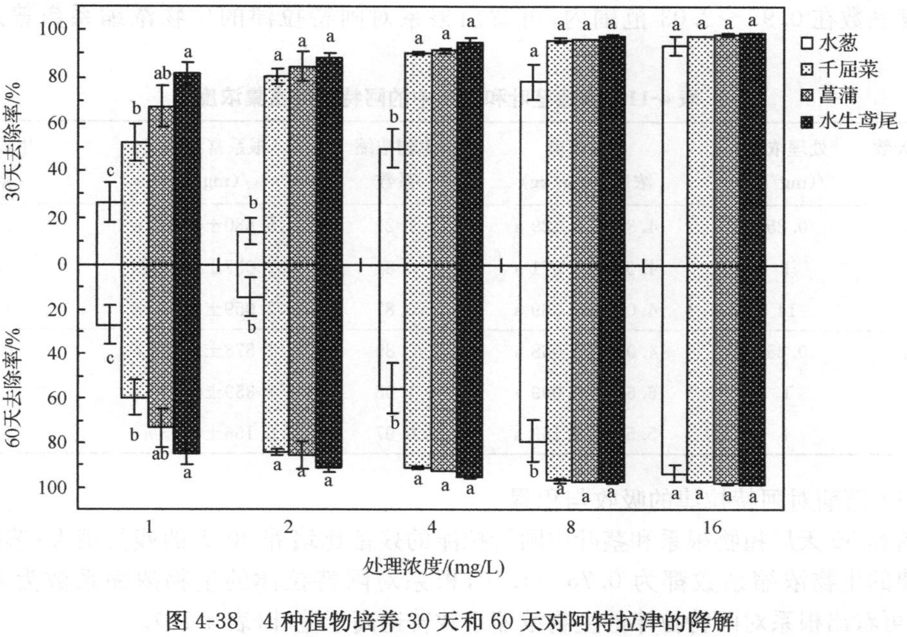

图 4-38　4 种植物培养 30 天和 60 天对阿特拉津的降解

2. 4 种水生植物对阿特拉津的吸收与积累

(1) 千屈菜对阿特拉津的吸收与积累

通过表 4-10 可看出，培养 30 天和 60 天后相比，培养 60 天的千屈菜各组对阿特拉津的吸收与积累比前者稍大；茎叶对阿特拉津的生物浓缩系数都在 0.74～1.17 范围内，根系对阿特拉津的生物浓缩系数在 1.02～1.58 范围内，根系对阿特拉津的生物浓缩系数普遍高于茎叶，说明千屈菜对阿特拉津的吸收与积累根系多于茎叶。

表 4-10　千屈菜茎叶和根系中的阿特拉津富集浓度

处理天数/d	处理浓度/(mg/L)	茎叶富集浓度/(mg/kg)	生物浓缩系数	根系富集浓度/(mg/kg)	生物浓缩系数
30	1	5.501±0.016 a	0.88	6.449±0.061 a	1.58
	4	3.412±0.165 a	0.76	5.446±0.186 a	1.22
	16	3.597±0.099 a	0.74	4.973±0.034 a	1.02
60	1	4.274±0.178 a	1.27	7.234±0.168 a	1.16
	4	4.298±0.265 a	0.86	5.212±0.03 a	1.04
	16	5.431±0.141 a	1.17	5.793±0.047 a	1.25

(2) 水葱对阿特拉津的吸收与积累

通过表 4-11 可看出，在培养 30 天和 60 天后水葱各组对阿特拉津的吸收与积累差异不明显；茎叶对阿特拉津的生物浓缩系数都在 0.81～1.21 范围内，根系对阿特拉津的生物浓缩系数在 0.95～2.03 范围内，可看出根系对阿特拉津的生物浓缩系数普遍高于茎叶。

表 4-11　水葱茎叶和根系中的阿特拉津富集浓度

处理天数/d	处理浓度/(mg/L)	茎叶富集浓度/(mg/kg)	生物浓缩系数	根系富集浓度/(mg/kg)	生物浓缩系数
30	0.25	4.899±0.129 a	1.21	5.880±0.263 a	1.45
	1	4.032±0.071 a	0.81	7.087±0.06 a	2.03
	14	4.046±0.369 a	0.87	7.059±0.297 a	1.70
60	0.25	4.093±0.068 a	0.89	4.578±0.105 a	0.95
	1	6.659±0.099 a	1.08	7.359±0.236 a	1.55
	4	5.508±0.159 a	0.97	6.156±0.05 a	1.13

(3) 菖蒲对阿特拉津的吸收与积累

培养 60 天后植物根系和茎叶中阿特拉津的残留比培养 30 天的残留稍大；茎叶对阿特拉津的生物浓缩系数都为 0.76～1.10，根系对阿特拉津的生物浓缩系数为 0.82～1.21，可看出根系对阿特拉津的生物浓缩系数普遍高于茎叶(表 4-12)。

表 4-12　菖蒲茎叶和根系中的阿特拉津富集浓度

处理天数/d	处理浓度/(mg/L)	茎叶富集浓度/(mg/kg)	生物浓缩系数	根系富集浓度/(mg/kg)	生物浓缩系数
30	1	2.131±0.088 a	0.80	2.465±0.066 a	0.84
	4	2.345±0.064 a	0.79	2.546±0.048 a	0.82
	16	2.798±0.037 a	1.10	3.129±0.014 a	1.21
60	1	2.287±0.077 a	0.78	2.573±0.101 a	0.89
	4	2.536±0.013 a	0.76	2.876±0.091 a	0.82
	16	2.738±0.03 a	0.81	2.945±0.042 a	0.86

(4) 水生鸢尾对阿特拉津的吸收与积累

培养 30 天和 60 天,水生鸢尾植物体内对阿特拉津的积累稍有差异,后者比前者略大,但不明显;茎叶对阿特拉津的生物浓缩系数都为 0.83～1.17,根系对阿特拉津的生物浓缩系数为 1.04～1.38,可看出根系对阿特拉津的生物浓缩系数普遍高于茎叶,对阿特拉津的吸收与积累根系多于茎叶(表 4-13)。

表 4-13　水生鸢尾茎叶和根系中的阿特拉津富集浓度

处理天数/d	处理浓度/(mg/L)	茎叶富集浓度/(mg/kg)	生物浓缩系数	根系富集浓度/(mg/kg)	生物浓缩系数
30	1	1.351±0.03	0.91	2.047±0.059	1.38
	4	1.548±0.066	1.17	1.895±0.157	1.23
	16	1.748±0.016	0.83	2.533±0.047	1.20
60	1	1.978±0.068	0.92	2.144±0.045	1.13
	4	1.854±0.041	0.94	2.497±0.072	1.04
	16	2.136±0.023	0.92	2.459±0.034	1.05

三、水生植物对阿特拉津的去除贡献

1. 水生植物对阿特拉津降解的贡献

在植有水生鸢尾、菖蒲和千屈菜的水体中,各处理阿特拉津的消解动态符合一级动力学反应(图 4-39～图 4-41)。

无植物抑菌对照的半衰期为 24.2 天。水生鸢尾抑菌和不抑菌的半衰期分别为 4.9 天和 4.6 天,分别比无植物抑菌对照缩短 19.3 天和 19.6 天。在理想状态下,农药的总消解速率常数是各消解途径的降解速率常数之和,所以水生鸢尾引起的阿特拉津降解速率常数为水生鸢尾抑菌与无植物抑菌对照处理的降解速率常数之差,即 0.1428－0.0286＝0.1142;微生物引起的阿特拉津降解速率常数为水生鸢尾不抑菌与抑菌处理的降解速率常数之差:0.1510－0.1428＝0.0082。各消解因子对阿特拉津降解的贡献率可采用各自的消解速率常数与总消解速率常数之比得到,所以水生鸢尾吸收降解的贡献率是

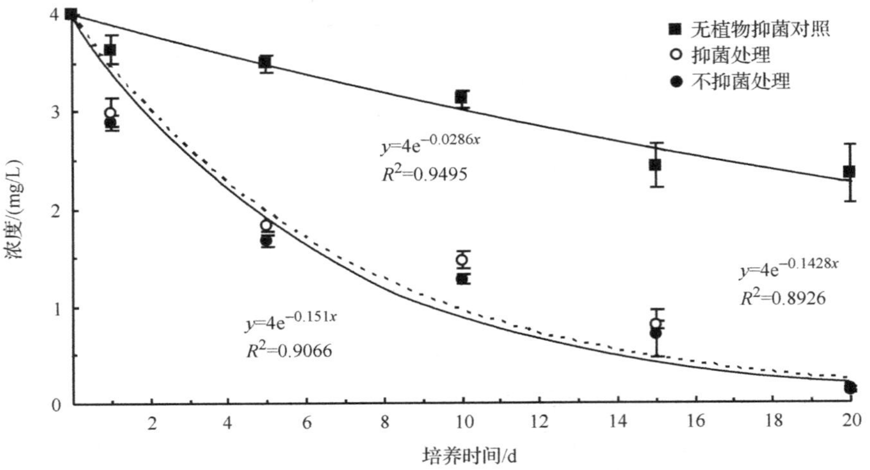

图 4-39　植有水生鸢尾的水体中阿特拉津的消解动态

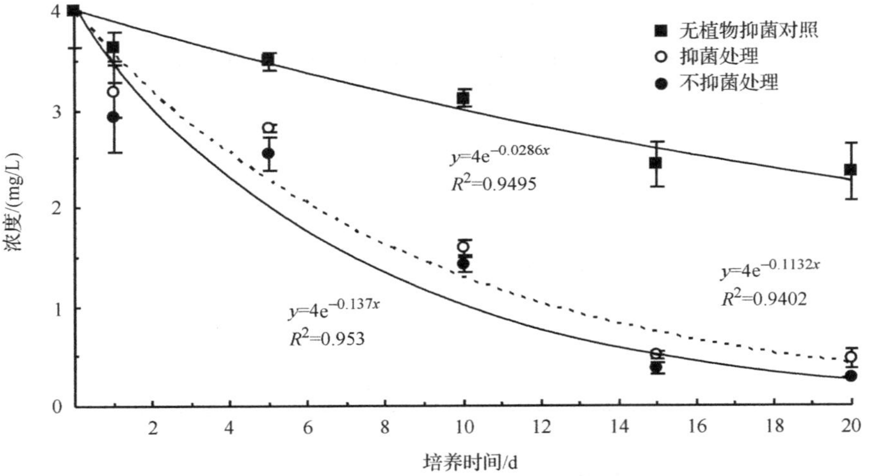

图 4-40　植有菖蒲的水体中阿特拉津的消解动态

75.6%，而微生物在降解中起了 5.4%的作用，其他因素贡献率为 18.9%。水生鸢尾对阿特拉津的降解贡献最大，可加速阿特拉津在水体中的降解。在本试验中，微生物对阿特拉津的降解作用较小。

菖蒲抑菌组阿特拉津的半衰期为 6.1 天，比无植物抑菌对照缩短 18.1 天。菖蒲不抑菌组阿特拉津的半衰期为 5.1 天，比抑菌对照组减少 19.1 天，比菖蒲抑菌组减少 1.0 天。菖蒲对阿特拉津的降解速率常数为 0.0846，对总消解所做的贡献率是 61.8%；微生物引起的阿特拉津降解速率常数为菖蒲不抑菌与抑菌处理的降解速率常数之差，即 0.0238，贡献率是 17.4%。可见，菖蒲可加速阿特拉津在水体中的降解。

千屈菜抑菌处理阿特拉津的半衰期为 6.3 天，比无植物抑菌对照缩短 17.9 天。千屈菜不抑菌处理阿特拉津的半衰期为 5.6 天，比无植物抑菌对照缩短 18.6 天，比千屈菜抑

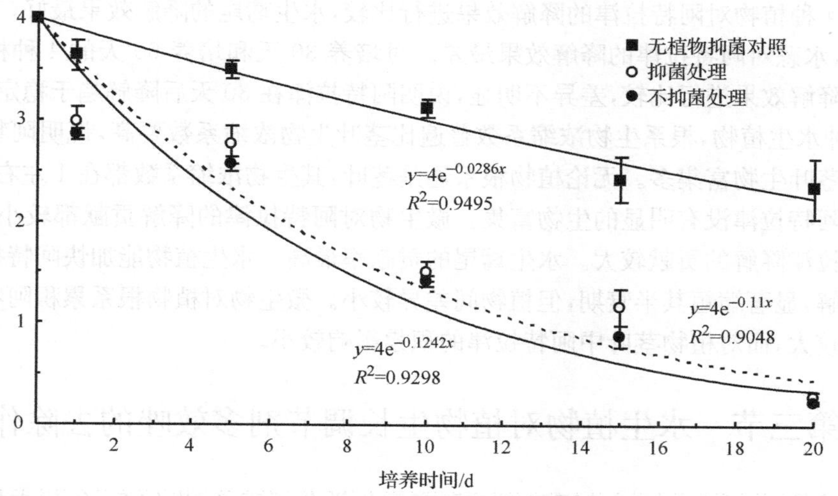

图 4-41　植有千屈菜的水体中阿特拉津的消解动态

菌处理缩短 0.7 天。千屈菜单独对阿特拉津降解速率常数为 0.0814，对总消解所做的贡献率是 65.5%；微生物引起的阿特拉津降解速率常数为 0.0142，贡献率是 11.4%。这说明千屈菜对阿特拉津的降解贡献大，微生物对降解阿特拉津的促进作用较小。

2. 微生物对阿特拉津在植物体内累积情况的影响

抑菌处理各种植物茎叶与根系累积的阿特拉津量要普遍高于不抑菌处理，但各种植物茎叶中阿特拉津的累积无显著差异，而根系对阿特拉津的累积能力受微生物影响较大，抑菌处理各种植物根系对阿特拉津的累积均与不抑菌处理组有显著差异(图 4-42)。

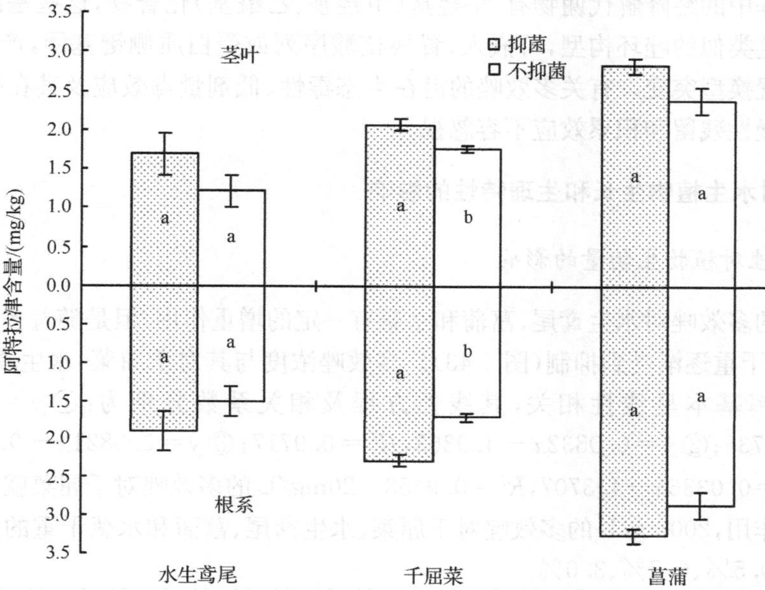

图 4-42　微生物对阿特拉津在植物体内累积的影响

将 4 种植物对阿特拉津的降解效果进行比较，水生鸢尾的降解效果最好，千屈菜和菖蒲居中，水葱对阿特拉津的降解效果最差。对培养 30 天和培养 60 天的 4 种植物对阿特拉津的降解效果进行比较，差异不明显，说明阿特拉津在 30 天后降解趋于稳定。

4 种水生植物，根系生物浓缩系数普遍比茎叶生物浓缩系数要高，说明阿特拉津在根系比在茎叶生物富集多。无论植物根系还是茎叶，其生物浓缩系数都在 1 左右，说明 4 种植物对阿特拉津没有明显的生物富集。微生物对阿特拉津的降解贡献都较小，水生植物对阿特拉津降解的贡献较大。水生鸢尾的贡献率最高。水生植物能加快阿特拉津在水体中的降解，显著缩短其半衰期，但植物间差异较小。微生物对植物根系累积阿特拉津的能力影响较大，而对植物茎叶中阿特拉津的积累影响较小。

第三节　水生植物对植物生长调节剂多效唑的去除作用

多效唑(paclobutrazol，MET)是英国帝国化学公司于 20 世纪 70 年代末推出的一种高效低毒的植物生长延缓剂，属于含氮杂环化合物中的三唑类化合物，主要是贝壳杉烯氧化酶作用于靶酶后专一地抑制贝壳杉烯向贝壳杉烯醇的氧化，阻碍赤霉素(GA)的合成，抑制植物的生长(张远海等，1988)。多效唑具有延缓植物生长，抑制茎枝伸长，使茎秆粗壮，促进分枝、分蘖、生根，使叶色浓绿，增加叶片叶绿素、蛋白质和核酸的含量，提高光合速率，增强抗旱性和抗寒性，延缓植物衰老等多种作用(韩德复，1996)。目前多效唑广泛用于盆养观赏植物、果树以及水稻、油菜、大豆等作物。

多效唑虽属低毒农药，但易残留，半衰期为 0.5～1 年。其毒性会随暴露时间的延长而加大，大量进入水土环境会影响生物正常的生理活动(熊艳和万丽娟，2005)。多效唑进入环境，经微生物代谢活化，其产物有潜在的致变性危害(刘征涛等，1994)。实验证明多效唑在培养基中的终降解代谢物有 *N*-羟基(甲羟基、乙酰基)化合物，这些基团具有碱基或氨基酸侧链类似的唑环构型，可嵌入、置换核酸序列或蛋白质侧键基团，产生 DNA 碱基移码型或置换型突变。有关多效唑的潜在生态毒性、低剂量毒效应及其在生物体或环境介质中的慢性残留和积累效应不容忽视。

一、多效唑对水生植物生长和生理特性的影响

1. 多效唑对植物生物量的影响

低浓度的多效唑对水生鸢尾、菖蒲和水葱有一定的增重作用，但是随着多效唑浓度的增加，植株的干重逐渐受到抑制(图 4-43)。多效唑浓度与其对千屈菜、水生鸢尾、菖蒲和水葱的抑制率基本呈线性相关，其线性方程及相关系数分别为：①$y=0.1091x-1.1$，$R^2=0.9735$；②$y=0.0832x-4.9363$，$R^2=0.9717$；③$y=0.0821x-9.2449$，$R^2=0.9658$；④$y=0.0336x-4.3707$，$R^2=0.9453$。20mg/L 的多效唑对千屈菜就已经表现出一定的抑制作用，200mg/L 的多效唑对千屈菜、水生鸢尾、菖蒲和水葱干重的抑制率分别为 22.2%、10.5%、6.7%、3.0%。

从拟合直线方程的斜率可以看出，千屈菜干重随多效唑浓度增加而降低的幅度远远

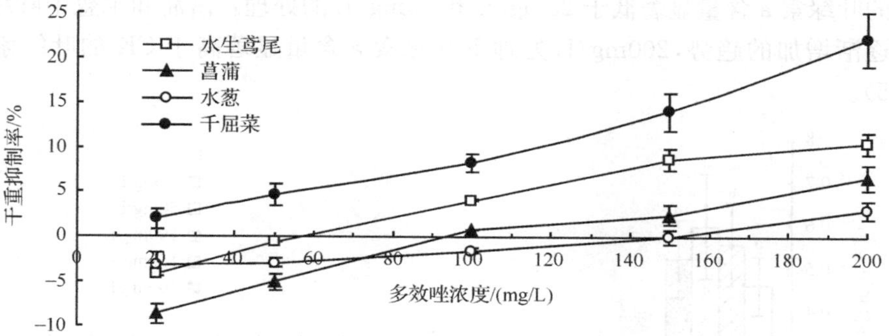

图 4-43　多效唑对水生植物干重的影响

大于水葱。干重降低的幅度从高到低依次为:水葱>菖蒲>水生鸢尾>千屈菜。

2. 多效唑对植物 RWC 的影响

叶片 RWC 影响植物的生长、气孔状况以及光合作用,叶片 RWC 较高时,植物组织或器官的代谢活动比较旺盛,植株生长良好。4 种植物的 RWC 随多效唑浓度的增大逐渐减小。千屈菜在 200mg/L 多效唑处理下的 RWC 与 CK、20mg/L 处理之间差异显著;水生鸢尾和菖蒲的 RWC 在 200mg/L 多效唑处理下与 CK 之间差异显著;水葱在各处理下 RWC 差异均不显著(图 4-44)。由此可看出,多效唑对千屈菜和水生鸢尾 RWC 的影响最大,200mg/L 处理下的 RWC 与 CK 差异显著,而水葱 RWC 对于多效唑不敏感,菖蒲 RWC 对多效唑的敏感性较水葱强。

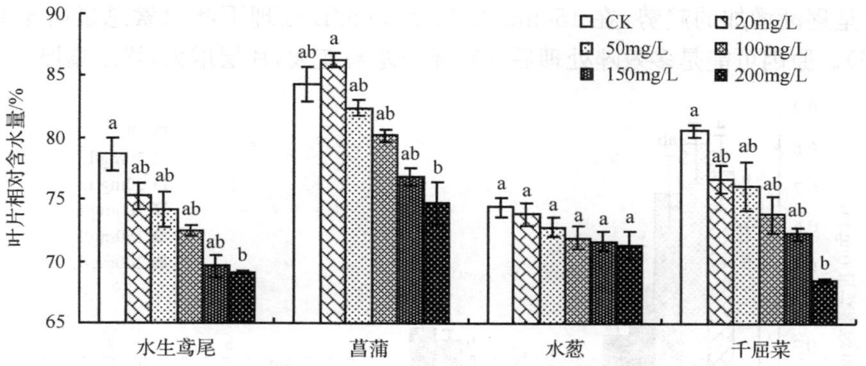

图 4-44　多效唑对水生植物叶片相对含水量的影响

3. 多效唑对植物叶片叶绿素含量的影响

与叶绿素 b 相比,叶绿素 a 能促进糖和蛋白质的合成,且能减少过剩高能光子导致的自由基的产生及其对蛋白质的破坏。所以叶绿素 a 含量的提高可增强植物的抗逆能力,是判断植物适应性强弱的一项生理指标。水生鸢尾和千屈菜中叶绿素 a 含量在 50mg/L 浓度内呈上升趋势,在 100～200mg/L 时,叶绿素 a 含量逐渐降低。对于水生鸢尾,在 150mg/L 和 200mg/L 处理下叶绿素 a 的含量显著低于其他浓度处理,千屈菜在100mg/L

处理下的叶绿素 a 含量显著低于 20mg/L 和 50mg/L 的处理。菖蒲和水葱中叶绿素 a 的含量呈逐渐增加的趋势，200mg/L 处理下叶绿素 a 含量显著高于 CK 的叶绿素 a 含量（图 4-45）。

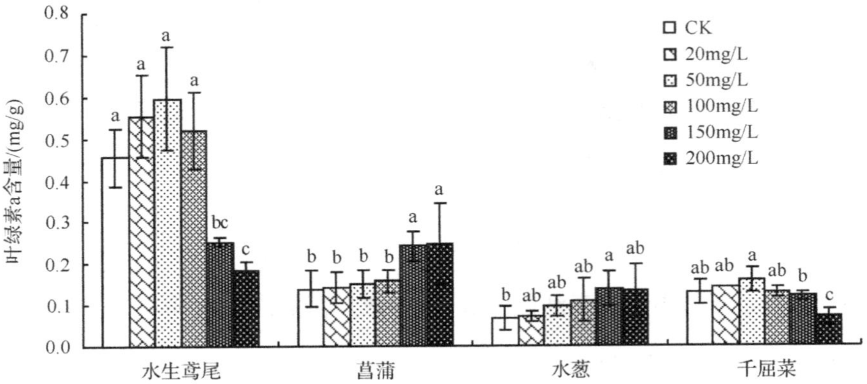

图 4-45 多效唑对 4 种水生植物叶绿素 a 含量的影响

一般情况下，绿色植物叶绿素总量越高，其光合强度、净光合速率也就越高，从而反映植物利用光能及制造有机物的能力。在一定程度上，叶绿素还可以清除过剩光能对植物光合膜的伤害。水生鸢尾和千屈菜中叶绿素总量在低于 50mg/L 浓度时逐渐增高，随后随着多效唑处理浓度的升高，叶绿素总量逐渐降低。对于水生鸢尾，150mg/L 和 200mg/L 处理下叶绿素总量显著低于 20mg/L 和 50mg/L 的处理，千屈菜在 200mg/L 处理下的叶绿素总量显著低于其他处理。菖蒲和水葱中叶绿素总量与叶绿素 a 含量变化情况一致，呈逐渐增加的趋势，在 150mg/L 和 200mg/L 处理下叶绿素总量高于其他处理（图 4-46）。原因可能是多效唑处理后叶绿体内基粒变大，片层增大，垛层增厚。

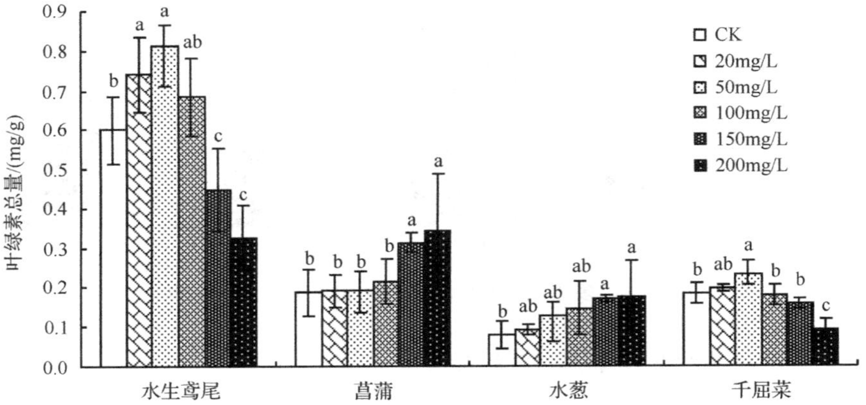

图 4-46 多效唑对 4 种水生植物叶绿素总量的影响

4. 多效唑对植物叶片 MDA 含量的影响

MDA 是活性氧启动膜脂过氧化过程中的主要产物之一，它能与蛋白质的氨基或核酸反应生成 Shiff 碱，MDA 的积累可对膜和细胞造成进一步的伤害，进而引起一系列生理生化变化，其含量高低是人们用来衡量植物在逆境胁迫下活性氧伤害程度的常用指标。从总体趋势上观察，4 种水生植物叶片中 MDA 的含量随着多效唑浓度的增加而升高（图 4-47），说明这 4 种植物均受到多效唑不同程度的伤害。千屈菜和水生鸢尾叶片中的 MDA 的含量在 200mg/L 处理下显著高于 CK，而水葱和菖蒲，在高浓度多效唑处理下植物叶片中的 MDA 含量与其他处理间无明显差异，说明水葱和菖蒲可以忍受高浓度多效唑，受到多效唑的伤害小于水生鸢尾和千屈菜。

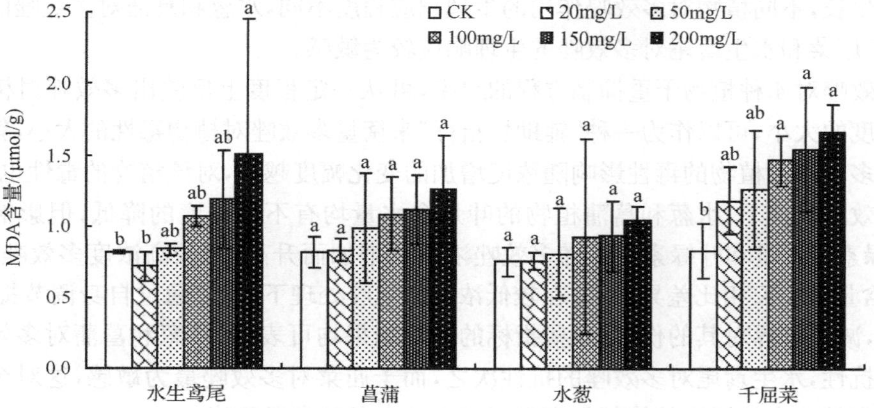

图 4-47　多效唑对 4 种水生植物 MDA 含量的影响

5. 多效唑对植物叶片 POD 活性的影响

POD 活性的提高有利于植物细胞迅速清除活性氧，消除过氧化氢的危害，控制脂质氧化，减少膜系统的伤害。水葱和菖蒲在多效唑处理下的 POD 活性较对照差异都显著，各个浓度处理之间差异均不显著；水生鸢尾在 200mg/L 处理下的 POD 活性与其他处理间差异显著；千屈菜的 POD 活性各处理间无显著差异（图 4-48）。

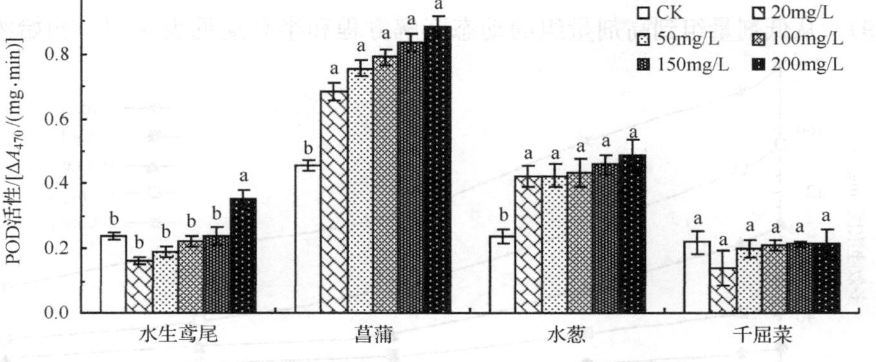

图 4-48　多效唑对 4 种水生植物 POD 活性的影响

水葱和菖蒲在多效唑处理下 POD 活性增强，增强了其对多效唑的抗逆能力，植物能够很好地生长，并且在较低浓度时就能迅速地自动提高 POD 活性来防止被氧化。水生鸢尾在较高浓度下才能开始产生调控，而此时浓度相对较低的多效唑已经对植物造成了伤害。千屈菜在多效唑处理下一直没能通过自身调节来提高 POD 活性，致使其受到过氧化氢的危害，植株迅速衰老。

植物的生长和生理特征与其营养吸收和净化污水有明显的相关性（Hirose and Werger，1987；葛滢等，2000），若要保持高的农药降解能力，维持植物良好的生长生理状态很重要。通过多效唑对水生鸢尾、菖蒲、水葱和千屈菜的生物量及叶片各项生理指标的影响实验，发现低浓度的多效唑对植物生长具有一定的促进作用，而高浓度的多效唑会抑制植物生长，不同植物对多效唑作用的生理响应程度不同，水葱和菖蒲对多效唑的响应较迟钝，千屈菜和水生鸢尾对多效唑的生理响应较为敏感。

多效唑对 4 种植物干重抑制方程的斜率，可从一定程度上反映出多效唑对植物生长影响幅度的大小，可以作为一种"辅助性指标"来衡量多效唑对植物毒性的大小，斜率越大就说明多效唑对植物的毒性影响随浓度增加的变化幅度越大，对该植物的毒性也就越强。

多效唑处理下，水葱和菖蒲植物的叶片含水量均有不同程度的降低，但影响都不太大；叶绿素 a 含量和叶绿素总量随多效唑浓度的增加而升高；经较高浓度多效唑处理后，MDA 含量和 CK 相比差异不大；在较低浓度多效唑处理下，即可通过自身调节提高 POD 的活性，减弱外界对其的伤害，这些指标的测量结果均可表明，水葱和菖蒲对多效唑具有一定的抗性，水生鸢尾对多效唑的抗性次之，而千屈菜对多效唑最为敏感，这对今后用植物进行多效唑水体污染的修复具有很好的理论意义和参考价值。

生物量、RWC、叶绿素含量、MDA 含量、POD 活性等指标都能在一定程度上反映植物受到污染物的影响，这些指标应该存在某种联系，但是如何将这些不同层次的指标组成一个有效的指标体系来评判农药对植物的环境风险是今后值得探讨的问题。

二、水生植物作用下水体多效唑残留的消解动态

1. 水生鸢尾处理水体中多效唑的消解动态

多效唑在水生鸢尾组水溶液中的降解过程符合一级动力学反应方程 $C_t = C_0 e^{-kt}$（图 4-49）。从低剂量组到高剂量组的动态降解方程和半衰期见表 4-14。初始浓度对水

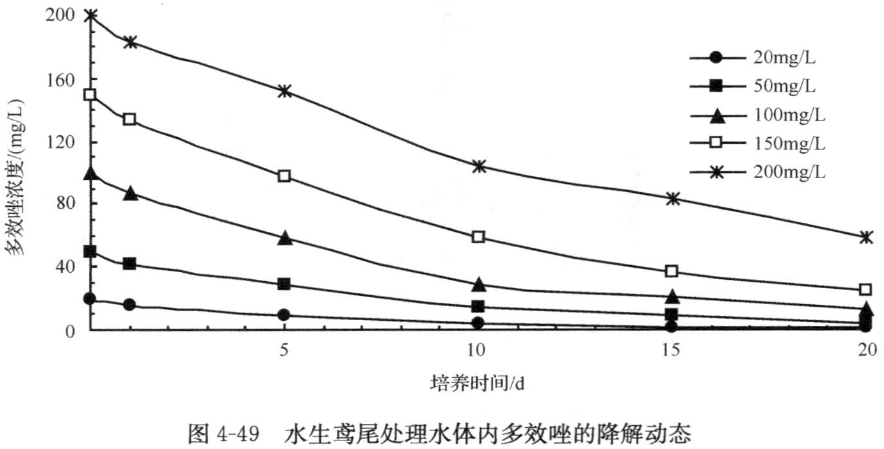

图 4-49　水生鸢尾处理水体内多效唑的降解动态

生鸢尾实验组水体中多效唑的降解作用呈负相关，浓度越高，降解速率越慢。初始浓度为20mg/L，在20天时去除率为95.3%，半衰期为4.2天；初始浓度为200mg/L，在20天时的去除率仅为70.7%，半衰期为11.4天。

表4-14　水体中不同浓度多效唑在不同时期的降解参数

植物	多效唑浓度/(mg/L)	去除率/%					动态降解方程	半衰期/d
		1d	5d	10d	15d	20d		
水生鸢尾	20	19.7	57.0	78.6	93.8	95.3	$y=20e^{-0.1635t}(R^2=0.9799)$	4.2
	50	16.1	42.5	70.4	81.1	91.4	$y=50e^{-0.1188t}(R^2=0.9943)$	5.8
	100	13.4	42.0	71.2	78.7	86.7	$y=100e^{-0.1051t}(R^2=0.9856)$	6.5
	150	10.6	34.9	61.3	75.7	83.5	$y=150e^{-0.0918t}(R^2=0.9982)$	7.6
	200	8.3	24.0	47.8	58.3	70.7	$y=200e^{-0.0608t}(R^2=0.9958)$	11.4
菖蒲	20	20.6	58.0	79.6	94.3	96.3	$y=20e^{-0.1723t}(R^2=0.9868)$	4.0
	50	17.2	43.7	73.7	82.6	92.8	$y=50e^{-0.1269t}(R^2=0.9913)$	5.5
	100	14.3	41.1	72.1	79.6	88.3	$y=100e^{-0.1097t}(R^2=0.9890)$	6.3
	150	10.6	36.7	63.7	76.5	84.3	$y=150e^{-0.0948t}(R^2=0.9973)$	7.3
	200	9.3	26.0	50.3	60.4	77.6	$y=200e^{-0.0698t}(R^2=0.9828)$	9.9
水葱	20	20.8	61.3	83.6	95.3	97.8	$y=20e^{-0.1934t}(R^2=0.9965)$	3.6
	50	19.4	47.2	77.9	84.9	93.8	$y=50e^{-0.1363t}(R^2=0.9905)$	5.1
	100	16.6	42.9	75.5	80.8	90.7	$y=100e^{-0.1188t}(R^2=0.9839)$	5.8
	150	12.0	37.8	65.0	78.5	87.5	$y=150e^{-0.1034t}(R^2=0.9991)$	6.7
	200	10.7	31.4	52.6	63.1	82.8	$y=200e^{-0.0795t}(R^2=0.9667)$	8.7
千屈菜	20	19.5	43.4	73.5	91.1	92.6	$y=20e^{-0.1393t}(R^2=0.9736)$	5.0
	50	6.8	42.3	67.0	78.2	86.3	$y=50e^{-0.1018t}(R^2=0.9959)$	6.8
	100	10.2	37.6	64.3	78.8	84.2	$y=100e^{-0.0971t}(R^2=0.9924)$	7.1
	150	10.5	33.1	56.5	64.6	81.6	$y=150e^{-0.0797t}(R^2=0.9819)$	8.7
	200	7.2	22.9	42.4	52.5	69.2	$y=200e^{-0.0554t}(R^2=0.9871)$	12.5
自然水解	20	19.3	35.9	62.7	80.0	91.0	$y=20e^{-0.1126t}(R^2=0.9826)$	6.2
	50	9.4	40.5	65.8	78.0	85.6	$y=50e^{-0.0996t}(R^2=0.9967)$	7.0
	100	8.8	35.6	59.2	74.3	83.9	$y=100e^{-0.0908t}(R^2=0.9998)$	7.6
	150	7.5	25.7	54.8	63.1	75.7	$y=150e^{-0.0702t}(R^2=0.9907)$	9.9
	200	5.6	20.1	40.7	52.1	64.6	$y=200e^{-0.0509t}(R^2=0.9973)$	13.6

2. 菖蒲处理水体中多效唑的消解动态

多效唑在菖蒲组水溶液中的降解过程也符合一级动力学反应方程 $C_t=C_0e^{-kt}$（图4-50）。多效唑在菖蒲组水溶液中的动态降解方程和半衰期见表4-14。多效唑的去除率随着初始浓度的增大而减小，初始浓度为20mg/L、50mg/L、100mg/L、150mg/L和

200mg/L 时的降解速率常数 K 分别为 0.1723、0.1269、0.1097、0.0948 和 0.0698。20mg/L组的半衰期为 4.0 天，比 200mg/L 组的缩短了 5.9 天。

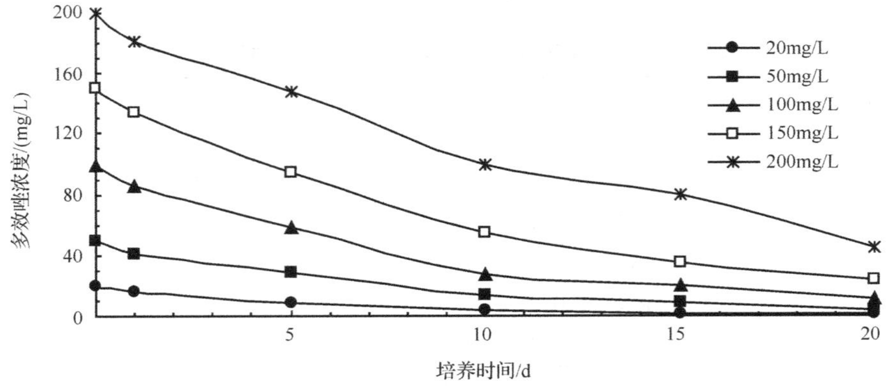

图 4-50　菖蒲处理水体内多效唑的降解动态

3. 水葱处理水体中多效唑的消解动态

水葱的降解速率最快，同浓度在同一时间的去除率与水生鸢尾、菖蒲和千屈菜相比是最高的(图 4-51)。20mg/L、50mg/L、100mg/L、150mg/L 和 200mg/L 的半衰期分别为 3.6 天、5.1 天、5.8 天、6.7 天和 8.7 天，与自然降解情况下相比分别缩短了 2.6 天、1.9 天、1.8 天、3.2 天和 4.9 天。

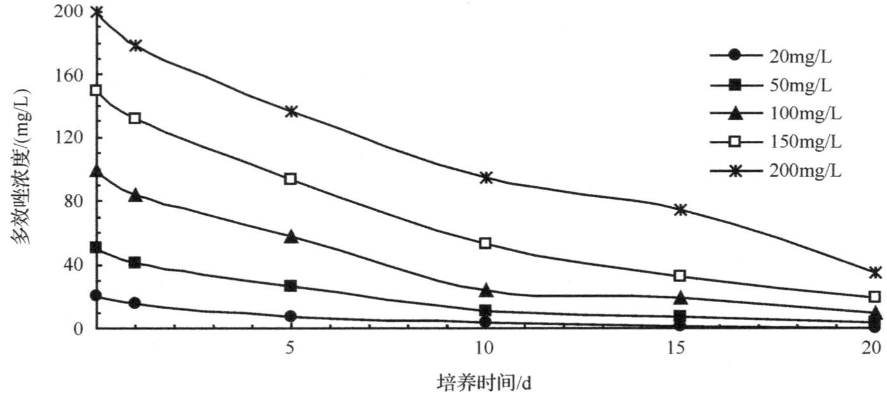

图 4-51　水葱处理水体内多效唑的消解动态

4. 千屈菜处理水体中多效唑的消解动态

多效唑在植有千屈菜的水溶液中的降解过程同样符合一级动力学反应方程 $C_t = C_0 e^{-kt}$(图 4-52)。动态降解方程和半衰期见表 4-14。与水生鸢尾、菖蒲和水葱相比，千屈菜处理水溶液中多效唑的降解速度最慢，各浓度处理的降解率与自然降解下相比只分别缩短了 1.2 天、0.2 天、0.5 天、1.2 天和 1.1 天。降解速率随着初始浓度的增加而减小，

20mg/L 的降解速率常数 K 为 0.1393，200mg/L 处理的 K 为 0.0554。

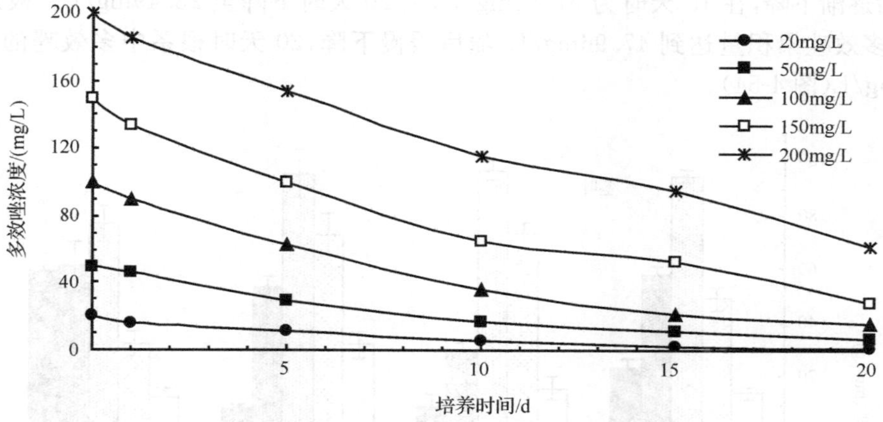

图 4-52　千屈菜处理水体内多效唑的消解动态

5. 无植物条件下水体中多效唑的消解动态

多效唑在无植物条件下的水溶液中的降解过程也符合一级动力学反应方程 $C_t = C_0 e^{-kt}$(图 4-53)。动态降解方程和半衰期见表 4-14。与有植物的处理相比，无植物条件下水溶液中多效唑的降解速率较慢，各浓度处理的半衰期相对较长。与有植物处理规律相似，降解速率随着初始浓度的增加而减小，200mg/L 处理的降解常数仅为 0.0509。

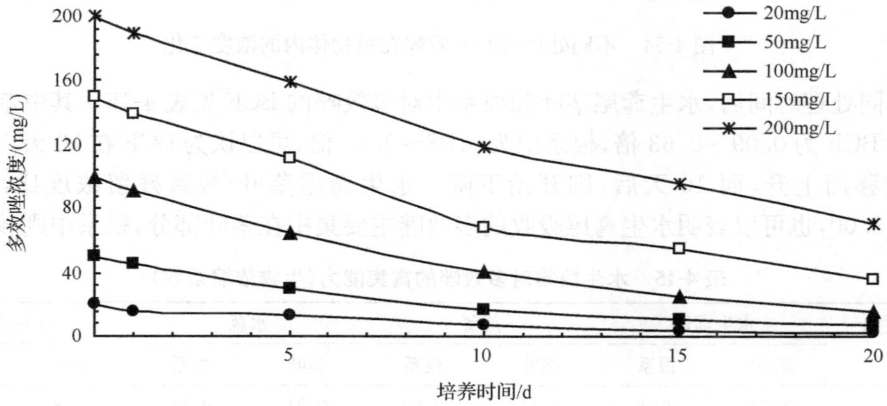

图 4-53　无植物条件下水体内多效唑的消解动态

三、水生植物对多效唑的吸收和累积

1. 水生鸢尾对多效唑的吸收和累积

水中多效唑起始浓度为 150mg/L 时，水生鸢尾茎叶中多效唑的累积量在不同时间内均大于在根系中的含量。各处理中植物茎叶和根系中多效唑的累积量在 1～10 天呈上升趋势，茎叶中吸收累积的多效唑含量从 14.22mg/L 上升至 94.35mg/L，达到了最大累积量，而后逐渐下降，在 15 天时为 57.42mg/L，在 20 天时下降至 23.49mg/L。根系在 10 天内对多效唑累积量达到 47.96mg/L，随后缓慢下降，20 天时根系中多效唑的含量为 21.43mg/L(图 4-54)。

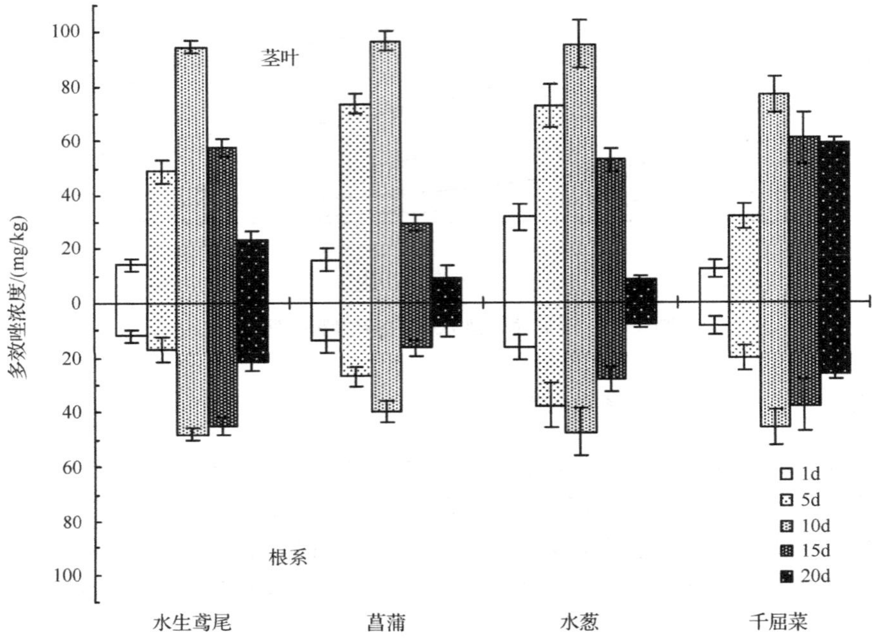

图 4-54　不同处理时间多效唑在植物体内的浓度变化

不同处理时间后，水生鸢尾茎叶和根系中对多效唑的 BCF 见表 4-15。其中茎叶对多效唑的 BCF 为 0.09～0.63 倍，根系中为 0.08～0.32 倍，可以认为 BCF 在 10 天内随着时间的推移而上升，而 10 天后，则开始下降。水生鸢尾茎叶/根系残留浓度比，其值为 1.13～3.00，也可以表明水生鸢尾吸收的多效唑主要集中在茎叶部分，根系中则较少。

表 4-15　水生植物对多效唑的富集能力(生物浓缩系数)

处理天数	水生鸢尾		菖蒲		水葱		千屈菜	
/d	茎叶	根系	茎叶	根系	茎叶	根系	茎叶	根系
1	0.09	0.08	0.11	0.09	0.21	0.11	0.08	0.06
5	0.33	0.11	0.49	0.18	0.48	0.25	0.22	0.13
10	0.63	0.32	0.64	0.26	0.63	0.31	0.51	0.30
15	0.38	0.30	0.20	0.11	0.35	0.19	0.40	0.25
20	0.16	0.14	0.06	0.06	0.06	0.05	0.39	0.17

2. 菖蒲对多效唑的吸收和累积

由图 4-54 可看出，菖蒲茎叶对多效唑的累积能力大于根系。多效唑在菖蒲植株中的累积量，茎叶中的含量在 1～5 天内上升较快，从 15.87mg/L 上升至 96.50mg/L，增加了 80.63mg/L，在 10 天时达到最大累积量，而后较为迅速地下降，在 15 天时下降到 29.75mg/L，20 天时下降到 9.26mg/L。根系中多效唑的累积和消解趋势均较缓慢，在 10 天时根系中多效唑累积量为 39.60mg/L，20 天时为 8.30mg/L。

菖蒲对多效唑的 BCF 在茎叶中为 0.06～0.64 倍，在根系中为 0.06～0.26 倍，菖蒲中的茎叶/根系残留浓度比在整个培养期间波动不大，最大可达 2.72，最低为 1.00，在整个处理期，茎叶/根系残留浓度比均高于 1，菖蒲茎叶对多效唑的累积能力高于根系(表 4-15)。

3. 水葱对多效唑的吸收和累积

水葱根系和茎叶中多效唑浓度的变化从图 4-54 看可以总结为从迅速上升到 10 天后迅速下降的过程。水葱对多效唑的累积迅速，茎叶中在 1 天时已积累 31.90mg/L，在 10 天时达到 95.21mg/L，而后迅速降解，15 天时茎叶中多效唑的含量为 52.96mg/L，在 20 天时仅为 8.55mg/L；在根系中，10 天时累积量为 47.19mg/L，多效唑在水葱根系中的降解速度最快，10 天与 20 天时多效唑含量之差达 39.12mg/L。

水葱茎叶部的 BCF 为 0.06～0.63 倍，在根系中为 0.05～0.31，茎叶和根系对于多效唑的 BCF 在 10 天时为最大值(表 4-15)。在整个培养期间水葱的茎叶/根系残留浓度比都处于 1.20～2.03，这证明水葱吸收的多效唑主要集中在茎叶，根系中的累积量较少。

4. 千屈菜对多效唑的吸收和累积

千屈菜对多效唑的累积能力在处理前 10 天内明显小于水生鸢尾、菖蒲和水葱；处理 15～20 天内则高于此 3 种植物。茎叶中多效唑的量在 10 天时仅为 76.34mg/L，20 天时为 59.14mg/L。多效唑在千屈菜中的累积和消解速度均很慢，在根系中多效唑的累积量从 8.35mg/L 上升为 45.65mg/L，到 20 天时降低为 25.85mg/L。

千屈菜茎叶对多效唑的 BCF 为 0.08～0.51 倍，根系的为 0.06～0.30 倍，茎叶/根系残留浓度比为 1.33～2.29(表 4-15)。纵观这 4 种植物对多效唑的 BCF 大致趋势是随着时间的推移而增大，在 10 天时达到最大者，而后开始减小。

四、水生植物对多效唑的去除贡献

1. 微生物对水体中多效唑降解的影响

在培养液中添加氨苄青霉素抑制微生物，可以初步判断水生植物在水体中多效唑残留消解过程中的作用。初始浓度为 120mg/L 时，不同植物处理水体中多效唑残留浓度见图 4-55。微生物对水体中多效唑降解的影响因植物而异。对水生鸢尾和千屈菜来说，微生物对其在水体中的降解没有明显影响，而在种植有菖蒲和水葱的处理中，无氨苄青霉素添加处理水体中的多效唑残留浓度显著低于氨苄青霉素添加处理的，其中微生物的贡献率分别为 23.76%和 24.86%。

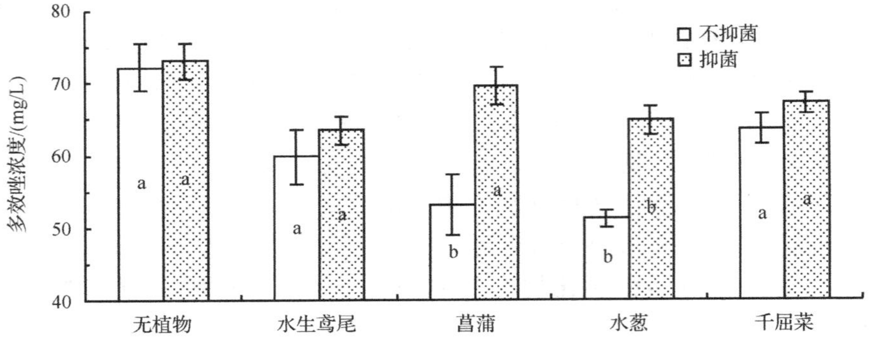

图 4-55　不抑菌和抑菌条件下水体中多效唑的消解变化

2. 微生物对多效唑在植物体内积累的影响

菖蒲和水葱的处理中，无氨苄青霉素添加处理中多效唑在植物茎叶和根系中的积累量显著高于氨苄青霉素添加处理(图 4-56)。

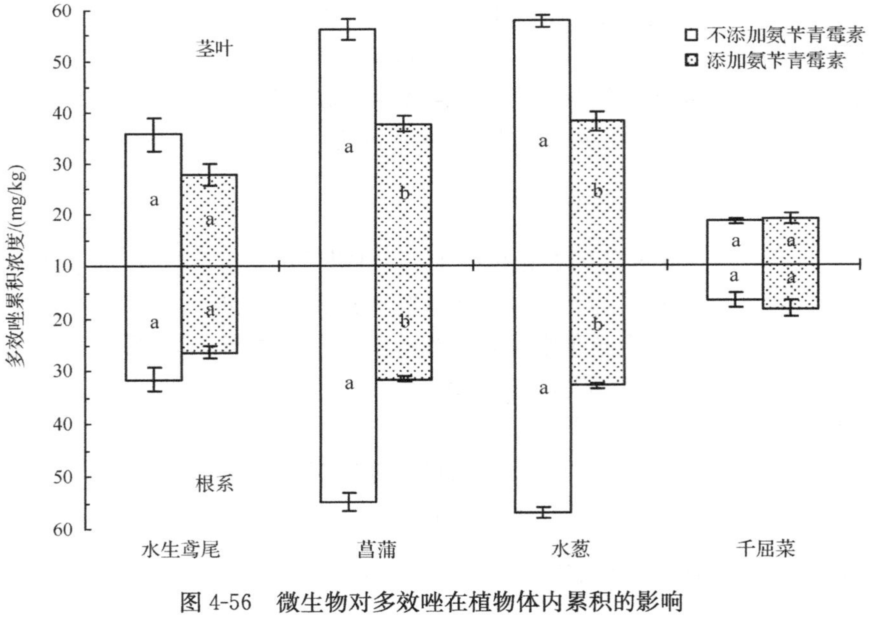

图 4-56　微生物对多效唑在植物体内累积的影响

菖蒲的茎叶和根系中多效唑的积累浓度，无氨苄青霉素添加处理是氨苄青霉素添加处理的 1.49 倍和 1.74 倍；水葱的茎叶和根系中多效唑的积累浓度，无氨苄青霉素添加处理是氨苄青霉素添加处理的 1.51 倍和 1.73 倍。对于水生鸢尾和千屈菜而言，微生物对两者茎叶和根系中多效唑的累积无显著影响。

多效唑在 4 种水生植物的根系和茎叶组织中均有分布，培养液中多效唑浓度越高，植物吸收的量也越多；而且，水生植物茎叶中多效唑的积累量高于根系。俞美玉等(1989)也曾指出，茎叶是多效唑吸收和降解的主要部位。非内吸性农药被大多数植物吸收后滞留在根部，较少转移至地上部(Trapp et al.，1994)。多效唑属于内吸性的植物生长调节剂，因此茎叶积累量较大。水葱和菖蒲对多效唑的吸收和降解能力高于千屈菜，菖蒲与水生鸢尾对多效唑的吸收和降解能力差别不大，水葱对多效唑的吸收降解能力最高。

在植有水生鸢尾、菖蒲、水葱和千屈菜的培养液中，不同浓度多效唑的降解动态都符合一级降解动力学原理。水生植物的种植可以缩短多效唑在水体中的降解时间。多效唑在水体中的降解速率受很多因素的影响，如水体的微生物、pH、有机质含量和植物的生理作用等(张爱云等，1999)。微生物对多效唑在植物体内累积能力和在水体中降解速率的影响与植物本身有关。微生物可显著影响多效唑在水葱和菖蒲植物体内的累积量及多效唑在水体中的降解速率；而对于水生鸢尾和千屈菜，微生物则没有太大影响。这可能是微生物与植物间的互作造成的。因此对于微生物和植物间的互作有待进一步研究探讨。

低浓度的多效唑对植物生长具有一定的促进作用，而高浓度的多效唑会抑制植物生长，不同植物对于多效唑作用的生理响应程度不同，水葱和菖蒲对多效唑的响应较迟钝，千屈菜和水生鸢尾对多效唑的生理响应较为敏感。

参 考 文 献

陈龙池，廖利平，汪思龙．2003．香草醛对杉木幼苗养分吸收的影响．植物生态学报，27(1)：41～46

陈少裕．1991．膜脂过氧化对植物细胞的伤害．植物生理学通讯，27(2)：84～90

葛滢，常杰，王晓月，等．2000．两种程度富营养化水中不同植物生理生态特性与净化能力的关系．生态学报，20(6)：1050～1055

韩德复．1996．多效唑的生理作用及作用机理．长春师范学院学报，2(6)：37～39

姜孝玉，梅星元，袁均林，等．1998．2,4-D对水稻幼苗过氧化物酶、超氧化物歧化酶活性及同工酶的影响．华中师范大学学报(自然科学版)，32(2)：79～82

李合生．2000．植物生理生化实验原理和技术．北京：高等教育出版社

李宏园，马红，陶波．2006．除草剂阿特拉津的生态风险分析与污染治理．东北农业大学学报，37(4)：552～556

林匡飞，徐小清，金霞，等．2005．锗对水稻的生态毒理效应及临界指标．生态学报，25(1)：108～114

刘丰茂．2000．地下水、地表水、雨水中农药污染监测研究．北京：中国农业大学出版社

刘建康．1999．高级水生生物学．北京：科学出版社

刘开乾．1993．新编农药使用手册．上海：上海科学出版社

刘征涛，马文漪，周风帆．1994．生长调节剂多效唑经微生物降解后的致突变效应．环境科学学报，14(2)：251～254

刘周莉，何兴元，陈玮．2009．镉胁迫对金银花生理生态特征的影响．应用生态学报，20(1)：40～44

陆雅海，张福锁．2006．根际微生物研究进展．土壤，38(002)：113～121

孟顺龙．2007．除草剂阿特拉津对鲫鱼的毒性影响研究．南京：南京农业大学博士学位论文

任晋，蒋可，周怀东．2002．官厅水库水中阿特拉津残留的分析及污染来源．环境科学，23(1)：126～128

石利利，林玉锁，徐亦钢，等．2000．毒死蜱农药环境行为研究．土壤与环境，9(1)：73～74

苏金为，王湘平．2002．镉诱导的茶树苗膜脂过氧化和细胞程序性死亡．植物生理与分子生物学学报，28(4)：292～298

唐除痴，李煜昶，陈彬．1998．农药化学．天津：南开大学出版社

唐罗忠，程淑婉，徐锡增，等．1999．涝渍胁迫对杨树苗期叶片生长及其生理性状的影响．植物资源与环境，8(1)：15～21

田芹,周志强,江树人,等. 2005. 毒死蜱在环境水体中降解的研究. 农业环境科学学报,24(2): 289～293
万年升,顾继东,段舜山. 2006. 阿特拉津生态毒性与生物降解的研究. 环境科学学报,26(4): 552～560
王长义,郭世荣,刘超杰. 2009. 钙对根际低氧胁迫下黄瓜幼苗根系保护酶同工酶表达的影响. 西北植物学报,29(9): 1874～1880
王庆海,阳娟,武菊英,等. 2010. 3 种挺水植物对水体中毒死蜱去除的过程和效率分析. 农业环境科学学报,29(4): 769～772
王庆海,张威,却晓娥,等. 2011. 水体阿特拉津残留对水葱生物量及生理特性的影响. 植物生态学报,35(2): 223～231
王振英,郑津辉,金慧玲,等. 2001. 磷酰胺除草剂 APM 对大麦、黑麦 POD 和蛋白质组分的影响. 西北植物学报, 21(4): 662～667
吴慧明,朱国念. 2003. 毒死蜱在灭菌和未灭菌土壤中的降解研究. 农药学学报,5(4): 65～69
武永军,何国强,史艳茹,等. 2009. 不同 pH 值缓冲液处理下蚕豆叶片相对含水量、脯氨酸及丙二醛含量的变化. 干旱地区农业研究,27(6): 169～172
熊艳,万丽娟. 2005. 三唑磷和多效唑及其混合对中华大蟾蜍蝌蚪的急性毒性. 南昌大学学报:理科版,29(5): 493～496
徐秋曼,王修鲁,程景胜. 2008. $Ce(NH_4)_2(NO_3)_6$ 对水稻种子萌发及幼苗生理特性的影响. 农业环境科学学报,27(2): 442～446
叶新强,鲁岩,张恒. 2006. 除草剂阿特拉津的使用与危害. 环境科学与管理,31(8): 95～97
余向阳,赵于丁,王冬兰,等. 2008. 毒死蜱和三唑磷对斑马鱼头部 AChE 活性影响及在鱼体内的富集. 农业环境科学学报, 27(6): 2452～2455
俞美玉,姚福德,陶龙兴,等. 1989. 水稻幼苗对 14C-MET 的吸收与运转. 植物生理学通讯,(5): 46～48
张爱云,杨佩芝,蔡道基. 1999. 克百威等三种农药的水解测定//蔡道基. 农药环境毒理学研究. 北京: 中国环境科学出版社: 59～63
张远海,汤日圣,高宁,等. 1988. 多效唑调节水稻植株生长的作用机理. 植物生理学报,14(4): 338～343
Correll D L, Wu T L. 1982. Atrazine toxicity to submersed vascular plants in simulated estuarine microcosms. Aquatic Botany, 14: 151～158
Detenbeck N E, Hermanutz R, Allen K, et al. 1996. Fate and effects of the herbicide atrazine in flow-through wetland mesocosms. Environmental Toxicology and Chemistry, 15(6): 937～946
Fairchild J F, Point T W, Schwartz T R. 1994. Effects of an herbicide and insecticide mixture in aquatic mesocosms. Archives of Environmental Contamination and Toxicology, 27(4): 527～533
Fletcher J S, Hegde R S. 1995. Release of phenols by perennial plant roots and their potential importance in bioremediation. Chemosphere, 31(4): 3009～3016
Graymore M, Stagnitti F, Allinson G. 2001. Impacts of atrazine in aquatic ecosystems. Environment International, 26(7-8): 483～495
Hall L W, Anderson R D. 2003. Parametric and probabilistic analysis of historical chlorpyrifos surface water monitoring data from the San Joaquin River watershed: 1991—2001. Water, Air, & Soil Pollution, 150(1): 275～298
Hirose T, Werger M. 1987. Maximizing daily canopy photosynthesis with respect to the leaf nitrogen allocation pattern in the canopy. Oecologia, 72(4): 520～526
Huber W. 1993. Ecotoxicological relevance of atrazine in aquatic systems. Environmental Toxicology and Chemistry, 12(10): 1865～1881
Lakshminarayana J S, O'Neill H J, Jonnavithula S D, et al. 1992. Impact of atrazine-bearing agricultural tile drainage discharge on planktonic drift of a natural stream. Environmental Pollution, 76(3): 201～210
Mehler W T, Schuler L J, Lydy M J. 2008. Examining the joint toxicity of chlorpyrifos and atrazine in the aquatic species: *Lepomis macrochirus*, *Pimephales promelas* and *Chironomus tentans*. Environmental Pollution, 152(1): 217～224

Morgan J, Bending G D, White P J. 2005. Biological costs and benefits to plant-microbe interactions in the rhizosphere. Journal of Experimental Botany, 56(417): 1729～1739

Nakamura T, Motoyama T, Suzuki Y, et al. 2004. Biotransformation of pentachlorophenol by Chinese chive and a recombinant derivative of its rhizosphere-competent microorganism, Pseudomonas gladioli M-2196. Soil Biology and Biochemistry, 36(5): 787～795

Solomon K R, Baker D B, Richards R P, et al. 1996. Ecological risk assessment of atrazine in North American surface waters. Environmental Toxicology and Chemistry, 15(1): 31～76

Trapp S, Matthies M, Mcfarlane C. 1994. Model for uptake of xenobiotics into plants: Validation with bromacil experiments. Environmental Toxicology and Chemistry, 13(3): 413～422

Walton B T, Anderson T A. 1992. Plant-microbe treatment systems for toxic waste. Current Opinion in Biotechnology, 3(3): 267～270

Winkelmann D A, Klaine S J. 1991. Degradation and bound residue formation of four atrazine metabolites, deethylatrazine, deisopropylatrazine, dealkylatrazine and hydroxyatrazine, in a western Tennessee soil. Environmental Toxicology and Chemistry, 10(3): 347～354

第五章　植物修复技术在治理土壤重金属污染中的应用

第一节　锌污染土壤的植物修复

锌是植物体内的必需营养元素，通常以低分子化合物、金属蛋白、自由离子的形式存在。它参与植物的新陈代谢，通过调节光合作用和糖的运输来参与碳水化合物的代谢，并且参与叶绿素的合成。锌也是维系植物根系细胞膜的完整性、细胞结构的稳定性必不可少的元素，并且锌还可提高作物的抗旱能力。

一、锌胁迫下植物的生理响应

植物在受到胁迫后生长状况会发生变化，而植物的生理指标可以反映植物的生长状况，锌虽然是植物体内必需的营养元素，但是植物体内过量的锌存在也会对植物造成一定的毒害，如锌胁迫对黑麦草生长有一定的影响，在 1mmol/L、5mmol/L 和 10mmol/L $ZnSO_4$ 的浓度下，黑麦草的生长减慢，在 50mmol/L $ZnSO_4$ 的浓度下，黑麦草停止生长。在锌胁迫 24h 后，叶的鲜重和叶片的含水量与对照相比都有所减少。在锌含量为 50mmol/L 时，某些过氧化酶，如 APX（ascorbate peroxidase，抗坏血酸过氧化物酶）和 SOD 的活性都有所增加（Bonnet et al.，2000）。印度芥菜在 0.05mmol/L 的锌浓度下，其幼苗的生长是加快的，但是在 5mmol/L 和 10mmol/L 的锌浓度下植物的生长严重受到抑制，在锌的浓度高于 5mmol/L 时，MDA 含量与对照相比升高了 2.5 倍，并且幼苗的 SOD 和 CAT 活性也是增加的（Prasad，1999）。

草本植物芦竹、荻、柳枝稷、大油芒和狼尾草对锌也有一定的响应。芦竹地上部分和地下部分的生物量都随锌浓度的升高而增加，并且都在 500mg/kg 的锌浓度下达到最大值。在高浓度（大于等于 1000mg/kg）的处理下，芦竹地上部分和地下部分的生物量与 500mg/kg 锌浓度处理下的生物量相比有显著降低，但与对照相比，生物量并没有显著变化（图 5-1）。荻在不同浓度的处理下，其生物量也是先增加后降低，不同的是地上部分的生物量在 250mg/kg 的锌浓度下达到最大值，地下部分的生物量在 1000mg/kg 的锌浓度下达到最大值（图 5-2）。柳枝稷和上述两者不同，其生物量和对照相比都是降低的，并且在各个浓度处理下生物量的减少都非常显著（图 5-3）。大油芒在各个处理下的生物量与对照相比均没有显著性差异（图 5-4）。狼尾草的生物量在各浓度处理下都是降低的，并且与对照相比具有显著性差异，但是各个处理之间差异不显著（图 5-5）。对于芦竹和荻来说，土壤中的锌浓度在 500mg/kg 是一个正常的浓度，不会对植物的生长产生抑制。柳枝稷和大油芒对锌敏感，生物量在低浓度下即有显著性的减少。

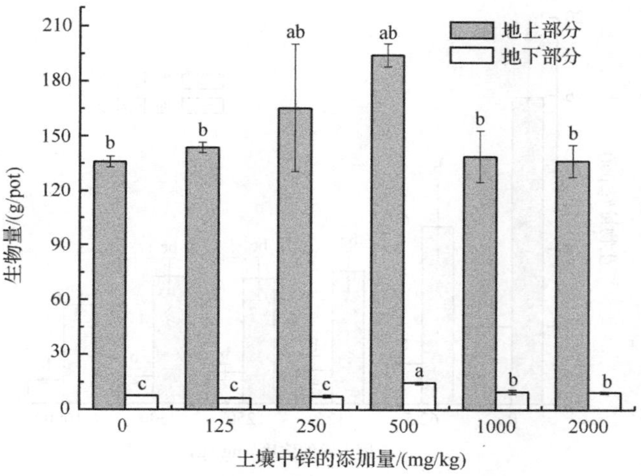

图 5-1 芦竹在不同浓度锌处理下的生物量

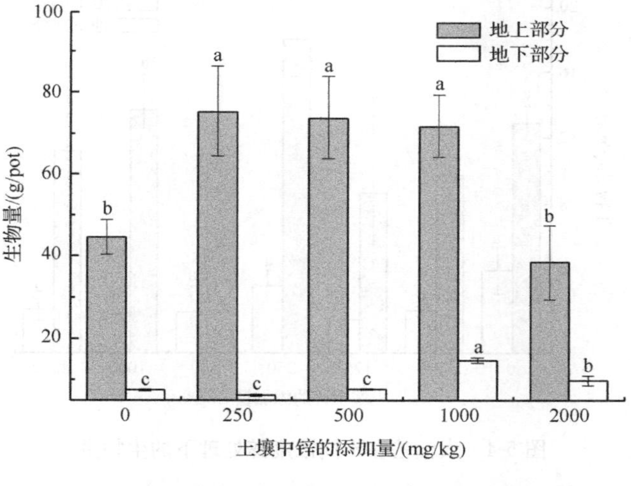

图 5-2 荻在不同浓度锌处理下的生物量

在不同浓度的锌处理下，芦竹的根长随锌浓度的增加而增加，在 1000mg/kg 的浓度下达到最大值，为 615.5m，根的表面积也在 1000mg/kg 的浓度下达到最大值，为 0.76m^2/pot。叶绿素的含量在 250mg/kg 的锌浓度下有所升高，在大于 250mg/kg 的锌浓度下，叶绿素的含量逐渐降低（表 5-1）。荻的叶绿素、根长和根表面积在不同浓度处理下均有逐渐升高的趋势（表 5-2），对柳枝稷来说，根长、根表面积和叶绿素都随锌浓度的升高而降低（表 5-3）。大油芒的叶绿素含量随处理浓度的升高而降低，但是与对照相比差异不显著，根长和根表面积与对照相比都是降低的且差异显著（表 5-4）。狼尾草的叶绿素含量在各处理浓度下与对照相比都有一定程度的增加，但各个处理之间差异不显著。根长和根表面积与对照相比都是降低的（表 5-5）。芦竹和荻的根表面积远大于柳枝稷、大油芒和狼尾草，有利于锌的吸收。

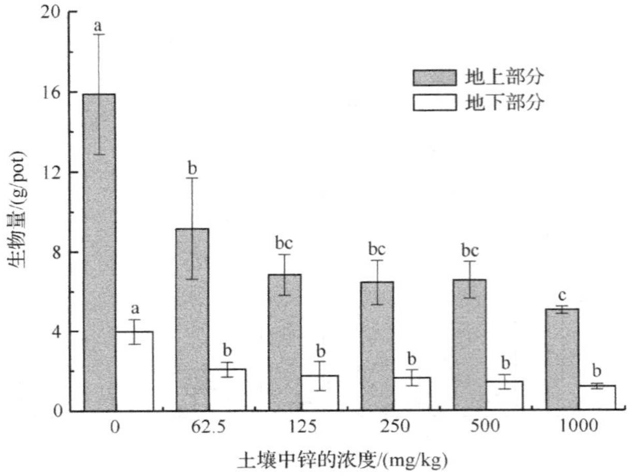

图 5-3　柳枝稷在不同浓度锌处理下的生物量

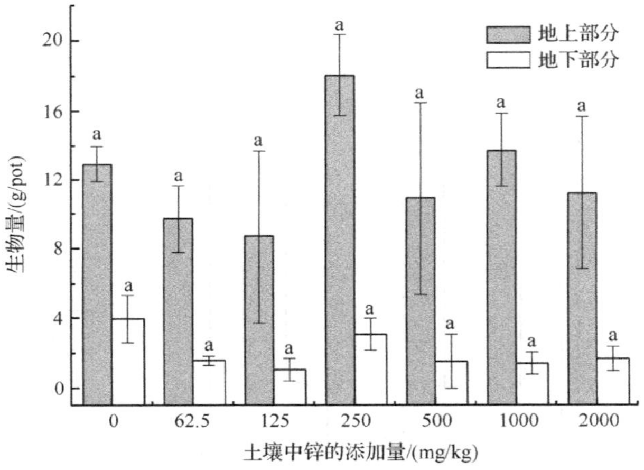

图 5-4　大油芒在不同浓度锌处理下的生物量

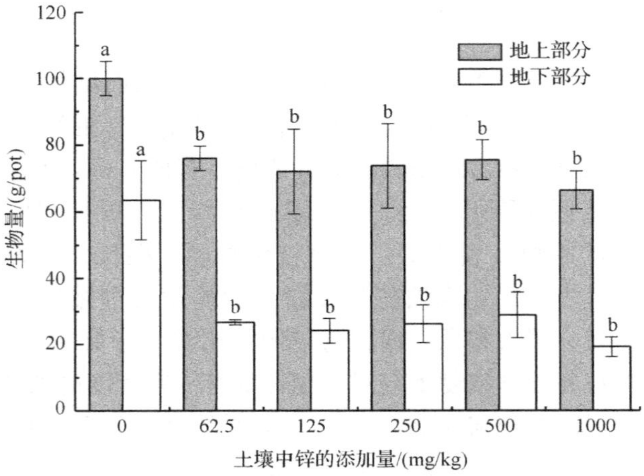

图 5-5　狼尾草在不同浓度锌处理下的生物量

表 5-1　不同浓度锌处理下芦竹的生长状况及生理响应

土壤中锌的添加量/(mg/kg)	叶绿素(a+b)/(mg/kg)	根长/(m/pot)	根表面积/(m^2/pot)
0	2.00±0.18 a	340.5±11.3 b	0.42±0.03 d
250	2.17±0.22 a	348.9±21.9 b	0.43±0.02 d
500	2.07±0.05 a	361.1±35.8 b	0.46±0.05 d
1000	2.03±0.03 a	615.5±81.5 a	0.76±0.07 c
2000	1.97±0.05 a	614.0±60.7 a	0.58±0.03 b
4000	1.88±0.11 a	355.3±36.0 b	0.49±0.05 a

表 5-2　不同浓度锌处理下荻的生长状况及生理响应

土壤中锌的添加量/(mg/kg)	叶绿素(a+b)/(mg/kg)	根长/(m/pot)	根表面积/(m^2/pot)
0	2.81±0.57 a	340.5±11.3 b	0.42±0.02 b
250	2.79±0.61 a	348.9±63.0 b	0.45±0.01 b
500	2.63±0.33 a	361.1±35.8 b	0.46±0.1 b
1000	3.68±0.20 a	565.5±81.5 a	0.76±0.01 a
2000	3.67±0.16 a	614.0±60.7 a	0.58±0.1 b

表 5-3　不同浓度锌处理下柳枝稷的生长状况及生理响应

土壤中锌的添加量/(mg/kg)	叶绿素(a+b)/(mg/kg)	根长/(m/pot)	根表面积/(m^2/pot)
0	3.59±0.15 a	97.40±0.09 a	0.15±0.03 a
62.5	3.14±0.34 a	76.36±0.03 b	0.13±0.02 ab
125	3.19±0.59 a	51.96±0.08 c	0.14±0.02 ab
250	3.27±0.76 a	51.95±0.05 cd	0.12±0.01 abc
500	3.37±0.41 a	46.20±0.03 de	0.10±0.01 bc
1000	3.26±0.10 a	39.43±0.04 e	0.09±0.02 c

表 5-4　不同浓度锌处理下大油芒的生长状况及生理响应

土壤中锌的添加量/(mg/kg)	叶绿素(a+b)/(mg/kg)	根长/(m/pot)	根表面积/(m^2/pot)
0	4.03±0.27 a	114.1±2.1 a	1.34±0.20 a
62.5	4.68±0.49 a	60.1±9.1 b	0.67±0.01 b
125	4.98±0.26 a	30.5±3.5 c	0.35±0.04 c
250	4.90±0.19 a	73.3±14.6 b	0.82±0.16 b
500	4.31±0.02 a	35.8±12.3 c	0.31±0.16 c
1000	3.63±0.79 a	37.7±6.3 c	0.36±0.14 c
2000	3.25±0013 a	29.4±7.9 c	0.27±0.04 c

表 5-5　不同浓度锌处理下狼尾草的生长状况及生理响应

土壤中锌的添加量/(mg/kg)	叶绿素(a+b)/(mg/kg)	根长/(m/pot)	根表面积/(m^2/pot)
0	2.60±0.25 b	275.47±38.53 a	0.37±0.05 a
62.5	3.57±0.20 a	138.80±24.43 b	0.19±0.01 b
125	4.15±0.69 a	134.89±41.11 b	0.19±0.05 b
250	3.40±0.12 a	153.14±9.02 b	0.19±0.03 b
500	3.51±0.75 a	124.32±13.03 b	0.19±0.03 b
1000	3.97±0.08 a	76.43±17.13 c	0.12±0.03 c

二、植物对锌的吸收及锌在植物体内的分布特征

一般来说，锌在植物体内的最佳浓度为 20～100mg/kg。不同植物对锌的耐受能力不同，而植物对重金属的耐受能力是积累的前提。有研究发现，蜈蚣草对锌有很高的耐受能力，可以在含有高浓度锌的土壤中正常生长，并且蜈蚣草可以有效地吸收锌并将其运输到叶中。在大田条件下，蜈蚣草对锌的吸收量可以达到 737mg/kg，在盆栽试验中，随着锌浓度从 0mg/kg 升高到 2000mg/kg，锌在植物中的积累浓度也逐步增加，最高达到 0.22mg/pot（An et al.，2006）。遏蓝菜被认为是一种锌超富集植物，在低 pH 的条件下，其积累浓度可以达到 18 455mg/kg（Brown et al.，1994）。Yang 等（2002）在中国发现了一种新的锌超富集植物东南景天，它可以在锌的添加量为 0.006～240mg/kg 的土壤中正常生长，随着处理浓度的不断增加，锌在茎中的积累浓度也不断增加。在 80mg/kg 的土壤中，锌在茎中的浓度和积累量分别为 19.67mg/kg 和 19.83mg/kg。

芦竹、荻、柳枝稷、大油芒、狼尾草在不同锌添加量的土壤中对锌的吸收有所不同。随着锌处理浓度的不断增加，锌在芦竹地上部分和地下部分的积累也不断增加，在 2000mg/kg 的锌浓度下分别达到最大值 171.5mg/kg 和 541.3mg/kg。荻对锌的吸收也是不断增加的，在 2000mg/kg 的锌浓度下，地上部分和地下部分的浓度分别达到最大值，为 356.7mg/kg 和 1105.1mg/kg。柳枝稷对锌的积累与芦竹和荻的积累趋势是一致的，都是随着处理浓度的增加而增加，并且，在 1000mg/kg 的锌浓度下地上部分和地下部分的浓度达到最大值 156.4mg/kg 和 303.5mg/kg。在芦竹和荻中，锌在地下部分的浓度均大于地上部分的浓度（图 5-6，图 5-7）。对于柳枝稷，在 125mg/kg 和 250mg/kg 的锌浓度下，锌在地上部分的积累浓度大于地下部分的积累浓度（图 5-8）。大油芒和狼尾草对锌的积累也是随着处理浓度的增加而增加，并且分别在 2000mg/kg 和 1000mg/kg 的锌浓度下达到最大值。大油芒地上部分和地下部分对锌的最大吸收浓度为 474.5mg/kg 和 787.7mg/kg（图 5-9），狼尾草地上部分和地下部分对锌的吸收浓度分别为 246.6mg/kg 和 396.1mg/kg（图 5-10）。

对于超富集植物的超耐受和超积累的机制已有广泛的研究。Lasat 等（2000）对遏蓝菜中锌的积累可以超过 3%干重而植物没有任何中毒症状的机制进行了研究，结果发现遏蓝菜在运输锌的过程中有促进锌吸收的机制。例如，在植物体内锌大量流入根、叶的细胞和木质部，这些过程都是由细胞内的转运载体来调节的，并且通过 RNA 印迹法

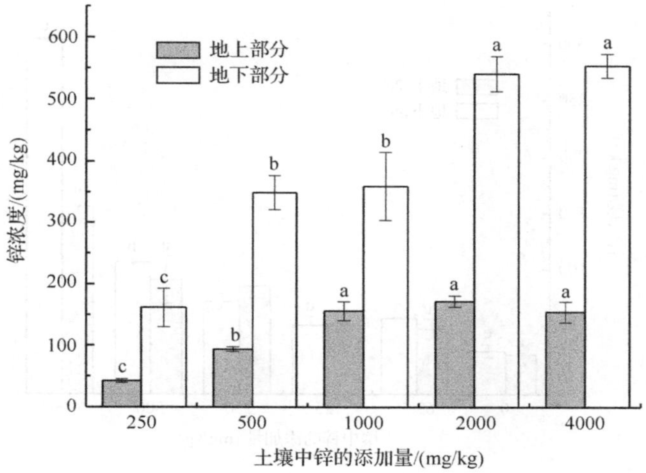

图 5-6　不同浓度锌处理下芦竹对锌的吸收

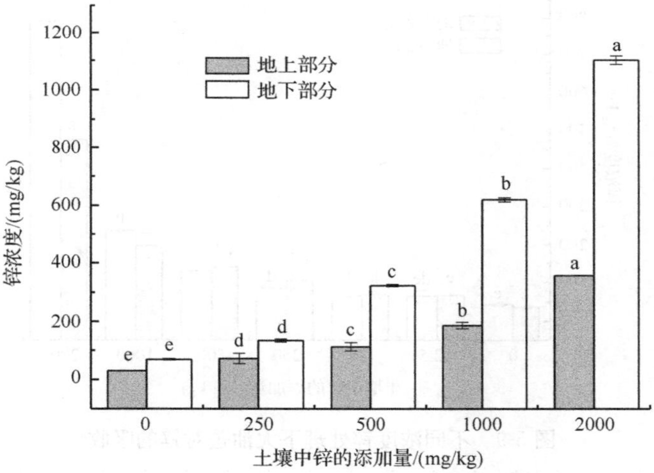

图 5-7　不同浓度锌处理下荻对锌的吸收

分析了转运载体 *ZNT1* 在遏蓝菜超富集生态型和非超富集生态型中的表达情况，发现超富集植物中转运载体的表达量明显高于非超富集的生态型，说明转运载体的表达与植物的耐受性和高效积累有很大的关系。Lasat 等（2000）用扫描电镜和能量色散 X 射线谱分析方法研究了锌在遏蓝菜细胞中的分布，结果发现当植物生长在含低浓度锌土壤中时，锌在叶片的表皮细胞、叶肉细胞和叶的细胞壁中的含量分别为 296μg/g、80μg/g 和 110μg/g。在高浓度的锌存在下，叶表皮细胞的液泡和细胞壁中的锌浓度分别为 13 600μg/g 和 929μg/g，并且锌是以可溶性的状态存在于液泡中的。

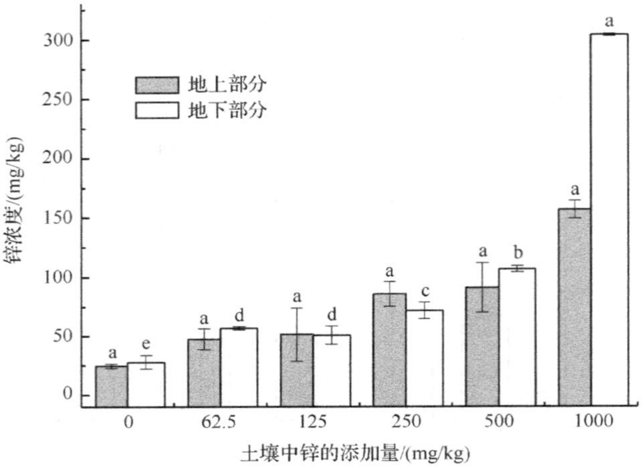

图 5-8　不同浓度锌处理下柳枝稷对锌的吸收

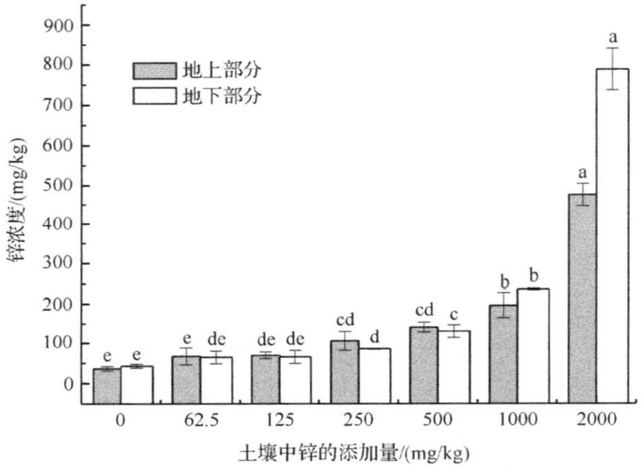

图 5-9　不同浓度锌处理下大油芒对锌的吸收

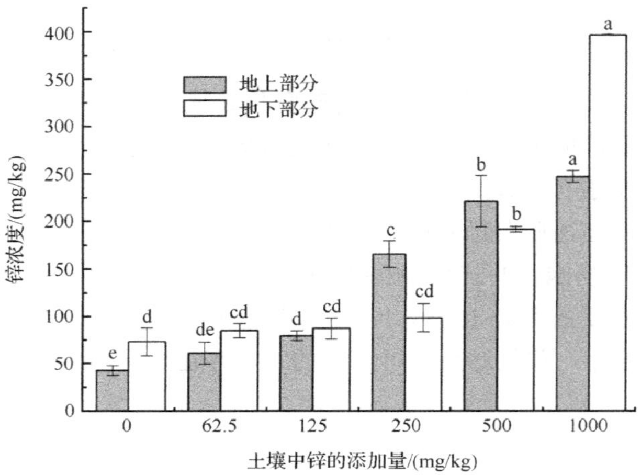

图 5-10　不同浓度锌处理下狼尾草对锌的吸收

第二节　铬污染土壤的植物修复

铬不是植物的必需营养元素，过量摄入后会引起植物中毒并且干扰必需营养元素的吸收。土壤中的铬污染主要是各化工厂含铬残渣和废水的排放造成的，排放的铬进入土壤后很难被降解，因此铬污染土壤的治理是非常困难的。铬有很多的存在形态，在土壤中铬主要以 Cr^{3+} 和 Cr^{6+} 的稳定形态存在。Cr^{3+} 的流动性差并且是低毒性的，在土壤和水环境中主要与有机质结合，Cr^{6+} 被认为是最具毒性的存在形态，它通常与氧气形成铬酸盐（CrO_4^{2-}）和重铬酸盐（$Cr_2O_7^{2-}$）（Becquer et al.，2003）。铬污染的治理主要是指 Cr^{6+} 的治理。在正常土壤中，根据成土母质的不同，铬的含量通常为 10～50mg/kg。在碱性土壤中铬可以达到 125mg/kg（Adriano，1986）。正常生长的植物体中铬的含量约为 1mg/kg。目前对于超富集植物中能富集铬的植物的报道还是很少的。

一、铬胁迫下植物的生理响应

铬污染对于植物种子的萌发、植物根的伸长和生物产量等都有影响。在 200mmol/L 铬浓度的处理下，芒稷的种子萌发率减少了 25%（Rout et al.，2000）。当土壤中的 Cr^{6+} 浓度达到 500ppm① 时，矮菜豆（*Phaseolus vulgaris*）的萌发率降低了 48%（Dreyer and Taylor，1982）。有研究表明，在铬胁迫下种子的萌发率减少是淀粉酶以及糖的运输受到抑制造成的（Zeid，2001）。

铬胁迫影响了植物生长发育的生理和生化过程，因此影响了植物的生物量。在 100ppm 的铬浓度下，洋金凤（*Caesalpinia pulcherrima*）的根长和干重与对照相比都有一定程度的减少（Iqbal et al.，2001）。小麦的根长和根重在 20mg/kg 的铬浓度下被抑制（Chen et al.，2001）。花椰菜的干物质量在 0.5mmol/L Cr^{6+} 浓度处理下也受到显著的抑制（Chatterjee and Chatterjee，2000）。草本植物芦竹、荻的地上生物量和地下生物量都随铬浓度的增加呈现先升高后降低的趋势，芦竹在 2000mg/kg 的铬浓度下生物量被显著抑制，荻在 1000mg/kg 的浓度下生物量被显著抑制（图 5-11，图 5-12）。各处理浓度下的大油芒地上部分和地下部分的生物量均低于对照，但是差异不显著（图 5-13）。狼尾草地上部分的生物量在各个处理和对照间没有显著的差异，但是地下部分的生物量在 31.25mg/kg 和 62.5mg/kg 的浓度下与对照相比显著减少（图 5-14）。

铬在植物体内的积累也影响了植物的光合作用。Bera 和 Bokaria（1999）研究表明，制革厂流出的铬严重影响了绿豆的天然色素含量，生长 6 天的绿豆幼苗和对照相比，其叶绿素 a、叶绿素 b 和叶绿素的总量均有显著的降低。小麦在 Cr^{3+} 和 Cr^{6+} 的各浓度处理下叶绿素均有明显的降低（Sharma and Sharma，1996）。芦竹在各处理浓度下的叶绿素含量与对照相比均有不同程度的降低（表 5-6），荻、大油芒、狼尾草则是在低浓度的处理下叶绿素的含量有所升高，在高浓度的处理下叶绿素含量有所降低（表 5-7～表 5-9）。

---

① ppm 为浓度计量单位，1ppm=1mg/kg 或 1mg/L，后同。

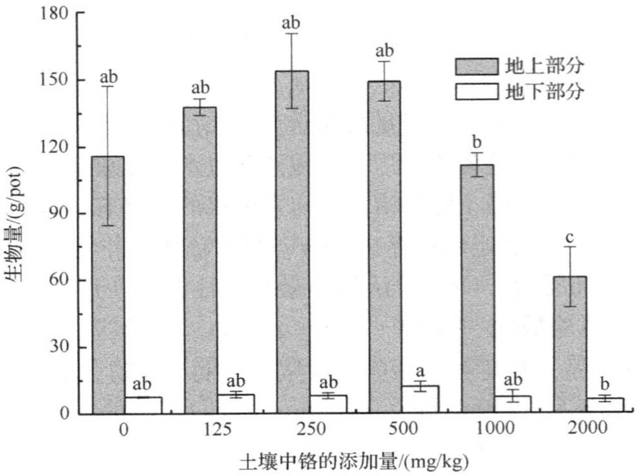

图 5-11　芦竹在不同浓度铬处理下的生物量

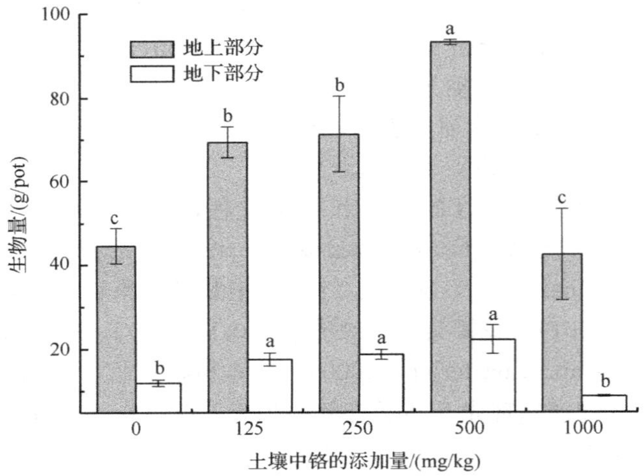

图 5-12　荻在不同浓度铬处理下的生物量

SOD 和 CAT 等抗氧化酶的诱导和激活也是植物应对重金属胁迫的一种反应机制（Prasad，1998）。Dixit 等（2002）研究表明，在 20μmol/L 的 Cr^{6+} 处理下，SOD 的活性降低了 29%，在 200μmol/L 的处理下 SOD 的活性显著被抑制。关于铬污染对 CAT 活性的影响已经在很多像水稻、小麦等的作物中研究过，生长 7 天和 9 天的小麦植株在不同浓度的 Cr^{3+} 培养液中培养 24h 后测定小麦叶片的 CAT 活性，结果发现叶片中 CAT 的活性在低浓度下是升高的，但是在高浓度下，CAT 的活性则有所降低（Panda and Patra，2000）。

Panda 等（2003）将小麦置于 1mmol/L、10mmol/L 和 100mmol/L 的铬浓度下，发生了脂质的过氧化反应，并且随着铬浓度的升高，MDA 的含量增加。在不同浓度处理下，芦竹和荻的 MDA 含量也是增加的，并且随着铬浓度的升高依次递增（表 5-6，

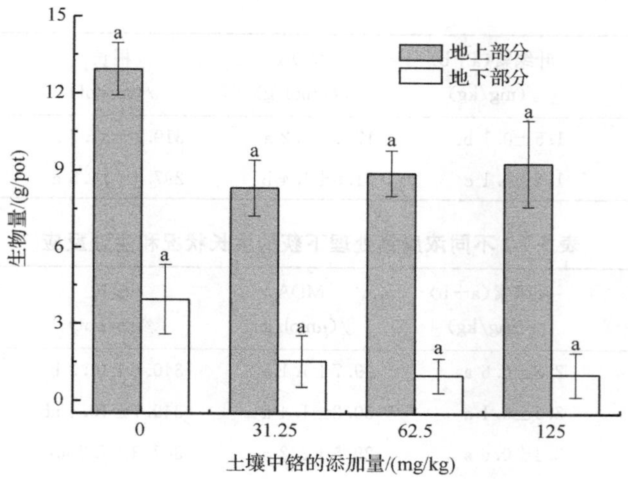

图 5-13　大油芒在不同浓度铬处理下的生物量

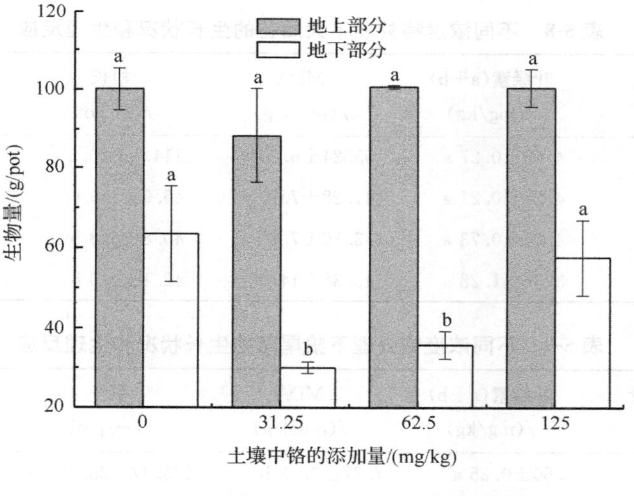

图 5-14　狼尾草在不同浓度铬处理下的生物量

表 5-7)，大油芒处理浓度下的 MDA 含量均低于对照（表 5-8)，狼尾草处理浓度下的 MDA 含量均高于对照（表 5-9)。

表 5-6　不同浓度铬处理下芦竹的生长状况和生理反应

土壤中铬的添加量/(mg/kg)	叶绿素(a+b)/(mg/kg)	MDA/(μmol/g)	根长/(m/pot)	根表面积/(m^2/pot)
0	2.1±0.2 a	15.9±1.1 a	340.5±11.3 a	0.47±0.10 a
125	0.7±0.1 b	16.2±0.3 a	337.3±6.9 a	0.43±0.01 a
250	1.6±0.1 bc	16.7±2.5 a	334.7±10.8 a	0.47±0.01 a
500	1.7±0.1 b	17.0±1.8 a	358.3±25.8 a	0.57±0.07 a

续表

土壤中铬的添加量/(mg/kg)	叶绿素(a+b)/(mg/kg)	MDA/(μmol/g)	根长/(m/pot)	根表面积/(m^2/pot)
1000	1.5±0.1 bc	17.1±0.2 a	319.1±31.7 a	0.45±0.03 a
2000	1.4±0.1 c	21.0±1.4 b	297.4±14.5 a	0.39±0.00 a

表 5-7　不同浓度铬处理下荻的生长状况和生理反应

土壤中铬的添加量/(mg/kg)	叶绿素(a+b)/(mg/kg)	MDA/(μmol/g)	根长/(m/pot)	根表面积/(m^2/pot)
0	2.8±0.6 a	29.7±1.1 a	340.5±11.3 b	0.42±0.03 c
125	3.1±0.1 a	30.2±1.4 a	349.7±10.4 ab	0.45±0.03 c
250	3.1±0.6 a	29.5±2.2 a	347.3±7.2 ab	0.47±0.01b c
500	2.7±0.2 a	30.9±0.8 a	358.3±25.8 ab	0.57±0.07 ab
1000	2.6±0.2 a	32.0±1.5 a	419.1±31.7 ab	0.59±0.00 a

表 5-8　不同浓度铬处理下大油芒的生长状况和生理反应

土壤中铬的添加量/(mg/kg)	叶绿素(a+b)/(mg/kg)	MDA/(μmol/g)	根长/(m/pot)	根表面积/(m^2/pot)
0	4.03±0.27 a	55.24±6.25 a	114.1±20.5 a	1.34±0.20 a
31.25	4.24±0.21 a	41.28±7.70 a	46.9±1.9 b	0.53±0.04 b
62.5	4.01±0.73 a	33.30±7.29 a	40.8±6.8 b	0.46±0.09 b
125	3.36±1.28 a	45.38±14.50 a	42.1±9.0 b	0.48±0.12 b

表 5-9　不同浓度铬处理下狼尾草的生长状况和生理反应

土壤中铬的添加量/(mg/kg)	叶绿素(a+b)/(mg/kg)	MDA/(μmol/g)	根长/(m/pot)	根表面积/(m^2/pot)
0	2.60±0.25 a	7.27±0.76 b	275.47±38.53 ab	0.37±0.05 ab
31.25	3.36±0.72 a	8.97±0.88 a	181.36±39.37 ab	0.24±0.06 ab
62.5	2.93±1.03 a	7.90±1.04 ab	147.97±18.17 b	0.22±0.01 b
125	2.31±0.26 a	7.61±0.43 ab	322.67±163.86 a	0.41±0.15 a

二、植物对铬的吸收及其在植物体内的分布特征

在豆科植物中，只有 0.1%的铬在种子中积累，98%的铬都集中积累在根部(Huffman and Allaway，1973)。铬在根中高度积累或许是因为在根细胞的液泡中铬是不移动的，从而阻止了铬对植物的伤害，这也是植物本身对于重金属毒性的反应(Shanker et al.，2004)。Mei 等（2002）对水培条件下的大豆和向日葵做了研究，发现在 Cr^{3+} 处理下，大豆根、茎、叶中铬的浓度分别为 20 000μg/kg、7400μg/kg、1300μg/kg，在向日葵的根、茎、叶中的浓度分别为 14 000μg/kg、9000μg/kg、460μg/kg。Zhang

等（2007）发现多年生禾本科植物李氏禾对铬具有超积累的特性，叶片内平均铬含量达1786.9mg/kg。Mant等（2006）构建模拟湿地研究了*Pennisetum purpureum*和*Brachiaria decumbens*对初级处理过的污水中所含铬的去除效率，结果表明，两者在第一小时内的处理效率分别为78.1%和68.5%，并且两者对铬都有很高的耐受能力，尤其是*P. purpureum*较快的生长速率和较多的生物量使得它在试验的整个时期都可以对铬有一个比较高效的去除率。Kocik和Ilavsky（1994）研究了铬对向日葵、玉米和蚕豆的影响，结果表明植物组织对铬的吸收富集量与土壤中铬的浓度呈正相关关系。

对于芦竹，在对照和各浓度梯度下，地上部分对铬的吸收量并没有显著的变化，在2000mg/kg的铬处理浓度下只有49.6mg/kg的吸收量。但是在地下部分，在2000mg/kg的铬处理浓度下铬的吸收达到362.4mg/kg（图5-15），与对照相比差异显著。荻的地上部分对铬的吸收在1000mg/kg的浓度下达到100.2mg/kg，在1000mg/kg的铬浓度下，

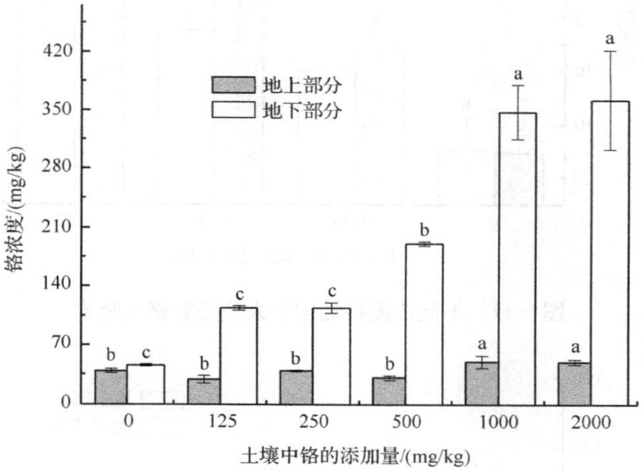

图5-15　不同浓度铬处理下芦竹对铬的吸收

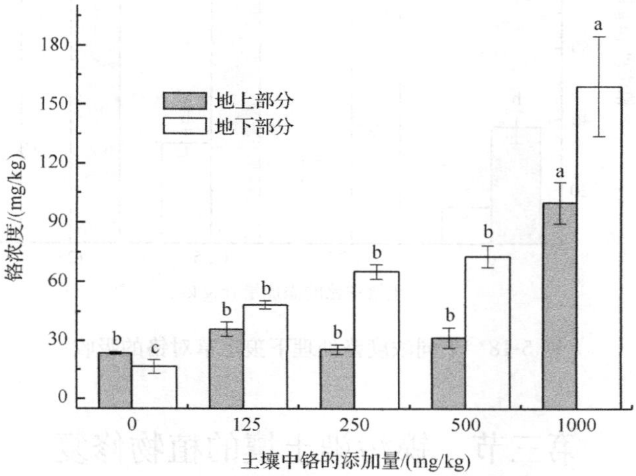

图5-16　不同浓度铬处理下荻对铬的吸收

地下部分的吸收量可以达到 159.4mg/kg。在相同的浓度处理下，铬在地下部分的积累浓度均大于地上部分的积累浓度（图 5-16）。大油芒对铬的吸收随着处理浓度的增加而增加，在 125mg/kg 的铬处理浓度下地上部分和地下部分均达到最大值，分别为 68.4mg/kg 和 53.4mg/kg（图 5-17）。狼尾草在处理浓度下的吸收量均大于对照，但是地上部分的吸收量在 31.25mg/kg 的铬浓度下达到最大值 89.0mg/kg，地下部分的吸收量在 125mg/kg 的铬浓度下达到最大值 83.1mg/kg（图 5-18）。

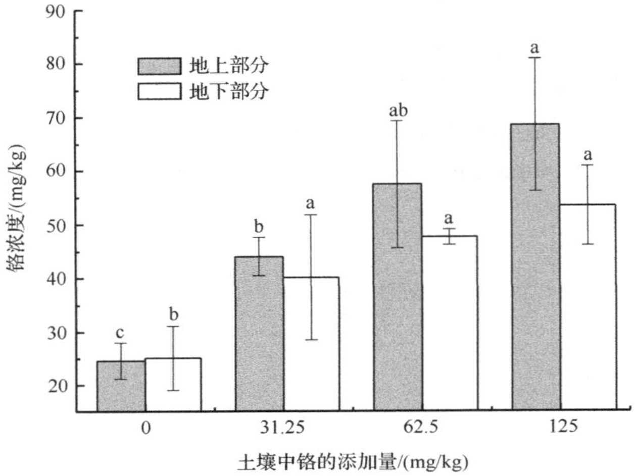

图 5-17　不同浓度铬处理下大油芒对铬的吸收

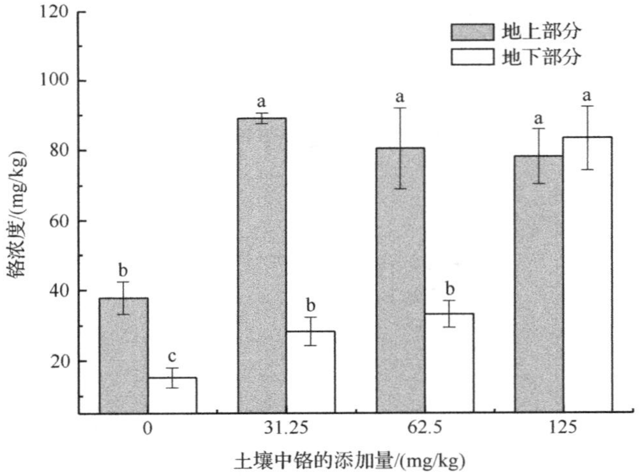

图 5-18　不同浓度铬处理下狼尾草对铬的吸收

第三节　镍污染土壤的植物修复

镍是植物的必需营养元素。在自然界中，镍主要是以二价镍离子的形式存在，水合物 Ni（H_2O_2）$_6^{2+}$的存在形态是土壤中最常见的一种形式。它是植物中尿素酶的重要组成部分，参与植物体内尿素的水解，并且，植物体内的镍对抵御病害也有一定的作用。然而正常的植物生长对镍的需求是非常微量的，大多数植物体内的镍浓度为 0.05～10mg/kg，土壤中镍的含量通常为 100ppm，在某些污染的土壤中镍的浓度可达到 26 000ppm。高浓度的镍会对植物造成一定的毒害作用。例如，植物中过量的镍存在会抑制核的分裂，阻碍植物的生长，减少果实的产量和质量，并且土壤中的镍含量达到一定浓度时，作物无法在其中生长。然而有一些植物是可以在高浓度的镍污染的土壤中生长的，并且吸收土壤中的镍在植物体内高度富集，这类植物称为超富集植物。镍的超富集植物是指镍在植物体内的浓度至少达到 1000mg/kg，镍的超富集植物的研究为镍污染土壤的修复提供了很好的途径和方法（Baker and Brooks，1989）。

一、镍胁迫下植物的生理响应

植物对镍的毒性反应与植物的种类、生长时期、培养条件以及土壤中镍的浓度有关。植物的毒性反应通常表现在种子萌发的延迟、植物生长的抑制、产量的降低以及光合效率的降低等方面。

镍对植物的毒性最初也是影响种子的萌发。土壤中过量的镍存在对种子萌发和植物生长的影响已有广泛的报道。萝卜在镍存在的条件下，种子的萌发是受到抑制的（Espen et al.，1997）。太阳花在低浓度（10mg/L 和 20mg/L）镍处理下，萌发受到促进，使得出苗提前，但是在高浓度的处理下，种子的萌发延迟且只有 50%的萌发率（Ahmad et al.，2009）。木豆在 1.5mmol/L 的镍处理下，萌发率降低了 20%，并且萌发率是随着镍浓度的提高而逐步降低的（Madhava and Sresty，2000）。然而生长 24 天的大白菜转移到 0.5mmol/L 镍的培养基中培养 6 天后没有发生任何可见的症状，但是后续的生长被抑制（Pandey and Sharma，2002）。在 10μmol/L 的镍存在条件下，小麦的生长没有受到任何影响，但是在 0.2mmol/L 镍存在的条件下，小麦的生长受到抑制（Gajewska et al.，2006）。因此，镍浓度的高低对不同种类的植物种子的萌发和生长的影响也是有差异的，但是在相对高的浓度下，种子的萌发和生长都是受抑制的。

植物的根系是植物对重金属吸收和排斥的第一步，根系的生长状况直接影响植物地上部分的发育。在 1mmol/m^3 浓度的处理下，植物根和茎的长度都有所减少，在 20mmol/m^3的浓度下，根和茎的长度并没有受到进一步的抑制，但是在高于这个浓度的处理下，根和茎的长度则被严重抑制，并且干物质量也有所减少，其减少规律与根和茎的减少规律是一致的（Pandolfini et al.，1992）。植物的产量是由干物质的量决定的，在通常情况下，在镍胁迫下植物的生物量都是降低的。例如，Prasad（2006）研究表明生长 21 天的玉米在 10μmol/L 镍的浓度下，植物的鲜重有显著的降低，并且随着镍浓度的提高，植物的茎和根的鲜重与干重都呈线性降低。

芦竹地上部分和地下部分的生物量随着镍浓度的升高而呈现先升高后降低的趋势，在 500mg/kg 的镍浓度下地上部分生物量达到最大值 195.9g/pot，在 2000mg/kg 的镍浓度下地下部分生物量达到最大值 11.3g/pot（图 5-19）。获的地上部分的生物量随着处理浓度的增加先增加后降低，在 500mg/kg 的镍浓度下达到最大值，地下部分的生物量随处理浓度的增加是降低的，在最大处理浓度 1000mg/kg 下达到最小值（图 5-20）。狼尾草的生物量在低浓度下呈降低的趋势，在 500mg/kg 的镍浓度下，生物量超过了对照随后又降低（图 5-21）。大油芒的生物量随着处理浓度的增加有显著的降低（图 5-22）。芦竹、荻、大油芒在 500mg/kg 的浓度下地上部分的生物量都是增加的，说明在此浓度下镍对植物生物量的增加具有促进作用，狼尾草对镍是敏感的，在各处理浓度下其生物量都有显著的降低。

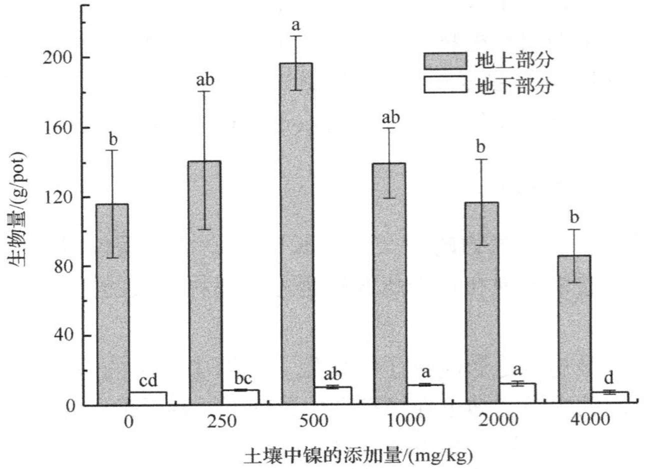

图 5-19　芦竹在不同浓度镍处理下的生物量

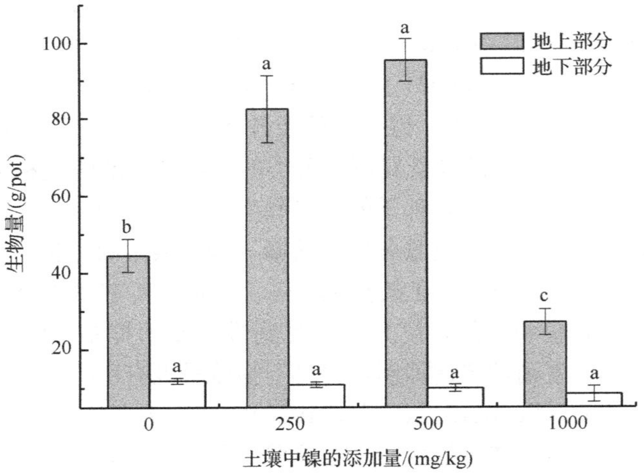

图 5-20　荻在不同浓度镍处理下的生物量

植物中镍的含量过高还会影响某些氧化酶的活性。过量的镍使得植物体内产生羟基、过氧化氢、NO 等氧化物质。但是镍不是一种氧化还原性金属，不能直接产生这些活性氧。然而它间接地与一系列的氧化酶，如 SOD、CAT、APX 等作用。Baccouch 等（1998）研究了在 250μmol/L NiCl 处理下，玉米的氧化性损伤以及抗氧化反应，结果

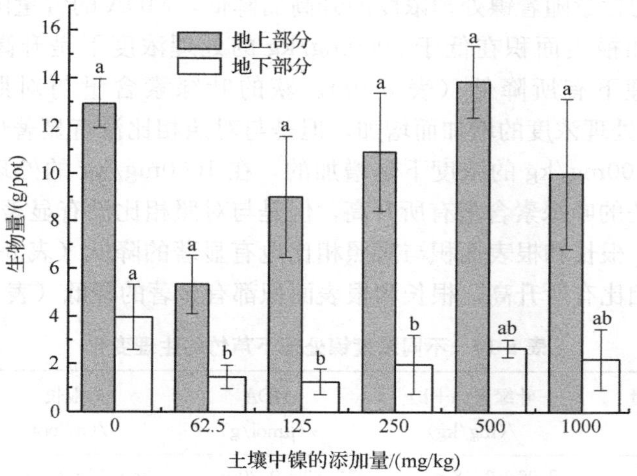

图 5-21　狼尾草在不同浓度镍处理下的生物量

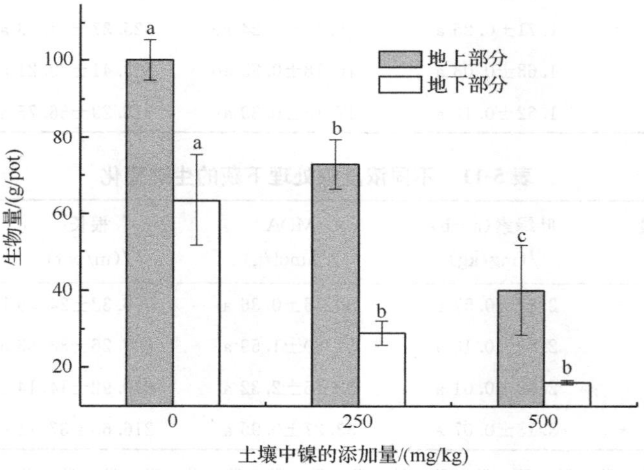

图 5-22　大油芒在不同浓度镍处理下的生物量

表明，SOD 活性在镍处理后的 48h 内是升高的，随后 SOD 的活性呈现降低的趋势。CAT 的活性在镍处理 4 天后升高，随后保持在稳定的状态。水稻中的 SOD 也是随着镍处理浓度的增加而升高的，CAT 的活性没有太大的变化，GPX 的活性有显著的增加，当水稻幼苗在 400μmol/L 的浓度下处理 20 天后，GPX 的活性在茎和根中分别增加了 118％和 75％（Maheshwari and Dubey，2009）。然而，有研究报道在镍浓度为 200μmol/L 的处理下，小麦茎中的 CAT 和 SOD 的活性都是被抑制的，并且这两种酶的活性与对照相比降低了 31％和 24％（Gajewska et al.，2006）。

镍影响植物的光合作用，并且对光合作用的影响是多途径的。镍主要通过破坏光合作用的器官来阻断光合作用，具体包括通过破坏叶肉细胞和表皮毛、降低叶绿素含量、破坏类囊体膜和叶绿体基粒的结构等来影响植物的光合作用。

芦竹叶绿素的含量随着镍处理浓度的升高而降低，MDA 的含量随着处理浓度的增加而升高，根长和根表面积在低于 2000mg/kg 的处理浓度下是升高的，在最高浓度 4000mg/kg 的处理下有所降低（表 5-10）。荻的叶绿素含量与对照相比差别不大，MDA 的含量随着处理浓度的增加而增加，但是与对照相比没有显著性的差异，根长和根表面积在小于 500mg/kg 的浓度下是增加的，在 1000mg/kg 的处理浓度下显著降低（表 5-11）。大油芒的叶绿素含量有所升高，但是与对照相比没有显著的差异，MDA 的含量也是降低的，根长和根表面积与对照相比也有显著的降低（表 5-12）。狼尾草的叶绿素含量与对照相比有所升高，根长和根表面积都有显著的降低（表 5-13）。

表 5-10　不同浓度镍处理下芦竹的生理变化

土壤中镍的添加量 /(mg/kg)	叶绿素(a+b) /(mg/kg)	MDA /(μmol/g)	根长 /(m/pot)	根表面积 /(m^2/pot)
0	2.00±0.18 a	13.89±0.30 c	340.47±11.33 b	0.42±0.03 c
250	1.93±0.40 a	14.02±1.13 c	367.27±87.66 b	0.40±0.08 c
500	1.80±0.14 a	14.25±0.24 c	421.24±24.31 ab	0.57±0.04 b
1000	1.71±0.25 a	15.15±0.24 bc	525.37±11.18 a	0.72±0.03 a
2000	1.63±0.03 a	16.18±0.85 ab	533.41±39.21 a	0.74±0.05 a
4000	1.62±0.12 a	17.18±0.39 a	318.29±56.75 a	0.42±0.08 c

表 5-11　不同浓度镍处理下荻的生理变化

土壤中镍的添加量 /(mg/kg)	叶绿素(a+b) /(mg/kg)	MDA /(μmol/g)	根长 /(m/pot)	根表面积 /(m^2/pot)
0	2.81±0.57 a	30.46±0.36 a	366.32±24.59 b	0.72±0.15 a
250	2.83±0.13 a	31.80±1.59 a	697.26±88.86 a	0.84±0.05 a
500	2.63±0.01 a	32.15±2.32 a	610.92±14.14 a	0.94±0.05 a
1000	3.13±0.07 a	33.27±0.96 a	216.65±37.71 c	0.29±0.01 b

表 5-12　不同浓度镍处理下大油芒的生理变化

土壤中镍的添加量 /(mg/kg)	叶绿素(a+b) /(mg/kg)	MDA /(μmol/g)	根长 /(m/pot)	根表面积 /(m^2/pot)
0	4.03±0.27 a	55.24±6.25 a	114.1±20.5 a	1.34±0.20 a
62.5	4.60±0.08 a	43.93±7.38 a	44.7±11.8 b	0.37±0.10 b
125	4.81±0.43 a	38.31±3.23 a	41.0±11.1 b	0.46±0.12 b
250	4.33±0.41 a	45.57±7.72 a	45.2±5.4 b	0.51±0.08 b
500	4.32±0.40 a	53.57±8.88 a	97.0±24.6 a	1.17±0.33 a
1000	4.12±0.30 a	34.96±7.51 a	59.2±9.2 b	0.66±0.11 b

表 5-13 不同浓度镍处理下狼尾草的生理变化

土壤中镍的添加量/(mg/kg)	叶绿素(a+b)/(mg/kg)	MDA/(μmol/g)	根长/(m/pot)	根表面积/(m^2/pot)
0	2.60±0.25 b	7.27±0.76 a	275.47±38.53 a	0.37±0.05 a
250	3.93±0.46 a	7.89±1.31 a	164.82±66.46 b	0.22±0.09 b
500	3.39±0.41 a	7.14±0.70 a	98.69±14.96 b	0.12±0.07 b

二、植物对土壤中镍的吸收及其在植物体内的分布特征

镍在植物的发育过程中参与植物的新陈代谢，因此植物对镍的吸收是必需的。植物的根系对于镍的吸收是通过主动吸收和被动扩散两种方式进行的，植物不同两种运输方式的比例也不同。应用镍超富集植物修复镍污染的土壤是一种比较经济有效的方法，目前已有超过 310 种的物种被鉴定为镍的超富集植物，多分布在爵床科、菊科、芸苔科、石竹科、大风子科等植物中。仅在芸薹属中就有 80 多个物种具有积累镍的特征，在这些植物中，对镍的吸收浓度可以达到植物干生物量的 3%。这些植物与普通植物相比对镍有更高的需求量，在 500mg/kg 的浓度下，这些植物的生长不受影响，生物量有所增加（Küpper et al.，2001）。芦竹地下部分对镍的积累浓度随着处理浓度的增加而增加，在 2000mg/kg 的镍浓度下达到最大值，地上部分的积累浓度在低浓度下与对照相比没有显著差异，在大于 1000mg/kg 的镍浓度下，积累浓度有显著的增加（图 5-23）。荻地上部分对镍的吸收也是随着处理浓度的增加而增加并且差异显著，在 1000mg/kg 的镍浓度下达到最大值，地下部分的吸收只有在 1000mg/kg 的镍浓度下才与对照有显著差异（图 5-24）。大油芒地上部分对镍的吸收在低于 500mg/kg 的镍浓度下不显著，高于此浓度的处理下吸收明显增加并且差异显著。地下部分在 250mg/kg 的镍处理浓度下开始对镍有显著的吸收，在 2000mg/kg 的镍处理浓度下达到最大值（图 5-25）。狼尾草地上部分和地下部分的吸收量都是随着处理浓度的增加而增加，并且在各浓度处理下差异

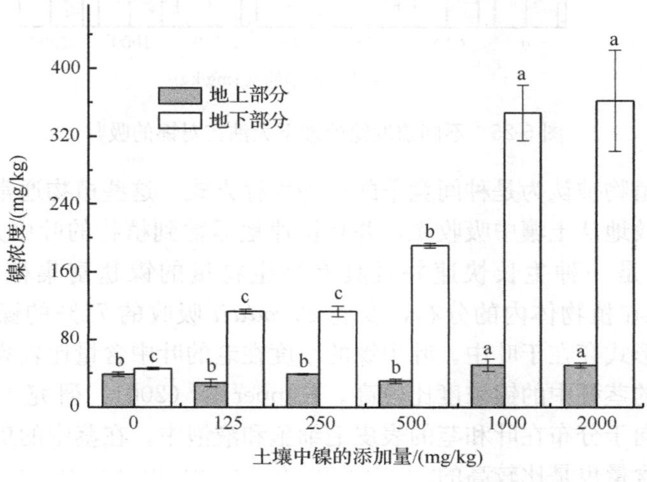

图 5-23 不同浓度镍处理下芦竹对镍的吸收

显著（图 5-26）。

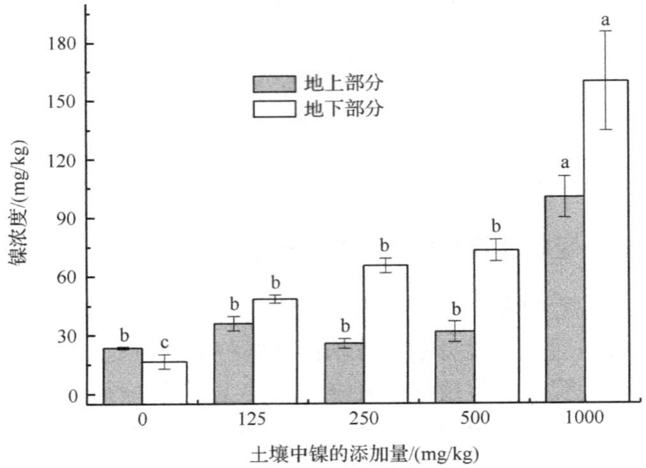

图 5-24　不同浓度镍处理下荻对镍的吸收

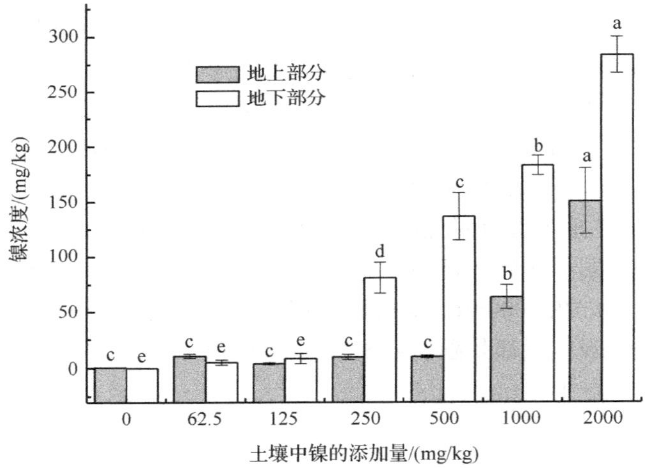

图 5-25　不同浓度镍处理下大油芒对镍的吸收

镍的超富集植物被认为是种间竞争的一种生存方式，这些植物通常具有有效的根吸收模式，可以高效地从土壤中吸收镍，并且快速地运输到植物的叶中并滞留在液泡中。*Berkheya coddii* 是一种生长快速并且具有高生物量的镍超富集植物。Robinson 等（2003）研究了镍在植物体内的分布，发现 *B. coddii* 吸收的 71%的镍存在于茎中，尤其是以水溶性的形式存在于叶中。叶中镍的浓度在老的叶中含量比较高，但是对于茎秆来说，在新生长的茎秆中的镍浓度比较高。Küpper 等（2001）研究了镍在细胞中的分布，表明镍更倾向于分布在叶和茎的表皮毛细胞和液泡中。在茎中的皮层薄壁组织和维管束细胞中镍的含量也是比较高的。

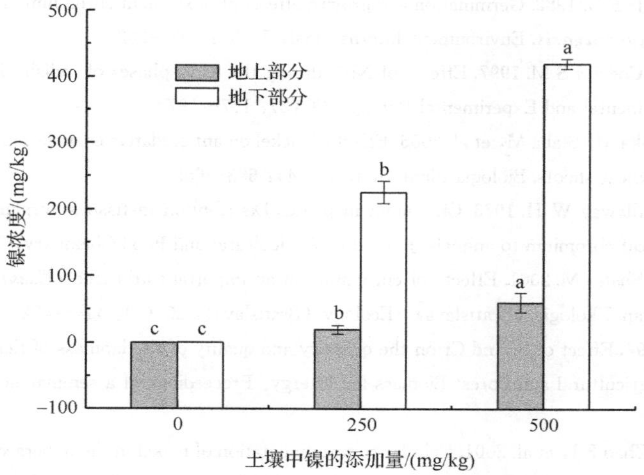

图 5-26　不同镍浓度处理下狼尾草对镍的吸收

参 考 文 献

Adriano D C. 1986. Trace Elements in Terrestrial Environments: Biogeochemistry, Bioavailability, and Risks of Metals. New York: Springer Verlag: 105～123

Ahmad M S A, Hussain M, Ashraf M, et al. 2009. Effect of nickel on seed germinability of some elite sunflower (*Helianthus annuus* L.) cultivars. Pakistan Journal of Botany, 41 (4): 1871～1882

An Z Z, Huang Z C, Lei M, et al. 2006. Zinc tolerance and accumulation in *Pteris vittata* L. and its potential for phytoremediation of Zn-and As-contaminated soil. Chemosphere, 62 (5): 796～802

Baccouch S, Chaoui A, Ferjani E E. 1998. Nickel-induced oxidative damage and antioxidant responses in *Zea mays* shoots. Plant Physiology and Biochemistry, 36 (9): 689～694

Baker A, Brooks R R. 1989. Terrestrial higher plants which hyperaccumulate metallic elements. A review of their distribution, ecology and phytochemistry. Biorecovery, 1 (2): 81～126

Becquer T, Quantin C, Sicot M, et al. 2003. Chromium availability in ultramafic soils from New Caledonia. The Science of the Total Environment, 301 (1-3): 251～261

Bera A K, Bokaria K. 1999. Effect of Tannery Effluent on Seed Germination, Seedling Growth and Chloroplast Pigment Content in Mungbean (*Vigna radiata* L. Wilczek). Environment and Ecology, 17 (4): 958～961

Bonnet M, Camares O, Veisseire P. 2000. Effects of zinc and influence of Acremonium lolii on growth parameters, chlorophyll a fluorescence and antioxidant enzyme activities of ryegrass (*Lolium perenne* L. cv Apollo). Journal of Experimental Botany, 51 (346): 945

Brown S L, Angle R L, Baker J S. 1994. Phytoremediation potential of Thlaspi caerulescens and bladder campion for zinc-and cadmium-contaminated soil. Journal of Environmental Quality, 23 (6): 1151～1157

Chatterjee J, Chatterjee C. 2000. Phytotoxicity of cobalt, chromium and copper in cauliflower. Environmental Pollution, 109 (1): 69～74

Chen N C, Kanazawa S, Horiguchi T. 2001. Effect of chromium on some enzyme activities in the wheat rhizosphere. Soil Microorganisms, 55 (1): 3～10

Dixit V, Pandey V, Shyam R. 2002. Chromium ions inactivate electron transport and enhance superoxide generation *in vivo* in pea (*Pisum sativum* L. cv. Azad) root mitochondria. Plant, Cell & Environment, 25 (5): 687～693

Dreyer Parr P, Taylor Jr F G. 1982. Germination and growth effects of hexavalent chromium in Orocol TL (a corrosion inhibitor) on *Phaseolus vulgaris*. Environment International, 7 (3): 197～202

Espen L, Pirovano L, Cocucci S M. 1997. Effects of Ni^{2+} during the early phases of radish (*Raphanus sativus*) seed germination. Environmental and Experimental Botany, 38 (2): 187～197

Gajewska E, Skłodowska M, Słaba M, et al. 2006. Effect of nickel on antioxidative enzyme activities, proline and chlorophyll contents in wheat shoots. Biologia Plantarum, 50 (4): 653～659

Huffman Jr E W D, Allaway W H. 1973. Chromium in plants. Distribution in tissues, organelles, and extracts and availability of bean leaf chromium to animals. Journal of Agricultural and Food Chemistry, 21 (6): 982～986

Iqbal M Z, Saeeda S, Shafiq M. 2001. Effects of chromium on an important arid tree (*Caesalpinia pulcherrima*) of Karachi City, Pakistan. Ekologia (Bratislava) /Ecology (Bratislava), 20 (4): 414～422

Kocik K, Ilavsky J. 1994. Effect of Sr and Cr on the quantity and quality of the biomass of field crops. *In*: Production and Utilization of Agricultural and Forest Biomass for Energy: Proceedings of a seminar held at Zvolen, Slovakia: 168～178

Küpper H, Lombi E, Zhao F J, et al. 2001. Cellular compartmentation of nickel in the hyperaccumulators *Alyssum lesbiacum*, *Alyssum bertolonii* and *Thlaspi goesingense*. Journal of Experimental Botany, 52 (365): 2291～2300

Lasat M M, Pence N S, Garvin D F, et al. 2000. Molecular physiology of zinc transport in the Zn hyperaccumulator *Thlaspi caerulescens*. Journal of Experimental Botany, 51 (342): 71～79

Madhava R K V, Sresty T. 2000. Antioxidative parameters in the seedlings of pigeonpea (*Cajanus cajan* (L.) Millspaugh) in response to Zn and Ni stresses. Plant Science, 157 (1): 113～128

Maheshwari R, Dubey R S. 2009. Nickel-induced oxidative stress and the role of antioxidant defence in rice seedlings. Plant Growth Regulation, 59 (1): 37～49

Mant C, Costa S, Williams J, et al. 2006. Phytoremediation of chromium by model constructed wetland. Bioresource technology, 97 (15): 1767～1772

Mei B, Puryear J D, Newton R J. 2002. Assessment of Cr tolerance and accumulation in selected plant species. Plant and Soil, 247 (2): 223～231

Panda S K, Chaudhury I, Khan M H. 2003. Heavy metals induce lipid peroxidation and affect antioxidants in wheat leaves. Biologia Plantarum, 46 (2): 289～294

Panda S K, Patra H K. 2000. Does chromium (Ⅲ) produce oxidative damage in excised wheat leaves? Journal of Plant Biology, 27 (2): 105～110

Pandey N, Sharma C P. 2002. Effect of heavy metals Co^{2+}, Ni^{2+} and Cd^{2+} on growth and metabolism of cabbage. Plant Science, 163 (4): 753～758

Pandolfini T, Gabbrielli R, Comparini C. 1992. Nickel toxicity and peroxidase activity in seedlings of *Triticum aestivum* L. Plant, Cell & Environment, 15 (6): 719～725

Prasad K, Paradha Saradhi P, Sharmila P. 1999. Concerted action of antioxidant enzymes and curtailed growth under zinc toxicity in *Brassica juncea*. Environmental and Experimental Botany, 42 (1): 1～10

Prasad M. 1998. Metal-biomolecule complexes in plants: Occurrence, functions, and applications. Analusis Magazine, 26 (6): M25～M28

Prasad M N V. 2006. Plants That Accumulate and/or Exclude Toxic Trace Elements. *In*: Prasad M N V, Sajwan K, Naidu R. Trace elements in the environment: biogeochemistry, biotechnology, and bioremediation. Florida: CRC Press: 524～547

Robinson B H, Lombi E, Zhao F J, et al. 2003. Uptake and distribution of nickel and other metals in the hyperaccumulator *Berkheya coddii*. New Phytologist, 158 (2): 279～285

Rout G R, Samantaray S, Das P. 2000. Effects of chromium and nickel on germination and growth in tolerant and non-tolerant populations of *Echinochloa colona* (L.) Link. Chemosphere, 40 (8): 855～859

Shanker A K, Djanaguiraman M, Sudhagar R, et al. 2004. Differential antioxidative response of ascorbate glutathione pathway enzymes and metabolites to chromium speciation stress in green gram (*Vigna radiata* (L.) R. Wilczek. cv CO 4) roots. Plant Science, 166 (4): 1035～1043

Sharma D C, Sharma C P. 1996. Chromium uptake and toxicity effects on growth and metabolic activities in wheat, *Triticum aestivum* L. cv. UP 2003. Indian Journal of Experimental Biology, 34 (7): 689～691

Yang X, Long X, Ni W, et al. 2002. Sedum alfredii H: A new Zn hyperaccumulating plant first found in China. Chinese Science Bulletin, 47 (19): 1634～1637

Zeid I M. 2001. Responses of *Phaseolus vulgaris* chromium and cobalt treatments. Biologia Plantarum, 44 (1): 111～115

Zhang X, Liu J, Huang H, et al. 2007. Chromium accumulation by the hyperaccumulator plant *Leersia hexandra* Swartz. Chemosphere, 67 (6): 1138～1143

第六章　植物修复技术在治理土壤石油烃污染中的应用

第一节　高抗、弱吸收作物品种的筛选

一、石油污染对作物种子萌发的影响

一般而言，耐受性较强的植物种子应具有较强的生命力，幼苗生长应基本不受污染物的影响或影响较小。石油污染浓度和处理方式不同，植物的耐受性和适应性也不同，主要表现为种子萌发受到影响，植物生长受到抑制，可以用发芽势、发芽指数、发芽率、株高及生物量等指标来衡量供试植物对石油污染土壤的适应能力。种子发芽势高，表明种子生命力强，发芽整齐，出苗一致。发芽指数是衡量种子的纯度、质量等的指标。发芽指数高说明该种子发芽所用的时间短，发芽速率快。生物量是修复石油污染速率的指示指标，一般认为相同时间内植物生长发育的生物量越大修复效果越好。本章以冬小麦、大豆和向日葵为研究对象，通过盆栽试验研究不同石油污染浓度处理对作物种子萌发和幼苗生长的影响，比较此三种作物对石油污染的耐受性，对适宜植物进行筛选，为进一步确定修复土壤石油污染的植物提供科学依据。

1. *石油污染对种子发芽势的影响*

冬小麦、大豆、向日葵的种子发芽势分别以第 4 天、第 5 天、第 7 天计。土壤中不同浓度的石油污染对供试植物种子发芽势的影响见图 6-1。冬小麦的发芽势随着污染物浓度的增加整体呈递增趋势，当污染物浓度达到最大（2.0%）时，发芽势也达到最大（57.8%）；大豆的发芽势则呈递减趋势；向日葵的发芽势先增加后减小，当污染物浓度为 0.4%时发芽势达到最大。对照发芽势的大小顺序为：大豆＞冬小麦＞向日葵。

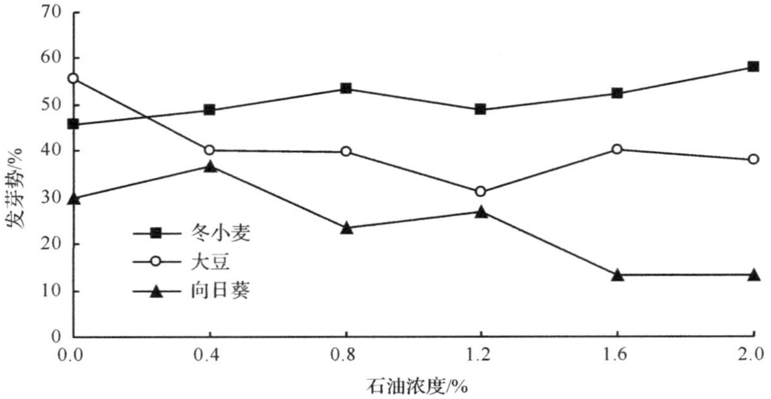

图 6-1　土壤中石油浓度对三种作物种子发芽势的影响

不同浓度的石油污染胁迫对供试植物发芽势的影响差异较显著。在0.4%～2.0%的污染水平范围内，石油可促进冬小麦种子萌发，对大豆种子的萌发则有抑制作用。低浓度石油（<0.4%）促进向日葵种子萌发；高浓度抑制萌发，且浓度越高抑制作用越强。

2. 石油污染对种子发芽指数的影响

不同石油污染浓度下，三种作物的发芽指数变化见图6-2。方差分析结果显示，石油污染显著影响冬小麦、大豆和向日葵的发芽指数。冬小麦、向日葵的发芽指数随着石油浓度的增加呈先增加后减小的趋势，浓度为0.4%时最大；大豆的发芽指数随着石油浓度的增加而降低。由此可见，低浓度（0.4%）石油处理对冬小麦、向日葵种子的萌发具有一定的促进作用，对大豆种子的萌发则有明显的抑制作用。与其他两种作物相比，大豆对石油污染胁迫较敏感，种子发芽时间延长，发芽过程中有死亡现象，有的即使发芽但长势差。对照供试植物的发芽指数大小顺序为：冬小麦>大豆>向日葵，即冬小麦最先发芽，大豆次之，向日葵最后发芽。可见作物本身的发芽指数也存在显著差异。

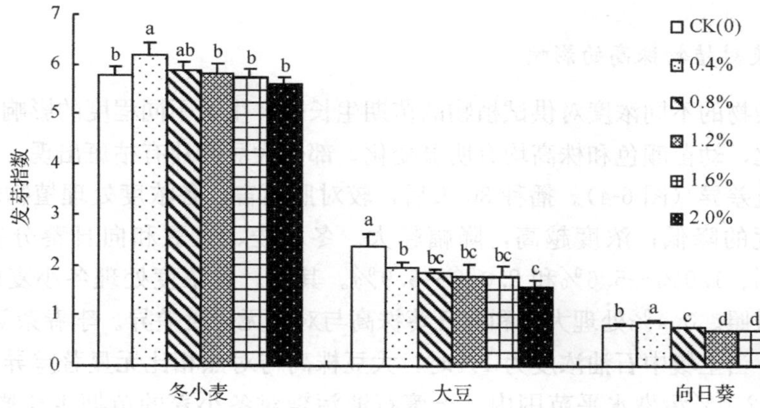

图 6-2　土壤中石油浓度对三种作物种子发芽指数的影响

图中不同小写字母表示同一植物在不同浓度处理邓肯氏新复极差检验差异显著（$p<0.05$），下同

3. 石油污染对种子发芽率的影响

对照处理冬小麦、大豆和向日葵的发芽率分别为85.6%、57.8%和63.3%。这说明受种子自身条件的影响，供试植物种子之间发芽率存在显著差异。三种作物种子相对发芽率见图6-3。方差分析结果显示，石油污染处理对冬小麦相对发芽率的影响较小，各浓度处理与对照处于同一水平；对大豆、向日葵相对发芽率的影响较显著。在0.4%～2.0%的污染水平范围内，大豆和向日葵的相对发芽率分别下降了3.4%～38.5%和5.3%～26.3%。当污染物浓度达到2.0%时，冬小麦相对发芽率仅下降了5.2%，表明冬小麦在供试污染物浓度范围内，相对发芽率受到的影响较小，种子萌发能力较强；大豆相对发芽率受石油污染胁迫的影响最大。不同植物在相同石油污染浓度下的敏感性不

同，当石油污染浓度小于1.2%时，三种植物的敏感性相同；当浓度为1.6%时，大豆较冬小麦、向日葵敏感；当浓度达到2.0%时，大豆、向日葵较冬小麦敏感。

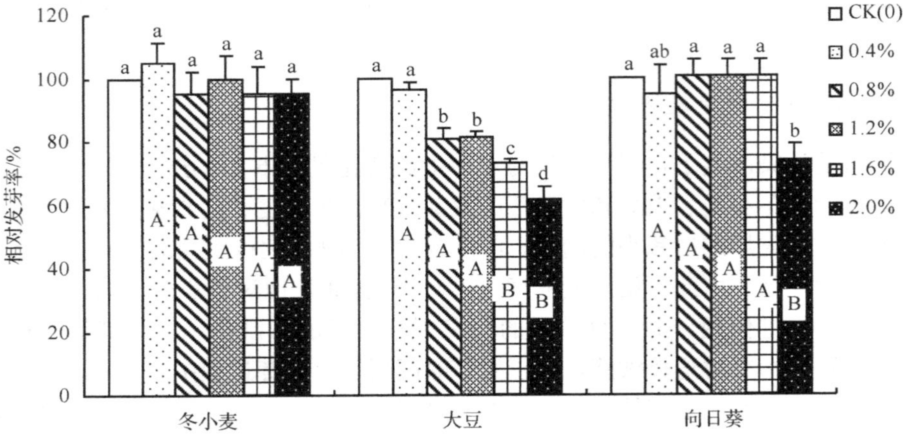

图 6-3 土壤中石油浓度对三种作物种子相对发芽率的影响

图中不同大写字母表示同一浓度处理不同植物邓肯氏新复极差检验差异显著（$p<0.05$）

4. *石油污染对植物株高的影响*

石油类污染物的不同浓度对供试植物的苗期生长也产生了不同程度的影响。各浓度处理与对照相比，幼苗颜色和株高均有明显变化。部分大豆叶片有枯斑出现，三种作物株高表现出明显差异（图 6-4）。播种 30 天后，较对照而言，各浓度处理植物幼苗的株高均有不同程度的降低；浓度越高，降幅越大。冬小麦、大豆和向日葵分别下降了14.4%～38.9%、1.9%～5.6%和2.0%～5.9%。其中，各浓度处理冬小麦的幼苗株高均显著低于对照。0.4%处理大豆和向日葵株高与对照无显著差异。李春荣等（2008）的研究也表明，当土壤中石油浓度为1%时，大豆株高与对照相比无显著差异。可以看出，在0.4%～2.0%污染水平范围内，土壤石油污染对冬小麦的苗期生长影响较大，而对大豆、向日葵的苗期生长影响相对较小。

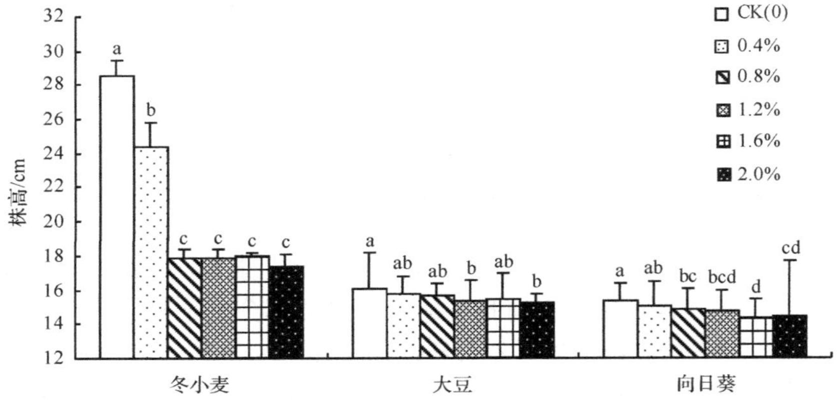

图 6-4 土壤中石油浓度对三种作物株高的影响

5. *石油污染对植物地上部鲜重的影响*

土壤石油污染对各供试植物鲜重的影响见图 6-5。方差分析结果显示，不同浓度处理对各供试植物鲜重的影响显著；随着石油浓度的增加，植物的鲜重呈下降趋势。在 0.4%～2.0%的污染水平范围内，冬小麦、大豆和向日葵的鲜重分别下降了 55.3%～84.3%、15.1%～58.7%和 52.4%～77.2%，均显著低于对照。随着石油污染水平的提高，三种作物鲜重所受影响逐渐加大。但是，大豆鲜重随石油污染水平提高降幅减缓，在其生长过程中对石油污染胁迫表现出一定的自我调节能力。当石油浓度达到 2%时，三种作物的鲜重均受到强烈的抑制。

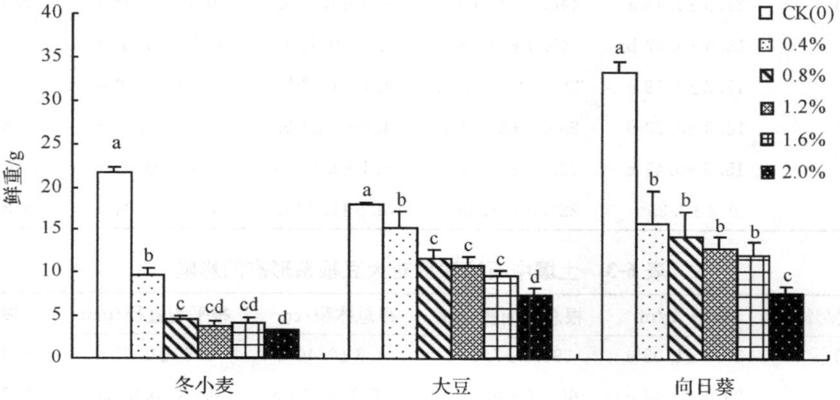

图 6-5　土壤中石油浓度对三种作物鲜重的影响

6. *石油污染对作物根系形态的影响*

植物的根直接接触污染物，因而植物的根系对石油污染土壤具有较强的敏感性，能很好地指示土壤的污染程度。随着土壤中石油浓度逐渐提高，冬小麦和向日葵的根总长、根总表面积、根总体积、根平均直径和根鲜重显著降低（表 6-1，表 6-2）；大豆的根总长、根总表面积、根总体积、根平均直径和根鲜重有先增后减的趋势（表 6-3）。其中，最低浓度 0.4%处理冬小麦及向日葵的根总长、根总表面积、根总体积和根鲜重分别下降了 6.7%、9.0%、18.4%和 10.9%，15.1%、22.6%、22.7%和 23.2%，与 CK 相比差异显著；大豆根总长、根总表面积、根总体积、根平均直径和根鲜重在 1.2%处理下达到最大值，分别比 CK 提高了 44.7%、208.5%、372.9%、33.3%和 200.0%。可见，低浓度的石油污染（<1.6%）对大豆的根系有明显的促进作用；与冬小麦和向日葵相比，大豆更耐低浓度的石油污染。

表 6-1　土壤中石油浓度对冬小麦根系形态的影响

石油浓度/%	根总长/m	根总表面积/cm^2	根总体积/cm^3	根平均直径/mm	根鲜重/g
CK (0)	68.4 ±0.52 a	651.7 ±18.63 a	4.9 ±0.12 a	0.35 ±0.02 a	5.5 ±0.05 a
0.4	63.8 ±0.39 b	593.3 ±21.78 b	4.0 ±0.13 b	0.33 ±0.01 ab	4.9 ±0.04 b

注：表中同列相同字母表示差异不显著（$p>0.05$），下同。

续表

石油浓度/%	根总长/m	根总表面积/cm^2	根总体积/cm^3	根平均直径/mm	根鲜重/g
0.8	61.2 ±0.41 c	556.7 ±14.44 c	3.7 ±0.09 c	0.32 ±0.01 b	4.7 ±0.04 c
1.2	58.7 ±0.46 d	502.3 ±15.38 d	3.6 ±0.14 cd	0.31 ±0.00 bc	4.5 ±0.04 d
1.6	56.8 ±0.40 e	459.8 ±20.68 e	3.5 ±0.17 d	0.30 ±0.01 c	4.0 ±0.05 e
2.0	56.2 ±0.29 e	442.1 ±13.42 e	3.1 ±0.08 e	0.26 ±0.01 d	3.9 ±0.08 e

表 6-2　土壤中石油浓度对向日葵根系形态的影响

石油浓度/%	根总长/m	根总表面积/cm^2	根总体积/cm^3	根平均直径/mm	根鲜重/g
CK(0)	21.9 ±0.48 a	446.0 ±26.63 a	6.6 ±1.06 a	0.73 ±0.02 a	9.9 ±0.33 a
0.4	18.6 ±0.37 b	345.0 ±13.98 b	5.1 ±0.17 b	0.54 ±0.01 cd	7.6 ±0.30 b
0.8	17.3 ±0.19 c	309.5 ±16.77 bc	4.7 ±0.12 bc	0.51 ±0.00 d	5.9 ±0.06 c
1.2	16.3 ±0.50 d	295.4 ±30.70 c	4.6 ±0.29 bc	0.55 ±0.01 c	5.5 ±0.08 d
1.6	15.5 ±0.47 e	292.5 ±13.10 c	4.1 ±0.14 cd	0.62 ±0.03 b	5.7 ±0.28 cd
2.0	9.3 ±0.35 f	222.9 ±18.43 d	3.6 ±0.10 d	0.70 ±0.01 a	4.8 ±0.19 e

表 6-3　土壤中石油浓度对大豆根系形态的影响

石油浓度/%	根总长/m	根总表面积/cm^2	根总体积/cm^3	根平均直径/mm	根鲜重/g
CK(0)	30.4 ±1.08 e	394.8 ±7.49 e	4.8 ±0.40 d	0.60 ±0.01 e	3.9 ±0.06 e
0.4	39.4 ±0.47 c	657.6 ±36.62 c	10.8 ±0.39 c	0.68 ±0.01 cd	6.7 ±0.05 c
0.8	49.5 ±0.37 a	855.0 ±24.37 b	14.8 ±1.60 b	0.72 ±0.01 bc	7.7 ±0.08 b
1.2	44.0 ±0.62 b	1218.1 ±121.89 a	22.7 ±1.38 a	0.80 ±0.05 a	11.7 ±0.46 a
1.6	37.9 ±0.55 d	543.0 ±15.22 d	13.7 ±1.17 b	0.75 ±0.01 ab	7.5 ±0.21 b
2.0	29.0 ±0.48 f	351.4 ±28.38 e	4.9 ±0.32 d	0.65 ±0.02 d	5.9 ±0.06 d

7. 小结

1）土壤石油浓度≤2.0%时，对冬小麦种子的萌发无明显影响，发芽率均大于80%；发芽势、发芽指数高，表明种子发芽整齐，发芽速度快，受石油污染胁迫小。但其幼苗生长受毒害较大，幼苗出现生长缓慢、瘦弱、叶片发黄等现象，株高和鲜重最高降幅分别达到38.9%和84.3%。因此，冬小麦不适合作为耐受性植物的候选植物。

2）大豆的发芽势、发芽指数随石油污染浓度的增加呈下降趋势，发芽率较低，且发芽过程中有死亡现象，大豆种子的萌发对石油污染胁迫较敏感。但大豆在苗期生长过程中，自我调节能力较强，株高和鲜重受到的影响最小。向日葵发芽率受影响较小；但鲜重受影响较大，最高降幅达77.2%。所以，大豆、向日葵是否适合作为石油污染土壤耐受性植物的候选植物还有待从生理特性、产量和品质安全等方面进一步研究评估。

3）在0.4%～2.0%污染水平范围内，各处理对冬小麦和向日葵的根系有显著的抑制作用，而对大豆的根系则有明显的促进作用，这可能与大豆根瘤菌的固氮作用有关。根总表面积越大，越容易吸收水分和营养物质，越有利于污染物降解。空白对照三种作物根总表面积大小顺序为冬小麦＞向日葵＞大豆，然而当石油浓度达到 1.2％时，三种作物根总表面积大小顺序为大豆＞冬小麦＞向日葵。可见大豆对石油污染的耐性更强，更适合修复石油污染土壤。

4) 0.4％石油浓度处理对冬小麦、向日葵的发芽势、发芽指数有促进作用。可能石油中所含的碳源在一定程度上能提供种子萌发所需要的营养。

二、石油污染对作物不同生育期生理特性的影响

1. 石油污染对作物叶片叶绿素含量的影响

土壤中不同浓度的石油污染对向日葵、大豆叶片叶绿素含量的影响见图 6-6。随着土壤中石油浓度的不断提高，向日葵叶片叶绿素含量呈显著下降的趋势。营养生长期、开花期、成熟期，向日葵叶片叶绿素含量分别显著下降了 34.8％～65.4％、27.9％～44.3％、14.6％～39.4％。

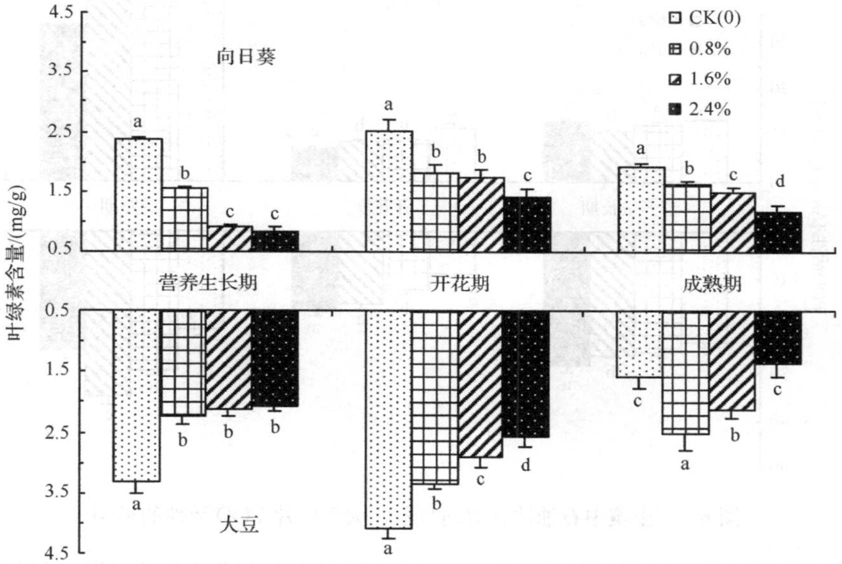

图 6-6　土壤中石油浓度对向日葵、大豆叶片叶绿素含量的影响

大豆在营养生长期和开花期，叶片叶绿素含量呈显著下降的趋势，分别降低了 32.5％～37.9％和 18.8％～37.4％。成熟期，大豆叶片叶绿素含量呈先增后减的趋势，低浓度污染（0.8％处理）叶绿素含量最高，比对照显著提高了 58.6％；1.6％处理比对照明显提高了 33.5％；高浓度污染（2.4％处理）与对照相比无明显差异，仅下降了 14％。

向日葵和大豆在三个生长期其叶片叶绿素含量呈先增后减的趋势，开花期叶绿素含量最高。在生长的初期、中期，各浓度处理对大豆叶片叶绿素含量有显著抑制的作用；至生长后期，低浓度、中浓度处理对大豆叶片叶绿素含量有一定的促进作用；可见，大豆对低浓度污染具有一定的耐受性。

2. 石油污染对作物叶片 POD 活性的影响

在不同生长期，各石油浓度处理对向日葵 POD 活性的影响见图 6-7。在向日葵营养生长期，除 1.6%处理 POD 活性比对照明显下降了 18.6%，其余各处理 POD 活性与对照无显著差异。开花期和成熟期，各处理向日葵 POD 活性分别比对照显著下降了 22%～36.5%和 12.6%～26.7%。可见，在向日葵生长的初期，各浓度处理对其 POD 活性影响不大；在向日葵生长的中期、后期，土壤中石油的加入显著抑制了向日葵 POD 活性。随着土壤中石油浓度的增加，大豆叶片 POD 活性的变化呈显著上升的趋势（图 6-7）。营养生长期、开花期和成熟期，大豆 POD 活性分别比对照明显提高了 8.3%～20.3%、37.8%～85.5%和 22.3%～68.4%。在轻度胁迫下，大豆本身能提高 POD 等保护酶的活性，以清除有害物质。

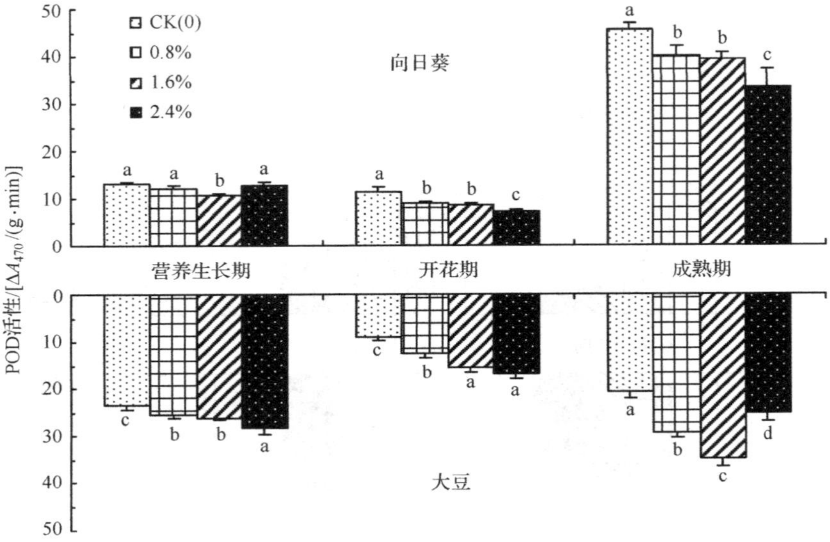

图 6-7　土壤中石油浓度对向日葵、大豆叶片 POD 活性的影响

3. 石油污染对作物叶片 SOD 活性的影响

随着土壤中石油浓度的不断提高，向日葵叶片 SOD 活性显著下降（图 6-8）。营养生长期、开花期各处理向日葵叶片 SOD 活性分别比对照下降了 14.1%～18.7%、23.0%～43.0%，且差异显著；成熟期，0.8%处理与对照无显著差异，1.6%和 2.4%处理分别比对照显著下降了 14.0%和 26.4%。石油胁迫可使植物体内产生大量的活性氧物质，这些活性氧物质能够破坏细胞膜结构，扰乱有机体的动态平衡，导致 SOD 活性降低。不同浓度的石油污染土壤对大豆各生长期 SOD 活性的影响见图 6-8。营养生长期，低浓度、中浓度处理大豆叶片 SOD 活性与对照无明显差异，2.4%处理比对照提高了 11.2%，且差异显著。开花期，各处理大豆叶片 SOD 活性呈低浓度、中浓度刺激，高浓度抑制的趋势。0.8%和 1.6%处理大豆叶片 SOD 活性分别比对照提高了 7.2%和

17.8%，且差异显著；而2.4%处理比对照显著下降了13.8%。可见，随着作物的不断生长，两种作物对石油污染土壤均体现一定的耐受性；成熟期，各处理大豆叶片SOD活性恢复至对照水平，0.8%处理向日葵叶片SOD活性恢复至对照水平；大豆的耐受范围较向日葵宽，生长过程中有一定的自我调节能力。

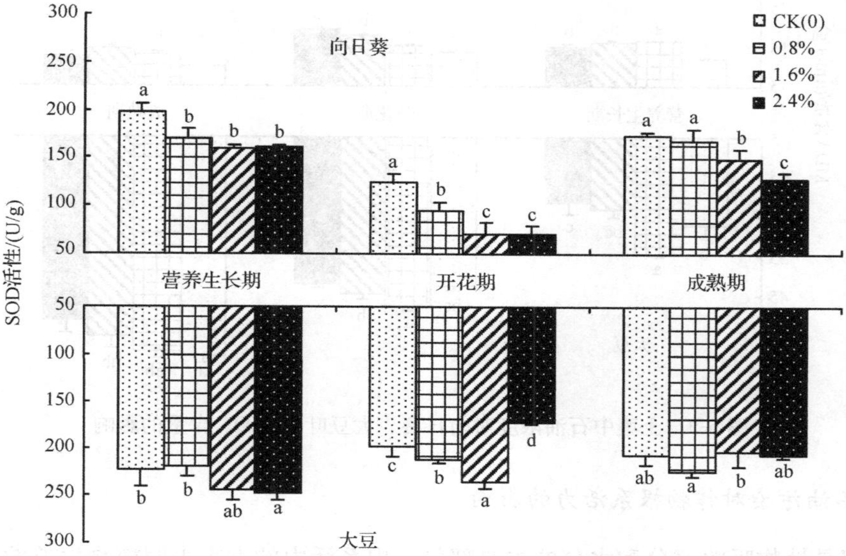

图6-8　土壤中石油浓度对向日葵、大豆叶片SOD活性的影响

4. *石油污染对作物叶片MDA含量的影响*

随着土壤中石油浓度的不断提高，向日葵叶片MDA含量呈不断上升的趋势(图6-9)。在营养生长期，0.8%、1.6%和2.4%三个处理，向日葵叶片MDA含量分别比对照显著提高了38.5%、34.5%和26.2%。成熟期，各处理向日葵叶片MDA含量分别比对照明显提高了27.8%、45.6%和23.3%。在开花期，各处理向日葵MDA含量与对照相比提高了11.7%～40.1%，且浓度越大，差异越显著。可见，土壤中石油浓度的提高，加剧了膜脂过氧化，向日葵叶片的损伤也越来越严重。

石油污染土壤对大豆叶片MDA含量的影响见图6-9。营养生长期，0.8%处理，大豆叶片MDA含量比对照显著提高了26.3%；1.6%处理，与对照相比无显著差异；2.4%处理，比对照显著降低了21.2%。大豆叶片中MDA含量随着胁迫浓度增加呈低—高—低的趋势，即低浓度抑制，高浓度刺激，当污染严重到一定程度时，植物细胞的膜结构被破坏，导致MDA含量降低。开花期，除0.8%处理大豆叶片MDA含量比对照提高了11.4%外，其余各处理与对照无明显差异。成熟期，0.8%和1.6%两个处理与对照无显著差异，2.4%处理比对照明显降低了14.9%。可见，在大豆生长的中期、后期，石油污染对大豆叶片MDA含量的影响减小，大豆遭受逆境伤害的程度降低。

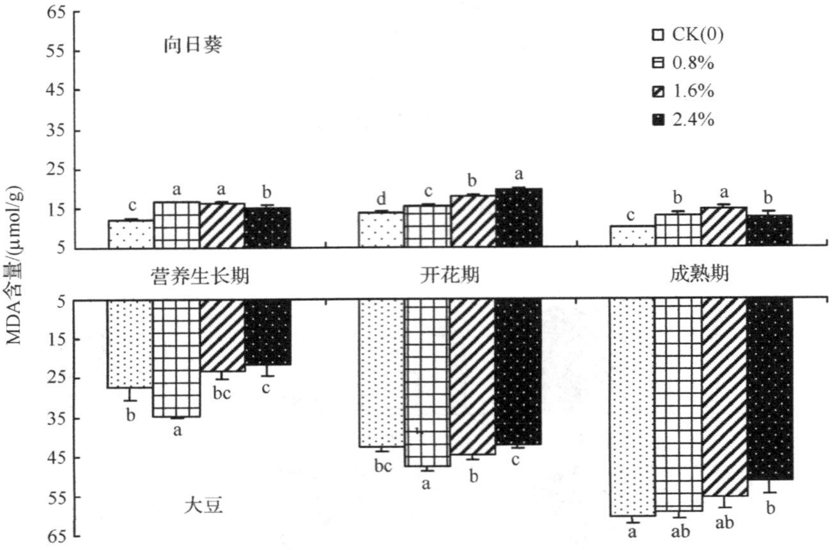

图 6-9　土壤中石油浓度对向日葵、大豆叶片 MDA 含量的影响

5. *石油污染对作物根系活力的影响*

根部是植物吸收养分和水分的主要部位，根系活力的大小表明植物生长发育的好与差。在不同生长期，随着石油污染浓度的提高，各处理显著抑制向日葵根系活力（图 6-10）。营养生长期、开花期和成熟期，各处理向日葵根系活力分别比对照降低了 44.5%～63.1%、43.3%～61.1%和 35.9%～54.3%，且浓度越大，差异越显著。石油污染土壤对大豆根系活力的影响见图 6-10。营养生长期，0.8%和 1.6%处理大豆根

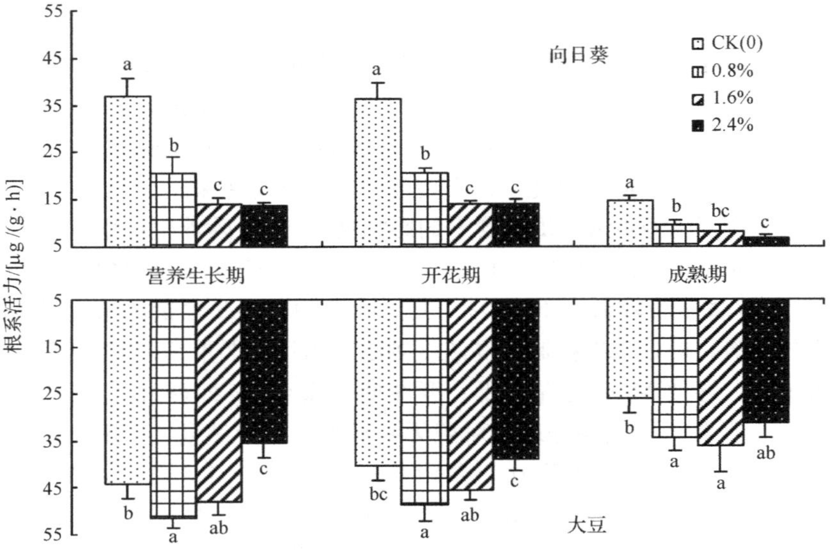

图 6-10　不同石油污染浓度下向日葵、大豆根系活力的变化

系活力比对照分别提高了16.5%和8.7%，且差异显著；2.4%处理大豆根系活力比对照显著下降了19.8%。开花期，0.8%和1.6%处理大豆根系活力分别比对照提高了21.1%和13.1%，且差异显著；2.4%处理与对照相比无显著差异，仅下降了3.7%。成熟期，各处理分别比对照提高了31.8%、38.4%和19.7%，且差异显著。可见，各石油浓度处理土壤对向日葵根系活力的影响较大，随着土壤中石油浓度的提高，向日葵生长发育较差。低浓度、中浓度处理（0.8%和1.6%）对大豆根系活力有明显的促进作用；在大豆生长初期，高浓度处理（2.4%）对根系活力有明显的抑制作用，在生长的中后期，大豆根系活力与对照相比无显著差异。

6. 石油污染对作物叶片可溶性蛋白质含量的影响

石油胁迫对向日葵、大豆叶片中可溶性蛋白质含量的影响见图6-11。

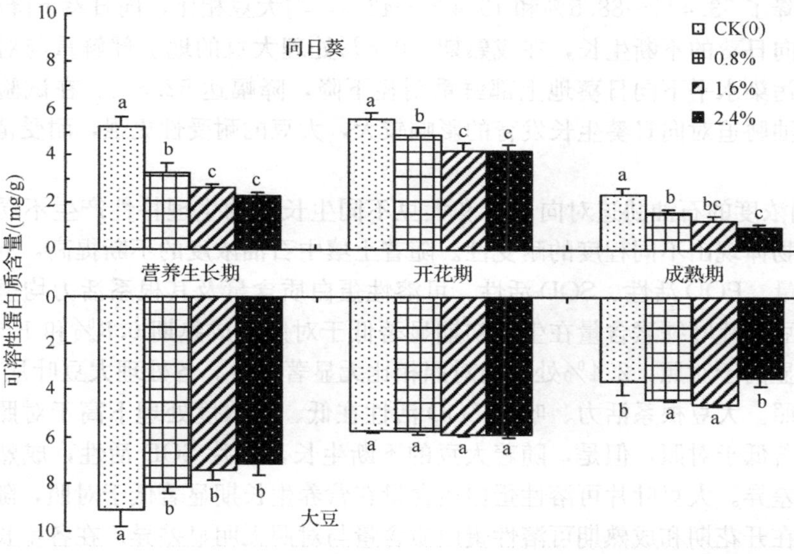

图6-11　土壤中石油浓度对向日葵、大豆叶片中可溶性蛋白质含量的影响

随着土壤中石油浓度的不断增加，向日葵在不同生长期的可溶性蛋白质含量呈显著下降的趋势。营养生长期、开花期和成熟期，各处理向日葵叶片中可溶性蛋白质含量分别比对照降低了38%～56.6%、13.2%～25.6%和32.7%～59.3%，且浓度越大，差异越显著。随着向日葵的不断生长，其叶片中可溶性蛋白质含量不断变化，在开花期可溶性蛋白质含量最高，成熟期降到最低。可见，逆境胁迫导致活性氧增加，膜脂过氧化加剧，可溶性蛋白质合成受到抑制。

在不同的生长期，石油胁迫对大豆叶片中可溶性蛋白质含量有不同的影响。在营养生长期，各处理大豆叶片中可溶性蛋白质含量比对照明显下降了11.2%～21.6%；开花期，0.8%、1.6%和2.4%处理大豆叶片中可溶性蛋白质含量与对照无显著差异；成熟期，0.8%和1.6%处理大豆叶片中可溶性蛋白质含量比对照显著提高了21.5%和26.6%，2.4%处理与对照无明显差异。可见，在营养生长期大豆叶片中可溶性蛋白质含量最高；随着大豆的不断生长，石油胁迫对大豆叶片中可溶性蛋白质含量的影响减小，在成熟期甚至有一定的促进作用，土壤中石油的加入可能促进了大豆生长期的延长。

7. 小结

1）不同浓度石油污染的土壤对向日葵和大豆的生长发育产生不同程度的影响。低水平的石油污染（0.8%）对向日葵和大豆的株高有明显的促进作用，可能石油中的某些物质在一定程度上能够促进植物的生长。向日葵和大豆株高在中水平的石油污染（1.6%）下与对照相比无显著差异。在高浓度的石油污染水平下（2.4%），向日葵株高显著低于对照，而大豆株高与对照相比无显著差异。随着土壤中石油浓度的增加，各浓度处理向日葵和大豆地上部鲜重均显著低于对照。在营养生长期，向日葵和大豆分别比对照明显下降了53.4%～88.5%和19.4%～42%，与大豆相比，向日葵下降幅度更大。随着大豆和向日葵的不断生长，在成熟期，0.8%处理大豆的地上部鲜重与对照无明显差异，而此污染水平下向日葵地上部鲜重明显下降，降幅达52.5%。在试验所设浓度范围内，石油胁迫对向日葵生长发育的影响较大，大豆的耐受性更强，耐受范围较向日葵大。

2）不同浓度的石油胁迫对向日葵和大豆不同生长期的生理特性产生不同程度的影响，两种作物体现出不同程度的耐受性。随着土壤中石油浓度的不断提高，向日葵叶片叶绿素a含量、POD活性、SOD活性、可溶性蛋白质含量及其根系活力均呈显著下降的趋势。大豆叶片叶绿素含量在生长初期显著低于对照，成熟期0.8%和1.6%处理叶绿素含量明显高于对照，2.4%处理与对照相比无显著差异。各处理大豆叶片POD活性显著高于对照。大豆根系活力、叶片SOD活性在低、中浓度处理下高于对照，在高浓度处理下显著低于对照，但是，随着大豆的不断生长，叶片SOD活性，成熟期与对照相比无明显差异。大豆叶片可溶性蛋白质含量在营养生长期显著低于对照，随着大豆的不断生长，在开花期和成熟期可溶性蛋白质含量与对照无明显差异。在各生长期随着石油胁迫的不断增强，向日葵叶片MDA含量显著提高，向日葵遭受的损伤也越来越严重；而各处理大豆叶片MDA含量与对照无明显差异。与向日葵相比，大豆对石油污染土壤的耐受性和适应性更强。

3）0.8%处理向日葵、大豆和无植物组在成熟期的总石油烃降解率分别为57.18%、71.55%和47.25%。在低污染水平下，向日葵和大豆具有更好的修复效果，向日葵和大豆对石油污染土壤的降解率明显高于自然降解，且大豆的修复效果要明显好于向日葵。另外，各处理两种作物在营养生长期的石油降解率要明显高于开花期和成熟期。随着土壤中石油浓度的不断提高，向日葵和大豆在生长初期根际土壤呼吸强度显著高于对照；在成熟期，与对照相比，土壤微生物活性变化不大，这与两种作物在生长初期的石油降解率明显高于生长中期、后期相符合。

三、土壤中石油浓度与作物生长及生理指标的相关性分析

石油污染土壤对作物营养生长期的生理特性影响较大，对营养生长期土壤中石油浓

度与向日葵、大豆生理指标进行相关性分析，结果表明，土壤中石油浓度与向日葵地上部鲜重、根系活力、叶片叶绿素含量、POD 活性和可溶性蛋白质含量呈显著负线性相关；与向日葵叶片 MDA 含量呈显著二次相关，即增加土壤中石油浓度，MDA 含量显著上升，当污染严重到一定程度时，植物细胞的膜结构被破坏，导致 MDA 含量降低；石油浓度与向日葵在播种 35 天后株高呈显著二次相关，即低浓度（0.8%）的石油污染对向日葵株高有一定的促进作用，当土壤中石油浓度为 2.4%时，向日葵株高显著下降（表 6-4）。可见，随着土壤中石油浓度的不断提高，代表向日葵产量的地上部鲜重、根系活力、叶片叶绿素含量及可溶性蛋白质含量等生理指标显著下降，而 MDA 含量及株高有先升后降的趋势。

表 6-4　土壤中石油浓度（*x*）与向日葵生长及生理指标（*y*）回归方程

指标	回归方程	R^2	$p>F$
株高	$y=-2.6325x^2+10.777x+34.968$	0.9955	0.0002
地上部鲜重	$y=-24.621x+98.78$	0.8916	0.0001
叶绿素含量	$y=-0.5332x+2.7515$	0.9046	0.0001
POD 活性	$y=0.7945x^2-4.2157x+16.639$	0.8253	0.0105
MDA 含量	$y=-1.3995x^2-7.8881x+5.683$	0.9193	0.0001
根系活力	$y=-7.6347x+40.369$	0.8178	0.0001
可溶性蛋白质含量	$y=-0.956x+5.7295$	0.8582	0.0001

土壤中石油浓度与大豆地上部鲜重、叶片叶绿素含量和可溶性蛋白质含量呈显著负线性相关；与大豆叶片 POD 活性呈显著正相关；与大豆播种 46 天后株高、叶片 MDA 含量及根系活力呈显著二次相关（表 6-5）。可见，随着土壤中石油浓度的逐渐提高，代表大豆产量的地上部鲜重、叶片叶绿素含量和可溶性蛋白质含量等生理指标显著下降，而其株高、MDA 含量、根系活力有先升后降的趋势。

表 6-5　土壤中石油浓度（*x*）与大豆生长及生理指标（*y*）回归方程

指标	回归方程	R^2	$p>F$
株高	$y=-1.25x^2+5.382x+15.935$	0.6967	0.0001
地上部鲜重	$y=-4.413x+35.905$	0.9796	0.0001
叶绿素含量	$y=-0.389x+3.414$	0.7159	0.0001
POD 活性	$y=1.4933x+22.192$	0.9534	0.0012
MDA 含量	$y=-2.2458x^2+8.3488x+22.769$	0.6105	0.0004
根系活力	$y=-4.9595x^2+21.832x+27.315$	0.999	0.0007
可溶性蛋白质含量	$y=-0.6562x+9.58$	0.9402	0.0062

向日葵和大豆对不同浓度石油污染土壤表现不同的耐受性，在试验所设浓度范围内，两种作物对石油污染土壤均表现出一定的耐受性，但大豆的各项生理指标下降幅度小，中、低浓度的石油污染对大豆株高、根系活力及 POD 活性均有一定的刺激作用，大豆的耐受性要比向日葵强。

第二节　作物对土壤中石油烃污染的去除作用

一、作物在不同生长期对石油烃污染土壤的修复效果

植物在不同生长期对石油污染土壤的修复效果也有所不同。0.8%、1.6%和2.4%处理向日葵和大豆在营养生长期、开花期和成熟期对土壤中石油的降解率如图6-12所示。在0.8%处理水平下，向日葵、大豆在营养生长期的石油烃降解率分别为35.26%和53.38%，而无植物组的降解率仅为15.18%。生长至开花期，向日葵、大豆和无植物组的总石油烃降解率分别为51.96%、62%和38.76%，而向日葵和大豆在开花期内的降解率分别为16.7%和8.62%。生长至成熟期，向日葵、大豆和无植物组的总石油烃降解率分别为57.18%、71.55%和47.25%，而向日葵和大豆在成熟期内的降解率仅为5.22%和9.55%。可见，在0.8%处理水平下，两种作物在营养生长期的石油烃降解率明显高于开花期和成熟期。向日葵、大豆和无植物组在三个生长期的总石油烃降解率大小顺序为：大豆＞向日葵＞无植物组。

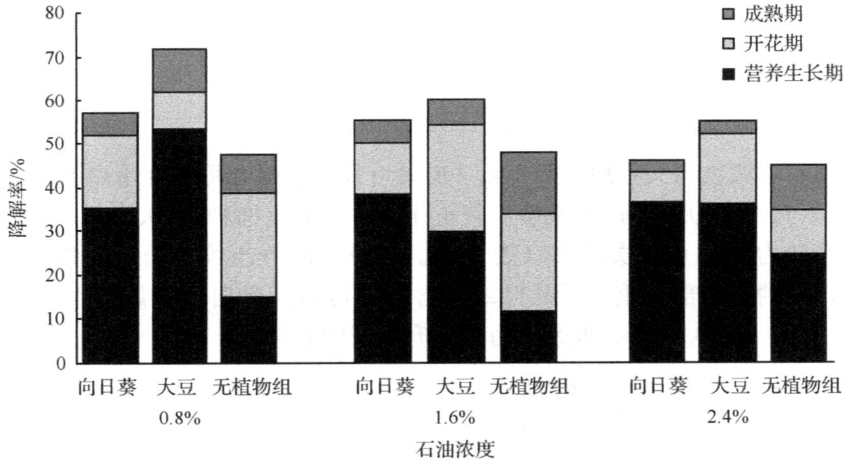

图6-12　作物在不同生长期对土壤中不同石油浓度（0.8%、1.6%和2.4%）污染的降解率

在1.6%处理水平下，向日葵、大豆和无植物组在营养生长期的总石油烃降解率分别为36.42%、28.2%和10.96%，在开花期的总石油烃降解率分别为47.71%、51.81%和32.31%，在成熟期的总石油烃降解率分别为52.57%、57.24%和45.57%。两种作物在三个时期的石油烃降解率均高于无植物组。大豆除在营养生长期的总石油烃降解率低于向日葵外，在开花期和成熟期均高于向日葵。向日葵和大豆在开花期内的降解率分别为11.29%和23.61%，在成熟期内的降解率分别为4.86%和5.43%。此两种作物在开花期和成熟期内的石油烃降解率均低于营养生长期，在成熟期内的石油烃降解率最低。

在高浓度处理下（2.4%），向日葵、大豆和无植物组在成熟期的总石油烃降解率分

别为 43.78%、52.39%和 42.85%，大豆的总石油烃降解率明显高于向日葵和无植物组，而向日葵和无植物组的总石油烃降解率无明显的差异。向日葵和大豆在开花期内的降解率分别为 6.72%和 15.07%，在成熟期内的降解率分别为 2.39%和 2.72%。可见，在高水平污染下，两种作物在成熟期内的降解率很小，后期的生长过程中向日葵甚至出现死亡现象。分析结果表明，在低浓度处理下（0.8%），向日葵和大豆具有较好的修复效果，且大豆的修复效果要好于向日葵。在三个处理水平下，两种作物在营养生长期的石油烃降解率均明显高于开花期和成熟期。可见，向日葵和大豆在幼年阶段的新陈代谢非常旺盛，是形成植株干物质的主要阶段，此时根系的吸收和分泌作用也是最强的，植物对石油的吸收和根际微生物的降解使得土壤中石油含量大幅减少。

二、作物修复过程中石油污染土壤的呼吸强度研究

根际微生物降解是植物修复石油污染土壤的主要途径，微生物活性的大小在一定程度上反映了根际微生物降解的效率。土壤呼吸强度代表土壤中所有活体生物新陈代谢时吸收 O_2 和释放 CO_2 的强度，能反映土壤中有机质的分解和土壤有效养分的状况，表征着土壤的生物学特性和物质代谢强度，可以灵敏地反映土壤微生物群落总代谢活性。不同石油污染浓度下向日葵和大豆在营养生长期、成熟期根际土壤呼吸强度的变化见图 6-13。

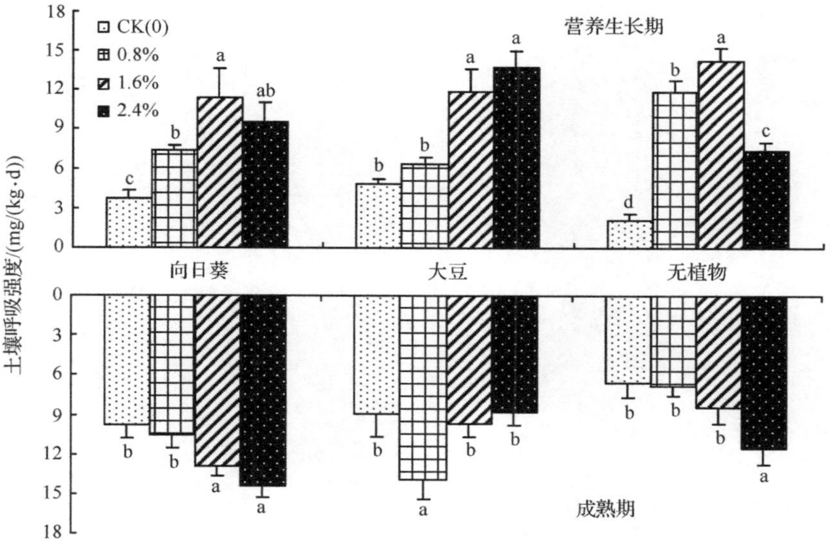

图 6-13　不同石油污染浓度下作物在营养生长期和成熟期土壤呼吸强度的变化

营养生长期，随着土壤中石油浓度的不断提高，向日葵根际土壤呼吸强度呈不断上升的趋势，0.8%、1.6%和 2.4%处理分别比对照提高了 99.7%、207.8%和 156.6%，且差异显著。0.8%处理大豆根际土壤呼吸强度与对照无显著差异，1.6%和 2.4%处理分别比对照明显提高了 145.4%和 184.6%。无植物对照组各处理分别比对照显著提高了 447.5%、555.8%和 238.2%。可见，在生长初期向日葵和大豆根际土壤呼吸强度均

显著高于对照，并与石油含量呈显著正相关。这表明在一定范围内的石油污染可以刺激根际土壤微生物活动，石油中部分成分可以为根际土壤微生物提供碳源和能量来源。成熟期，1.6%和2.4%处理向日葵根际土壤呼吸强度比对照明显提高了32.1%和46.3%；大豆仅0.8%处理比对照显著提高了56.4%；无植物组仅2.4%处理比对照显著提高了73.8%；向日葵、大豆和无植物组其余各处理与对照相比无显著差异。可见，成熟期，随着土壤中石油浓度的不断提高，向日葵、大豆及无植物组的土壤呼吸强度变化较生长初期小。在石油污染初期，对污染土壤适应性差的微生物大量死亡，而石油中的部分碳氢化合物可为对石油耐受性较强的微生物提供食物来源，微生物群落结构发生改变。在石油污染后期，石油中可降解组分被微生物降解后，残余物质多为不易被微生物所利用的物质，微生物群落结构趋于稳定，降解速率随之降低，土壤呼吸强度变化趋于平缓。

参考文献

李春荣，王文科，曹玉清，等. 2008. 石油污染土壤对黄豆生长的生态毒性效应. 西北农林科技大学学报（自然科学版），36（1）：116～120

第七章　植物修复技术在防治农业面源污染中的应用

土地利用是人类生存和发展不可缺少的活动，它不仅为人类社会经济发展提供生产活动的空间场所与环境，而且提供人类生存所需的食物、纤维等基本物质。同时，土地利用还通过各种方式直接或间接参与生态环境系统的物质能量转换与流动，对生态环境质量及其组分，如水、大气等产生巨大的影响（王秀娟等，2009；徐劲林和查轩，2009；于开芹等，2009）。中国城市化进程持续加快，人口数量在不断增加，而耕地面积继续减少，来自粮食需求的压力越来越大。在人口增长和土地减少的双重压力之下，提高土地单产的要求也更加迫切。中国农业的整体水平不高，科技含量和农民环境意识较低，特别是长期以来农业生产还相当粗放，这就有可能导致化肥、农药使用量的继续增加，从而使我国生态破坏和环境污染问题日益明显，农业面源污染治理形势日趋严峻（李海鹏和张俊飚，2009；莫凤鸾等，2009；张维理等，2004a）。

进入21世纪，随着我国人口的迅速增长、城镇化进程的加快以及农业产业化和集约化程度的高速发展，农业面源污染问题已经成为我国多个流域水体污染的主要原因。近一二十年来的研究表明，我国湖泊达到富营养化水体的已占63.6%，一些农业高产地区的湖泊，如太湖、巢湖、滇池等TP、TN浓度分别是20世纪80年代初的十几倍，其中50%以上的P、N污染负荷来自农业非点源污染负荷（张维理等，2004b）。如何治理农村面源污染，实施农业可持续发展战略，是我国面临的又一重大课题（张维理等，2004a）。

农业面源污染是在农业生产过程中不合理施用化肥、农药及灌溉水，过度禽畜水产养殖等行为以及农业生产垃圾、生活垃圾等对农业生态环境造成的大面积污染，是相对于工业和城市生活点源污染而言提出的概念（张维理等，2004a）。世界各国，尤其是欧美国家，对农业非点源污染防治进行了大量的研究并提出了许多技术措施，但其中最具特色、最有成效的当属过滤带（郑粉莉等，2004）。过滤带是在土地利用中充分运用成熟的生态理论技术，与其他系统相配合的良好的保护系统。

山东省莒南县境内有大小河流323条，境内流域面积大，耕地多分布于水系周边，高效农作物种植面积为全国平均水平的1.56倍（王智勇等，2006；赵伟等，2004）。高效农作物的复种指数高，对化肥的需求量大；同时，由于施肥技术落后，化肥平均利用率低，农田中未被吸收利用的化肥和农药随降雨径流或灌溉流失进入流域水体，极易造成水体的富营养化，因此，在莒南流域水系的河滨带建立水体植物的过滤带对防止农业面源污染以及水体的N、P富营养化意义重大。

第一节　河滨缓冲带植被生长状况和微生物的变化

一、草带的生长状况

2008年河滨植被缓冲带示范区建植时，草带均为自然草地。自然草地植被覆盖度为100%，草种类型以湿地莎草为主，伴有少量的灰蒿、红蓼等。

2009年春季河滨植被缓冲带示范区建植，各草带均正常返青，但缓冲带自然草被带和人工草种草被带（苜蓿、小冠花混播和无芒雀麦单作）覆盖度表现出一定差异，自然草被植被覆盖度为100%，高于无芒雀麦草地（85%）和苜蓿/小冠花混播草地（78%）。

2008年与2009年草带生物量变化见表7-1。两年中自然草被生物量无显著差异，但2009年3种草带表现为：自然草被＞无芒雀麦＞苜蓿/小冠花，与3种草带的植被覆盖度所表现趋势一致。

表7-1　2008年与2009年草带生物量变化

测定指标/（kg/m²）	采样时间（月）	草带类型			
		2008年	2009年		
		自然草被	苜蓿/小冠花	自然草被	无芒雀麦
鲜重	5	2.98	1.13	3.56	1.91
	7	5.33	1.48	5.54	2.22
	9	6.14	3.84	6.49	4.54
	均值	4.82	2.15	5.20	2.89
干重	5	0.48	0.24	0.57	0.41
	7	2.09	0.35	2.17	0.54
	9	2.53	0.92	2.76	1.49
	均值	1.70	0.50	1.83	0.81

二、湿生植物的生长状况

1. 湿生植物地上、地下部生物量积累

3种湿生植物移栽时其地上、地下部的基础生物量均为：地下部的干重、鲜重高于地上部。千屈菜根系鲜重是茎叶的1.25倍，水生鸢尾根系鲜重是茎叶的1.14倍，而菖蒲根系鲜重是茎叶的1.05倍（表7-2）。

2008年雨季结束后3种湿生植物生物量，除千屈菜表现为地下部的干重、鲜重略低于地上部外，其余2种湿生植物（菖蒲和水生鸢尾）均为地下部的干重、鲜重显著高于地上部。2009年雨季结束后测定的3种湿生植物生物量与2008年无显著差异，仍为：菖蒲＞水生鸢尾＞千屈菜，说明河滨缓冲带示范区建植2年后，湿生植物生长良

好，缓冲带运行正常（表 7-2）。

表 7-2　河滨植被缓冲带示范区建植后各湿生植物的生物量变化

植物	取样部位	移栽时			2008 年			2009 年		
		鲜重/（g/株）	干重/（g/株）	干/鲜重	鲜重/（g/株）	干重/（g/株）	干/鲜重	鲜重/（g/株）	干重/（g/株）	干/鲜重
菖蒲	地上	6.80	1.83	0.27	57.8	14.0	0.24	65.1	15.0	0.23
	地下	7.75	2.30	0.30	142.2	39.0	0.27	139.8	40.5	0.29
	合计	14.55	4.13	0.28	200.0	53.0	0.27	204.9	55.5	0.27
千屈菜	地上	6.75	1.65	0.24	49.6	19.9	0.40	48.7	19.0	0.39
	地下	8.45	2.60	0.31	43.2	18.0	0.42	45.4	18.6	0.41
	合计	15.20	4.25	0.28	92.80	37.90	0.41	94.10	37.60	0.40
水生鸢尾	地上	6.45	1.30	0.20	74.0	18.0	0.24	76.1	19.8	0.26
	地下	6.80	1.40	0.21	96.6	29.4	0.30	97.7	30.3	0.31
	合计	13.25	2.70	0.20	170.6	47.4	0.28	173.8	50.1	0.29

2. 湿生植物根系形态特征分析

本研究中供试 3 种植物的根系总长、根总表面积、根总体积、根平均直径和根尖数等根系形态参数如表 7-3 所示。菖蒲的根总表面积最大，达 1735cm^2，其次是水生鸢尾（1024cm^2），千屈菜（760cm^2）最小。根系总长、根总体积、根平均直径与根总表面积的顺序相同，且 3 种植物间所有参数差异显著（$p<0.05$）。河滨缓冲带的 3 种湿生植物根尖数顺序为：水生鸢尾＞菖蒲＞千屈菜（$p<0.05$）

表 7-3　河滨缓冲带不同湿生植物的根系形态特征

植物	根总表面积/cm^2	根系总长/cm	根总体积/cm^3	根平均直径/mm	根尖数
菖蒲	1735 a	8152 a	78.07 a	2.98 a	28 599 b
千屈菜	760 c	5639 c	22.85 c	1.44 c	15 584 c
水生鸢尾	1024 b	6374 b	48.55 b	2.07 b	36 391 a

注：不同小写字母表示不同处理在 5%水平上差异显著，下同。

根总表面积在不同直径根系间的分布比例（图 7-1）表明：供试 3 种植物直径＞4mm 根系的比例，菖蒲最大，为 14.2%，千屈菜为 11.4%，水生鸢尾最小，仅为 7.1%；直径 2～4mm 根系的比例，千屈菜较小，为 6.3%，水生鸢尾和菖蒲间无显著差异；直径 1~2mm 的根系为：菖蒲＞千屈菜＞水生鸢尾；直径＜1mm 的根系所占比例，水生鸢尾为 48.7%，千屈菜为 46.8%，菖蒲为 36.9%。植物的根尖主要集中在直径＜1mm 的根系中。

3. 湿生植物的越冬成活率

水生鸢尾、千屈菜和菖蒲 3 种湿生植物的越冬成活率，水生鸢尾高于千屈菜和菖

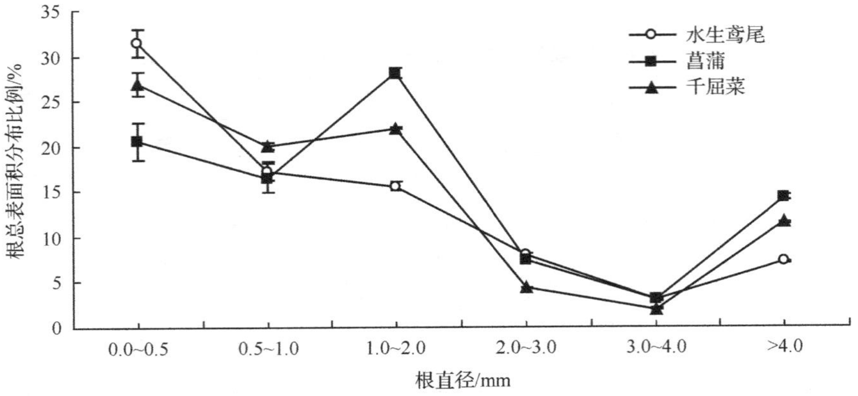

图 7-1　河滨缓冲带不同水生植物的不同直径等级根系总表面积分布情况

蒲，但差异不显著；三者根系的可溶性糖含量，相互间差异显著（表 7-4）。从该指标可以看出，水生鸢尾的抗寒能力明显高于千屈菜和菖蒲。因此，水生鸢尾在低温条件下表现出优于千屈菜和菖蒲的 N、P 去除能力。

表 7-4　河滨缓冲带不同湿生植物的越冬成活率

植物	越冬成活率/%	可溶性糖含量/（mg/g）
菖蒲	86.7±13.0 a	8.15±0.63 b
千屈菜	83.2±10.6 a	6.47±1.51 c
水生鸢尾	91.3±8.1 a	10.88±1.04 a

三、湿生植物根际微生物的变化

3 种湿生植物根际与非根际土壤微生物群落结构见表 7-5。共鉴定到 28 种 PLFA，C 链长度为 11～20，包括饱和、不饱和、甲基化分支和环化脂肪酸。PLFA 分析结果表明，供试 3 种湿生植物根际与非根际土壤中细菌 PLFA（11∶0，12∶0，13∶0，14∶0，i15∶0，a15∶0，15∶0，i16∶0，16∶1ω9，16∶0，i17∶0，cy 17∶0，17∶0，18∶1ω9，18∶1ω11，18∶0，cy 19∶0，19∶0，20∶0）占整个微生物群落总生物量的 62.35%～71.60%，3 种湿生植物中菖蒲和水生鸢尾的根际与非根际间细菌 PLFA 相对含量差异显著，且 3 种植物种植区根际细菌数量均显著小于裸地（74.2%）（$p<0.05$）。

因此，土壤细菌不仅受土壤母质的支配，植被对其也有相当的影响。3 种植物的根际真菌和放线菌相对含量均显著高于非根际（$p<0.05$，表 7-5）。3 种湿生植物根际与非根际土壤真菌 PLFA（18∶2 ω 6，9）和放线菌 PLFA（10Me 17∶0 和 10Me 18∶0）都具有较高丰度，植物种植区较裸地真菌 PLFA 高 2.09～3.95 倍，放线菌 PLFA 高 2.61～9.69 倍。

表 7-5 河滨缓冲带不同湿生植物根际及非根际土壤微生物群落 PLFA 的相对含量

微生物种类	PLFA	裸地	千屈菜/%		菖蒲/%		水生鸢尾/%	
			非根际土	根际土	非根际土	根际土	非根际土	根际土
细菌	11∶00	2.54	3.65	4.37	5.40	9.38	11.28	16.92
	12∶00	25.45	20.39	22.59	19.18	17.32	17.72	12.36
	13∶00	15.32	13.83	19.23	21.00	5.57	14.78	8.59
	14∶00	3.12	2.42	0.52	0.61	1.71	1.90	1.53
	i 15∶0	2.58	2.97	0.63	1.43	1.89	2.82	1.47
	a 15∶0	2.76	1.16	1.53	0.60	1.74	0.00	1.39
	15∶00	0.06	1.93	1.83	0.46	1.28	0.00	2.97
	i 16∶0	0.92	0.73	1.15	6.05	1.19	2.03	1.56
	16∶1 9	0.64	0.00	4.38	1.93	11.62	0.00	6.18
	16∶00	0.40	0.00	0.24	0.46	13.22	2.56	1.15
	i17∶0	0.54	0.45	0.65	0.00	0.27	0.00	2.14
	cy 17∶0	3.26	0.00	0.96	1.32	0.42	1.74	2.16
	17∶00	1.20	1.60	0.85	0.06	0.90	2.42	1.93
	18∶1 ω 9	0.31	1.60	0.34	0.60	0.92	0.00	2.47
	18∶1 ω 11	2.02	0.69	0.26	0.97	0.54	0.00	2.14
	18∶00	2.07	2.20	0.27	0.61	0.66	0.00	1.68
	cy 19∶0	0.35	0.75	0.24	4.59	0.32	1.25	0.43
	19∶00	0.85	0.00	0.44	0.58	0.59	1.26	1.57
	20∶00	9.80	10.25	1.87	0.25	2.06	0.00	1.21
	合计	74.19**	64.62	62.35	69.10	71.60*	59.76	69.85*
放线菌	10Me 17∶0	0.75	1.10	7.10	2.30	4.07	5.90	2.60
	10Me 18∶0	0.90	3.20	7.90	3.00	3.21	1.10	2.57
	合计	1.65**	4.30	15.00*	5.30	7.28*	7.00	5.17*
真菌	18∶2 ω 6，9	1.16**	4.35	5.63*	2.42	3.62 *	4.25	4.58*
其他	2-OH 10∶0	11.18	14.95	6.13	8.36	6.01	9.37	9.04
	2-OH 12∶0	7.28	1.63	2.11	4.66	3.97	3.63	2.92
	3-OH 12∶0	1.26	5.73	7.82	6.71	4.17	9.01	4.20
	2-OH 14∶0	0.55	1.20	0.45	1.06	1.51	2.90	1.47
	3-OH 14∶0	2.18	1.38	0.38	1.31	1.67	2.69	1.62
	2-OH 16∶0	0.56	1.85	0.15	1.09	0.18	1.40	1.17

*表示根际土与非根际土间 5%水平上差异显著；**表示植物种植区与裸地间 5%水平上差异显著。

3 种湿生植物非根际土壤微生物总生物量（总 PLFA）以水生鸢尾最高［431.61 nmol/g 土壤］，其余 2 种植物较小，且与裸地［192.26 nmol/g 土壤］间无显著差异（$p>0.05$）。3 种湿生植物根际土壤微生物总生物量和细菌生物量均表现为：水生鸢尾

>菖蒲>千屈菜，且差异显著（$p<0.05$，表 7-6）。从 3 种湿生植物根际与非根际土壤微生物总生物量及真菌、细菌和放线菌的分布来看，根际与非根际间差异显著，这进一步说明植物根系通过根系分泌物、脱落物和分解物等改变土壤微环境，显著影响土壤微生物群落结构。

表 7-6　河滨缓冲带不同湿生植物的根际和非根际土壤微生物生物量和类群

植物	细菌 /［nmol/g 土壤］			真菌 /［nmol/g 土壤］			放线菌 /［nmol/g 土壤］			微生物总生物量 /［nmol/g 土壤］		
	BS	RS	RS/BS	BS	RS	RS/BS	BS	RS	RS/BS	BS	RS	RS/BS
千屈菜	130.37 b	156.62 c*	1.20 b	8.78 b	14.14 b*	1.61 b	8.68 c	37.68 a*	4.34 a	201.75 b	251.19 c*	1.25 b
菖蒲	145.23 b	299.93 b*	2.07 a	5.09 c	15.16 b*	2.98 a	11.14 b	30.52 b*	2.74 b	210.17 b	418.89 b*	1.99 a
水生鸢尾	257.93 a	352.81 a*	1.37 b	18.34 a	23.11 a*	1.26 c	30.21 a*	26.11 c	0.86 c	431.61 a	505.09 a*	1.17 b

注：RS：根际土；BS：非根际土。同列不同小写字母表示植物间 5%水平上差异显著。

* 表示根际土与非根际土间 5%水平上差异显著。

土壤微生物群落的多样性指数在一定程度上指示微生物群落结构的稳定性。从图 7-2 中可以看出，3 种湿生植物根际微生物群落多样性指数为：水生鸢尾>菖蒲>千屈菜，非根际微生物群落多样性指数植物间变化与根际相近，但各植物间差异很小；且各植物均表现为：根际>非根际。这说明 3 种湿生植物根际土壤微生物群落结构均较非根际稳定。物种丰度也是群落生物组成结构的重要指标，反映了群落所含物种的多寡，3 种湿生植物物种丰度依次为：菖蒲>水生鸢尾>千屈菜。

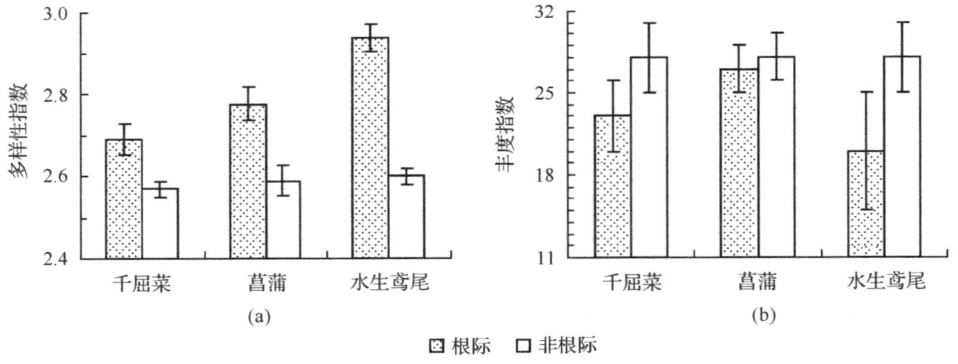

图 7-2　河滨缓冲带不同湿生植物根际和非根际土壤微生物群落多样性指数（a）和物种丰度（b）

第二节　河滨缓冲带对地表径流污染物的去除

一、对径流中泥沙的截留

复合河滨缓冲带对径流泥沙污染物的截留作用主要发生在其前端的草皮缓冲带，因为草本类植物生长密集，覆盖于地表，能最有效地滞缓径流、截留泥沙等颗粒物质。2008 年复合缓冲带植被建植后，4 次地表径流水中悬浮泥沙量（TSS）在各个区域交界处平均浓度的变化见表 7-7。在复合缓冲带的进水口处（即作物区与缓冲带间隔沟内的地表径流采集处）水样的 TSS 浓度为 637mg/L，经过草带的截留后，在自然草被与湿生植物的交界处径流水样的 TSS 浓度为 317mg/L，自然草被对 TSS 截留率高达 50.2%，显著高于 3.5m 的对照试验条带（裸地 1）TSS 截留率 13.8%（表 7-8）。

表 7-7　2008 年复合缓冲带内地表径流水质参数沿程变化

取样位置	条带	沿程距离/m	水质参数/（mg/L）		
			TSS	TN	TP
进水口处	间隔沟	0	637	7.28	0.84
交界处	裸地 1	3.5	549	6.91	0.77
	自然草被	3.5	317	5.71	0.69
出水口处	裸地 1+裸地 2	11	501	6.22	0.68
	自然草被+裸地 3	11	295	5.17	0.62
	自然草被+菖蒲	11	183	2.11	0.42
	自然草被+千屈菜	11	231	2.82	0.53
	自然草被+水生鸢尾	11	218	2.58	0.47

表 7-8　2008 年复合缓冲带内地表径流污染物去除率

缓冲带	条带名称	条带宽度/m	径流污染物去除率/%		
			TSS	TN	TP
草带区	裸地 1	3.5	13.8	5.1	8.3
	自然草被		50.2	21.6	17.9
湿生植物区	裸地 2	7.5	7.5	9.5	10.7
	裸地 3		3.5	7.4	8.3
	菖蒲		21.0	49.5	32.1
	千屈菜		13.5	39.7	19.0
	水生鸢尾		15.5	43.0	26.2
复合植被缓冲带	裸地 1+裸地 2	11	21.4	14.6	19.0
	自然草被+裸地 3		53.7	29.0	26.2
	自然草被+菖蒲		71.3	71.0	50.0
	自然草被+千屈菜		63.7	61.3	36.9
	自然草被+水生鸢尾		65.8	64.6	44.0

3 种湿生植物对 TSS 的截留效果显著地低于自然草被（$p<0.05$，表 7-7，表 7-8），菖蒲对 TSS 截留率最高，为 21.0%；水生鸢尾次之，为 15.5%；千屈菜对 TSS 截留率最低，为 13.5%。最终自然草被复合 3 种湿生植物的缓冲带 TSS 截留率表现为：自然草被＋菖蒲（71.3%）＞自然草被＋水生鸢尾（65.8%）＞自然草被＋千屈菜（63.7%），而 11m（3.5m+7.5m）裸地对照试验条带对 TSS 截留率仅为 21.4%，这说明河滨缓冲带复合植被的种植能有效地降低地表径流 TSS 入库量，对水库水质的改善有重要的影响。

2009年更换人工草种后，由于各草带盖度的差异，在自然草被与湿生植物的交界处径流水样的TSS浓度也有一定的差异（表7-9）。自然草被对TSS截留率最高，为51.0%；无芒雀麦草带次之，为42.7%；苜蓿/小冠花盖度最小，对TSS截留率也最低，仅为35.8%。各草带的TSS截留率仍显著高于裸地1对照试验条带的TSS截留率15.9%（表7-10）。

表7-9　2009年复合缓冲带内地表径流水质参数沿程变化

取样位置	条带	沿程距离/m	水质参数/（mg/L）		
			TSS	TN	TP
进水口处	间隔沟	0	861	7.81	0.94
交界处	裸地1	3.5	724	7.11	0.85
	苜蓿/小冠花	3.5	553	6.53	0.8
	自然草被	3.5	422	6.12	0.76
	无芒雀麦	3.5	493	6.39	0.79
出水口处	裸地1+裸地2	11	651	6.47	0.75
	自然草被+裸地3	11	388	5.62	0.68
	苜蓿/小冠花+菖蒲	11	325	2.42	0.49
	自然草被+千屈菜	11	312	3.03	0.59
	无芒雀麦+水生鸢尾	11	323	2.89	0.55

表7-10　2009年复合缓冲带内地表径流污染物去除率

缓冲带	条带名称	条带宽度/m	径流污染物去除率/%		
			TSS	TN	TP
草带区	裸地1	3.5	15.9	9.0	9.6
	苜蓿/小冠花		35.8	16.4	14.9
	自然草被		51.0	21.6	19.1
	无芒雀麦		42.7	18.2	16.0
湿生植物区	裸地2	7.5	8.5	8.2	10.6
	裸地3		3.9	6.4	8.5
	菖蒲		26.5	52.6	33.0
	千屈菜		12.8	39.6	18.1
	水生鸢尾		19.7	44.8	25.5
复合植被缓冲带	裸地1+裸地2	11	24.4	17.2	20.2
	自然草被+裸地3		54.9	28.0	27.7
	苜蓿/小冠花+菖蒲		62.3	69.0	47.9
	自然草被+千屈菜		63.8	61.2	37.2
	无芒雀麦+水生鸢尾		62.5	63.0	41.5

二、对径流中 N、P 的去除

从表 7-7 和表 7-8 可以看出，在相同条件下，地表径流经自然草被缓冲带后，再经过 3 种不同的湿生植物缓冲带，水样中 TN、TP 浓度均呈现逐渐降低趋势，且由于湿生植物缓冲带的宽度以及湿生植物的生物量都要大于自然草被缓冲带，因此湿生植物对 N、P 的去除率显著地高于自然草被。地表径流经自然草被缓冲带后，TN 浓度降低 21.6%，显著高于对照（裸地 1，5.1%）。而经过 3 种不同的湿生植物缓冲带后水样中 TN 去除率菖蒲缓冲带最高，为 49.5%，水生鸢尾次之，为 43.0%，千屈菜则为 39.7%，也显著高于对照（裸地 2 和裸地 3 分别为 9.5%和 7.4%）。

地表径流经自然草被缓冲带后，TP 浓度降低 17.9%，显著高于对照（裸地 1，8.3%）；而经过 3 种不同的湿生植物缓冲带后水样中 TP 去除率表现为：菖蒲缓冲带（32.1%）＞水生鸢尾（26.2%）＞千屈菜（19.0%），比对照（裸地 2 和裸地 3）增加 8.3%～23.8%。

2009 年更换人工草种后，复合植被缓冲带对 TN、TP 的去除效果见表 7-9 和表 7-10。地表径流经 3 种不同的草被缓冲带后，TN、TP 浓度去除率均表现为：自然草被＞无芒雀麦＞苜蓿/小冠花，其中 TN 去除率为 16.4%～21.6%，比对照（裸地 1）增加 7.4%～12.6%；TP 去除率为 14.9%～19.1%，比对照（裸地 1）增加 5.3%～9.5%。湿生植物缓冲带对地表径流 TN、TP 的去除率仍显著地高于各草被缓冲条带，且湿生植物缓冲带对 TN 的去除率（39.6%～52.6%）显著地高于对 TP 的去除率（18.1%～33.0%），3 种不同的湿生植物缓冲带对地表径流水样中 TN、TP 的去除率均表现为：菖蒲缓冲带＞水生鸢尾＞千屈菜；分别比对照（裸地 2 和裸地 3）增加 31.4%～46.2% 和 7.5%～24.5%。

第三节　河滨缓冲带对渗漏水污染物的去除

一、对渗漏水中 N 的去除

1. 复合河滨缓冲带土壤渗漏水中铵态氮（NH_4^+-N）、NO_3^--N 和 TN 浓度的变化

2008 年复合缓冲带植被建植后，从 4 次土壤渗漏水测得的平均 NO_3^--N 量来看，随复合缓冲带宽度增加，土壤渗漏水 NO_3^--N 浓度逐渐减小（图 7-3）。从农田流入河滨缓冲带的浅层（0～20cm）土壤渗漏水中 NO_3^--N 浓度达 1.21mg/L，而出口处进入示范区（清水涧）水库的浅层土壤渗漏水中 NO_3^--N 浓度却为 0.11～0.8mg/L。

复合植被缓冲带的不同湿生植物类型影响土壤渗漏水中 NO_3^--N 浓度的变化，最终浅层（0～20cm）土壤渗漏水中 NO_3^--N 浓度表现为：裸地＞自然草被＋裸地＞自然草被＋千屈菜≥自然草被＋菖蒲≥自然草被＋水生鸢尾。河滨缓冲带的浅层土壤渗漏水中 4 次测得的 NH_4^+-N 平均量，也随复合缓冲带宽度的增加而增加，土壤渗漏水 NO_3^--N 浓度逐渐减小，与浅层土壤渗漏水中 NO_3^--N 浓度变化规律一致，最终浅层土壤渗漏水

中 NH_4^+-N 浓度表现为：裸地＞自然草被＋裸地≥自然草被＋千屈菜≥自然草被＋菖蒲≥自然草被＋水生鸢尾。从农田流入河滨缓冲带的浅层土壤渗漏水中 NH_4^+-N 浓度达 0.145mg/L，而出口处进入示范区水库的浅层土壤渗漏水中 NH_4^+-N 浓度为 0.024～0.089mg/L。

随着复合缓冲带宽度的增加，河滨缓冲带的浅层土壤渗漏水 TN 浓度逐渐减小，自然草被后湿生植物区域间的 TN 浓度差距也增加，最终浅层土壤渗漏水中 TN 浓度表现为：裸地＞自然草被＋裸地＞自然草被＋千屈菜＞自然草被＋菖蒲＞自然草被＋水生鸢尾。从农田流入河滨缓冲带的浅层土壤渗漏水中 TN 浓度达 5.12mg/L，而出口处进入示范区水库的浅层土壤渗漏水中 TN 浓度为 1.37～3.89mg/L。无论是 NO_3^--N、NH_4^+-N 还是 TN，在有植被缓冲带建植的条带，其在土壤渗漏水中的浓度都显著地低于无植被的裸地对照条带。

2008 年复合缓冲带深层（20～40cm）土壤渗漏水中 NO_3^--N、NH_4^+-N 和 TN 浓度的沿程变化见图 7-3。深层土壤渗漏水中 NO_3^--N、NH_4^+-N 和 TN 的浓度变化也随复合缓冲带宽度增加而逐渐减小，但 NO_3^--N 和 NH_4^+-N 在 3 种湿生植物条带的出口处差异并不显著，而 TN 的浓度在出口处进入示范区水库的深层土壤渗漏水中却表现为：自然草被＋千屈菜＞自然草被＋菖蒲≥自然草被＋水生鸢尾，TN 浓度为 1.80～2.18mg/L，

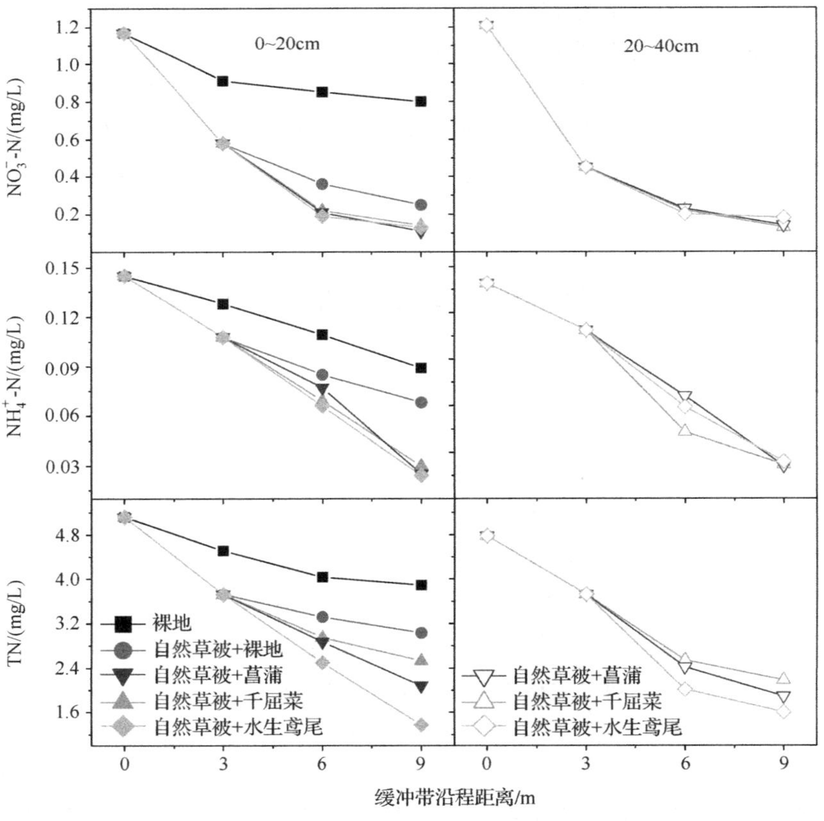

图 7-3　2008 年复合缓冲带内土壤渗漏水 NH_4^+-N、NO_3^--N 和 TN 的沿程浓度变化

3种湿生植物条带间有一定的差异。

2009年更换人工草种后，复合植被缓冲带土壤渗漏水中NO_3^--N、NH_4^+-N和TN浓度的沿程变化见图7-4。由于草带的覆盖度以及生物量的差异，浅层土壤渗漏水中各态氮的浓度从草带中就表现出一定的差异，在草带处理的各条带中浅层土壤渗漏水的NO_3^--N和TN浓度表现为：裸地＞苜蓿/小冠花＋菖蒲≥无芒雀麦＋水生鸢尾＞自然草被，而NH_4^+-N却为：裸地＞苜蓿/小冠花＋菖蒲＞无芒雀麦＋水生鸢尾≥自然草被。由于3种湿生植物生理形态特征以及生物量的差异，结合不同的草带，最终浅层土壤渗漏水在出口处进入示范区水库时NO_3^--N浓度表现为：裸地＞自然草被＋裸地＞自然草被＋千屈菜≥苜蓿/小冠花＋菖蒲≥无芒雀麦＋水生鸢尾，而NH_4^+-N却表现为：裸地＞自然草被＋裸地＞自然草被＋千屈菜＞苜蓿/小冠花＋菖蒲＞无芒雀麦＋水生鸢尾，与浅层土壤渗漏水TN浓度的规律一致（图7-4）。

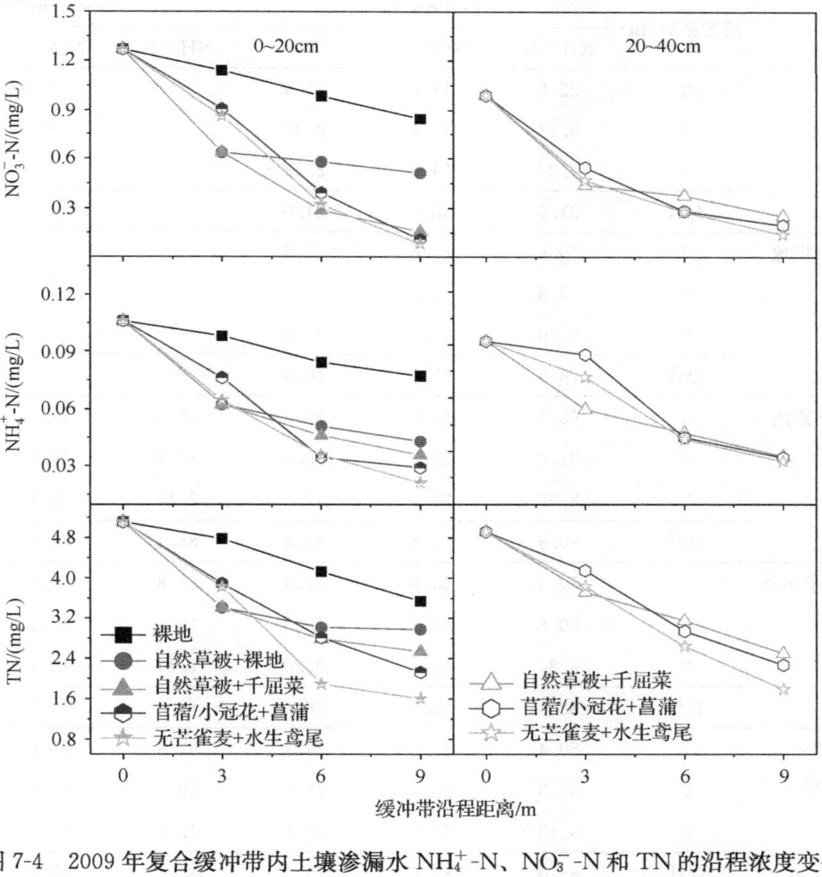

图7-4　2009年复合缓冲带内土壤渗漏水NH_4^+-N、NO_3^--N和TN的沿程浓度变化

2009年深层土壤渗漏水中NO_3^--N、NH_4^+-N和TN的浓度变化随复合缓冲带宽度的增加而逐渐减小（图7-4），且经过3种草带后，其NH_4^+-N的浓度差异显著，具体表现为：苜蓿/小冠花＋菖蒲＞无芒雀麦＋水生鸢尾＞自然草被＋千屈菜。但最终其深层土壤渗漏水NO_3^--N和NH_4^+-N浓度，在3种湿生植物条带的出口处差异并不显著，而

TN的浓度在出口处进入示范区水库的深层土壤渗漏水中却表现为：自然草被＋千屈菜＞苜蓿/小冠花＋菖蒲＞无芒雀麦＋水生鸢尾，TN浓度为1.79～2.51mg/L，3种湿生植物条带间有一定的差异。

2. 复合河滨缓冲带土壤渗漏水中NH_4^+-N、NO_3^--N和TN的去除效果

从图7-3和表7-11可以看出，复合河滨缓冲带内的土壤渗漏水在相同条件下，先经过自然草被缓冲带，再经过3种不同的湿生植物缓冲带后，水样中NH_4^+-N、NO_3^--N和TN浓度均呈现逐渐降低趋势。自然草被＋裸地缓冲带对浅层土壤渗漏水NH_4^+-N的去除率为50.4%，NO_3^--N的去除率为25.6%，TN的去除率为27.3%，都显著地高于裸地（未种植任何植被的对照地）对各态氮的去除率（表7-11）。

表7-11　2008年复合缓冲带内土壤渗漏水NH_4^+-N、NO_3^--N和TN的沿程去除率变化

条带	沿程距离/m	0～20cm/%			20～40cm/%		
		NH_4^+-N	NO_3^--N	TN	NH_4^+-N	NO_3^--N	TN
裸地	3	22.2	11.7	11.9	—	—	—
	6	5.13	12.8	9.37	—	—	—
	9	4.27	14.1	2.73	—	—	—
	合计	31.6	38.6	24.0	—	—	—
自然草被＋裸地	3	50.4	25.6	27.3	—	—	—
	6	18.8	15.8	7.81	—	—	—
	9	9.40	11.7	5.66	—	—	—
	合计	78.6	53.1	40.8	—	—	—
自然草被＋菖蒲	3	50.4	25.6	27.3	62.8	21.8	22.2
	6	31.6	21.3	16.6	18.2	30.7	27.2
	9	8.55	35.9	15.4	7.44	32.4	11.1
	合计	90.6	82.8	59.4	88.4	84.9	60.5
自然草被＋千屈菜	3	50.4	25.6	27.3	62.8	21.8	22.2
	6	30.8	26.8	15.0	19.0	47.3	24.7
	9	6.84	26.9	8.20	7.44	15.1	7.53
	合计	88.0	79.3	50.6	89.3	84.2	54.4
自然草被＋水生鸢尾	3	50.4	25.6	27.3	62.8	21.8	22.2
	6	33.3	28.9	23.8	20.7	35.8	35.8
	9	5.13	29.0	22.1	1.65	25.2	8.58
	合计	88.9	83.4	73.2	85.1	82.7	66.5

由于湿生植物的生物量以及其生理形态的差异，浅层土壤渗漏水在经过7.5m宽的湿生植物缓冲带后，3种湿生植物条带对各态氮的去除效果存在一定差异。湿生植物条带对浅层土壤渗漏水中NH_4^+-N的去除率为37.6%～40.2%，水生鸢尾和千屈菜间差异不显著，且小于菖蒲；对NO_3^--N的去除率为53.7%～57.9%，水生鸢尾和菖蒲间差

异不显著，且都大于千屈菜；对 TN 的去除率为 23.2%～45.9%，3 种湿生植物对 TN 的去除率表现为：水生鸢尾>菖蒲>千屈菜，三者间差异显著。

因此，集合自然草被与湿生植物对浅层土壤渗漏水中污染物的总体去除效果，2008 年复合缓冲带对浅层土壤渗漏水 NH_4^+-N 和 NO_3^--N 的去除率都表现为：裸地<自然草被+裸地<自然草被+湿生植物，自然草被+湿生植物的条带间差异不显著，但对 TN 的去除率却表现为：裸地（24.0%）<自然草被+裸地（40.8%）<自然草被+千屈菜（50.6%）<自然草被+菖蒲（59.4%）<自然草被+水生鸢尾（73.2%）。

2008 年自然草被与湿生植物对深层土壤渗漏水中 NH_4^+-N 的去除率为 85.1%～89.3%，3 个复合缓冲带间差异不显著；对 NO_3^--N 的去除率为 82.7%～84.9%，3 个复合缓冲带之间差异也不显著；对 TN 的去除率为 54.4%～66.5%，3 个复合缓冲带对 TN 的去除率表现为：自然草被+水生鸢尾 >自然草被+菖蒲 >自然草被+千屈菜，三者间差异显著。

从图 7-4 可以看出，2009 年更换人工草种后，复合河滨缓冲带内的土壤渗漏水在经过 3 种不同的草被缓冲带后，水样中 NH_4^+-N、NO_3^--N 和 TN 浓度均降低。由于草带的覆盖度以及生物量的差异，各处理的条带间已表现一定的差异，3 种不同的草被缓冲带对各态氮的去除率依次为：自然草被>无芒雀麦>苜蓿/小冠花，自然草被缓冲带对浅层土壤渗漏水 NH_4^+-N 的去除率为 50.0%，NO_3^--N 的去除率为 41.4%，TN 的去除率为 33.3%。3 种不同的草被缓冲带都显著地高于裸地（未种植任何植被的对照地）对各态氮的去除率（表 7-12）。

表 7-12　2009 年复合缓冲带内土壤渗漏水 NH_4^+-N、NO_3^--N 和 TN 的沿程去除率变化

条带	沿程距离/m	0～20cm/%			20～40cm/%		
		NH_4^+-N	NO_3^--N	TN	NH_4^+-N	NO_3^--N	TN
裸地 1	3	10.2	7.63	6.46	—	—	—
	6	12.0	13.2	12.9	—	—	—
	9	11.1	6.60	11.4	—	—	—
	合计	33.4	27.4	30.7	—	—	—
自然草被+裸地	3	50.0	41.4	33.3	—	—	—
	6	4.44	10.6	7.71	—	—	—
	9	5.28	7.54	0.68	—	—	—
	合计	59.7	59.5	41.7	—	—	—
苜蓿/小冠花+菖蒲	3	28.5	28.4	23.9	44.9	8.38	15.7
	6	40.5	39.0	20.9	26.5	50.3	24.4
	9	22.3	5.26	13.6	8.65	12.6	13.8
	合计	91.3	72.7	58.5	80.0	71.3	53.8

续表

条带	沿程距离/m	0～20cm/%			20～40cm/%		
		NH_4^+-N	NO_3^--N	TN	NH_4^+-N	NO_3^--N	TN
自然草被＋千屈菜	3	50.0	41.4	33.3	55.4	41.7	24.3
	6	27.4	15.1	12.1	6.53	14.3	11.6
	9	10.1	9.80	4.93	12.5	14.4	13.1
	合计	87.5	66.3	50.3	74.4	70.4	49.1
无芒雀麦＋水生鸢尾	3	32.1	39.3	25.2	52.7	22.1	22.1
	6	42.5	27.0	37.8	19.1	37.6	24.2
	9	19.1	13.9	5.69	13.9	13.9	17.3
	合计	93.7	80.2	68.6	85.7	73.7	63.6

由于湿生植物的生物量以及其生理形态的差异，浅层土壤渗漏水在经过 7.5m 宽的湿生植物缓冲带后，3 种湿生植物条带对各态氮的去除效果也存在一定差异。因此，集合草被与湿生植物对浅层土壤渗漏水中污染物的总体去除效果，2009 年复合缓冲带对浅层土壤渗漏水 NH_4^+-N、NO_3^--N 和 TN 的去除率都表现为：裸地＜自然草被＋裸地＜自然草被＋千屈菜＜苜蓿/小冠花＋菖蒲＜无芒雀麦＋水生鸢尾，各条带间差异显著。

2009 年复合缓冲带对深层土壤渗漏水中 NH_4^+-N 的去除率为 74.4%～85.7%，对 NO_3^--N 的去除率为 70.4%～73.7%，对 TN 的去除率为 49.1%～63.6%（表 7-12）。3 个复合缓冲带对 TN 的去除率表现为：自然草被＋千屈菜＜苜蓿/小冠花＋菖蒲＜无芒雀麦＋水生鸢尾，三者间差异显著。

二、对渗漏水中 P 的去除

1. 复合河滨缓冲带土壤渗漏水中 TDP、TPP 和 TP 浓度的变化

（1）可溶性磷

土壤渗漏水中可溶性磷（TDP）量是指采用过 0.45μm 滤膜后用 H_2SO_4-$HClO_4$ 消煮，钼蓝比色法测定的质量浓度，包括各类 $H_2PO_4^-$ 和 HPO_4^{2-} 根盐类。TDP 源在土壤中易与铁（Fe）、铝（Al）及钙（Ca）等离子键结合形成不可溶的化合物，或与有机质键结合形成植酸（phytic acid）、核酸（nucleic acid）及腐植酸（humic acid）等矿质结合态 P，所以 TDP 源在土壤中的量很不稳定。

本研究中 2008 年和 2009 年各复合缓冲带内土壤渗漏水 TDP 浓度的沿程变化无明显的规律可循（图 7-5 和图 7-6），甚至出现了出水处 TDP 浓度高于进水处 TDP 浓度的现象，这说明河滨复合缓冲带内土壤渗漏水中 TDP 不仅受土壤 P 水平影响，也可能受土壤上的植被类型（如各植被的根系脱落物、分泌物以及溶出物等）以及土壤微生物群落结构的影响。

2008 年复合缓冲带植被建植后，从 4 次土壤渗漏水测得的平均颗粒吸附磷（TPP）量来看，在分别经过草被缓冲带与湿生植物缓冲带后，土壤渗漏水 TPP 浓度逐渐减小

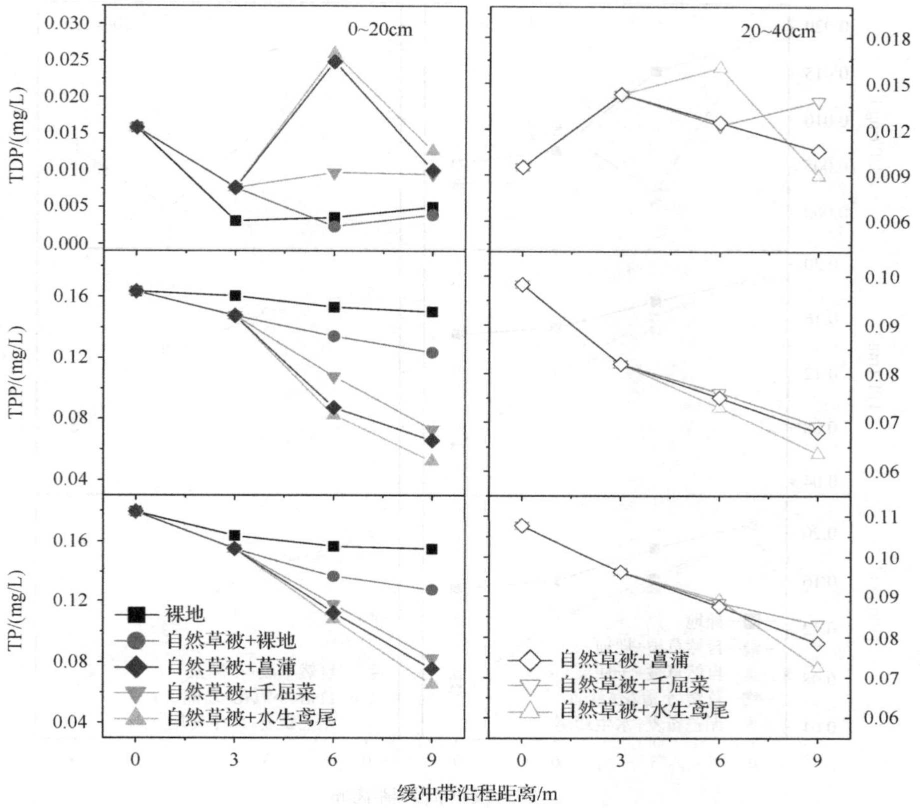

图 7-5　2008 年复合缓冲带内土壤渗漏水 TDP、TPP 和 TP 的沿程浓度变化

(图 7-5)。从农田流入河滨缓冲带的浅层（0～20cm）土壤渗漏水中 TPP 浓度达 0.163mg/L，经过草被缓冲带后 TPP 浓度为 0.148mg/L，显著低于裸地（对照，0.161mg/L），而经过湿生植物缓冲带后进入示范区（清水涧）水库时，浅层土壤渗漏水中 TPP 浓度却为 0.052～0.151mg/L，各条带中 TPP 浓度依次表现为：裸地＞自然草被＋裸地＞自然草被＋千屈菜≥自然草被＋菖蒲＞自然草被＋水生鸢尾。深层土壤渗漏水的 TPP 浓度也沿着草被缓冲带与湿生植物缓冲带逐渐减小，且 3 种复合河滨缓冲带内 TPP 浓度最终表现为：自然草被＋千屈菜（0.069mg/L）＞自然草被＋菖蒲（0.068mg/L）＞自然草被＋水生鸢尾（0.064mg/L）。

(2) 颗粒吸附磷

从图 7-6 可以看出，2009 年更换人工草种后，复合河滨缓冲带内的土壤渗漏水在经过不同的草被缓冲带后，水样中 TPP 浓度均降低。在进水口处 TPP 浓度为 0.189mg/L，而经过草被缓冲带后浅层土壤渗漏水中 TPP 浓度却为 0.152～0.162mg/L，3 种草被间差异不显著。经过湿生植物缓冲带后，各条带中浅层土壤渗漏的 TPP 浓度为：裸地（0.148mg/L）＞自然草被＋裸地（0.122mg/L）＞自然草被＋千屈菜（0.078mg/L）＞苜蓿/小冠花＋菖蒲（0.066mg/L）＞无芒雀麦＋水生鸢尾（0.050mg/L）。深层土壤渗漏水的 TPP 浓度也沿着草被缓冲带与湿生植物缓冲带逐渐

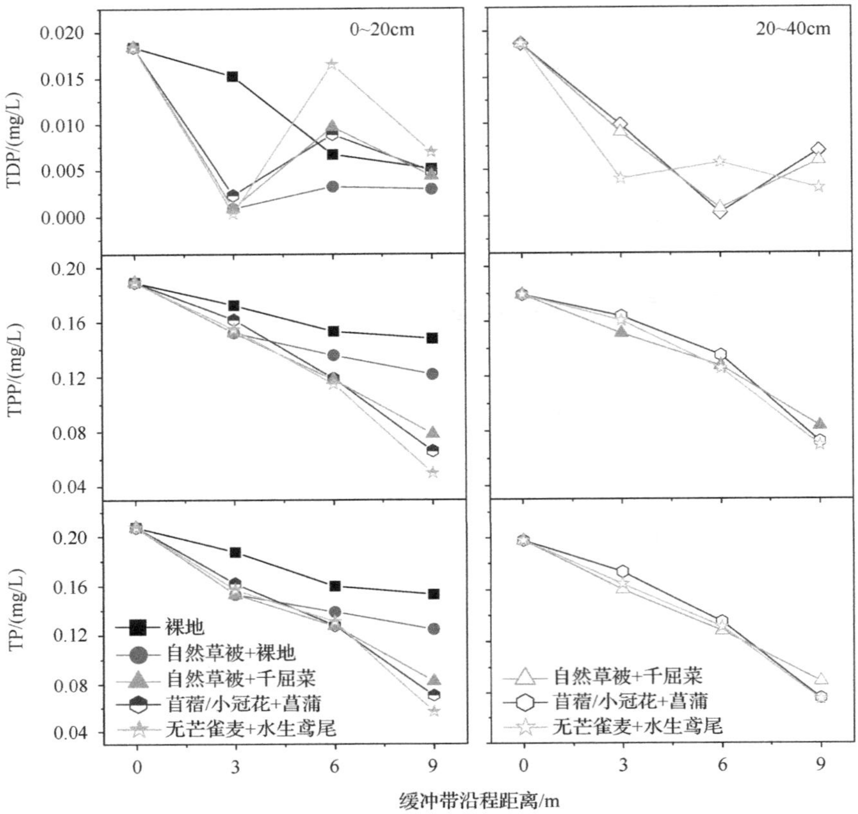

图 7-6　2009 年复合缓冲带内土壤渗漏水 TDP、TPP 和 TP 的沿程浓度变化

减小，且 3 种复合河滨缓冲带内 TPP 浓度最终表现为：自然草被＋千屈菜（0.083mg/L）＞苜蓿/小冠花＋菖蒲（0.072mg/L）≥无芒雀麦＋水生鸢尾（0.069mg/L），三者间差异显著。

（3）TP

2008 年复合缓冲带植被建植后，土壤渗漏水中 TP 浓度沿着草被缓冲带与湿生植物缓冲带逐渐减小（图 7-5）。从农田流入河滨缓冲带的浅层（0～20cm）土壤渗漏水中 TP 浓度达 0.179mg/L，在经过自然草被缓冲带后，土壤渗漏水 TP 量为 0.155mg/L，显著低于裸地（0.164mg/L）；而经过湿生植物缓冲带后，浅层土壤渗漏水中 TPP 浓度却为 0.065～0.155mg/L，各条带中 TP 浓度依次表现为：裸地＞自然草被＋裸地＞自然草被＋千屈菜≥自然草被＋菖蒲≥自然草被＋水生鸢尾，3 种湿生植物间差异不显著。深层土壤渗漏水的 TP 浓度也沿着草被缓冲带与湿生植物缓冲带逐渐减小，且 3 种复合河滨缓冲带内 TP 浓度最终表现为：自然草被＋千屈菜（0.083mg/L）＞自然草被＋菖蒲（0.079mg/L）＞自然草被＋水生鸢尾（0.073mg/L）。

从图 7-6 可以看出，2009 年更换人工草种后，复合河滨缓冲带内的土壤渗漏水在经过不同的草被缓冲带后，水样中 TP 浓度均降低。在进水口处 TP 浓度为 0.208mg/L，而经过草被缓冲带后浅层土壤渗漏水中 TP 浓度却为 0.153～0.162mg/L，各草带中 TP 浓度依次表现为：苜蓿/小冠花≥无芒雀麦>自然草被，均显著低于裸地（0.188mg/L）；经过湿生植物缓冲带后，各条带中浅层土壤渗漏的 TP 浓度为：裸地（0.153mg/L）>自然草被+裸地（0.125mg/L）>自然草被+千屈菜（0.083mg/L）>苜蓿/小冠花+菖蒲（0.071mg/L）>无芒雀麦+水生鸢尾（0.057mg/L）。深层土壤渗漏水的 TP 浓度也沿着草被缓冲带与湿生植物缓冲带逐渐减小，且 3 种复合河滨缓冲带内 TP 浓度最终表现为：自然草被+千屈菜（0.089mg/L）>苜蓿/小冠花+菖蒲（0.076mg/L）>无芒雀麦+水生鸢尾（0.075mg/L）。

2. 复合河滨缓冲带土壤渗漏水中 TDP、TPP 和 TP 的去除效果

从图 7-5 可以看出，2008 年复合河滨缓冲带内的浅层土壤渗漏水在相同条件下，先经过自然草被缓冲带，再经过 3 种不同的湿生植物缓冲带后，水样中 TPP 和 TP 浓度均呈现逐渐降低趋势，与 2009 年复合河滨缓冲带内浅层土壤渗漏水的 TPP 和 TP 浓度变化趋势一致（图 7-6）。但 2008 年和 2009 年复合河滨缓冲带内浅层土壤渗漏水的 TDP 浓度变化都无明显的规律可循。复合河滨缓冲带内各条带对浅层土壤渗漏水中 TDP 的综合去除率为 20.1%～84.0%（表 7-13 和表 7-14）。

表 7-13 2008 年复合缓冲带内土壤渗漏水 TDP、TPP 和 TP 的沿程去除率变化

条带	沿程距离/m	0～20cm/%			20～40cm/%		
		TP	TPP	TDP	TP	TPP	TDP
裸地 1	3	8.76	1.80	80.6	—	—	—
	6	3.82	4.47	−2.97	—	—	—
	9	0.86	1.84	−9.22	—	—	—
	合计	13.4	8.11	68.4	—	—	—
自然草被+裸地	3	13.4	9.71	51.8	—	—	—
	6	10.4	8.20	33.5	—	—	—
	9	5.02	6.48	−9.98	—	—	—
	合计	28.9	24.4	75.3	—	—	—
自然草被+菖蒲	3	13.4	9.71	51.8	10.6	16.5	−50.4
	6	24.1	36.9	−109	8.17	7.07	19.6
	9	20.3	13.2	93.7	8.31	7.22	19.6
	合计	57.8	59.8	36.8	27.1	30.8	−11.3
自然草被+千屈菜	3	13.4	9.71	51.8	10.6	16.5	−50.4
	6	21.0	24.3	−12.9	7.35	5.99	21.6
	9	19.5	21.3	1.07	4.87	6.96	−16.8
	合计	54.0	55.3	40.0	22.9	29.5	−45.7

续表

条带	沿程距离/m	0～20cm/%			20～40cm/%		
		TP	TPP	TDP	TP	TPP	TDP
自然草被＋水生鸢尾	3	13.4	9.71	51.8	10.6	16.5	－50.4
	6	26.4	40.1	－115	6.73	9.12	－18.0
	9	23.9	18.1	83.6	15.3	9.58	74.6
	合计	63.7	68.0	20.1	32.7	35.2	6.21

表 7-14　2009 年复合缓冲带内土壤渗漏水 TDP、TPP 和 TP 的沿程去除率变化

条带	沿程距离/m	0～20cm/%			20～40cm/%		
		TP	TPP	TDP	TP	TPP	TDP
裸地 1	3	9.64	8.92	17.1	—	—	—
	6	13.4	10.1	46.6	—	—	—
	9	3.27	2.79	8.15	—	—	—
	合计	26.3	21.8	71.8	—	—	—
自然草被＋裸地	3	26.3	19.6	95.0	—	—	—
	6	6.77	8.65	－12.6	—	—	—
	9	6.88	7.39	1.63	—	—	—
	合计	39.9	35.6	84.0	—	—	—
自然草被＋菖蒲	3	21.9	14.5	87.4	12.4	8.73	47.3
	6	16.5	22.6	－35.5	19.4	16.1	51.0
	9	27.5	28.0	21.7	29.8	35.0	－35.6
	合计	65.9	65.1	73.6	61.5	59.8	62.8
自然草被＋千屈菜	3	26.3	19.6	95.0	19.2	15.8	51.8
	6	12.3	18.1	－47.7	16.2	13.3	44.0
	9	21.7	21.0	28.9	19.5	24.4	－27.4
	合计	60.2	58.7	76.2	54.9	53.5	68.4
自然草被＋水生鸢尾	3	24.4	18.3	98.0	17.0	10.6	78.7
	6	12.4	21.1	－87.8	16.8	19.5	－9.33
	9	35.9	34.3	52.0	28.3	31.3	15.0
	合计	72.7	73.7	62.2	62.1	61.4	84.4

2008 年自然草被缓冲带对浅层土壤渗漏水 TPP 的去除率为 9.71%，TP 的去除率为 13.4%，都显著地高于裸地（未种植任何植被的对照地）对 TPP（1.80%）和 TP（8.76%）的去除率。湿生植物条带对浅层土壤渗漏水中 TPP 的去除率表现为：水生鸢尾（58.2%）＞菖蒲（50.1%）＞千屈菜（45.6%），与对 TP 的去除率表现规律一致（表 7-13）。因此，集合自然草被与湿生植物对浅层土壤渗漏水中污染物的总体去除效果，2008 年复合缓冲带对浅层土壤渗漏水 TPP 和 TP 的去除率都表现为：裸地＜自然

草被＋裸地＜自然草被＋千屈菜＜自然草被＋菖蒲＜自然草被＋水生鸢尾（表 7-13）。

2008 年自然草被与湿生植物对深层土壤渗漏水中 TPP 的去除率为 29.5%～35.2%，复合缓冲带对 TPP 的去除率依次表现为：自然草被＋水生鸢尾＞自然草被＋菖蒲≥自然草被＋千屈菜；对 TP 的去除率为 22.9%～32.7%，复合缓冲带对 TP 的去除率表现为：自然草被＋水生鸢尾＞自然草被＋菖蒲＞自然草被＋千屈菜，三者间差异显著。

2009 年更换人工草种后，由于草带的覆盖度以及生物量的差异，各处理的条带对土壤渗漏水中 TPP 和 TP 的去除率都表现为：自然草被＞无芒雀麦＞苜蓿/小冠花，3 种不同的草被缓冲带都显著地高于裸地（未种植任何植被的对照地）对 TPP（8.92%）和 TP（9.64%）的去除率（表 7-14）。由于湿生植物的生物量以及其生理形态的差异，浅层土壤渗漏水在经过 7.5m 宽的湿生植物缓冲带后，3 种湿生植物条带对 TPP 和 TP 的去除效果也存在一定差异。各湿生植物条带对土壤渗漏水中 TPP 和 TP 的去除率都表现为：水生鸢尾＞菖蒲＞千屈菜（表 7-14）。因此，集合草被与湿生植物对浅层土壤渗漏水中污染物的总体去除效果，2009 年复合缓冲带对浅层土壤渗漏水 TPP 和 TP 的去除率都表现为：裸地＜自然草被＋裸地＜自然草被＋千屈菜＜自然草被＋菖蒲＜自然草被＋水生鸢尾，各条带间差异显著。2009 年复合缓冲带对深层土壤渗漏水中 TPP 的去除率为 53.5%～61.4%，对 TP 的去除率为 54.9%～62.1%（表 7-14）。3 个复合缓冲带对 TPP 和 TP 的去除率表现为：自然草被＋千屈菜＜自然草被＋菖蒲≤自然草被＋水生鸢尾。

第四节　复合河滨缓冲带建植后目标水库的水质变化

一、复合河滨植被缓冲带建植后目标水库水质变化

河滨缓冲带植被建植后，其 NH_4^+-N、NO_3^--N、TN 和 COD_{Cr}，以及 AP 和 TP 含量都有明显的季节变化。水体的浊度值因降雨以及灌溉排水季节变化也相当明显，但水体 pH 基本保持稳定（图 7-7）。

河滨缓冲带建植后，植被的生长有效地截留泥沙，降低了潜在污染物与接纳水体之间的联系，并且提供了一个阻止污染物输入的生化和物理障碍带，从而使河滨缓冲带周边的水源得到净化。以河滨复合植被缓冲带建植后目标水库水质参数与对照水库（即未建植植被缓冲带的水库：1 号和 2 号塘坝）的水质参数的比值来表征其农业面源污染的消减（图 7-8）。农业面源污染中的 N 通常以有机氮、氨和铵离子的形式存在，在河滨缓冲带中，有机氮在微生物的作用下转化为 NH_4^+-N，由于土壤颗粒带有负电荷，很容易被吸附，被土壤吸附的铵离子经土壤微生物的硝化作用将 NH_3-N 转化为 NO_3^--N，因此探讨河滨缓冲带对面源污染中 N 去除效果，应对各态氮都进行分析。在本试验研究中河滨缓冲带建植后，随着时间的延长，示范区水库内的面源污染物逐渐消减。2009 年植被缓冲带建植 2 年后，示范区水库的 TN 较对照水库消减 22.2%，而 NH_4^+-N、NO_3^--N 的消减率分别为 25.8%和 22.9%。可见该植被缓冲带具有较大的去除氮污染的

能力（图 7-8）。在绝大多数情况下，P 是造成水体富营养化的关键物质，因此必须采取措施严格限制其进入封闭性水体。2009 年植被缓冲带建植 2 年后对 P 也有一定的去除能力，缓冲带 TP、TPP 和 TDP 较对照水库消减分别达到 23.4%、23.3%和 19.6%。

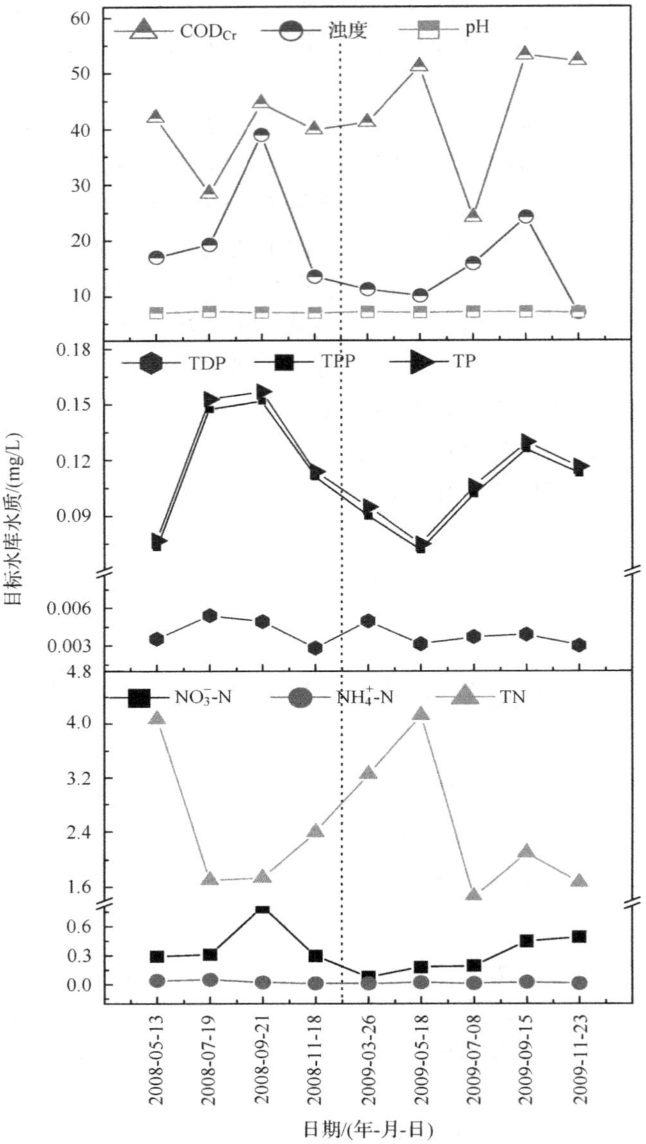

图 7-7　河滨植被缓冲带内示范区水库水质变化

在河滨缓冲带建植 2 年后，示范区水库的 COD_{Cr} 较对照水库消减 13.5%（图 7-8），除了因为湿生植物能对降雨产生的农田径流中 N、P 养分的吸收利用外，湿生植物庞大的地下生物量（根系）也可以固持部分因降雨而造成的坡面流失土壤中的养分，减少水体的净化压力，从而降低水体的化学需氧量，改善水体的水质。

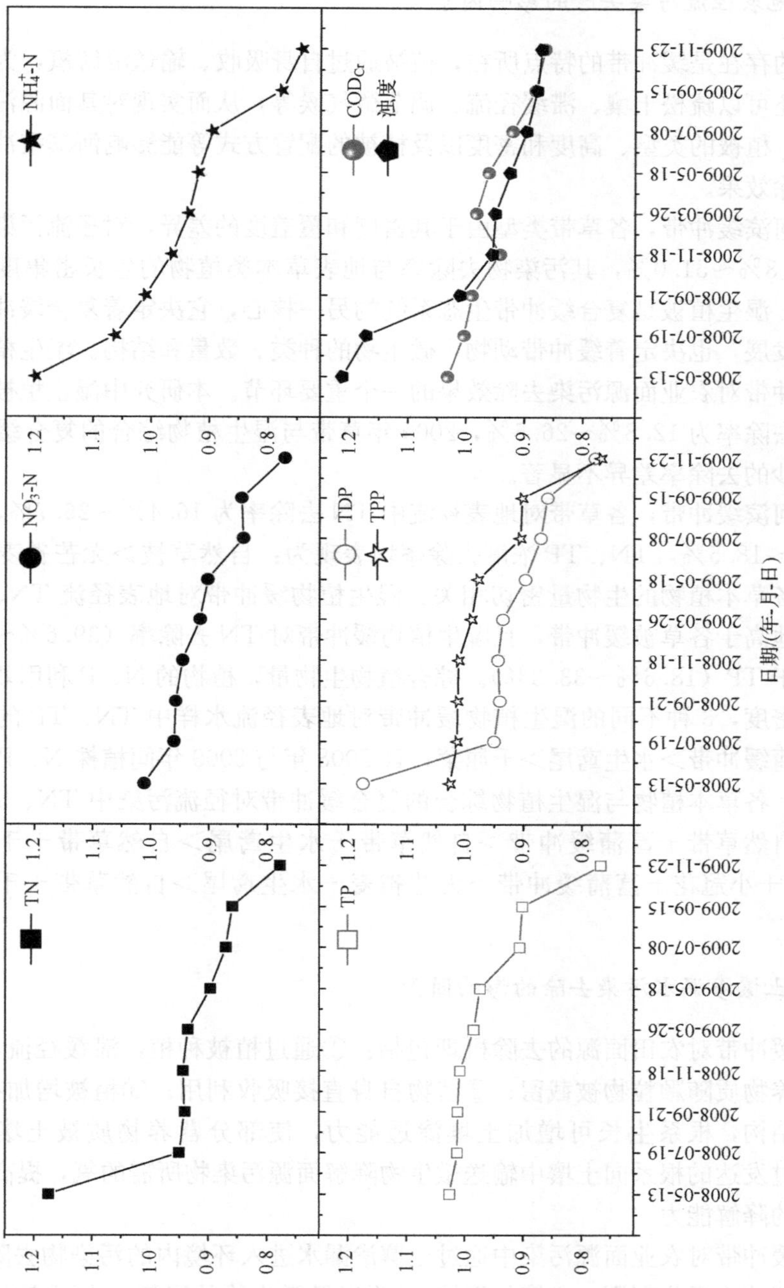

图 7-8　河滨植被缓冲带内示范区水库与对照区水库的水质参数比值变化

二、河滨植被缓冲带去除污染物效果的影响因素

1. 对地表径流污染去除的影响因素

植被的存在是缓冲带的特点所在，植被通过自身吸收、输送溶解氧，为微生物提供栖息地，还可以疏松土壤、滞缓径流、调节微气候等，从而实现对其面源污染的防治和生境改善。植被的类型、高度和密度以及植被的配置方式等能影响河滨缓冲带农业面源污染的去除效果。

复合河滨缓冲带，各草带类型由于其密度和覆盖度的差异，对径流污染中泥沙的去除率为35.8%～51.0%，其污染物去除率与地表草本类植物的生长密集度、覆盖度呈显著相关。湿生植被是复合缓冲带生态系统的另一核心，它决定着复合缓冲带生态系统的状态与发展，也决定着缓冲带动物、微生物的种类、数量和结构。湿生植被建植是加强复合缓冲带对农业面源污染去除效果的一个重要环节。本研究中湿生植被对径流污染中泥沙的去除率为12.8%～26.5%，2009年草带与湿生植物综合的复合缓冲带对径流污染中泥沙的去除率差异不显著。

复合河滨缓冲带，各草带对地表径流中TN去除率为16.4%～26.7%，TP去除率为14.0%～18.5%，TN、TP浓度去除率均表现为：自然草被＞无芒雀麦＞苜蓿＋小冠花，与各草本植物的生物量密切相关。湿生植物缓冲带对地表径流TN、TP的去除率仍显著地高于各草被缓冲带，且湿生植物缓冲带对TN去除率（39.6%～52.6%）也显著地高于TP（18.6%～33.3%）。综合植物生物量，植物的N、P利用效率以及各植株的种植密度，3种不同的湿生植物缓冲带对地表径流水样中TN、TP的去除率均表现为：菖蒲缓冲带＞水生鸢尾＞千屈菜；且2008年与2009年间植株N、P去除效果无显著差异。各草本植物与湿生植物综合的复合缓冲带对径流污染中TN、TP的去除率表现为：自然草带＋菖蒲缓冲带＞自然草带＋水生鸢尾＞自然草带＋千屈菜（2008年）；苜蓿＋小冠花＋菖蒲缓冲带＞无芒雀麦＋水生鸢尾＞自然草带＋千屈菜（2009年）。

2. 对土壤渗漏水污染去除的影响因素

河滨缓冲带对农田面源的去除机理包括：①通过植被种植，滞缓径流，截留泥沙，使部分营养物质随颗粒物被截留；②植物自身直接吸收利用；③植被增加有机物来源，改善土壤结构，根系生长可增加土壤渗透能力，使部分营养物质被土壤固持/吸附；④植物通过发达的根系向土壤中输送微生物降解面源污染物所需的氧，提高微生物对面源污染物的降解能力。

河滨缓冲带对农业面源污染中通过土壤渗漏水进入环境内的污染物去除主要是后3种机理，即植物吸收利用、土壤的固持/吸附以及微生物的降解。本研究中各复合河滨缓冲带建植在相同背景值的土壤上，土壤对渗漏水中污染物的固持/吸附效果一致，故本节对土壤渗漏水污染防治的讨论将主要围绕植被和微生物来进行。

(1) 草带

2008 年自然草被缓冲带对浅层土壤渗漏水 NH_4^+-N 的去除率为 50.4%，NO_3^--N 的去除率为 25.6%，TN 的去除率为 27.3%，TPP 的去除率为 9.71%，TP 的去除率为 13.4%，都显著地高于裸地（未种植任何植被的对照地）对各态氮、磷的去除率。

2009 年更换人工草种后，3 种不同的草被缓冲带对各态氮的去除率依次为：自然草被＞无芒雀麦＞苜蓿/小冠花，且自然草被缓冲带对浅层土壤渗漏水 NH_4^+-N 的去除率为 50.0%，NO_3^--N 的去除率为 41.4%，TN 的去除率为 33.3%。各草被处理的条带对土壤渗漏水中 TPP 和 TP 的去除率也表现为：自然草被＞无芒雀麦＞苜蓿/小冠花。

2008 年与 2009 年自然草带对土壤渗漏水中 N、P 去除效果的差异，是由面源污染物的浓度以及草带生物量的年际差异所致。2009 年各草被处理对土壤渗漏水的 N、P 去除效果的差异，主要是由草带的覆盖度以及生物量的差异所致。2009 年各草本植物的生物量与土壤渗漏水的 TN、TP 去除率的相关系数分别为 0.990 和 0.946，这与吴建强等（2008）、徐成斌等（2008）以及 Hefting 等（2005）研究结果一致。

(2) 湿生植物

2008 年与 2009 年测定的 3 种湿生植物生物量均为：菖蒲＞水生鸢尾＞千屈菜，但其对土壤渗漏水中 TN 和 TP 的去除率却表现为：水生鸢尾＞菖蒲＞千屈菜。这说明湿生植物对渗漏水中污染物的去除，不能简单地依靠植被的生物量来判断，还应综合考虑植物的根系形态和活力，以及各植被根际和非根际微生物群落结构的差异。

3 种植物的根系总长度、表面积、体积、根平均直径和根尖数等根系形态参数为：菖蒲＞水生鸢尾＞千屈菜，但其根尖数顺序却为：水生鸢尾＞菖蒲＞千屈菜（$p<0.05$）（表 7-15）。此外，3 种湿生植物的根系活力特征指标（根总吸收面积、根活跃吸收面积和根总活性）与根尖数量表现一致：水生鸢尾根活性最强，菖蒲次之，千屈菜最小。相关分析表明，根总吸收面积（$p=0.047$，$n=9$）和根活跃吸收面积（$p=0.030$，$n=9$）与根尖数显著相关，根总活性与根尖数极显著相关（$p=0.002$，$n=9$）。根尖是根生命活动最活跃的部分，除生长和组织分化外，根对水分和养料的吸收主要在根尖内进行。因此，3 种湿生植物的根系形态和活力特征，尤其是根系生长的活跃区（根尖数）对土壤渗漏水中污染物的去除效果有显著的影响。

表 7-15 河滨缓冲带不同湿生植物的根系活力特征

植物	根总吸收面积/cm^2	根活跃吸收面积/cm^2	根总活性/[mg/(g·h)]
菖蒲	724±104 ab	315±27 bc	74.07±10.21 b
千屈菜	591±78 b	264±39 c	49.85±8.92 c
水生鸢尾	896±98 a	375±11 a	98.55±10.97 a

根际是一个特殊的微区域，受植物根系影响，其物理、化学和生物性质与土壤主体不同。大量研究表明，植物在吸收养分的同时，通过根系向周围环境释放有机分泌物，其成分从简单的碳水化合物、氨基酸到复杂的生长物质，这些分泌物是土壤微生物的重要碳源，因此植物根系的差异会引起土壤微生物尤其是根际微生物的变化。3 种植物的根际真菌和放线菌相对含量均显著高于非根际（$p<0.05$）。3 种湿生植物根际与非根际

土壤真菌和放线菌都具有较高丰度，依次表现为：水生鸢尾>菖蒲>千屈菜，且植物种植区真菌和放线菌都较裸地 PLFA 高。

3 种湿生植物非根际土壤微生物的总生物量（总 PLFA）以水生鸢尾最高，其余两种植物较小，且与裸地间无显著差异（$p>0.05$）。3 种湿生植物根际土壤微生物总生物量和细菌生物量均表现为：水生鸢尾>菖蒲>千屈菜，且差异显著（$p<0.05$）。因此，3 种湿生植物根际微生物群落多样性指数最终表现为：水生鸢尾>菖蒲>千屈菜，与河滨缓冲带中土壤渗漏水的去除率结果一致。这说明土壤微生物群落结构变化也对农业面源污染物去除效果有显著的影响。

参考文献

李海鹏，张俊飚．2009. 中国农业面源污染与经济发展关系的实证研究．长江流域资源与环境，18（6）：585～590

莫凤鸾，廖波，林武．2009. 农业面源污染现状及防治对策．环境科学导刊，28（4）：51～54

王秀娟，刘瑞民，何孟常．2009. 土地利用及其变化对松辽流域非点源污染影响研究．地理科学，29（4）：555～560

王智勇，郑昭佩，韩美，等．2006. 水资源承载力分析预测——以莒南县为例．水土保持研究，13（5）：114～116

吴建强，黄沈发，吴健，等. 2008. 缓冲带径流污染物净化效果研究及其与草皮生物量的相关性. 湖泊科学，20（6）：761～765

徐劲林，查轩．2009. 土壤侵蚀危险度的计算与影响因子分析——以福建安溪红壤水土流失区为例．地球信息科学，11（5）：577～584

徐成斌，于宁，马溪平，等. 2008. 不同河岸植物带对非点源污染河水污染物降解试验研究. 气象与环境学报，24（6）：63～66

于开芹，冯永军，郑九华，等．2009. 城乡交错带土地利用变化及其生态效应．农业工程学报，25（3）：213～218

张维理，武淑霞，冀宏杰，等．2004b. 中国农业面源污染形势估计及控制对策Ⅰ. 21 世纪初期中国农业面源污染的形势估计．中国农业科学，37（7）：1008～1017

张维理，徐爱国，冀宏杰，等．2004a. 中国农业面源污染形势估计及控制对策Ⅲ. 中国农业面源污染控制中存在问题分析．中国农业科学，37（7）：1026～1033

赵伟，李晶，李晓静，等．2004. 山东省水利综合执法试点工作的启示——山东省水利综合执法试点调研报告．水利发展研究，4（10）：35～37，41

郑粉莉，李靖，刘国彬．2004. 国外农业非点源污染（面源污染）研究动态．水土保持研究，11（4）：64～65，112

Hefting M M，Clement J，Bienkowski P，et al. 2005. The role of vegetation and litter in the nitrogen dynamics of riparian buffer zones in Europe. Ecological Engineering，24（5）：465～482

第八章　植物修复技术在水土流失防治中的应用

严重的水土流失和农业面源污染是当前亟待解决的重要生态环境问题之一。我国现有水土流失面积485万km^2，占国土总面积的51%，年均流失土壤45亿t，造成的经济损失占GDP总量的2.3%（鄂竟平，2008；李智广等，2008）。不仅如此，水土流失还携带大量农业化学物质进入水体，引发包括水体富营养化在内的一系列环境污染问题。2010年发布的《第一次全国污染源普查公报》显示，当前我国农业面源排放TN 270万t，TP 28万t，分别占TN和TP总排放量的57%和67%（中华人民共和国环境保护部等，2010）。农业面源污染导致31%的水库、77%的湖泊以及45%的水系不同程度富营养化，已成为环境污染的主要来源（中华人民共和国环境保护部，2009）。严重的水土流失和农业面源污染致使地力衰退、灾害频发、河库淤积、水质恶化、水资源短缺，极大制约了资源环境的可持续利用与社会经济的可持续发展。因此，采取有效措施防治水土流失、减轻农业面源污染，是当前亟须解决的重大问题，具有重要的现实意义。调查数据显示，我国现有坡耕地24万km^2，仅占水土流失总面积的13%，但其所产生的土壤流失量约15亿t，可占水土流失总量的1/3（鄂竟平，2008）。因此，坡耕地是我国水土流失和农业面源污染的主要来源，而针对坡耕地的水土流失和农业面源污染防治则是相关治理工作的重点和关键部分。

利用植物修复技术防治水土流失是指在易发生水土流失的土地上种植覆盖度高、根系发达、固土能力强的植物，通过植物冠层对雨滴击溅的保护作用、植物根系对土壤的固持作用以及植物茎秆对径流泥沙的拦截作用等途径减少水土流失的方法。与坡改梯等工程措施相比，利用植物修复技术防治水土流失具有成本低廉、操作简便、管理粗放、效果显著、持续时间长、可自我修复等优点。同时，若在防治水土流失中使用具有经济价值的植物，则这些植物在发挥水土保持功能的同时，其本身还可产生一定的经济效益。

第一节　植物篱选择与建植

植物篱是目前最为常用且效果较好的一种植物防治水土流失的技术，它被定义为“在耕地上以等高方式种植乔木、灌木和多年生草本植物并间作以农作物的生产系统”（Kang，1993），是一种用于拦蓄坡地径流、泥沙和农业面源污染物的带状植被。等高草篱是植物篱的一种特殊形式，它是指在坡耕地中以某一间距沿等高线种植的草带（通常为双行，宽度小于3m）（Blanco and Lal，2008），对坡耕地水土流失和农业面源污染具有显著防治效果（Angima et al.，2002；Babalola et al.，2007；Ghadiri et al.，2001；Gilley et al.，2000；Mcgregor et al.，1999）。等高草篱所选植物通常为抗逆性强、分蘖密集、茎秆直立、生长迅速、植株高大、根系发达的须根系草本植物（Blanco and Lal，2008)。

除植物篱外，目前在水土流失防治中常用的植物修复技术还包括植被过滤带（也称植被缓冲带和滨岸缓冲带)、植被护坡以及草地河道（grass waterways）等，它们与植物篱具有相似的功能与效果。本章节主要以植物篱（等高草篱）为例介绍植物修复技术在水土流失防治中的应用。

一、植物篱所用植物的选择

植物篱可分为乔木植物篱、灌木植物篱、草本植物篱以及混合植物篱，目前常用的植物篱有香根草（*Vetiveria zizanioides*)、黄花菜（*Hemerocallis citrina*)、百喜草（*Paspalum notatum*)、胡枝子（*Lespedeza bicolor*)、金荞麦（*Fagopyrum dibotrys*)、新银合欢（*Leucaena leucocephala*)、黄荆（*Vitex negundo*)、马桑（*Coriaria nepalensis*)、山毛豆（*Tephrosia candida*)、柠条（*Caragana korshinskii*)、沙棘（*Hippophae rhamnoides*)、杏树（*Armeniaca vulgaris*)、紫穗槐（*Amorpha fruticosa*)、刺槐（*Robiniapseudoacacia*）等，其中以香根草、新银合欢、黄荆、马桑、紫穗槐、黄花菜等应用较多。目前，香根草由于生物量高、生长速度快、根系发达以及抗逆性优异，被世界银行推荐为热带和亚热带地区植物篱的首选草种（Bank，1993)，在全世界多个国家和地区均有较为广泛的应用。然而，香根草为暖季型草种，不耐低温，并不适用于冬季寒冷的地区（如最低温度可达－30℃的我国北方地区)。因此，在具有不同气候特征的地区进行植物篱的相关研究，从而筛选出区域适用的植物篱，在一定程度上仍有较为重要的价值（Fasching and Bauder，2001)。

植物篱中植物的选择应遵循以下几个原则：①以乡土植物为主，谨慎使用外来物种；②所选植物应为多年生且地表覆盖能力强，生长迅速，生物量大；③根系尤其是须根系发达；④对贫瘠、干旱、寒冷等环境有较好的抗逆性；⑤耐粗放管理；⑥同等条件下优先选用豆科植物和经济植物。植物篱的功能和效果受坡度、植物篱特征（植物种类、建植时间、间距和带宽)、降雨特征（雨强、降雨量和历时）以及土壤特征（入渗能力和抗蚀性）等因素的显著影响，因此植物篱中植物的选择应灵活参考当地具体条件。在陡峭梯田的田坎上，植物篱大多选择具有经济价值的灌木，包括果树、桑树、茶树、柠条、花椒（*Zanthoxylum bungeanum*）等；而在未修梯田的缓坡地上，植物篱则大多选用黄花菜、香根草、苜蓿（*Medicago sativa*)、绿肥等草本植物。植物篱中灌木和草本植物的选用并无严格界定，具体选择时应灵活掌握，甚至同时选用灌木和草本植物以构成复合植物篱也是较好的选择。

二、植物篱的建植技术与方法

在植物篱建植中，植物篱带宽和带间距的确定最为关键，其基本原则是应确保坡地上所产生径流始终为薄层水流。因此，植物篱的带宽和带间距主要取决于坡度大小和当地的降雨状况（最大雨强和总降雨量)。一般情况下，植物篱带间距可用如下公式计算（施迅，1995)：

$$L = 4H/\sin 2\alpha$$

式中，L 为植物篱带间距；H 为坡地土层厚度；α 为坡度。蔡强国（1998）指出植物篱带间距的确定应以细沟侵蚀产生的临界坡长为准，其最大带间距不应超出该临界值。许峰等（1999）推导出我国南方湿润山区植物篱带间距的计算公式应为

$$L = g^{-5/3}V^{10/3}(nk_f\cos aI_{30})^{-1}S^{-7/6}$$

式中，n 为曼宁系数；g 为重力加速度；S 为水力梯度；k_f 为超渗比率；I_{30} 为最大 30min 雨强；V 为水流剪切流速。尽管相关学者对植物篱带间距提出了各种计算方法，但大多数情况下，植物篱的带间距可控制为 6～20m，带宽可控制为 1～1.5m，但这一取值应参考当地具体情况，尤其是在坡度较大的情况下应适当增加植物篱的带宽并缩小带间距。

植物篱建植时使用各种栽种方法均可。在土壤水分和养分较好的条件下，育苗移栽、扦插、直接播种均有较好的成活率或出苗率；但在土壤较为贫瘠和干旱的条件下，育苗移栽是较好的选择；对种子植物，在其他条件允许时应优先使用直接播种的方法。植物篱的株距和行距在 20～25cm 较为适宜，在种苗充足时可适当加大播种密度和播种量，以提高出苗后的植株密度，从而促使植物篱快速起效。

植物篱栽种后初期应注重管理，包括出苗或栽种初期及时灌溉、施肥、除草等，待植物成活并初步形成植物篱后即可粗放管理。植物篱建植后的管理措施主要包括修剪和刈割，修剪和刈割应每年进行 2～3 次，修剪的原则是避免植物篱与周边作物形成明显竞争关系（包括土壤水分、养分及光照等），从而严重影响作物产量。修剪和刈割的另一个作用是促进植物分蘖，这对草本植物篱尤其重要。对草本植物篱而言，在出苗初期待株高超过 20cm 时应及时刈割，以促进草本植物快速分蘖，刈割高度应控制在 20cm 左右。另外，在生长季结束后应对植物篱进行彻底修剪，对草篱的地上部分全部刈割，以帮助植物过冬。同时，在来年春季植物返青前，如有灌溉条件应适当浇水以促进植物返青。

第二节　植物篱的水土保持功能与效果

本节以狼尾草草篱为例介绍植物篱的水土保持功能。狼尾草（*Pennisetum alopecuroides*）是我国北方地区较为常见的多年生禾本科草本植物，具有直立的茎秆、发达的根系和优异的抗逆能力（武菊英等，2005），是等高草篱较好的候选草种。

一、研究方法

研究于 2005～2010 年在位于北京市昌平区小汤山镇国家精准农业示范基地内的径流场进行。研究区地处华北平原北缘（40°10′N，116°26′E，海拔约 50m），主要地貌类型为平原、丘陵和浅山，属典型暖温带半湿润大陆季风气候区。区内年际气候变幅较大，昼夜温差大，年平均气温 11.5℃，无霜期 190 天，≥0℃积温 4400℃，年均降水量 640mm，且主要集中于 6～8 月，可占年降水量的 70%以上（黄传伟等，2008）。研究区土壤类型为潮土，土壤质地为壤质黏土（砂粒含量 41%、粉粒含量 24%、黏粒含量

35%)，土壤容重为1.37g/cm³，饱和导水率为0.18cm/h，田间持水量为27%（体积含水量），表层土壤（0～10cm）硬度为7.87kg/cm²，土壤有机质含量为1.40%，TN含量为0.85g/kg，TP含量为0.96g/kg。

研究内容可分模拟降雨和自然降雨两部分。对模拟降雨，试验设草篱、坡度和雨强3因素，其中草篱因素设无草篱、狼尾草草篱2水平，坡度因素设5%、10%、15%、20% 4水平，雨强因素设22mm/h、36mm/h、63mm/h 3水平（其值分别对应于当地自然降雨的中雨、大雨和暴雨，人工模拟降雨的高度为2m，降雨均匀度可达90%以上），进行完全区组试验设计，即共24个处理，每处理重复3次，共72个样本。对自然降雨，试验设计中除雨强因素外，其他与模拟降雨相同。

与试验设计相对应，试验共设置有24个径流小区（2种草篱处理×4种坡度×3次重复），小区规格为12.0m×1.6m，小区坡底装有径流桶以收集径流和泥沙。对草篱处理，在径流小区坡中和坡底等高方向上各配置一条双行种植的狼尾草草篱带，草篱带宽0.5m、带间距5.5m。狼尾草为2005年6月育苗移栽，移栽株距和行距均为25cm。除草篱带外，在小区中正常种植作物，所种作物为：2006年大豆（*Glycine max*），2007年冬小麦（*Triticum aestivum*），2008年紫花苜蓿，2009年裸地，2010年冬小麦-玉米轮作。耕种措施参照当地习惯，为典型传统耕作。

观测项目和方法如下：①狼尾草的生物学特征，包括株高、茎秆密度、盖度（First Growth，美国Decagon公司）、地上生物量（称重）以及根系特征（WinRHIZO，加拿大Regent公司）等；②草篱对土壤物理性状的影响，包括容重（环刀法）、入渗速率（定水头法）、孔隙度和机械组成（邵明安等，2006）；③草篱对表层土壤水分状况的影响（TRIME-EZ，德国IMKO）；④草篱对土壤肥力状况的影响，包括有机质、TN、TP、TK以及AN、AP、AK（鲍士旦，2000）；⑤自然降雨和模拟降雨下径流、泥沙以及N、P流失量；⑥草篱对作物产量的影响；⑦草篱的成本分析。上述②和④的测定需进行原状或扰动土壤采样，采样时间为草篱建植前（2005年6月）和草篱建植5年后（2010年10月玉米收获后），采样中每小区分坡上、坡中、坡下3个部位各采集表层0～60cm土样并混合为一个土样。

所获取试验数据使用SPSS 15.0计算平均值和标准误差，并进行单因素方差分析以检验草篱和无草篱的差异显著性，最后将草篱与无草篱进行对比以分析等高草篱的效果。为简化试验结果，本文对4种坡度下的试验数据取平均值，且所有草篱和无草篱的对比分析结果均基于上述4种坡度的平均值数据。

二、狼尾草的生物学特征

不同草种的生物学特征与其遗传特性有关。草种不同则分蘖能力、覆盖能力、株高、生物量及根系特征等均显著不同，这些指标是决定等高草篱功能与效果的重要方面。基于这一原因，有必要针对不同草种进行研究，以期筛选出水土保持效果较好的草篱候选草种。本研究中，狼尾草的各项生物学指标均表现优异，显示了良好的分蘖能力和地表覆盖能力（表8-1）。2005年移栽后至次年试验开始时，狼尾草仅经过一年生长即已形成密集草篱带，其茎秆密度可达1000株/m²，株高70～90cm，地上生物量

0.9kg/m²，草篱带内盖度接近100%，并长期维持在该水平。上述测定的生物学指标均一致表明，狼尾草能够很好地满足等高草篱对候选植物的要求，预示狼尾草草篱在防治水土流失和农业面源污染方面可能有优异表现。

表 8-1 狼尾草草篱的茎秆密度和农作物覆盖度（平均值±标准误差）

项目	2006年	2007年	2008年	2009年	2010年
农作物覆盖度/%	83.0 ± 4.6	74.0 ± 1.5	71.2 ± 3.9	—	77.1 ± 6.4
狼尾草茎秆密度/（株/m²）	1220 ± 61	1237 ± 62	1275 ± 64	1030 ± 35	1688 ± 84

三、等高草篱对土壤物理性状的改善

等高草篱对土壤物理性状的改善是其防治水土流失和农业面源污染的主要机理之一。本研究中，狼尾草草篱种植5年后，无草篱和草篱带下土壤的主要物理性状如表8-2所示。表中显示：种植5年后，狼尾草草篱带下土壤稳定入渗率和孔隙度显著增加，而容重显著降低；机械组成方面，草篱带下粒径小于0.01mm的土壤细颗粒含量有不同程度增加，而大于0.01mm的粗颗粒含量则相应有所降低。表8-2中数据表明，狼尾草草篱建植后土壤基本物理性状均有不同程度改善，其中以稳定入渗率增幅最大，达1.6倍。土壤物理性状的改善，尤其是入渗性能的大幅增加预示草篱可使更多雨水入渗，从而减少径流以及径流冲刷造成的侵蚀。

表 8-2 狼尾草草篱和无草篱的土壤物理性状差异

土壤物理性质		无草篱	狼尾草草篱	草篱效果[a]
容重/（g/cm³）		1.43	1.33	−7.0%*
稳定入渗率/（mm/min）		0.28	0.72	157.1%**
孔隙度/%	毛管孔隙度	37.8	40.5	7.1%*
	非毛管孔隙度	7.8	10.1	29.5%*
	总孔隙度	45.6	50.6	11.0%*
机械组成/%	<0.001mm	8.8	9.0	2.3%[NS]
	0.001～0.005mm	18.6	21.3	14.5%[NS]
	0.005～0.01mm	14.2	15.8	11.3%[NS]
	0.01～0.05mm	37.5	33.4	−10.9%[NS]
	0.05～2mm	20.9	20.5	−1.9%[NS]

*表示狼尾草草篱与无草篱在5%水平差异显著；**表示在1%水平差异显著；NS表示在5%水平差异不显著，下同。

a 草篱效果为狼尾草草篱与无草篱相比的增加程度，负号表示降低，下同。

四、等高草篱对土壤水分条件的改善

为明确等高草篱对土壤水分状况的影响，本研究在自然降雨后连续观测了狼尾草草篱和无草篱小区的表层土壤含水量变化过程，结果一致显示狼尾草草篱带的土壤水分状况明显好于无草篱。以其中一次 24.4mm 的降雨为例（图 8-1）：在雨前和雨后，狼尾草草篱表层 0～60cm 土壤含水量分别比无草篱高 1.9%和 3.4%；在雨后 6 天里，草篱的土壤含水量一直高于无草篱，最高可比无草篱高 4.9%。在整个降雨周期中，狼尾草草篱的表层土壤含水量平均比无草篱高 3.5%。计算两种处理的土壤含水量差值可知，在雨后 6 天时间里，狼尾草草篱和无草篱的土壤含水量分别降低了 6.3%和 7.8%，即狼尾草的存在使土壤水分少损耗了 12.0mm。

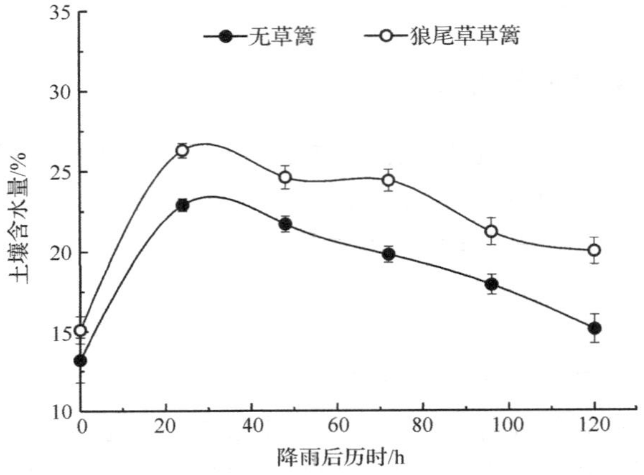

图 8-1　自然降雨（24.4mm）后狼尾草草篱和无草篱的土壤含水量变化过程

五、等高草篱对土壤肥力状况的改善

表 8-3 为草篱建植 5 年后狼尾草草篱和无草篱的土壤肥力状况。草篱处理的土壤肥力状况一致好于无草篱。与无草篱相比，狼尾草草篱表层 0～60cm 土壤有机质以及全量和速效 N、P、K 养分含量均有不同程度增加，其中以有机质和 AP 增幅最大，分别达 12.7%和 24.5%。等高草篱模式下土壤肥力状况的改善是多种作用综合的结果，其中等高草篱对土壤物理性状的改善是最为重要的方面。除此以外，等高草篱在减少水土流失的同时，会大幅降低随径流和泥沙的土壤养分流失，从而避免土壤肥力下降，这是等高草篱改善土壤肥力状况的另一个重要原因。

表 8-3　狼尾草草篱和无草篱的土壤肥力状况

处理	有机质/%	TN/(g/kg)	TP/(g/kg)	TK/(g/kg)	AN/(mg/kg)	AP/(mg/kg)	AK/(mg/kg)
无草篱	1.00	0.98	0.60	15.55	57.96	1.87	131.81
狼尾草草篱	1.12	1.01	0.64	16.03	62.86	2.33	131.87
草篱效果	12.7%*	3.2%NS	6.7%NS	3.1%NS	8.5%NS	24.5%**	0.8%NS

六、等高草篱对地表径流的降低作用

防治水土流失是等高草篱最为重要的功能，其中径流是土壤侵蚀的驱动力，因此等高草篱对地表径流的影响会直接决定其对土壤流失及养分流失的防治效果。由于不同年份之间所种作物不同、总降雨量不同，且总降雨量中人工降雨和模拟降雨所占比例也不相同，因此地表径流量在不同年份之间不具有可比性。本研究在 2006～2010 年测定的狼尾草草篱和无草篱的地表径流量见表 8-4～表 8-7，其中表 8-4 为 2006 年种植大豆，表 8-5 为 2007 年种植冬小麦，表 8-6 为 2008 年种植紫花苜蓿，表 8-7 为 2009 年裸地，表 8-8 为 2010 年冬小麦-玉米轮作。表 8-4～表 8-7 中显示，在不同坡度（5%～20%）、不同雨强（14～63mm/h）以及不同作物下，狼尾草草篱的地表径流量均一直低于无草篱，且方差分析结果显示两者在 5%水平上具有显著的统计学差异。上述结果表明，狼尾草草篱可显著降低坡耕地径流量。

表 8-4　2006 年种植大豆时狼尾草草篱和无草篱的地表径流量　（单位：mm）

坡度	处理	14mm/h 雨强			22mm/h 雨强			36mm/h 雨强		
		干降	湿降	湿湿降	干降	湿降	湿湿降	干降	湿降	湿湿降
5%	无草篱	0.05 a*	0.04 a	0.07 a	0.25 a	0.34 a	0.35 a	0.27 a	1.01 a	0.98 a
	狼尾草草篱	0.03 a	0.04 a	0.06 a	0.03 a	0.04 a	0.02 a	0.09 a	0.12 b	0.40 a
10%	无草篱	0.10 a	0.12 a	0.23 a	0.49 a	0.64 a	0.77 a	0.41 a	1.07 a	1.24 a
	狼尾草草篱	0.03 b	0.03 a	0.04 a	0.06 b	0.09 b	0.12 b	0.04 a	0.28 b	0.39 b
15%	无草篱	0.25 a	0.13 a	0.14 a	0.53 a	0.71 a	0.77 a	0.55 a	1.60 a	1.69 a
	狼尾草草篱	0.04 b	0.06 b	0.07 b	0.08 b	0.12 b	0.15 b	0.08 b	0.71 b	0.80 b
20%	无草篱	0.17 a	0.12 a	0.14 a	0.68 a	0.90 a	0.90 a	0.49 a	1.53 a	1.62 a
	狼尾草草篱	0.05 a	0.05 a	0.07 a	0.18 b	0.26 b	0.29 b	0.10 b	0.74 b	0.60 b

* 不同字母表示在同一坡度、相同雨强下，无草篱和狼尾草草篱两种处理在 5%水平差异显著，反之则不显著，下同。

表 8-5　2007 年种植冬小麦时狼尾草草篱和无草篱的地表径流量（单位：mm）

坡度	处理	22mm/h 雨强			36mm/h 雨强			63mm/h 雨强		
		干降	湿降	湿湿降	干降	湿降	湿湿降	干降	湿降	湿湿降
5%	无草篱	0.84 a	1.24 a	1.33 a	1.63 a	1.51 a	2.36 a	1.62 a	2.41 a	6.44 a
	狼尾草草篱	0.39 a	0.76 b	0.96 a	0.73 a	0.22 b	0.62 b	0.19 a	0.31 b	1.23 b
10%	无草篱	1.68 a	2.17 a	2.87 a	2.69 a	3.68 a	6.84 a	1.40 a	11.28 a	21.41 a
	狼尾草草篱	0.28 b	0.52 b	1.06 a	0.50 a	0.20 a	0.95 b	0.20 b	1.84 b	4.21 b
15%	无草篱	2.69 a	3.33 a	4.44 a	8.53 a	10.32 a	12.87 a	6.45 a	19.19 a	22.89 a
	狼尾草草篱	0.34 b	0.70 a	1.02 b	0.70 b	0.79 b	1.76 b	0.75 b	5.22 b	8.58 b
20%	无草篱	3.25 a	3.44 a	5.48 a	8.81 a	10.66 a	12.75 a	11.90 a	27.27 a	26.93 a
	狼尾草草篱	0.51 b	0.81 b	1.34 b	1.35 b	1.68 b	3.17 b	2.15 b	16.97 a	19.85 a

表 8-6　2008 年种植紫花苜蓿时狼尾草草篱和无草篱的地表径流量（单位：mm）

坡度	处理	22mm/h 雨强			36mm/h 雨强			63mm/h 雨强		
		干降	湿降	湿湿降	干降	湿降	湿湿降	干降	湿降	湿湿降
5%	无草篱	0.41 a	0.83 a	1.34 a	1.61 a	5.88 a	12.40 a	11.63 a	15.65 a	20.37 a
	狼尾草草篱	0.10 b	0.17 b	0.36 b	0.12 b	0.64 b	2.21 b	3.68 a	3.07 b	9.12 b
10%	无草篱	0.61 a	0.94 a	1.79 a	2.25 a	6.45 a	11.86 a	10.92 a	22.50 a	26.21 a
	狼尾草草篱	0.13 b	0.34 b	0.64 b	0.18 b	1.12 b	5.49 a	3.21 a	10.16 b	14.35 b
15%	无草篱	1.47 a	1.34 a	3.31 a	5.37 a	11.75 a	18.95 a	13.70 a	21.43 a	29.22 a
	狼尾草草篱	0.25 b	0.43 b	0.43 b	0.77 b	4.07 b	7.38 b	6.43 a	15.11 a	18.24 b
20%	无草篱	2.84 a	5.31 a	6.29 a	7.69 a	14.52 a	19.48 a	22.32 a	28.87 a	33.12 a
	狼尾草草篱	0.28 b	1.92 b	1.81 b	2.90 b	4.84 b	10.27 b	15.25 a	19.84 a	23.55 a

表 8-7　2009 年裸地时狼尾草草篱和无草篱的地表径流量　（单位：mm）

坡度	处理	22mm/h 雨强			36mm/h 雨强			63mm/h 雨强		
		干降	湿降	湿湿降	干降	湿降	湿湿降	干降	湿降	湿湿降
5%	无草篱	1.09 a	5.69 a	8.65 a	1.80 a	9.27 a	9.96 a	11.22 a	19.55 a	27.16 a
	狼尾草草篱	0.13 b	0.20 b	1.02 b	0.19 b	0.28 b	1.04 b	1.33 b	2.83 b	5.18 b
10%	无草篱	1.90 a	5.16 a	7.93 a	1.27 a	10.16 a	12.40 a	8.94 a	16.01 a	17.70 a
	狼尾草草篱	0.25 a	0.03 b	0.12 b	0.15 b	0.15 b	2.00 b	0.27 b	2.71 a	7.01 a
15%	无草篱	3.23 a	10.81 a	13.04 a	1.11 a	10.06 a	12.69 a	14.46 a	29.03 a	20.00 a
	狼尾草草篱	0.36 a	1.03 b	2.19 b	0.33 a	0.33 b	0.85 b	2.03 b	8.41 b	10.47 a
20%	无草篱	2.97 a	7.40 a	9.93 a	1.04 a	6.53 a	11.77 a	13.46 a	26.87 a	28.78 a
	狼尾草草篱	0.10 a	2.18 a	2.79 a	0.70 a	0.46 b	2.65 b	2.24 b	9.30 b	14.93 b

表 8-8　2010 年冬小麦-玉米轮作时狼尾草草篱和无草篱的地表径流量（单位：mm）

坡度	处理	41mm/h 雨强			54mm/h 雨强①			54mm/h 雨强②		
		干降	湿降	湿湿降	干降	湿降	湿湿降	干降	湿降	湿湿降
5%	无草篱	2.68 a	13.84 a	14.87 a	2.05 a	10.72 a	16.33 a	9.51 a	16.57 a	23.02 a
	狼尾草草篱	0.28 b	0.42 b	1.55 b	0.24 b	0.58 b	1.93 b	1.13 b	2.40 b	4.39 b
10%	无草篱	1.89 a	15.17 a	18.51 a	4.91 a	13.56 a	18.70 a	10.51 a	19.19 a	20.30 a
	狼尾草草篱	0.23 b	0.23 b	1.79 b	0.47 b	0.06 b	0.35 b	0.35 b	3.24 b	8.62 b
15%	无草篱	1.13 a	15.02 a	18.94 a	6.10 a	20.39 a	24.60 a	12.25 a	24.59 a	25.42 a
	狼尾草草篱	0.49 a	0.49 b	1.26 b	0.67 a	0.58 b	4.13 b	1.72 b	7.13 b	8.87 b
20%	无草篱	1.55 a	11.77 a	17.56 a	7.97 a	16.96 a	18.73 a	11.41 a	22.77 a	24.39 a
	狼尾草草篱	1.05 a	0.69 b	3.96 b	0.55 b	4.12 a	5.26 a	1.90 b	7.88 b	12.65 b

①7 月玉米拔节期；②9 月玉米成熟期。

图 8-2 以年为单位，对狼尾草草篱和无草篱的地表径流量进行了汇总，结果显示狼尾草草篱的地表径流量在不同年份均明显少于无草篱。与无草篱相比，狼尾草草篱对地表径流的降低程度为 21.9%～87.1%，其中 2006～2010 年 5 年间狼尾草草篱对地表径

流的降低作用分别为 66.0%、54.4%、63.2%、78.3% 和 54.1%，5 年平均值为 63.2%。

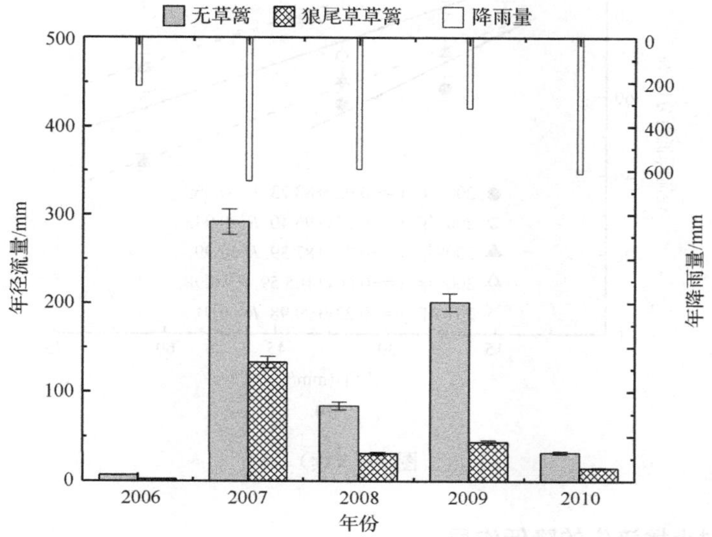

图 8-2　2006～2010 年狼尾草草篱和无草篱小区的地表径流量

然而，数据分析发现，狼尾草草篱对地表径流的降低作用与坡度和雨强呈负相关关系（图 8-3）。坡度和雨强越大，狼尾草草篱对地表径流的降低作用越弱。对 5 年的地表径流数据取平均值可得，在 5%、10%、15%、20% 4 种坡度下，狼尾草草篱对地表径流的降低作用分别为 71.5%、63.8%、61.6%、56.7% [图 8-3（a）]；在 22mm/h、36mm/h、63mm/h 3 种雨强下狼尾草草篱对地表径流的降低作用分别为 81.0%、73.6%、63.5% [图 8-3（b）]。图 8-3 中数据表明，在坡度和雨强较大的情况下，等高草篱对地表径流的作用效果会有所降低，这一点在实际应用中应予以注意。

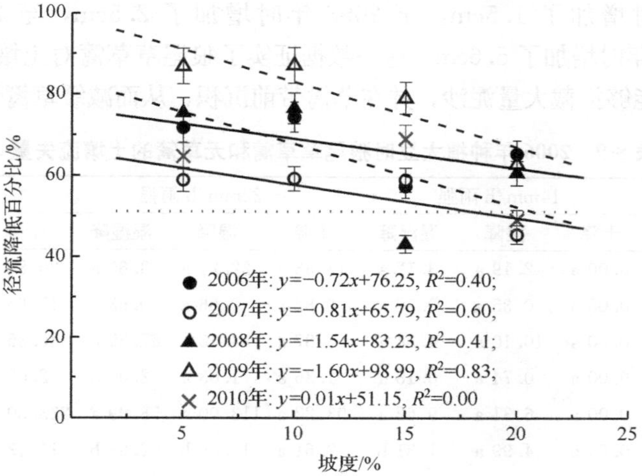

(a)

图 8-3　坡度（a）和雨强（b）对狼尾草草篱降低地表径流作用的影响

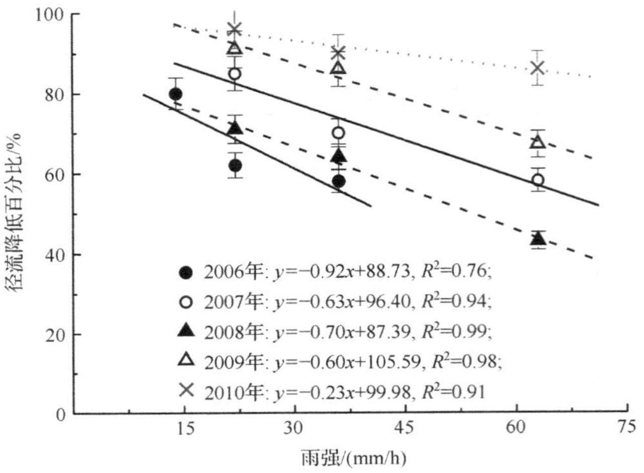

(b)

图 8-3（续）

七、等高草篱对土壤流失的降低作用

与地表径流相对应，本研究在 2006～2010 年测定的狼尾草草篱和无草篱的土壤流失量见表 8-9～表 8-13。表 8-9～表 8-13 中显示，在不同坡度、不同雨强以及不同作物下，狼尾草草篱的土壤流失量均一致低于无草篱对照，表明狼尾草草篱可显著降低坡耕地土壤流失。图 8-4 为 2005～2010 年狼尾草草篱和无草篱的土壤流失量汇总结果。图 8-4 显示，狼尾草草篱的土壤流失量在不同年份均明显少于无草篱。与无草篱相比，狼尾草草篱对土壤流失的降低程度为 27.0%～98.1%，其中 2006～2010 年 5 年间狼尾草草篱对地表径流的降低效果分别为 90.1%、79.1%、85.8%、84.4%和 49.2%，5 年平均值为 77.7%。另外，对狼尾草草篱带前土壤厚度的测定结果显示，草篱带前土壤厚度至 2007 年时增加了 1.5cm，至 2008 年时增加了 2.5cm，至 2009 年时增加了 5.0cm，至 2010 年时增加了 5.6cm。这一数据证实了狼尾草草篱对土壤流失的降低效果，表明狼尾草草篱能够拦截大量泥沙，并在草篱带前沉积，从而减缓草篱带前的土壤坡度。

表 8-9　2006 年种植大豆时狼尾草草篱和无草篱的土壤流失量（单位：kg/hm^2）

坡度	处理	14mm/h 雨强			22mm/h 雨强			36mm/h 雨强		
		干降	湿降	湿湿降	干降	湿降	湿湿降	干降	湿降	湿湿降
5%	无草篱	0.00 a	2.19 a	3.12 a	18.63 a	22.21 a	8.60 a	20.86 a	47.80 a	81.14 a
	狼尾草草篱	0.00 a	0.35 a	0.38 a	0.82 a	0.66 a	0.63 a	17.65 a	4.24 b	19.61 a
10%	无草篱	0.00 a	10.10 a	4.34 a	63.87 a	44.46 a	87.29 a	140.35 a	209.73 a	145.42 a
	狼尾草草篱	0.00 a	0.74 a	0.18 a	1.36 a	1.03 a	2.05 a	2.02 a	22.91 b	25.23 b
15%	无草篱	0.00 a	6.31 a	9.62 a	93.22 a	113.00 a	58.99 a	233.30 a	570.00 a	289.24 a
	狼尾草草篱	0.00 a	4.99 a	1.31 b	7.61 a	12.86 b	2.88 b	11.43 b	98.31 b	72.22 b
20%	无草篱	0.00 a	5.74 a	5.65 a	130.44 a	146.75 a	200.18 a	365.02 a	666.00 a	269.52 a
	狼尾草草篱	0.00 a	1.29 a	1.04 a	12.79 a	25.49 b	9.23 a	41.63 b	252.37 ab	78.37 b

表 8-10　2007 年种植冬小麦时狼尾草草篱和无草篱的土壤流失量（单位：kg/hm²）

坡度	处理	22mm/h 雨强			36mm/h 雨强			63mm/h 雨强		
		干降	湿降	湿湿降	干降	湿降	湿湿降	干降	湿降	湿湿降
5%	无草篱	45.27 a	66.10 a	29.63 a	92.42 a	56.32 a	43.02 a	389.70 a	76.82 a	79.76 a
	狼尾草草篱	9.86 b	12.14 b	8.12 b	20.03 b	24.21 b	14.20 b	189.76 a	31.33 b	20.48 b
10%	无草篱	61.85 a	114.12 a	102.87 a	417.97 a	147.16 a	73.57 a	799.79 a	256.30 a	427.44 a
	狼尾草草篱	24.61 b	15.74 b	16.03 b	73.21 b	27.19 b	20.54 b	159.82 b	50.77 b	27.54 a
15%	无草篱	410.63 a	562.37 a	134.26 a	989.00 a	585.78 a	131.96 a	1163.44 a	777.07 a	187.87 a
	狼尾草草篱	70.28 b	30.38 b	23.64 b	136.81 b	44.15 b	27.67 b	307.15 b	84.41 b	37.10 b
20%	无草篱	1517.46 a	621.77 a	138.49 a	2479.98 a	1152.72 a	168.75 a	2930.71 a	1363.60 a	243.23 a
	狼尾草草篱	146.96 b	48.04 b	23.61 b	826.18 b	85.37 b	26.27 b	1382.76 b	149.78 b	45.12 b

表 8-11　2008 年种植紫花苜蓿时狼尾草草篱和无草篱的土壤流失量（单位：kg/hm²）

坡度	处理	22mm/h 雨强			36mm/h 雨强			63mm/h 雨强		
		干降	湿降	湿湿降	干降	湿降	湿湿降	干降	湿降	湿湿降
5%	无草篱	1.57 a	2.18 a	3.88 a	14.59 a	33.95 a	43.58 a	52.86 a	44.23 a	124.43 a
	狼尾草草篱	0.29 b	1.01 a	2.32 b	1.82 b	6.45 a	11.94 a	9.82 a	12.00 b	18.17 b
10%	无草篱	2.12 a	2.61 a	5.09 a	24.24 a	32.29 a	130.87 a	71.63 a	134.08 a	197.80 a
	狼尾草草篱	0.47 b	0.63 b	1.99 b	2.06 a	3.98 b	14.88 b	9.89 b	30.81 b	44.74 b
15%	无草篱	3.42 a	5.40 a	7.29 a	36.99 a	163.85 a	258.65 a	170.05 a	291.03 a	661.97 a
	狼尾草草篱	2.12 a	2.02 a	3.34 a	7.49 b	15.48 b	22.85 b	29.48 b	31.37 b	80.71 b
20%	无草篱	14.70 a	22.50 a	48.07 a	183.56 a	389.60 a	846.99 a	735.69 a	1226.74 a	1615.68 a
	狼尾草草篱	1.96 a	3.43 b	4.20 a	19.66 b	84.17 b	125.26 b	232.65 a	512.75 a	351.30 b

表 8-12　2009 年裸地时狼尾草草篱和无草篱的土壤流失量（单位：kg/hm²）

坡度	处理	22mm/h 雨强			36mm/h 雨强			63mm/h 雨强		
		干降	湿降	湿湿降	干降	湿降	湿湿降	干降	湿降	湿湿降
5%	无草篱	11.99 a	54.05 a	164.74 a	65.63 a	153.85 a	339.26 a	183.12 a	492.11 a	246.55 a
	狼尾草草篱	0.10 a	0.30 b	6.09 a	6.99 a	8.69 b	22.68 a	4.90 b	10.59 b	3.90 a
10%	无草篱	37.86 a	40.96 a	153.45 a	41.76 a	299.90 a	399.80 a	69.83 a	626.17 a	652.05 a
	狼尾草草篱	0.90 b	1.00 b	0.50 b	1.00 a	10.39 a	40.86 b	0.40 b	2.50 b	45.55 b
15%	无草篱	38.86 a	93.11 a	477.92 a	127.37 a	589.81 a	478.52 a	240.56 a	1403.20 a	1240.16 a
	狼尾草草篱	1.60 a	14.29 b	30.27 a	5.09 a	67.93 a	85.61 a	16.38 b	4.10 b	7.39 b
20%	无草篱	38.26 a	188.21 a	370.33 a	306.99 a	658.44 a	795.90 a	330.27 a	1138.96 a	1183.82 a
	狼尾草草篱	0.00 a	5.00 a	7.49 a	30.87 a	46.65 a	97.50 a	18.08 a	29.77 a	197.50 b

表 8-13　2010 年冬小麦-玉米轮作时狼尾草草篱和无草篱的土壤流失量（单位：kg/hm²）

坡度	处理	41mm/h 雨强			54mm/h 雨强①			54mm/h 雨强②		
		干降	湿降	湿湿降	干降	湿降	湿湿降	干降	湿降	湿湿降
5%	无草篱	3.24 a	49.26 a	24.68 a	1.20 a	5.41 a	7.27 a	6.70 a	15.40 a	33.96 a
	狼尾草草篱	0.26 b	1.06 b	0.38 b	0.03 a	0.04 b	0.02 a	0.50 b	0.87 a	3.39 a
10%	无草篱	3.79 a	80.11 a	65.27 a	6.20 a	5.54 a	15.36 a	10.48 a	30.02 a	60.04 a
	狼尾草草篱	0.09 b	0.34 b	1.13 b	0.13 b	0.29 b	0.07 b	0.07 b	1.52 b	6.13 b
15%	无草篱	3.89 a	178.05 a	124.14 a	18.66 a	11.52 a	68.44 a	24.08 a	59.04 a	71.85 a
	狼尾草草篱	0.16 b	0.41 b	1.76 b	0.77 b	0.23 b	1.54 b	2.19 b	3.65 b	8.57 b
20%	无草篱	4.94 a	155.60 a	118.50 a	45.97 a	27.04 a	52.21 a	43.80 a	65.91 a	79.67 a
	狼尾草草篱	3.08 a	2.98 b	19.77 b	0.40 b	1.00 b	6.40 a	1.81 b	6.23 b	9.76 b

①7 月玉米拔节期；②9 月玉米成熟期。

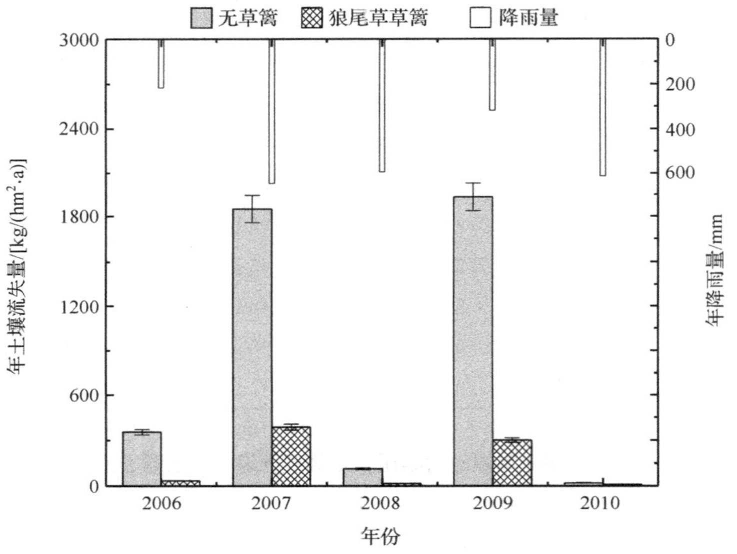

图 8-4　2005～2010 年狼尾草草篱和无草篱小区的土壤流失量

除此以外，图 8-5 中数据表明，狼尾草草篱对土壤流失的降低作用与坡度和雨强呈负相关关系，即狼尾草草篱的效果随坡度和雨强增大而逐渐减弱。在 5%、10%、15%、20% 4 种坡度下，2006～2010 年 5 年间狼尾草草篱对土壤流失的平均降低作用分别为 85.2%、88.1%、76.6%、67.2% [图 8-5（a)]；在 22mm/h、36mm/h、63mm/h 3 种雨强下狼尾草草篱对土壤流失的平均降低作用分别为 88.0%、84.2%、75.5% [图 8-5（b)]。图 8-5 显示，在坡度和雨强较大的情况下，等高草篱对土壤流失的降低作用会有所降低，这与等高草篱对地表径流的作用规律一致。

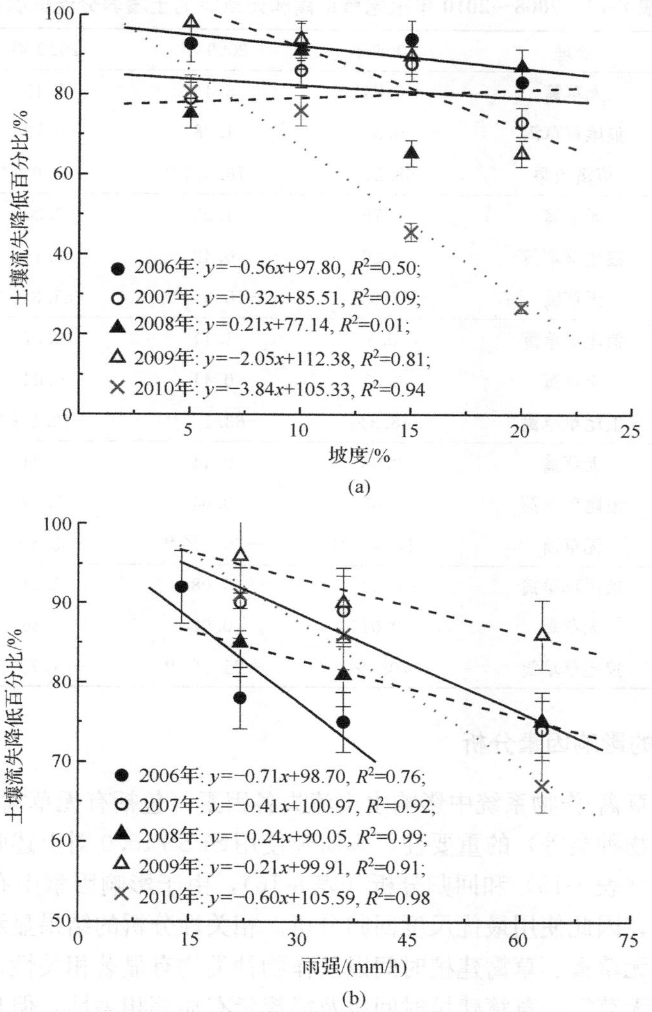

图 8-5　坡度（a）和雨强（b）对狼尾草草篱降低土壤流失作用的影响

八、等高草篱对土壤养分流失的降低作用

表 8-14 为 2008～2010 年狼尾草草篱和无草篱的土壤养分流失状况（2006 年和 2007 年未测定）。表 8-14 显示，在不同年份下狼尾草草篱均能显著降低土壤全量和速效 N、P 养分流失，其降低幅度为 38%～78%。对 3 年的土壤养分流失取平均值可知，狼尾草草篱平均可减少 69.4%的 TN、72.7%的 NO_3^--N、57.3%的 NH_4^+-N、54.2%的 TP 和 62.3%的 TDP 流失。进一步分析发现，通过泥沙携带而发生的流失是土壤养分流失的主要途径，而草篱正是主要通过降低土壤流失来减少养分流失。另外，流失土壤中的黏粒含量与土壤养分流失量存在显著线性相关关系，表明细颗粒泥沙中所携带的土壤养分占流失土壤养分的绝大多数。

表 8-14 2008～2010 年狼尾草草篱和无草篱的土壤养分流失状况

土壤养分	处理	2008 年	2009 年	2010 年	平均值
TN /(kg/hm^2)	无草篱	0.94	5.44	1.16	2.51
	狼尾草草篱	0.31	1.28	0.72	0.77
	草篱效果	−68.2%**	−76.5%**	−38.0%*	−69.4%**
NO_3^--N /(mg/hm^2)	无草篱	0.79	1.93	0.28	1
	狼尾草草篱	0.26	0.42	0.14	0.27
	无草篱	−67.9%*	−78.0%**	−51.3%*	−72.7%**
NH_4^+-N /(mg/hm^2)	狼尾草草篱	0.6	1.11	0.07	0.59
	无草篱	0.31	0.41	0.04	0.25
	狼尾草草篱	−48.3%*	−63.1%**	−42.4%*	−57.3%**
TP /(kg/hm^2)	无草篱	0.06	0.14	3.84	1.35
	狼尾草草篱	0.02	0.04	1.79	0.62
	无草篱	−64.4%**	−70.1%**	−53.4%*	−54.2%**
TDP /(mg/hm^2)	狼尾草草篱	0.04	0.08	2.24	0.79
	无草篱	0.01	0.02	0.86	0.3
	狼尾草草篱	−70.0%*	−75.1%**	−61.7%*	−62.3%*

九、狼尾草草篱的影响因素分析

为评价等高草篱-作物系统中影响水土流失各因素（包括有无草篱、草篱建植时间、坡度、雨强、作物种类等）的重要性，本研究使用 SPSS 15.0 对上述收集的试验数据进行了相关性分析（表 8-15）和回归分析（表 8-16），由于影响因素中有无草篱和作物类型均为分类变量，因此使用最优尺度回归分析。相关性分析的结果显示，地表径流量和雨强、坡度、有无草篱、草篱建植时间以及作物种类均有显著相关性，而土壤流失量与雨强、坡度、有无草篱、草篱建植时间以及径流量有显著相关性，但与作物种类无显著相关性。相关分析结果表明狼尾草草篱与径流量和土壤流失量的多少存在显著相关关系。另外，回归分析的结果中，由回归分析的 R^2、F 值和 p 值（地表径流：$n=432$，$R^2=0.71$，$F=79.77$，$p<0.001$；土壤流失：$n=432$，$R^2=0.68$，$F=47.72$，$p<0.001$）以及测定值和拟合值的对比（图 8-6）可知，回归结果较好，其结果列于表 8-16。

表 8-15 草篱-作物系统中径流量和土壤流失量与相关因素的相关性分析结果（$n=432$）

影响因素	雨强	坡度	有无草篱	草篱建植时间	作物种类	径流量	土壤流失量
雨强	1.00	—	—	—	—	—	—
坡度	0.00	1.00	—	—	—	—	—
有无草篱	0.00	0.00	1.00	—	—	—	—
草篱建植时间	0.32**	0.00	0.00	1.00	—	—	—
作物种类	0.11**	0.00	0.00	−0.20**	1.00	—	—

续表

影响因素	雨强	坡度	有无草篱	草篱建植时间	作物种类	径流量	土壤流失量
径流量	0.71**	0.25**	−0.32**	0.38**	0.18**	1.00	—
土壤流失量	0.42**	0.34**	−0.38**	0.11*	0.02	0.68**	1.00

*在5%水平显著（双尾）；**在1%水平显著（双尾）。

表 8-16　草篱-作物系统中径流量和土壤流失量与相关因素的最优尺度回归分析结果（$n=432$）

影响因素		雨强	坡度	草篱建植时间	有无草篱	作物种类	径流量
径流量	F值	499.20	*	42.46	110.38	35.98	—
	p值	<0.001	*	<0.001	<0.001	<0.001	—
	回归系数	0.71	0.23	0.37	−0.29	0.10	—
	重要性	0.67	0.08	0.10	0.12	0.03	—
侵蚀量	F值	25.09	76.09	25.30	97.09	19.74	42.73
	p值	<0.001	<0.001	<0.001	<0.001	<0.001	<0.001
	回归系数	0.46	0.37	0.06	−0.45	−0.10	0.63
	重要性	0.18	0.18	−0.02	0.25	0.02	0.39

*该变量的公差小于0.0001。

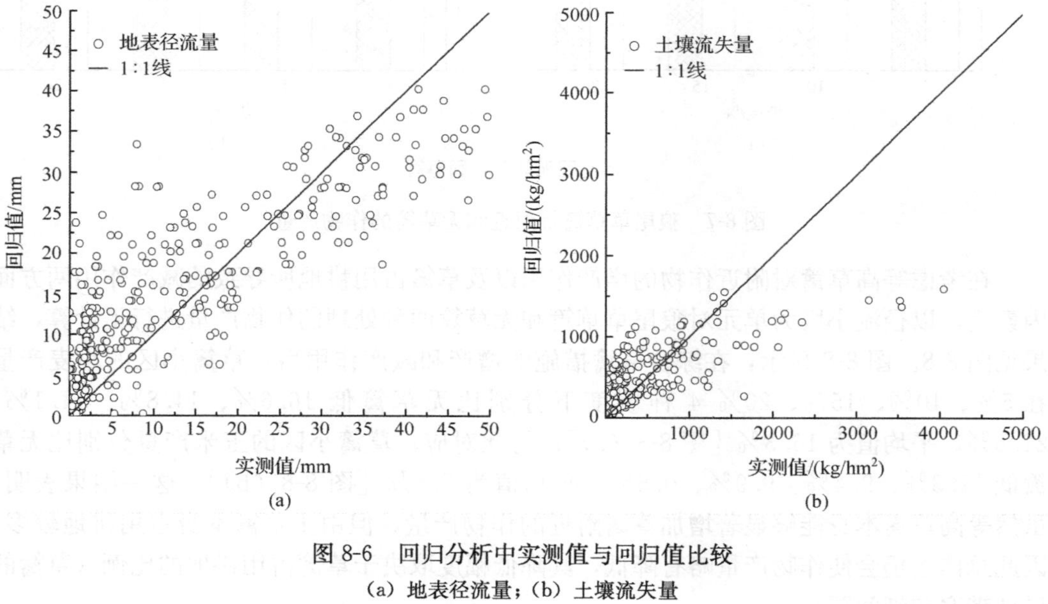

图 8-6　回归分析中实测值与回归值比较

(a) 地表径流量；(b) 土壤流失量

由表 8-16 中的 F 值和 p 值可知，进行最优尺度回归分析所纳入的所有因素均对径流量和土壤流失量有显著影响。由表 8-16 中的回归系数和重要性值可以得出，对地表径流而言，各影响因素的重要性从大到小依次为雨强>有无草篱>草篱建植时间>坡度>作物种类；而对土壤流失量而言，各影响因素的重要性从大到小则依次为径流量>有无草篱>雨强=坡度>作物种类>草篱建植时间。

十、等高草篱对作物产量的影响

如前所述，狼尾草草篱可显著改善临近（约 1m）土壤的水分和养分条件，因此通常具有一定的作物增产效果（Agus et al.，1999；Lin et al.，2009；Tang et al.，2003）。本研究中，草篱带附近（2 行小麦或 1 行玉米，约 0.5m 宽）的作物产量和无草篱的作物产量如图 8-7 所示。图 8-7 显示，作物产量虽受坡度影响，但在不同坡度下狼尾草草篱仍可使临近小麦产量平均增加 30.9% [图 8-7（a)]，使临近玉米产量平均增加 12.1% [图 8-7（b)]，增产效果显著。然而，草篱本身需占用一定面积耕地，因此会造成一定程度的减产作用。本研究中，草篱设计为 11.0m 长的坡耕地中布设 2 条 0.5m 宽的草篱带，即草篱占用耕地面积比例为 9.1%。而且，狼尾草草篱生长茂盛，在未刈割和修剪的情况下，其冠幅可能超过草篱带宽，即可能占用更多的耕地面积。

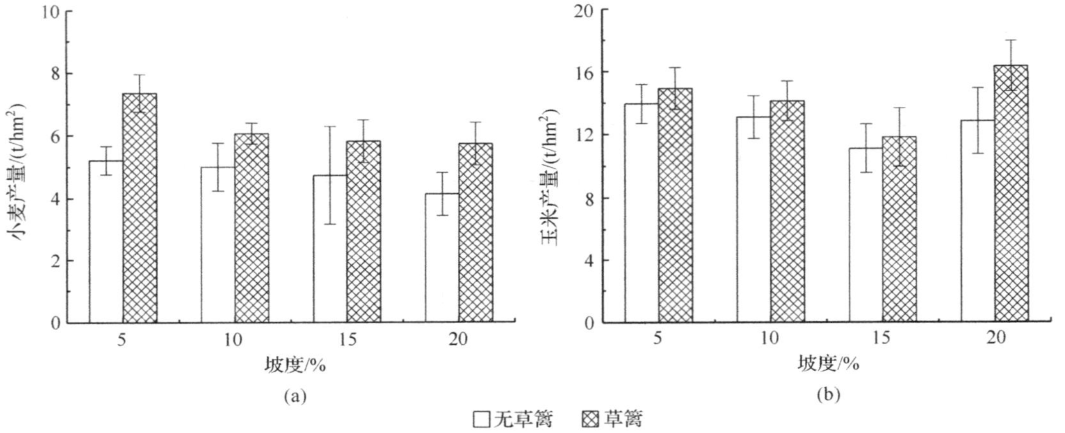

图 8-7　狼尾草草篱带附近和无草篱的作物产量

在考虑等高草篱对附近作物的增产作用以及草篱占用耕地所导致的减产作用两方面因素后，以径流小区为单元对狼尾草草篱和无草篱两种处理的作物产量进行了计算，结果见图 8-8。图 8-8 显示，在综合草篱措施的增产和减产作用后：草篱小区的小麦产量在 5%、10%、15%、20% 4 种坡度下分别比无草篱低 16.6%、14.8%、11.1%、22.6%，平均值为 16.3% [图 8-8（a)]；与此对应，草篱小区的玉米产量分别比无草篱低 11.3%、9.4%、9.9%、0.6%，平均值为 7.8% [图 8-8（b)]。这一结果表明，虽然等高草篱本身能够显著增加草篱附近的作物产量，但由于草篱本身占用耕地较多，因此总体上仍会使作物产量略有降低，其降低幅度取决于草篱占用耕地的比例（草篱的设计带宽和带间距）。

十一、等高草篱的成本分析

由于狼尾草抗逆性强，栽种后基本无需施肥、浇水等措施，因此采用狼尾草草篱的主要成本仅有种苗费和劳务费两项。①种苗费。按照本研究的草篱设计，每公顷耕地需狼尾草 14 547 株，目前市场上狼尾草售价为 1.0 元/株，因此种苗费为 14 547 元/hm²。

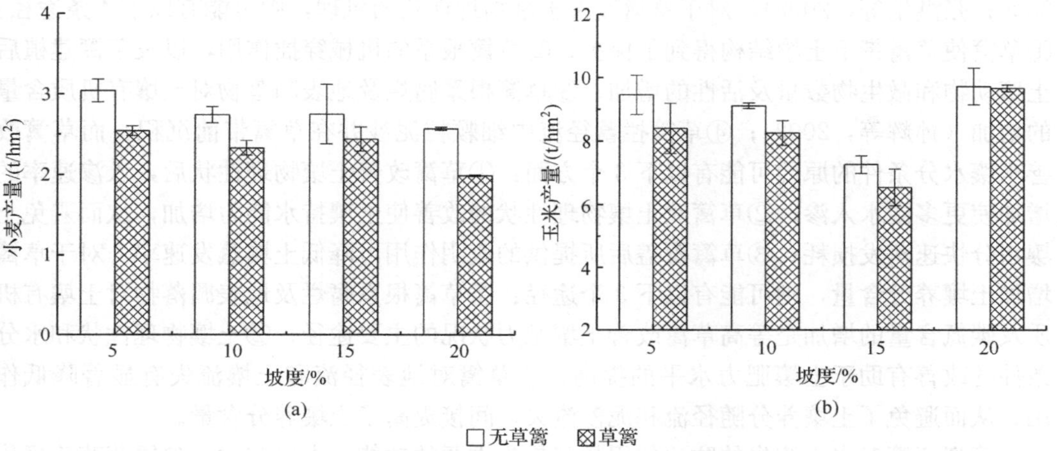

图 8-8　狼尾草草篱和无草篱小区的作物总产量

②劳务费。本研究中栽种草篱需用工 60 个/hm²，以北京劳务市场价格为例（50 元/个），则劳务费用为 3000 元/hm²。综上所述，使用狼尾草草篱的一次性投入费用为 17 547 元/hm²，其后每年管理草篱（修剪、刈割等）需用工 5 个/hm²，计费 250 元/hm²。由于狼尾草为多年生禾本科草本植物，其草篱效果一般可持续 15 年以上，以 15 年寿命计算则平均每年的投入费用为 1220 元/hm²。

上述计算得到的等高草篱使用成本略显昂贵，但实际推广过程中其成本有望大幅降低，具体理由如下。①目前市场上所售狼尾草的主要用途为观赏，因此育苗规模小、成本高，如采用规模化育苗，再加上收集种子自己育苗，则有望将狼尾草的价格控制在 0.3 元/株，从而使种苗费用降低 72%；②上述成本分析中劳务价格为北京地区标准，而其他地区的劳务价格要略低，另外栽种和管理工作的技术要求和劳动强度较低，因此劳务价格有望控制在 25 元/个，即可使劳务费用降低 50%；③本研究中狼尾草草篱的带间距为 5.5m，但实际推广中，在保证草篱水土保持效果的前提下，这一间距可扩大至 10m 甚至 20m（蔡强国和卜崇峰，2004），即所需种苗和劳务费用可减少 73%。综合以上分析，我们认为在推广过程中，使用狼尾草草篱的总成本可降至 2701 元/hm²，即 15 年生命周期内每年平均费用为 305 元/hm²。

另外，等高草篱可大幅度降低水土流失和水体污染，具有非常显著的生态效益和环境效益。同时，等高草篱所用植物大多生长迅速、生物量大，这些植物本身可作为生物质能源的原材料，因此可产生一定的经济效益。尽管对等高草篱的生态效益和经济效益以及草篱的经济价值进行准确估算具有一定难度，但这些因素的纳入无疑会在一定程度上补偿等高草篱的花费，从而进一步降低等高草篱的应用成本。

第三节　植物篱防治水土流失的机理分析与成本比较

研究表明，狼尾草草篱可显著改善土壤物理性状，提高表层土壤水分条件和肥力状况，这与其他研究者的结果一致（彭熙等，2009；孙辉等，2002，2004；田茂洁，

2006；张洪生等，2009）。对于草篱改善土壤物理性状的机理，则可能有以下 4 条途径：①草篱使草篱带下土壤结构得到了保护；②草篱根系的机械穿插作用，以及草篱建植后土壤动物和微生物数量及活性的增加；③草篱根系腐烂及地表凋落物对土壤有机质含量的增加（孙辉等，2002）；④草篱拦蓄径流中细颗粒泥沙并在草篱带前沉积。而草篱改善土壤水分条件的原因可能有以下 3 个方面：①草篱改善土壤物理性状后，入渗速率的增加使更多雨水入渗；②草篱对土壤物理性状的改善使土壤持水能力增加，从而避免土壤水分快速蒸发损耗；③草篱覆盖后所提供的遮阴作用可降低土壤蒸发速率。对于草篱增加土壤养分含量，则可能有以下 3 个途径：①草篱根系腐烂及地表凋落物对土壤有机质及碳氮含量的增加是等高草篱改善土壤肥力状况的主要途径；②土壤物理性状和水分条件的改善有助于土壤肥力水平的提高；③草篱对地表径流和土壤流失有显著降低作用，从而避免了土壤养分随径流和泥沙流失，间接提高了土壤养分含量。

等高草篱对水土流失的防治作用是其最为重要的功能。本研究中，狼尾草草篱平均可减少 63.2%的地表径流和 77.7%的土壤流失，具有非常显著的水土流失防治效果。尽管如此，其功能和效果在很大程度上依赖于所用植物以及研究所在地区。在我国三峡库区，皇竹草植物篱种植 3 年后可降低 50%～70%的地表径流和 97%～99%的土壤侵蚀（陈治谏等，2003）；在长江三峡紫色土地区，香椿（*Toona sinensis*）和紫花苜蓿（*M. sativa*）植物篱可使坡面径流和泥沙分别降低 77.1%和 74.3%（夏立忠等，2007）；在三峡库区秭归县，香根草、马桑（*C. nepalensis*）、黄荆（*V. negundo*）和新银合欢（*L. leucocephala*）植物篱能显著减少 22.0%～66.2%的径流和 72.2%～98.0%的泥沙（蔡强国和卜崇峰，2004）；在金沙江干热河谷区，新银合欢植物篱在栽种当年即可有效减少 76.1%～85.5%的坡耕地土壤侵蚀，次年可减少 97%～99%的土壤侵蚀（孙辉等，1999）；在南方红壤区，经济植物篱配合平衡施肥可使径流量减少 41.5%～48.2%，土壤流失量减少 88.6%～89.3%（陈正刚等，2006）。等高草篱对土壤养分流失的防治作用在很大程度上取决于其对水土流失的防治效果。本研究中，狼尾草草篱可显著降低 69.4%的 TN、72.7%的 NO_3^--N、57.3%的 NH_4^+-N、54.2%的 TP 以及 62.3%的 TDP 流失，其降低幅度与相关研究类似（夏立忠等，2007；许峰等，2000；朱远达等，2003）。

关于植物篱降低水土流失的机理，蔡强国和黎四龙（1998）认为机械拦阻是植物篱减少土壤侵蚀的主要原因，植物篱主要通过植物根部阻挡水流、减缓流速、减小水流的泥沙携带能力，同时过滤泥沙、阻碍细沟的形成并最终减少土壤侵蚀。除此以外，Meyer 和 Lopes（1993）研究发现植物篱具有降低坡度的作用；马廷等（2006）认为植物篱还可通过延长雨水停留时间、改善土壤水分入渗能力从而显著减小水力作用下的土壤流失；袁梦仙等（2004）认为植物篱枯落物对泥沙具有显著的拦截作用；李新平等（2002）认为植物篱还可通过地下部根系显著改善耕层土壤的物理性状、提高土壤抗冲性。综合而言，植物篱对径流、泥沙以及可溶性污染物的去除机理是不同的。对泥沙，草篱带密集的茎秆可过滤去除径流中携带的大部分泥沙，同时减缓径流流速从而降低径流对泥沙的携带能力；而对径流和 N、P 养分，草篱主要通过降低径流流速、增加入渗时间以及改变草篱带内土壤孔隙状况、增加入渗率来实现（蔡强国和卜崇峰，2004）。

因此，等高草篱对土壤流失的作用要比对径流和养分流失的作用更为直接有效，即通常情况下等高草篱对泥沙的去除效果高于径流和养分。本试验中，由于每次降雨均包括干降、湿降以及湿湿降 3 场降雨，而这 3 场降雨前的土壤初始含水量并不相同，其中干降时土壤初始含水量较低，湿降时有所增加，至湿湿降时土壤已接近饱和，因此通过上述 3 场降雨我们可以分离出不同途径对草篱减少水土流失的贡献，即干降时，土壤初始含水量较低，入渗率较高，此时狼尾草草篱通过促进入渗和拦截过滤减少水土流失；而随着土壤含水量的增加，至湿湿降时土壤接近饱和，此时等高草篱只能通过拦截过滤减少水土流失。根据这一依据，我们对干降、湿降和湿湿降的径流和泥沙数据汇总，结果显示，狼尾草草篱对水土流失的降低作用从干降一湿降一湿湿降依次递减，其中对地表径流的降低作用平均减少了 12%，对土壤流失的降低作用平均减少了 14%。尽管如此，数据显示至湿湿降时狼尾草草篱对地表径流和土壤流失的降低作用仍维持在 43%和 64%。上述数据表明，狼尾草草篱对水土流失的作用机理主要是狼尾草茎秆的过滤和拦截作用，其通过增加入渗所造成的影响是次要的。

除茎秆等地上部分外，植物根系对植物篱的水土保持功能也有重要贡献。相关研究结果表明，植物通过根系在土体中穿插、缠绕、网络、固结等途径，使土体抵抗风化吹蚀、流水冲刷和重力侵蚀的能力增强，从而有效地提高土壤的抗侵蚀性能（朱显谟和田积莹，1993)，同时根系活动和根系分泌物的作用能使土壤具有良好的结构和团聚状况，从而改善土壤的抗冲性和抗蚀性（王库等，2001)。研究发现，土壤抗侵蚀性随着植物根系数量的增加而提高，而且主要是通过直径小于 1mm 的须根起作用。须根通过增加土壤水稳性团聚体的数量与粒径等作用来提高土壤稳定性，以抵抗水流分散；同时须根还能有效地增强土壤渗透性，减少径流，从而达到减少土壤冲刷的目的（熊燕梅等，2007)。基于根系对植物篱功能的重要贡献，本研究也着重分析了狼尾草的根系特征（表 8-17)。表 8-17 显示，狼尾草的根系能延伸到土层 1m 深处，并且随着土层深度的增加，根系逐渐减少，且 84%的根系分布在 0～40cm 土层内。在研究土层中，狼尾草的根系总长度为 68 613m/m^3，根系总表面积为 93m^2/m^3，根系总体积为 10 068.1cm^3/m^3。从根系干重在土壤剖面的垂直分布来看，狼尾草根系干重均随土壤深度增加而明显下降。

表 8-17　不同深度土层处狼尾草的根系特征

土层深度/cm	根系长度/(m/m^3)	根系平均直径/mm	根系表面积/(m^2/m^3)	根系体积/(cm^3/m^3)	根系干重/(g/m^3)
0～10	9 855.3	1.60	26.9	3 545.4	1 720.3
10～20	21 327.4	0.92	26.3	2 600.4	709.7
20～30	17 160.4	0.66	18.2	1 552.1	361.2
30～40	9 397.2	0.60	9.3	736.3	156.2
40～50	4 361.4	0.57	3.9	397.3	50.8
50～60	2 940.2	0.40	2.5	346.8	28.4

续表

土层深度/cm	根系长度/(m/m^3)	根系平均直径/mm	根系表面积/(m^2/m^3)	根系体积/(cm^3/m^3)	根系干重/(g/m^3)
60～70	1 155.08	0.30	2.0	322.8	8.0
70～80	1 115.0	0.31	1.3	274.1	10.3
80～90	790.7	0.28	1.4	167.5	6.9
90～100	510.3	0.27	1.3	125.4	4.8

表 8-18 是按直径大小对根长、表面积和体积等根系特征的统计表。从表 8-18 中看出，狼尾草根系中直径小于 1mm 的根系所占比例最大，其中直径在 1mm 以下的根系根长、体积、表面积占总体的 97.88%、70.48%和 88.94%。有研究表明，单位土壤面积上直径小于 1mm 须根的数量与土壤抗冲之间关系密切，直径小于 1mm 的须根能增强土壤的抗侵蚀结构，提高其抗侵蚀能力（李勇等，1992）。刘国彬（1998）认为直径为 0.1～0.4mm 的根系表面着生有丰富的根毛，从而大大增加了根的表面积，对于固结土壤起巨大的作用，尤其是有利于大团聚体（>2mm）的形成。因此，在本研究中狼尾草根系发达，1mm 以下的细根密集，表面积大，黏接作用明显，有利于土壤团聚体的形成和提高土壤渗透性能。

表 8-18　按直径大小分级的狼尾草根系特征（土体规格 5000cm^3）

测定指标		根系直径/mm				
		0～1	1～2	2～3	3～4	>4
根长	绝对值/cm	11 442.6	241.5	4.6	1.8	0.0
	百分比/%	97.88	2.07	0.04	0.02	0.00
表面积	绝对值/cm^2	766.0	90.0	3.3	2.0	0.0
	百分比/%	88.94	10.45	0.38	0.23	0.00
体积	绝对值/cm^3	7.4	2.7	0.2	0.2	0.0
	百分比/%	70.48	25.71	1.90	1.90	0.00

由于狼尾草草篱对土壤物理性状以及水分、养分条件的显著改善作用，草篱通常具有一定程度的作物增产效果。本研究中狼尾草草篱可使其邻近作物产量增加 21.5%，这一作物增产效果在其他研究中也有类似报道。唐亚等（2001）报道，应用植物篱技术后农作物普遍可增产 30%～60%；尹迪信等（2002）在贵州地区研究发现，小冠花和香根草对玉米的平均增产效果仅为 8.6%。尽管如此，由于草篱本身需占用一定面积的耕地，因此草篱的作物增产效果中应去除草篱占用耕地的影响，然而相关报道中未明确指出其增产效果是否去除了草篱占用耕地的影响。本研究中，等高草篱需占用 9.1%的耕地，去除这一影响后作物总产量降低了 12.1%，即狼尾草草篱会使作物小幅减产。然而，分析产量效应的计算过程可发现，狼尾草草篱的产量效应主要取决于狼尾草占用耕地面积的比例。本研究中草篱带间距设计为 5.5m，占用 9.1%的耕地，但在实际推广中草篱带间距可扩大至 10m 甚至 20m，仅需占用 2.5%的耕地。此时，等高草篱大约

可维持10%的作物增产效果，因此可认为通常情况下等高草篱对作物产量具有积极作用。尽管如此，草篱对作物产量的影响途径仍有待进一步深入研究，这包括草篱和作物是否对养分、水分存在明显的竞争关系，以及两者之间是否存在其他的化学生物（化感效应等）联系。

本研究对狼尾草草篱的使用成本进行分析后认为，在实际推广中狼尾草草篱的总成本可降至2701元/hm^2，与我国南方地区植物篱的成本基本一致（蔡强国和卜崇峰，2004）。与目前应用最为普遍的水土保持工程措施（如坡改梯等）相比，等高草篱具有明显的成本优势。目前人工土坎水平梯田的成本为7410元/hm^2，人工石坎水平梯田为15 052元/hm^2，机修土坎水平梯田为5846元/hm^2，机修石坎水平梯田为13 565元/hm^2（李鸣等，2002）。即使与造价最为便宜的机修土坎水平梯田相比，使用狼尾草草篱的成本仍要便宜53.8%。如进一步考虑狼尾草草篱减少水土流失和水体污染后所产生的生态效益和环境效益，并扣除狼尾草作为生物质材料的经济回报，则狼尾草草篱措施的成本更低，性价比更为可观。

综上所述，狼尾草草篱是我国北方地区普遍适用的冷季型等高草篱，是坡耕地上水土流失和农业面源污染的有效防治措施。与坡改梯相比，两者在改善土壤理化性质、作物增产、降低水土流失和养分流失等方面具有类似的功能与效果，但狼尾草草篱具有动土量小、不破坏景观、容易实施、管理粗放、效果可持续、可自我修复等优点，且成本更为低廉，因此是更为有效和适用的坡耕地水土保持措施。同时，与其他乔木或灌木植物篱相比，草本植物篱具有分蘖密集、生物量高、须根系发达、地面覆盖度大等优点，同时由于植株矮小，不会与作物形成明显的光照以及水、肥竞争关系，因此其各种效果通常要好于其他植物篱。

本研究以狼尾草为代表，以径流小区为手段，对冷季型等高草篱的功能与效果进行了长期研究，得出如下结论：①狼尾草分蘖能力强、地表覆盖度高，且茎秆直立、生物量高、须根系发达、抗逆性优异，是适宜北方地区生长的优良草种；②狼尾草草篱可显著改善土壤基本物理性质，种植5年可使土壤容重降低7.0%，稳定入渗率和总孔隙度分别增加157.1%和11.0%，并使土壤中小于0.01mm的细颗粒含量增加10.8%；③狼尾草草篱可显著改善草篱带附近土壤的水分条件，使表层土壤水分含量平均增加3.5%，使单次降雨的水分损耗减少19.2%；④狼尾草草篱建植5年后，表层0～60cm的土壤有机质以及全量和速效N、P、K含量均有不同程度增加，其中以有机质和AP增幅最大，分别为12.7%和24.5%；⑤狼尾草草篱平均可减少63.2%的地表径流和77.7%的土壤流失，但其作用效果与坡度和雨强呈负相关关系；⑥狼尾草草篱平均可减少69.4%的TN、72.7%的NO_3^--N、57.3%的NH_4^+-N、54.2%的TP和62.3%的TDP流失；⑦狼尾草草篱可使邻近作物产量增加21.5%，但去除草篱本身占用耕地面积的影响后，草篱可使作物总产略有降低，其降低幅度为12.1%；⑧狼尾草草篱的应用成本可降至2813元/hm^2，比坡改梯工程措施低51.9%。综上所述，与坡改梯相比，狼尾草草篱成本低廉、效果显著，是防治坡耕地水土流失和农业面源污染的有效措施，可在我国北方地区普遍推广。

第四节 植物篱技术的推广

在上述研究的基础上，我们在北京市（密云县和延庆县）、山西省（大同市广灵县）和陕西省（榆林市安塞县和神木县）等多个地区进行了植物篱技术的示范和推广。在上述地区，我们针对当地的具体条件分别选择使用了不同种类的植物篱，均取得了较好的水土保持效果。

参考文献

鲍士旦. 2000. 土壤农化分析（第三版）: 北京: 中国农业出版社
蔡强国. 1998. 坡面细沟发生临界条件研究. 泥沙研究，(1)：52～59
蔡强国，卜崇峰. 2004. 植物篱复合农林业技术措施效益分析. 资源科学，26 (S)：7～12
蔡强国，黎四龙. 1998. 植物篱笆减少侵蚀的原因分析. 土坡侵蚀与水土保持学报，4 (2)：54～60
陈正刚，朱青，王文华，等. 2006. 南方红黄壤区经济植物篱配合平衡施肥的水土保持效应研究. 水土保持研究，13 (5)：248～251
陈治谏，廖晓勇，刘邵权. 2003. 坡地植物篱农业技术生态经济效益评价. 水土保持学报，17 (4)：125～127
鄂竟平. 2008. 中国水土流失与生态安全综合科学考察总结报告. 中国水土保持，(12)：3～7
黄传伟，牛德奎，黄顶，等. 2008. 草篱对坡耕地水土流失的影响. 水土保持学报，22 (6)：40～43
李鸣，梁其春，常福双，等. 2002. 梯田工程概算定额编制研究. 中国水土保持，(2)：20～21
李新平，王兆骞，陈欣，等. 2002. 红壤坡耕地人工模拟降雨条件下植物篱笆水土保持效应及机理研究. 水土保持学报，16 (2)：36～40
李勇，徐晓琴，朱显谟，等. 1992. 草类根系对土壤抗冲性的强化效应. 土壤学报，29 (3)：302～309
李智广，曹炜，刘秉正，等. 2008. 中国水土流失现状与动态变化. 中国水土保持，(12)：7～10
刘国彬. 1998. 黄土高原草地土壤抗冲性及其机理研究. 水土保持学报，4 (1)：93～96
马廷，周成虎，蔡强国. 2006. 不同植物篱坡面的土壤侵蚀过程 CA 模拟. 地理研究，25 (6)：959～966
彭熙，李安定，李苇洁，等. 2009. 不同植物篱模式下土壤物理变化及其减流减沙效应研究. 土壤，41 (1)：107～111
邵明安，王全九，黄明斌. 2006. 土壤物理学: 北京: 高等教育出版社
施迅. 1995. 坡地改良利用中活篱笆的种类选择和水平空间结构初步研究. 生态农业研究，3 (2)：49～53
孙辉，唐亚，陈克明，等. 1999. 固氮植物篱防治坡耕地土壤侵蚀效果研究. 水土保持通报，19 (6)：1～5
孙辉，唐亚，赵其国，等. 2002. 植物篱枝叶有机碳分解研究. 土壤学报，39 (3)：361～367
孙辉，谢嘉穗，唐亚，等. 2004. 农林复合经营模式对干热河谷退化坡地土壤水分参数的影响. 水土保持研究，11 (3)：25～27，40
唐亚，谢嘉穗，陈克明，等. 2001. 等高固氮植物篱技术在坡耕地可持续耕作中的应用. 水土保持研究，8 (1)：104～109
田茂洁. 2006. 等高植物篱模式下土壤物理性质变化与水土保持效果研究进展. 土壤通报，37 (2)：383～386
王库，徐礼煜，于天富. 2001. 芨芨草水土保持特性及其开发利用. 土壤，33 (2)：106～110
武菊英，滕文军，王庆海. 2005. 狼尾草的生物学特性及在园林中的应用. 中国园林，21 (12)：57～59
夏立忠，杨林章，李运东. 2007. 生草覆盖与植物篱技术防治紫色土坡地土壤侵蚀与养分流失的初步研究. 水土保持学报，21 (2)：28～31
熊燕梅，夏汉平，李志安，等. 2007. 植物根系固坡抗蚀的效应与机理研究进展. 应用生态学报，18 (4)：895～904

许峰，蔡强国，吴淑安．1999．等高植物篱在南方湿润山区坡地的应用——以三峡库区紫色土坡地为例．山地学报，17（3）：193～199

许峰，蔡强国，吴淑安，等．2000．三峡库区坡地生态工程控制土壤养分流失研究——以等高植物篱为例．地理研究，19（3）：303～310

尹迪信，唐华彬，朱青，等．2002．坡耕地不同水土保持措施下的养分平衡和土壤肥力变化．水土保持学报，16（1）：72～75

袁梦仙，李琳，李凤英．2004．坡面植被枯落物层的拦沙效应试验研究．江西农业大学学报，26（5）：798～800

张洪生，刘金铜，刘慧涛，等．2009．植物篱模式下土壤水分特征变化研究．华北农学报，24（S）：173～175

中华人民共和国环境保护部．2009．2008年中国环境状况公报

中华人民共和国环境保护部，中华人民共和国国家统计局，中华人民共和国农业部．2010．第一次全国污染源普查公报

朱显谟，田积莹．1993．强化黄土高原土壤渗透性及抗冲性的研究．水土保持学报，73（3）：1～10

朱远达，蔡强国，张光远，等．2003．植物篱对土壤养分流失的控制机理研究．长江流域资源与环境，12（4）：345～351

Agus F，Garrity D P，Cassel D K．1999．Soil fertility in contour hedgerow systems on sloping oxisols in Mindanao，Philippines．Soil and Tillage Research，50（2）：159～167

Angima S D，Stott D E，O'Neill M K，et al．2002．Use of calliandra-Napier grass contour hedges to control erosion in central Kenya．Agriculture，Ecosystems & Environment，91（1-3）：15～23

Babalola O，Oshunsanya S O，Are K．2007．Effects of vetiver grass（*Vetiveria nigritana*）strips，vetiver grass mulch and an organomineral fertilizer on soil，water and nutrient losses and maize（*Zea mays*，L）yields．Soil and Tillage Research，96（1-2）：6～18

Bank W．1993．Vetiver Grass—The Hedge Against Erosion．4th ed．Washington，D C：The World Bank

Blanco H，Lal R．2008．Principles of Soil Conservation and Management．Heidelberg：Springer Verlag

Fasching R A，Bauder J W．2001．Evaluation of agricultural sediment load reductions using vegetative filter strips of cool season grasses．Water Environment Research，73（5）：590～596

Ghadiri H，Rose C W，Hogarth W L．2001．The influence of grass and porous barrier strips on runoff hydrology and sediment transport．Transactions of the ASAE，44（2）：259～268

Gilley J E，Eghball B，Kramer L A，et al．2000．Narrow grass hedge effects on runoff and soil loss．Journal of Soil and Water Conservation，55（2）：190～196

Kang B T．1993．Alley cropping：Past achievements and future directions．Agroforestry Systems，23（2）：141～155

Lin C W，Tu S H，Huang J J，et al．2009．The effect of plant hedgerows on the spatial distribution of soil erosion and soil fertility on sloping farmland in the purple-soil area of China．Soil and Tillage Research，105（2）：307～312

Mcgregor K C，Dabney S M，Johnson J R．1999．Runoff and soil loss from cotton plots with and without stiff-grass hedges．Transactions of the ASAE，42（2）：361～368

Meyer J，Lopes V L．1993．Watershed management program on Santigo Island（Cabo Verde）．Environment Management，17：51～57

Tang Y，Zhang Y Z，Xie J S，et al．2003．Incorporation of mulberry in contour hedgerows to increase overall benefits：A case study from Ningnan County，Sichuan Province，China．Agricultural Systems，76（2）：775～785

第九章　植物修复技术在废弃土地治理中的应用

废弃土地是指由于各种原因被占用或破坏，从而失去生产力，不能继续被利用的土地。废弃土地通常包括以下 4 种类型：①各类工矿企业在生产建设过程中挖损、塌陷、压占等造成破坏的土地；②因道路改线、建筑物废止、村庄搬迁以及垃圾压占等而遗弃荒废的土地；③农村砖瓦窑、水利建设取土等造成的废弃坑、塘、洼地；④工业污染造成的废弃土地。目前我国废弃土地面积总量可观，其中仅因矿产资源开发等生产建设活动造成的废弃土地即高达 2 亿亩，占耕地总面积的 10%以上。废弃土地大量存在不仅使可利用土地面积减少，造成土地资源严重浪费；同时显著影响地表景观、恶化生态环境，对社会经济的可持续发展造成严重影响。废弃土地复垦是指通过整治改造使废弃土地失去的生产力得到恢复从而再利用，是废弃土地再生利用及其生态系统恢复的综合性技术过程。目前我国废弃土地的复垦率仅为 15%左右，但国外复垦率可高达 70%～80%，因此我国废弃土地复垦仍大有工作可做。我国土地资源相对贫乏，因此，研究废弃土地复垦技术对于提高土地复垦率、有效缓解人地矛盾、改善被破坏区的地表景观和生态环境、促进社会经济可持续发展等而言，均具有十分重要的现实意义。

我国对废弃土地治理已经进行了较多的研究，这些研究大多关注废弃土地自然恢复过程中的植被多样性变化以及对土壤物理、化学和生物性质的影响。例如，张国祯等（2007）针对北京郊区荒滩荒地的研究认为乔灌草复合结构更能有效防风固沙和改善林下小气候；肖辉杰等（2005）对北京市延庆县龙庆峡荒滩恢复初期的植被和土壤特征变化进行了研究，发现荒滩恢复过程中群落物种的丰富度指数、均匀度指数、多样性指数均比恢复前显著提高，且植被恢复使土壤理化性质显著改善。邱莉萍等（2007）在云雾山研究发现，酶活性与土壤有机碳呈极显著正相关关系，并认为土壤酶活性可敏感揭示植被恢复过程中的土壤肥力变化。戴全厚等（2008，2007）在黄土高原安塞地区的研究表明，植被恢复过程中土壤大团聚体、水稳性大团聚体以及有机质、TN、AN、AK、微生物量和土壤呼吸强度等均显著增加。除此以外，还有学者研究了新技术和新方法在荒地植被建设中的作用与效果（焦菊英等，2008；张国祯等，2007；张力和王树，2007；李一为等，2006；林昌虎等，2005）。在废弃土地治理过程中，草类植被能快速覆盖地表，具有防风固沙、涵养水源、保持水土、净化空气等多种生态功能（Gibbens and Beck，1998），是废弃土地治理的重要技术手段（Zhong and Qu，2002）。而优质牧草不仅具有较好的生态功能，还可同时产生一定的经济效益。因此，将优质牧草用于废弃土地治理可同时兼具较好的生态效益和一定的经济效益，可能是废弃土地治理的一种较好模式。

本章节以官厅水库荒滩荒地为例介绍植物修复技术在废弃土地治理中的应用。官厅水库是北京市主要饮用水源之一，其设计库容 41.6 亿 m^3，水库面积 4.34 万 km^2（陈月平，2007），但由于长期持续干旱和上游工农业用水量的急剧增加，水库存水量不断缩减，目前仅为1亿m^3左右。水库水位下降后，原有库岸大面积露出水面，成为荒滩、荒坡地。水库所处地区常年多风，加之荒地土壤多为砂土、结构松散，因此大面积荒地的存在极易产生沙尘，危害当地生态环境。不仅如此，在人口和粮食矛盾日益加剧的背景下，大面积荒地的废弃也是对土地资源的一种严重浪费。基于以上原因，官厅水库库滨荒地的有效治理和合理利用已经成为当地政府和水库管理部门的重要任务之一。

相关研究选择在北京市延庆县西北部的张山营镇进行。延庆县位于北京西北部，处于内蒙古高原和河北坝上地区与北京平原区的过渡地带，其东、南、北三面环山，是首都西北部的重要生态屏障。该区属大陆性季风气候区，是暖温带与中温带、半干旱与半湿润的过渡带，春季干旱多风，夏季炎热多雨，秋季凉爽干燥，冬季寒冷少雪（贾瑞燕等，2005）。由于受河北坝上及内蒙古高原气流影响，该区风力较大，年平均风速5.1m/s，年平均气温8.8℃，无霜期150～160天（贾瑞燕等，2005）。同时，该区雨热同期，多年平均降雨量为467mm，而且雨量分布不均，主要集中在7～9月。土壤母质以石灰岩为主，土壤类型主要为石灰性褐土，也有部分潮土和水稻土分布。土地沙化明显，地面仅有少量人工栽种的灌木，基本无乔木，大部分地方为稀疏荒草覆盖。由于研究区为库滨地区，地下水位较高且土壤水分运动频繁，因此土壤呈轻度盐碱化（电导率1.33ms/cm、含盐量0.09%、pH7.52）。

第一节 抗逆草种的筛选

一、抗旱性评价

以官厅水库库滨带土壤为栽培基质，经温室育苗后实施干旱胁迫。于植株三叶期，开展不同时间（3天、6天、9天、12天）的连续水分胁迫，并测定了羊茅（*Festuca ovina*）、紫羊茅（*Festuca rubra*）、冰草（*Agropyron cristatum*）、老芒麦（*Elymus sibiricus*）、无芒雀麦（*Bromus inermis*）、苇状羊茅（*Festuca arundinacea*）、披碱草（*Elymus dahuricus*）、草地雀麦（*Bromus riparius*）8种牧草的叶片相对含水量、游离脯氨酸含量、细胞膜透性等抗性生理指标。结果表明（图9-1）：在水分胁迫处理的第3天，植物细胞膜透性均显著降低，此后随着水分胁迫时间的增加，细胞膜透性略有增加。在整个试验期间，披碱草和冰草的细胞膜透性测定值均处于相对较高水平，而苇状羊茅的细胞膜透性处于较低水平。

随着干旱胁迫天数的增加，不同牧草体内脯氨酸含量也表现出逐渐增加的趋势（图9-2），其中苇状羊茅和草地雀麦的脯氨酸含量显著高于其他牧草，表现出较高的抗旱性。

水分胁迫后牧草叶片相对含水量的测定结果如图9-3所示，在水分胁迫处理初期，各牧草相对含水量变化相对较小。仅当中度水分胁迫发生时（干旱胁迫后12天），叶片相对含水量显著降低，其中苇状羊茅、草地雀麦和无芒雀麦的叶片相对含水量处于较高水平，具有较高的抗旱性。

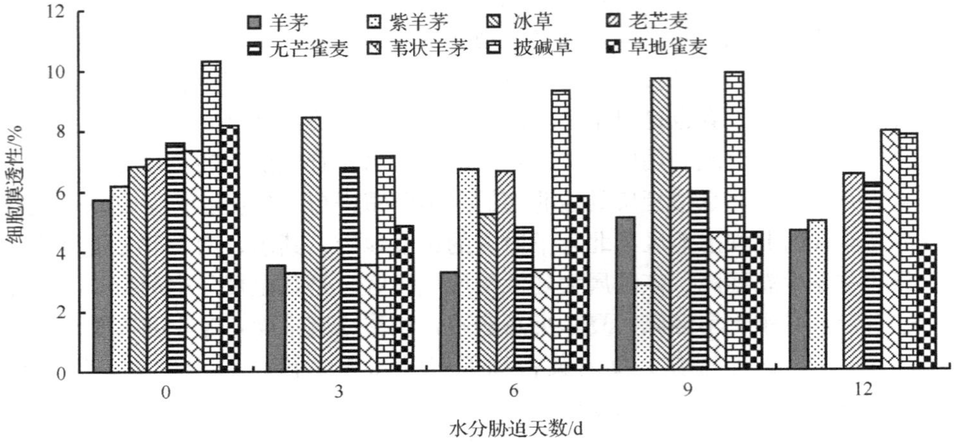

图 9-1　8 种牧草苗期在干旱胁迫下的叶片细胞膜透性

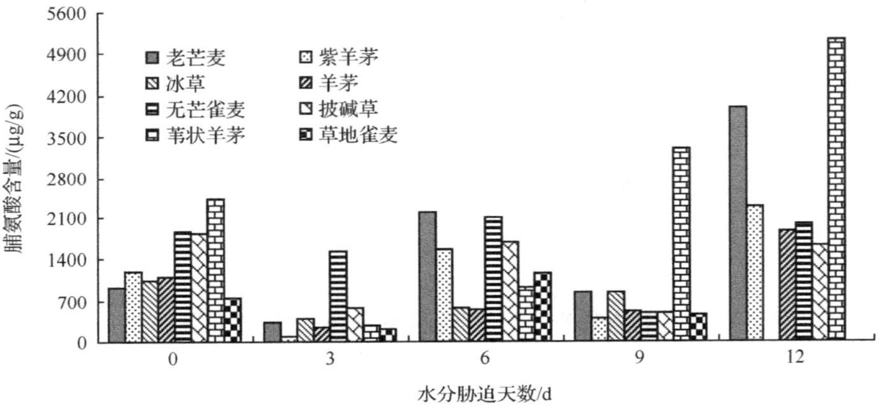

图 9-2　8 种牧草苗期在干旱胁迫下的游离脯氨酸含量

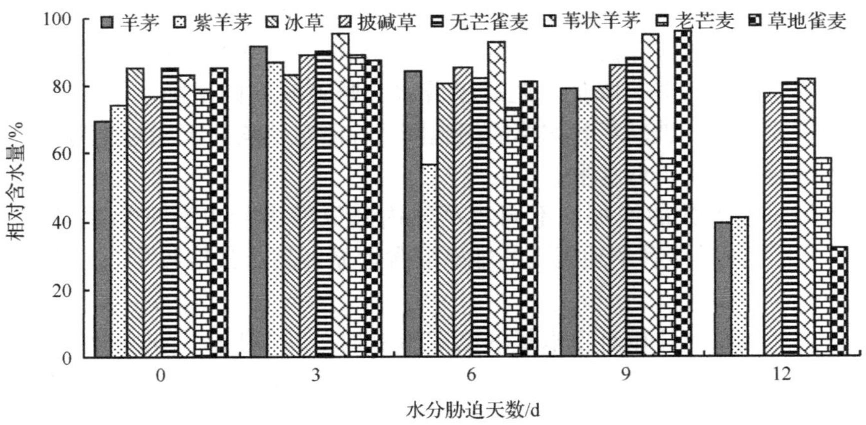

图 9-3　8 种牧草苗期在干旱胁迫下的相对含水量

抗旱性研究结果显示，在所研究的 8 种牧草中，苇状羊茅、草地雀麦和无芒雀麦 3 种牧草的抗旱性要强于其他 5 种牧草。因此，在干旱缺水成为限制性因素的地区，可优先考虑使用苇状羊茅、草地雀麦和无芒雀麦进行废弃土地复垦。

二、耐盐性评价

同样以官厅水库库滨带土壤（土壤含盐量高达 0.62ms/cm^3）为栽培基质，采用盆栽试验方法，进行不同盐分梯度处理后（NaCl 0.3%、0.6%、0.9%、1.2%、1.5%）分别测定出苗率，并且在牧草分蘖期测定各牧草的叶片相对含水量和细胞膜透性。结果显示，不同盐分含量处理下各牧草出苗率差异明显，其中苇状羊茅、草地雀麦和无芒雀麦在不同盐分梯度处理下均表现出较高的出苗率（图 9-4），即使在重度盐分处理（1.2%）下其出苗率仍保持在 35%以上，显示出较强的抗盐性。而在分蘖期，不同土壤含盐量处理下苇状羊茅和老芒麦的叶片相对含水量均处于相对较高水平（图 9-5），表现出较高的抗盐性。

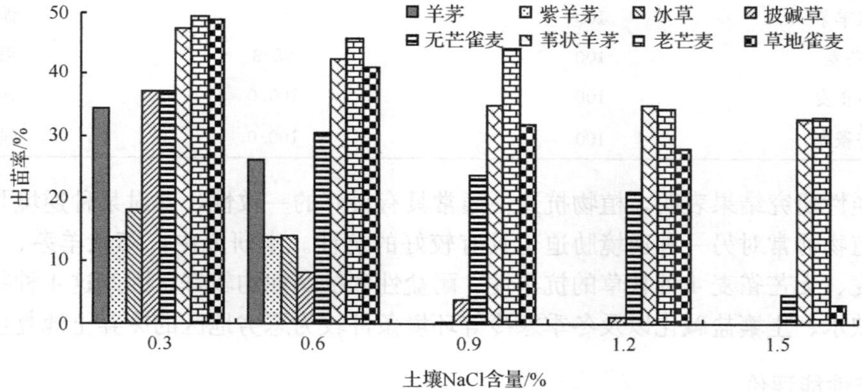

图 9-4　8 种牧草苗期在 NaCl 盐胁迫下的叶片相对含水量

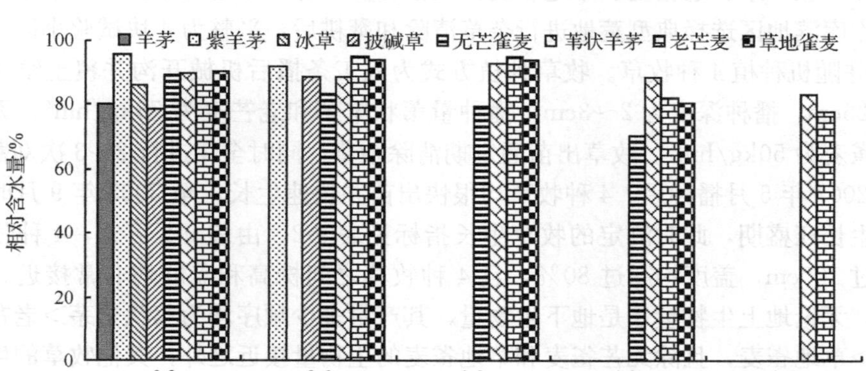

图 9-5　8 种牧草分蘖期在 NaCl 盐胁迫下的叶片相对含水量

耐盐性研究结果显示，苇状羊茅、草地雀麦和无芒雀麦的耐盐性强于其他 5 种牧草，这与抗旱性的研究结果一致。因此，在土壤盐碱化成为限制性因素的地区，同样可优先考虑使用苇状羊茅、草地雀麦和无芒雀麦进行废弃土地复垦。

三、抗寒性评价

在前人草种筛选的基础上（孙铁军等，2008a；2008b；2008c），笔者结合上述抗寒性和耐盐性评价结果，将苇状羊茅、老芒麦、草地雀麦、无芒雀麦 4 种多年生牧草，采用田间随机区组试验设计，于 2007 年春季播种于延庆官厅水库周边荒滩地。研究设置 5m×10m 的调查样地，重复 3 次且每次重复测定 20 株牧草，从而调查 4 种牧草的越冬率并分析其抗寒性。研究结果显示，所选择的 4 种牧草均有很强的抗寒性，在研究地区均可安全越冬(表 9-1)。

表 9-1　4 种牧草越冬率调查及抗寒性评价

草种	越冬前植株成活率/%	越冬后植株成活率/%	抗寒性等级
苇状羊茅	100	90.5	强
老芒麦	100	98.3	强
草地雀麦	100	100.0	强
无芒雀麦	100	100.0	强

抗逆性研究结果表明，植物抗逆性通常具有较好的一致性，即对某种逆境胁迫抗性较强的植物通常对另一种逆境胁迫也具有较好的抗性。本研究中，苇状羊茅、老芒麦、草地雀麦、无芒雀麦 4 种牧草的抗旱性、耐盐性和抗寒性均较好，因此这 4 种牧草可用于干旱缺水、土壤盐碱化以及冬季寒冷等环境条件较为恶劣地区的废弃土地复垦。

四、生产性能评价

针对苇状羊茅、老芒麦、草地雀麦、无芒雀麦 4 种多年生牧草，于北京市延庆县的官厅水库库滨地区选择典型荒地进行杂草清除和翻耕后，平整为 4 块试验小区（每块约 5 亩），并随机种植 4 种牧草。牧草种植方式为人工条播后机械开沟并覆土镇压，种植行距为 25cm，播种深度为 2～3cm，播种量苇状羊茅和老芒麦为 75kg/hm^2，无芒雀麦和草地雀麦为 50kg/hm^2。牧草出苗后定期清除杂草，同时全年进行 2～3 次刈割。

自 2007 年 5 月播种后，4 种牧草均很快出苗并快速生长，至 2008 年 9 月时，牧草已达到生长旺盛期，此时测定的牧草生长指标见表 9-2。由表 9-2 可知，4 种牧草的株高均超过 100cm，盖度均超过 80%，且 4 种牧草之间株高和盖度均非常接近。但从生物量看，无论地上生物量还是地下生物量，其产量多少顺序均为苇状羊茅>老芒麦>无芒雀麦>草地雀麦，且除无芒雀麦和草地雀麦的生物量接近之外，其他牧草的生物量差异较大。然而单因素方差分析结果显示，4 种牧草的株高（F=0.72，p=0.5042）、盖度（F=0.14，p=0.7118）以及地上生物量（F=4.56，p=0.0883）、地下生物量（F=5.22，p=0.0722）均无显著差异。上述结果表明，4 种牧草在所研究荒地上均可正常生长，且生长状况大致相同。根据地上生物量估计，4 种牧草平均每年可提供

10.99t/hm^2的干饲料供牲畜饲用，因此具有一定的经济效益，这表明以种植牧草的方式对所研究荒地进行适度利用是可行的。

表 9-2　4 种牧草种植 2 年后的生长状况比较

草种	株高/cm	地上生物量/（g/m^2）	地下生物量/（g/m^2）	盖度/%
苇状羊茅	103.0 a	1582.3 a	1111.6 a	80.5 a
老芒麦	115.0 a	1122.5 a	757.2 a	82.3 a
无芒雀麦	108.7 a	849.8 a	593.6 a	87.3 a
草地雀麦	112.0 a	843.1 a	496.4 a	86.2 a

注：同列中不同字母表示差异显著（$p<0.05$），下同。

第二节　植被重建的生态功能评价

一、植被重建对土壤理化性质的影响

针对种植的苇状羊茅、老芒麦、无芒雀麦和草地雀麦 4 种牧草，以牧草种植前土壤为对照，使用单因素方差分析研究牧草种植前后以及 4 种牧草间土壤物理、化学性质差异。牧草种植前土壤样品的采集时间为 2007 年 5 月，牧草种植后土壤样品的采集时间为 2008 年 9 月，即试验过程中牧草经过了两年的生长。土壤取样时对每种牧草按均匀间距采集 3 个样品，每个样品均使用 3 点混合采样法，并同时分 0～10cm、10～20cm、20～30cm 3 层分层采集，所采集样品风干过筛后备用。

1. 土壤机械组成

4 种牧草种植前后表层土壤的机械组成测定结果（表 9-3）表明：与牧草种植前相比，4 种牧草种植后土壤砂粒含量变化不大，但粉粒含量明显降低，而黏粒含量明显增加；同时，种植 4 种牧草的土壤之间，其黏粒、粉粒、砂粒含量近似，无明显差异。就影响程度而言，4 种牧草平均可减少 20.7%的粉粒含量，同时增加 14.0%的黏粒含量。单因素方差分析结果显示：与种植前相比，4 种牧草种植后的土壤砂粒含量无显著变化，但粉粒含量显著降低，黏粒含量显著增加；同时，土壤黏粒、粉粒和砂粒含量在 4 种牧草之间并无显著差异。对 4 种牧草土壤机械组成取平均值可以发现，表层土壤的黏粒、粉粒和砂粒含量在牧草种植前分别为 6.5%、41.5%和 52.0%，而在牧草种植后则分别为 17.9%、20.8%和 61.3%。根据国际土壤质地分类标准，牧草种植前的土壤质地为壤土类壤土，而在牧草种植后变为黏壤土类砂质黏壤土，这表明 4 种牧草的种植使荒地土壤机械组成有了较大程度的改变，使得其中黏粒含量大幅度增加，最终使土壤质地发生明显改变。对于 4 种牧草改善土壤质地的机理，则认为其可能与牧草根系的穿插作用以及根际微生物等物理、化学、生物过程有关。

表 9-3　4 种牧草种植后对表层（0～10cm）土壤机械组成的影响　（单位：%）

处理	砂粒（2～0.02mm）		粉粒（0.02～0.002mm）		黏粒（<0.002mm）	
	平均值	标准误	平均值	标准误	平均值	标准误
种草前	52.03 a	1.68	41.45 a	1.65	6.52 b	0.14
苇状羊茅	62.56 a	1.24	18.68 b	2.27	18.77 a	1.03
老芒麦	61.11 a	5.10	21.59 b	3.40	17.31 a	1.70
草地雀麦	62.51 a	3.87	19.38 b	2.09	18.12 a	1.79
无芒雀麦	59.00 a	2.65	23.59 b	3.17	17.42 a	0.53

2. 土壤团聚体组成

牧草种植前后土壤水稳性团聚体含量测定结果（表 9-4）显示，5 种处理的土壤团聚体分布状况大致可以分为老芒麦和草地雀麦、苇状羊茅和无芒雀麦以及种草前 3 类。然而，由表 9-4 很难判断出种草前后土壤团聚体状况的总体变化。为了能够准确反映团聚体的分布状况和稳定性特征，研究者提出大于 0.25mm 团聚体含量 $R_{0.25}$（周虎等，2007；陈恩凤等，1994）、平均重量直径（mean weight diameter，MWD）（Van Bavel，1949）以及几何平均直径（geometric mean diameter，GMD）（Gardner，1956）的概念用以定量比较。其中，$R_{0.25}$水稳性团聚体含量在整体上与团聚体的稳定性具有良好的相关性，而 MWD 和 GMD 则能表征土壤团聚体的稳定性强弱，其数值越大表示团聚度越高、稳定性越强。

表 9-4　4 种牧草种植后对土壤水稳性团聚体的影响　（单位：%）

处理	土壤团聚体直径/mm					
	>0.25	0.25～0.05	0.05～0.01	0.01～0.005	0.005～0.001	<0.001
种草前	14.27	38.97	31.64	7.56	6.42	1.14
苇状羊茅	24.18	31.42	31.60	3.33	7.76	1.71
老芒麦	38.51	34.45	19.48	4.60	2.44	0.52
草地雀麦	33.98	24.78	26.82	6.94	6.20	1.28
无芒雀麦	24.50	31.94	30.90	3.50	7.64	1.52

本研究中，5 种处理的 $R_{0.25}$由大到小依次为老芒麦>草地雀麦>无芒雀麦≈苇状羊茅>种草前（表 9-4），4 种牧草种植后 $R_{0.25}$平均增加了 112%；而 MWD 由大到小依次为老芒麦（0.30）>草地雀麦（0.26）>苇状羊茅（0.21）=无芒雀麦（0.21）>种草前（0.16），4 种牧草种植后 MWD 平均增加了 53%；GMD 由大到小依次为老芒麦（0.15）>草地雀麦（0.09）>苇状羊茅（0.08）=无芒雀麦（0.08）>种草前（0.06），4 种牧草种植后 GMD 平均增加了 67%。由此可见，使用 $R_{0.25}$、MWD、GMD 这 3 种指标对本研究 5 种处理的土壤团聚体分布状况进行量化得到的结果均一致表明，与牧草种植前相比，4 种牧草种植后土壤的水稳定性均有一定程度的改善，其中老芒麦的效果最为明显，其次为草地雀麦，再次为苇状羊茅和无芒雀麦。土壤团聚体的水稳性

是评价土壤抗水蚀能力的一个重要方面，因此由上述结果可以推测，4 种牧草种植后可增加土壤抗水蚀能力，进而降低土壤侵蚀、减少土壤养分流失，对荒地土壤的培肥和保育具有重要作用。

3. 土壤容重和孔隙度

本研究对牧草种植前后表层土壤容重的测定结果如图 9-6 所示。图 9-6 显示，牧草种植后表层土壤容重由种植前的 1.5g/cm^{3}降低到 1.2g/cm^{3}左右，这表明 4 种牧草均可明显降低土壤容重，其平均降低程度为 15%。就 4 种牧草对土壤容重的降低程度而言，无芒雀麦和老芒麦对土壤容重的降低程度为 16%～17%，略高于草地雀麦的 15%，而 4 种牧草中苇状羊茅对土壤容重的影响最小，约为 12%。进一步的方差分析结果显示，牧草种植前和 4 种牧草种植后这 5 种处理的土壤容重在总体上存在显著差异（F=10.50，p=0.01）；然而两两比较结果表明，5 种处理的土壤容重之间的显著差异仅存在于牧草种植前和牧草种植后，而在 4 种牧草之间并无显著差异。由此可得出结论，4 种牧草种植后均可显著降低土壤容重，但降低程度近似，即 4 种牧草对土壤容重的影响一致。

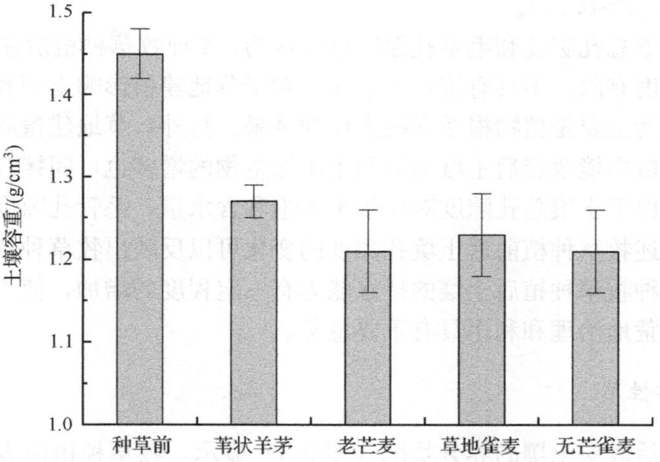

图 9-6 4 种牧草种植后对表层土壤容重的影响

孔隙度方面，牧草种植前后表层土壤（5cm）的总孔隙度和毛管孔隙度如图 9-7 所示。图 9-7 显示，牧草种植前表层土壤的总孔隙度为 49.81%，4 种牧草种植后土壤总孔隙度变化不大。与牧草种植前相比，老芒麦对土壤总孔隙度的增加程度最大，为 3.28%；其次为无芒雀麦和草地雀麦，分别为 2.62%和 2.16%；最小为苇状羊茅，仅为 1.65%。总体而言，4 种牧草种植后表层土壤总孔隙度的平均增加程度为 2.42%。

单因素方差分析结果表明，牧草种植前后 5 种处理的土壤总孔隙度之间总体上无显著差异（F=0.62，p=0.66）。与总孔隙度相比，4 种牧草种植后对土壤毛管孔隙度的影响与总孔隙度一致（图 9-7），同样为 4 种牧草种植后表层土壤的毛管孔隙度略有增加。与牧草种植前相比，4 种牧草对土壤毛管孔隙度的平均增加程度为 2.63%。4 种牧

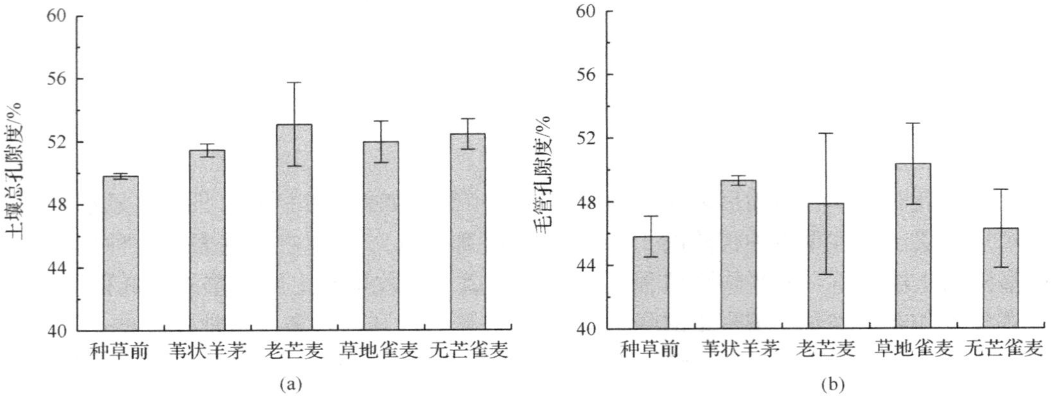

图 9-7　4 种牧草种植后对表层（0～10cm）土壤总孔隙度和毛管孔隙度的影响

草对土壤毛管孔隙度的影响从大到小依次为草地雀麦（4.53%）＞苇状羊茅（3.51%）＞老芒麦（2.03%）＞无芒雀麦（0.45%），与对土壤总孔隙度的影响次序略有不同。尽管如此，单因素方差分析结果显示，4 种牧草种植前后表层土壤毛管孔隙度总体上无显著差异（$F=0.39$，$p=0.77$）。

综合以上土壤总孔隙度和毛管孔隙度可以认为，4 种牧草种植后使土壤的孔隙状况有所改善，但程度有限，不具有统计学意义。对于草地建植影响土壤容重和孔隙状况的机理，则一般认为主要是植物根系穿插土壤的结果。另外，草地建植后有机质等土壤理化性质的改善、微生境改变后土壤动物和土壤微生物的增多也可间接改变土壤容重和孔隙状况。另外，由于土壤总孔隙度对应于土壤饱和含水量，毛管孔隙度对应于土壤田间持水量，因此上述牧草种植前后土壤孔隙度的变化可以反映出牧草种植后对土壤持水能力的影响，即 4 种牧草种植后土壤的持水能力有一定程度的增加，使土壤水分条件所有改善，而这对于荒地治理和利用具有重要意义。

4. 土壤化学性质

牧草种植前后表层土壤的养分状况（图 9-8）显示，牧草种植前表层土壤的有机质含量最高仅为 1.26%、TN 仅 0.07%，AN、AP 和 AK 含量更低，仅分别为 74.21mg/kg、2.55mg/kg 和 73.40mg/kg，由此可见官厅水库库滨荒地的土壤较为贫瘠，这也在一定程度上说明对该荒地土壤进行治理和改良的必要性。同时，不同深度土壤养分测定结果显示，4 种牧草种植前土壤有机质、TN、AN、AP 和 AK 在剖面上均一致表现出明显的表聚特征，即表层 0～10cm 的土壤养分含量明显高于 10～20cm 的土壤，并再次明显高于 20～30cm 的土壤，这与通常的土壤养分剖面分布规律一致。

图 9-8 还显示，4 种牧草种植并经过 2 年的生长后，荒地土壤的全量和速效养分含量总体上均有所增加，但各种养分的增加幅度不同。尽管如此，对 4 种牧草而言，其对土壤养分的影响趋势和影响程度基本一致。对 4 种牧草种植后的土壤养分取平均值，且同时将 0～30cm 的土壤养分含量进行平均，其结果与牧草种植前相比，结果发现牧草种植后土壤有机质含量增加了 227%，TN 增加 76%，TP 增加 66%，AN 增加 41%，

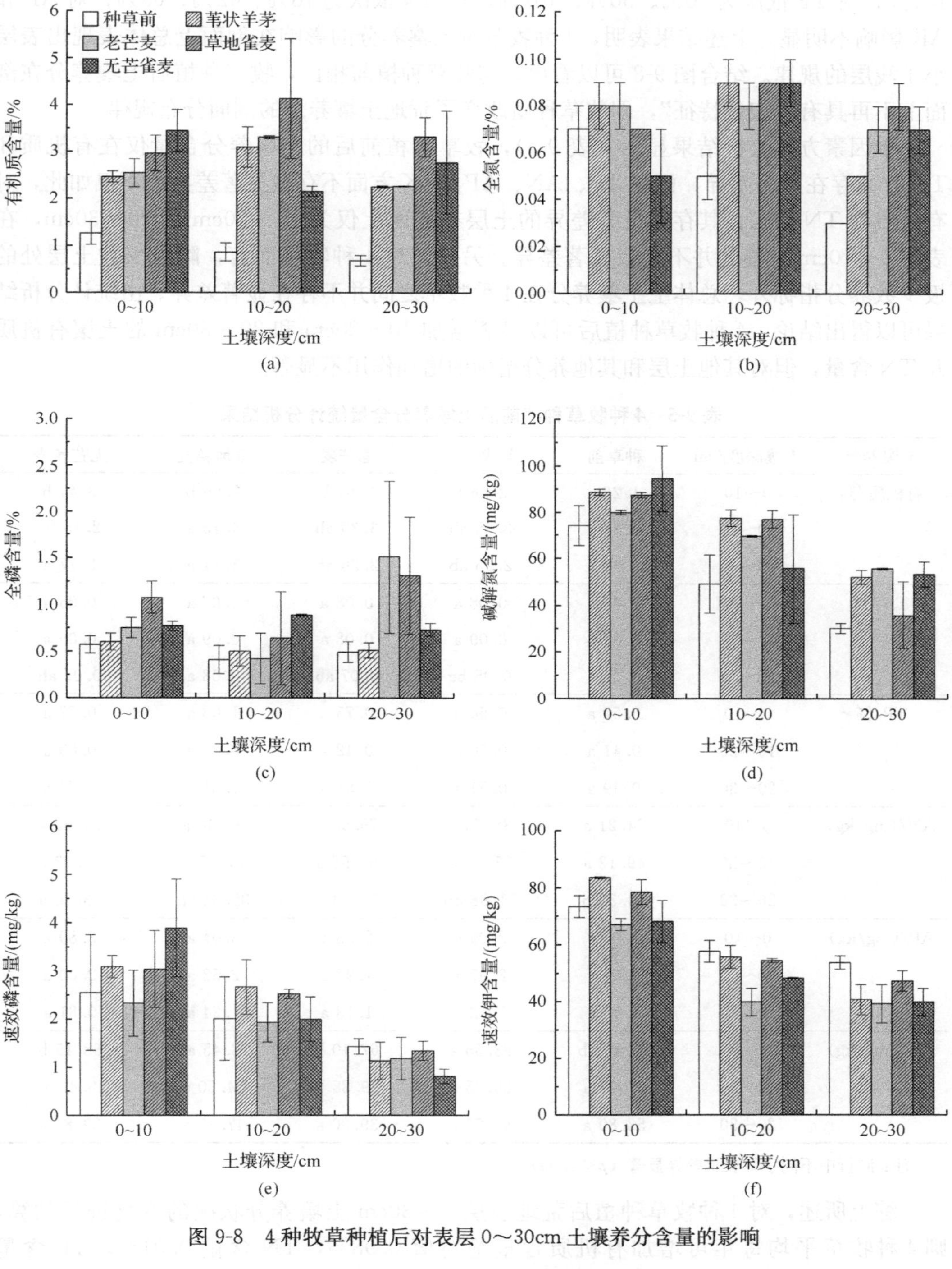

图 9-8　4 种牧草种植后对表层 0～30cm 土壤养分含量的影响

而 AP 仅增加了 4%，AK 几乎没有增加甚至略有降低。不仅如此，4 种牧草对不同深度土壤养分的影响程度也有所不同。数据显示，4 种牧草对 0～10cm、10～20cm、20～30cm 土壤有机质的增加幅度依次为 126%、268%、288%；对 TN 依次为 1%、88%、

141%；对TP依次为40%、50%、107%；对AN依次为18%、42%、63%；对AP和AK影响不明显。上述结果表明，4种牧草对土壤养分的影响在剖面上总体表现出表层小于浅层的规律。结合图9-8可以看出，与牧草种植前相比，牧草种植后土壤养分在剖面上不再具有“表聚特征”，即牧草种植改变了荒地土壤养分的剖面分布规律。

单因素方差分析结果显示（表9-5），牧草种植前后的土壤养分含量仅在有机质和TN方面存在显著差异，而在TP、AN、AP、AK方面不存在显著差异。不仅如此，对有机质和TN而言，其存在显著差异的土层在剖面上仅为10～20cm和20～30cm，在表层0～10cm土壤处并不存在显著差异。另外，对4种牧草而言，除极少数土层处的极少数养分指标外，总体上土壤养分在4种牧草之间并不存在显著差异。由统计分析结果可以得出结论，4种牧草种植后可以显著增加10～20cm和20～30cm的土壤有机质及TN含量，但对其他土层和其他养分指标的增加作用不显著。

表9-5　4种牧草种植前后土壤养分含量统计分析结果

土壤养分	土壤深度/cm	种草前	苇状羊茅	老芒麦	草地雀麦	无芒雀麦
有机质/%	0～10	1.26 a	2.46 b	2.54 b	2.96 b	3.44 b
	10～20	0.86 c	3.09 ab	3.30 ab	4.13 a	2.15 bc
	20～30	0.68 b	2.25 ab	2.26 ab	3.31 a	2.77 a
TN/%	0～10	0.07 a	0.08 a	0.08 a	0.07 a	0.05 a
	10～20	0.05 b	0.09 a	0.08 a	0.09 a	0.09 a
	20～30	0.03 c	0.05 bc	0.07 ab	0.08 a	0.07 ab
TP/%	0～10	0.57 a	0.60 a	0.75 a	1.08 a	0.77 a
	10～20	0.41 a	0.50 a	0.42 a	0.64 a	0.89 a
	20～30	0.49 a	0.51 a	1.51 a	1.31 a	0.73 a
AN/(mg/kg)	0～10	74.21 a	88.76 a	79.98 a	87.48 a	94.62 a
	10～20	49.12 a	77.60 a	69.55 a	77.05 a	55.73 a
	20～30	30.23 b	51.98 ab	55.64 a	35.84 ab	53.26 a
AP/(mg/kg)	0～10	2.55 a	3.09 a	2.33 a	3.04 a	3.89 a
	10～20	2.01 a	2.67 a	1.93 a	2.52 a	2.00 a
	20～30	1.43 a	1.13 a	1.18 a	1.34 a	0.81 a
AK/(mg/kg)	0～10	73.40 ab	83.55 a	67.10 b	78.45 ab	68.15 b
	10～20	57.77 a	55.75 a	39.85 b	54.50 a	48.40 ab
	20～30	53.80 a	40.70 a	39.30 a	47.35 a	39.85 a

注：同行中不同字母表示差异显著（$p<0.05$）。

综上所述，对4种牧草种植后荒地表层0～30cm土壤养分状况的变化进行估算，则4种牧草平均每年可增加有机质含量绝对值0.98%，TN含量0.01%，TP含量0.16%，AN含量8.88mg/kg和AP含量0.08mg/kg，对AK含量基本无影响。就机理而言，与其他豆科牧草相比，所研究4种禾本科牧草对土壤养分的影响程度比较有限，这显然与两者的作用机理不同有关。豆科牧草对土壤养分的贡献主要来自于固氮菌的固氮作用；而禾本科牧草没有固氮功能，其对土壤养分的贡献主要是通过影响土壤质地、改善土壤孔隙状况、改变土壤微生境、增强土壤微生物活性等途径最终间接影响土壤养分，显然其作用过程更为漫长、影响程度更为有限。然而对土壤有机质而言，豆科牧草和禾本科牧草的影响途径相同，均主要是牧草茎叶和根系腐烂所致，因此本研究中 4 种禾本科牧草对土壤有机质的增加程度显著，每年可增加土壤有机质 0.98%。对于土壤 AK，由于其具有易淋洗的特点，因此本研究中牧草种植前后土壤 AK 含量几乎无变化是可以理解的。

二、植被重建的水土保持功能评价

研究中修建径流小区着重研究了老芒麦的水土保持功能，即使用老芒麦复垦废弃土地后对水土流失的影响。试验设老芒麦覆盖土地和裸露废弃土地 2 种处理，每种处理各设 3 次重复，即共 6 个径流小区并进行随机处理。小区的大小为 2m×3m，坡度为 8%，底部留出水口并安装有径流桶以收集径流和泥沙，自然降雨后对径流和泥沙量进行观测。试验对建植草地进行了为期 2 年的数据观测，以下就 2007 年和 2008 年分别讨论建植草地的水土保持功能。

在播种当年（2007 年），对老芒麦草地和裸露废弃土地（对照）土壤侵蚀量和地表径流量的观测结果如图 9-9 所示。试验期间试验区 8～10 月总降雨量为 124.8mm，对照样地地表径流量高达 82.3mm，而老芒麦人工草地径流量则显著低于对照样地，测定值仅为 21.3mm，比对照样地降低了 74.2%。土壤侵蚀量的测定结果与径流量的测定结果一致，对照样地土壤侵蚀量为 5.76t/hm^2，老芒麦人工草地的土壤侵蚀量测定值显著低于对照，仅为对照的 20.5%。测定结果表明，人工草地的快速建植，不仅在一定程度上促进官厅水库库滨带植被的恢复重建，而且具有显著的水土保持效益，对于防治库滨带沙化地土壤水土流失，增加土壤水分等方面具有积极作用。综上所述，在 2007 年，与对照样地相比较，人工草地的地表径流量降低了 74.2%，土壤侵蚀量降低 79.5%，显示人工草地具有明显的水土保持功能。

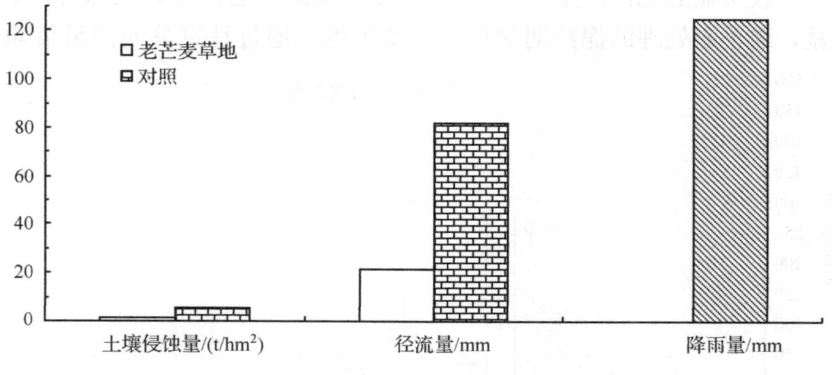

图 9-9 老芒麦覆盖土地和裸露废弃土地的径流量、侵蚀量以及实验期间降雨量

播种次年（2008 年）对延庆县而言是多雨的一年，延庆县 2008 年平均降雨量为 557.9mm，较 2007 年（377.0mm）多出 180.9mm。根据径流观测记录，2008 年共观

测到 13 次径流，其对照（裸露废弃土地）和处理（老芒麦草地）的每次径流的平均值和标准误差见图 9-10。由图 9-10 可知，在各次降雨中老芒麦处理的径流量均一致低于对照。计算总径流量可知，对照的总径流量为 41.27mm，而老芒麦草地为 23.22mm，老芒麦的总径流比对照少 18.05mm，即老芒麦草地建植后减少了约 44%的地表径流，较好地起到了减少径流的作用。

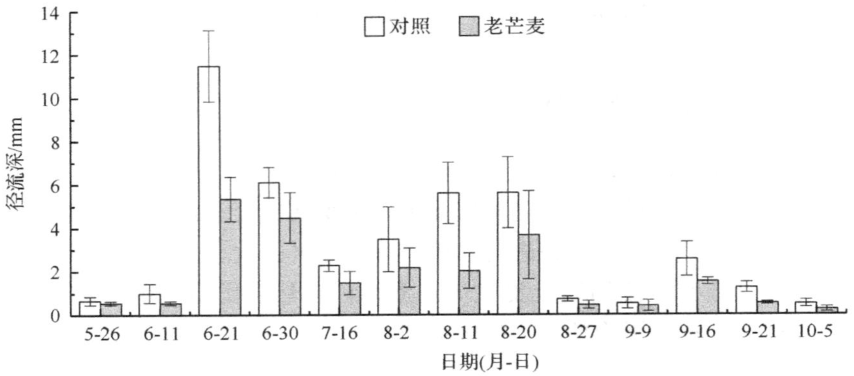

图 9-10　废弃土地复垦后对地表径流的影响

然而，使用单因素方差分析对各次降雨中老芒麦和对照的径流量进行统计分析发现，虽然处理和对照的径流量差异较为明显，但除 6 月 21 日的降雨外老芒麦处理和对照的径流量差异均不具有统计学意义（$p<0.05$），而且使用重复测量方差分析发现，在 2008 年各次降雨产生的径流中，处理和对照的径流量在总体上同样不具有统计学差异（$F=2.86$，$p=0.17$）。然而对试验设计进行分析后，认为“4 种牧草对径流量的降低作用并不显著”这一结果可能与本试验中小区的坡度较小（8%）有关。随着坡度的增大，4 种牧草对径流量的降低作用可能会越来越明显并达到显著水平。

泥沙方面，总体上各小区的泥沙量很少，仅在某几次暴雨（6 月 21 日和 6 月 30 日）过程中有较明显的泥沙产生（图 9-11）。尽管如此，老芒麦处理和对照的泥沙量差异仍很明显，老芒麦处理的泥沙明显低于荒草地的。通过计算总泥沙量可知，2008 年

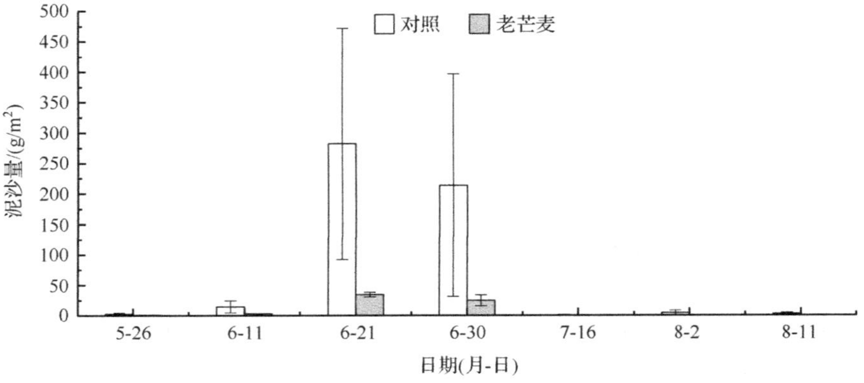

图 9-11　废弃土地复垦后对土壤侵蚀的影响

老芒麦的泥沙总量为 64.67g/cm²，裸露废弃土地（对照）为 520.41g/cm²，老芒麦的泥沙总量比裸露废弃土地少 455.75g/cm²，即老芒麦减少了约 88%的泥沙。然而，与径流量的结果相似，单因素方差分析结果表明老芒麦处理和荒草地对照在各次降雨中的泥沙量差异均不具有统计学意义，同样重复测定方差分析结果显示两者在总体上也不具有统计学差异（$F=0.21$，$p=0.31$）。

综上所述，在 2008 年，老芒麦复垦废弃土地后能够减少 44%的径流和 88%的泥沙，具有非常明显的水土保持功能。

除水土保持功能外，笔者 2008 年还研究了部分降雨过程中（2008 年 8 月 10 日、2008 年 8 月 20 日、2008 年 9 月 21 日）老芒麦对土壤养分随径流流失的影响，测定结果如图 9-12 所示。由图 9-12 可知，在绝大多数情况下，种植老芒麦的土壤养分流失强度均小于荒草地对照。计算 3 次降雨的土壤养分总流失强度可知，对照小区 TN 和 TP

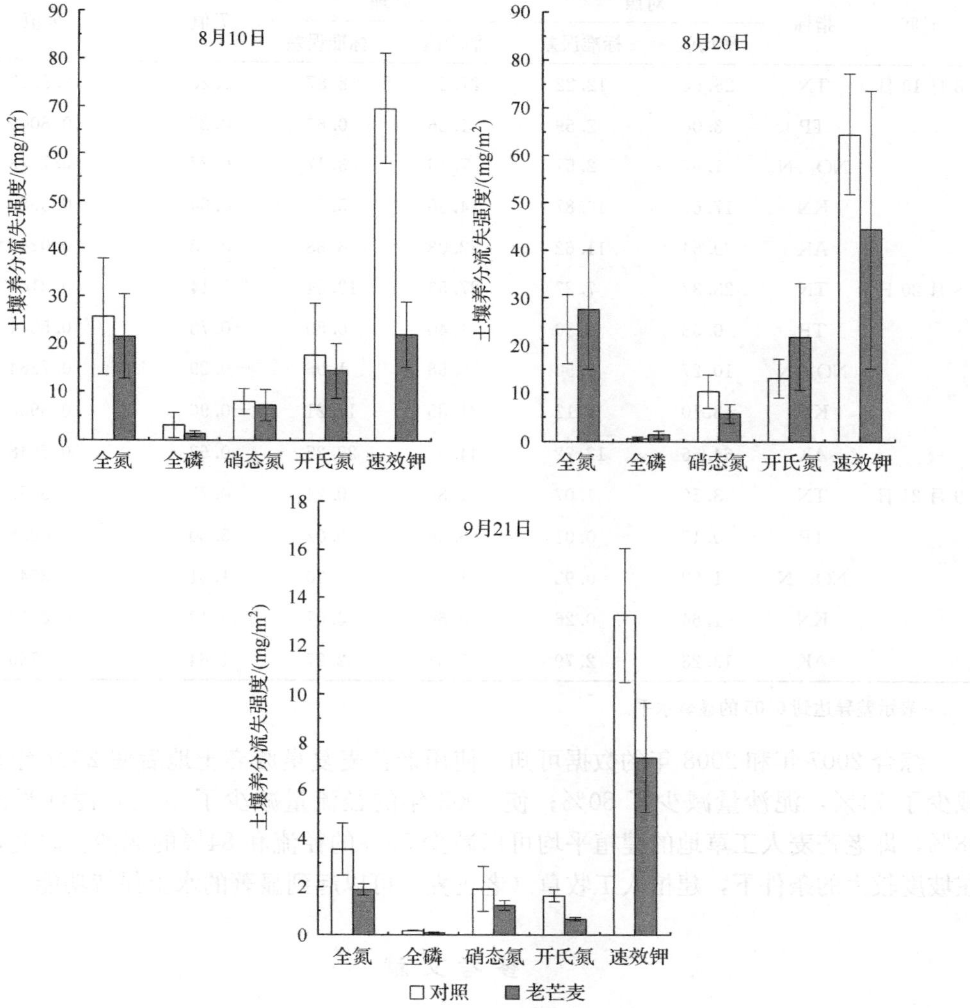

图 9-12　老芒麦草地建植后对土壤养分随径流流失量的影响

的流失强度为 52.57mg/m² 和 3.80mg/m²，NO_3^--N、NH_4^+-N 和 AK 的流失强度分别为 20.17mg/m²、32.40mg/m²、147.48mg/m²，而老芒麦复垦小区的土壤养分随径流流失强度依次为 50.93mg/m²、2.85mg/m²、14.06mg/m²、36.87mg/m²、73.97mg/m²，老芒麦种植后分别减少了 3.12%的 TN、25.08%的 TP、30.27%的 NO_3^--N 和 49.84% AK 的流失，但却使 NH_4^+-N 的流失强度有所增加，增加幅度为 12.11%。

统计分析结果显示（表 9-6），老芒麦处理和对照的土壤养分随径流流失强度之间大多并没有统计学差异，这表明虽然老芒麦能够在一定程度上降低土壤养分随径流的流失强度，但其降低作用在统计学上并不显著。

表 9-6 老芒麦处理和对照的土壤养分随径流流失强度的统计分析结果

（单位：mg/m²）

时间	指标	对照		处理		*T* 值	*p* 值
		平均值	标准误差	平均值	标准误差		
8 月 10 日	TN	25.64	12.22	21.51	8.87	0.20	0.8513
	TP	3.06	2.59	1.36	0.60	0.27	0.8009
	NO_3^--N	7.97	2.57	7.16	3.17	0.27	0.7978
	KN	17.67	10.87	14.35	5.77	0.64	0.5580
	AK	69.64	11.62	22.03	6.88	3.53	0.0243*
8 月 20 日	TN	23.37	7.27	27.53	12.54	1.14	0.3161
	TP	0.58	0.30	1.40	0.80	−0.73	0.5044
	NO_3^--N	10.27	3.50	5.68	1.95	−0.29	0.7884
	KN	13.10	4.12	21.85	11.21	−0.96	0.3900
	AK	64.56	12.72	44.57	29.25	0.63	0.5648
9 月 21 日	TN	3.56	1.07	1.89	0.24	0.73	0.5056
	TP	0.17	0.01	0.09	0.02	3.60	0.0228*
	NO_3^--N	1.92	0.93	1.23	0.20	1.51	0.2044
	KN	1.64	0.26	0.66	0.07	3.12	0.0354*
	AK	13.28	2.79	7.37	2.27	1.64	0.1765

* 表示差异达到 0.05 的显著水平。

综合 2007 年和 2008 年的数据可知，使用老芒麦复垦废弃土地后使 2007 年径流量减少了 74%，泥沙量减少了 80%；使 2008 年的径流量减少了 44%，泥沙量减少了 88%，即老芒麦人工草地的建植平均可以减少 59%的径流和 84%的泥沙。因此，如果在坡度较大的条件下，建植人工牧草（老芒麦）可以起到显著的水土保持功能。

参 考 文 献

陈恩凤，周礼恺，武冠云．1994．微团聚体的保肥供肥性能及其组成比例在评断土壤肥力水平中的意义．土壤学报，31（1）：18～25

陈丽，姜惠武，张红光．2009. 植物根系分泌物的研究进展．林业勘查设计，(3)：71～72
陈月平．2007. 官厅水库水资源现状分析．北京水务，(6)：7～11
戴全厚，刘国彬，薛萐，等．2007. 侵蚀环境退耕撂荒地水稳性团聚体演变特征及土壤养分效应．水土保持学报，21 (2)：61～64，77
戴全厚，薛萐，刘国彬，等．2008. 侵蚀环境撂荒地植被恢复与土壤质量的协同效应．中国农业科学，41 (5)：1390～1399
范燕敏，孙宗玖，武红旗，等．2009. 封育对山地草地植被及土壤特性的影响．草业科学，26 (3)：79～82
贾瑞燕，丁国栋，马士龙，等．2005. 京郊荒滩生态恢复及其植被变化研究——以延庆县为例．水土保持研究，12 (6)：166～168，234
焦菊英，张振国，贾燕锋，等．2008. 陕北丘陵沟壑区撂荒地自然恢复植被的组成结构与数量分类．生态学报，28 (7)：2981～2997
李一为，杨文姬，孙保平，等．2006. 固体水在京北荒滩造林绿化中的应用试验．中国水土保持科学，4 (S1)：87～90
林昌虎，涂成龙，陆晓辉，等．2005. 贵州西部喀斯特石漠化地区退耕弃荒地土壤氮素变异特征．水土保持学报，19 (4)：14～17
邱莉萍，张兴昌，程积民．2007. 坡向坡位和撂荒地对云雾山草地土壤酶活性的影响．草业学报，16 (1)：87～93
孙铁军，刘素军，武菊英，等．2008a. 6种禾草坡地水土保持效果的比较研究．水土保持学报，22 (3)：158～162
孙铁军，苏日古嘎，马万里，等．2008b. 10种禾草苗期抗旱性的比较研究．草业学报，17 (4)：42～49
孙铁军，苏日古嘎，马万里，等．2008c. 十种禾草耐寒性的比较研究．中国草地学报，30 (1)：56～60
陶雪松，闫月娥，周晓雷．2009. 景泰绿洲边缘荒漠草地土壤特征研究．草业科学，26 (6)：29～34
王俊明，张兴昌．2009. 退耕草地演替过程中的碳储量变化．草业学报，18 (2)：1～8
肖辉杰，丁国栋，贾瑞燕，等．2005. 京郊荒滩生态恢复初期植被与土壤环境的变化——以延庆县为例．干旱地区农业研究，23 (5)：202～206
张国祯，孙保平，丁国栋，等．2007. 京郊荒滩生态恢复模式试验示范研究．水土保持研究，14 (2)：287～290
张力，王树．2007. 生态垫在龙庆峡荒滩植被恢复和重建中应用效果研究．水土保持研究，14 (3)：365～366，370
赵云，陈伟，李春鸣，等．2009. 东祁连山不同退化程度高寒草甸土壤有机质含量及其与主要养分的关系．草业科学，26 (5)：20～25
周虎，吕贻忠，杨志臣，等．2007. 保护性耕作对华北平原土壤团聚体特征的影响．中国农业科学，40 (9)：1973～1979
Gardner W R. 1956. Representation of soil aggregate-size distribution by a logarithmic-normal distribution. Soil Science Society of America Proceedings，20：151～153
Gibbens R P，Beck R F. 1988. Changes in grass basal area and forb densities over a 64-year period on grassland types of the Jornada Experimental Range. Journal of Range Management，41：186～192
Van Bavel C H M. 1949. Mean weight-diameter of soil aggregates as a statistical index of aggregation. Soil Science Society of America Journal，14：20～23
Zhong D C，Qu J J. 2002. Recent developmental trend and prediction of sand deserts in China. Journal of Arid Environments，53 (3)：317～329

彩　图

彩图 1　水生鸢尾在不同浓度 P 溶液中的生长状况

彩图 2　水生鸢尾、千屈菜和香蒲(从左至右)在以砾石为基质的人工湿地中的根系特征

彩图 3　水生鸢尾在以砾石为基质(左)和土壤为基质(右)的人工湿地中的根系特征

彩图 4　菖蒲在人工湿地中的生长状况

彩图 5　水生鸢尾在人工湿地中的生长状况

彩图 6　北京地区人工湿地中水生鸢尾返青较早

彩图 7　潮河(京承高速公路西侧)水生植物恢复后景观

彩图 8　京承高速公路西侧退化土地植被恢复后景观

彩图 9　水域浮床技术(远景)

彩图 10　水域浮床技术(近景)

彩图 11　挺水植物在水体净化和美化中的应用

彩图 12　漂浮植物在水体净化和美化中的应用

彩图 13　大油芒在 Zn(上)和 Cr(下)污染土壤中的生长状况

彩图 14　大豆营养生长期(上)和结实期(下)在石油污染土壤中的生长状况

彩图 15　向日葵营养生长期(上)和结实期(下)在石油污染土壤中的生长状况

彩图 16　冬小麦苗期在石油污染土壤中的生长状况

彩图 17　月季花期在石油污染土壤中的生长状况

狼尾草草篱和苜蓿

狼尾草草篱和冬小麦

狼尾草草篱和玉米

彩图 18　开展狼尾草草篱水土保持试验的径流观测场

狼尾草等高草篱和裸地

彩图 18(续)

“野古草和狼尾草植物篱 + 冬小麦”模式

“野古草和狼尾草植物篱 + 大豆”模式

“野古草和狼尾草植物篱 + 苜蓿”模式

“野古草和狼尾草植物篱 + 玉米”模式

彩图 19　植物篱技术的推广和示范

“野古草和柳枝稷植物篱＋荞麦”模式

“黄花菜植物篱＋荞麦”模式

“野古草植物篱＋荞麦”模式

“仁用杏植物篱＋荞麦”模式

彩图 19(续)